KB140329

시인을 위한 양자물리학

시인을 위한 양자물리학

리언 M. 레더먼 · 크리스토퍼 T. 힐 지음

전대호 옮김

승산

리언은 아내이자 최고의 도우미인 엘런에게,

크리스토퍼는 캐서린과 그레이엄에게

이 책을 바칩니다.

감사의 말_

편집자 그린스펀 리건을 비롯한 프로메테우스 북스 출판사의 제작팀이 우리를 위해 지칠 줄 모르는 노력으로 이 책을 만들어 준 것에 감사한다. 로널드 포드와 윌리엄 맥다니엘의 값진 논평과 조언, 일제 런드와 셔 페럴의 그림 작업에도 감사한다.

또한 저자들은 젊은이들의 과학 공부가 중요함을 강조한다. 이 맥락에서 프로메테우스 북스가 과학책 출판에 지속적으로 기울여 온 노력과 여러 학교의 기여를 존중하고 고맙게 여긴다. 특히 미국 전체에서 가장 성공적인 과학 고등학교로 평가받는 일리노이 수학과학 아카데미를 높이 평가한다.

7

추천의 말_

28년 전 페르미 연구소 소장이었던 정열적인 레더먼 교수의 큰 목소리가 그 당시 페르미 연구소의 연구원이었던 서평자의 귀에 아직도 생생히 울린다. 차분하고 또박또박 말씀하시는 힐 교수는 이휘소 박사가 처음 시작한 이 연구소의 이론 그룹에 근무하였고, 서평자와도 가까이 지내며 양자장론을 주제로 공동연구를 하였다. 서평자는 두 저자들의 인품과 학문 수준을 어느 정도 이해를 하고 있었다고 생각했지만, 이들이 『시인을 위한 양자물리학』이란 책에서 선보이는 언어적, 문학적인 감각을 보고, 이들의 문화적 수준에 새삼 놀랐다.

20세기 초반에 발견된 양자물리이론은 우리가 세상을 보는 관점과 심도를 바꾸었고, 그 후 과학기술 문명의 발전의 기초가 되었다. 그러나 양자이론의 함축된 의미는 아직도 탐구를 많이 하여야 할 열린 세계이다. 이러한 자연의 가장 근본적인 틀인 양자이론에 대하여 우리 일반인이, 그리고 시인들이, 그럴 듯한 그림이나 이해력을 갖추었을 때, 삼라만상과 일상에 대한 우리들의 관점이 좀더 정확하여지고, 세밀하여진다.

『시인을 위한 양자물리학』은 우리의 내외적 만물에 대한 가장 근본적인 기초인 양자이론의 여러 가지 요소들을 문화적, 문학적, 역사적, 과학적인 관점에서 광대하고, 아름답고, 정열적이고, 정밀하게 묘사하여 전달한다. 우리말이 살아 있는 본 도서는 자연에 대한 이들의 관점이 독자들의 관점으로 승화되도록 도와 주고, 독자들이 세상과 자연을 상상하고 말하는 과정에 토양이 되어 줄 것이다. 이러한 훌륭한 책을 우리글로 시기적절하게 소개하는 승산 출판사에 감사하게 생각한다. 독자들 중에도 본 도서의 저자와 같은 학자나 저자가 미래에 나오기를 바라 본다.

이기명, 고등과학원 물리학부 교수

명쾌한 최고의 현대물리학 입문서

2007년 여름, 한 해의 가장 중요한 입자물리학 국제 학회인 렙톤-광자 심포지엄이 대구에서 열렸다. 심포지엄 프로그램의 일환으로, 8월 17일 저녁 경북대학교 대강당에서는 노벨 물리학상 수상자인 리언 레더먼 교수가 '과학자와 21세기 과학교육 방법Scientists and the Art of 21st Century Science Education'이라는 주제로 일반인을 위해 강연을 했다.

레더먼은 입자물리학의 태동기부터 50여 년간 첨단의 연구현장에서 활약하며 현대의 입자물리학을 건설한 주역 중 한 사람이다. 컬럼비아 대학의 물리학과가 전성기를 누리던 1950년대부터 교수로 재직하면서 많은 업적을 남긴 레더먼은 1970년대 이후 당대 최대의 가속기를 보유한 페르미 연구소에서 활약했고, 1979년부터는 페르미 연구소의 창립자인 전설적인 인물 로버트 윌슨의 뒤를 이어 10년 간 연구소의 소장을 지내면서 최초로 1조 전자볼트를 넘는 에너지를 내는 양성자-반양성자 충돌장치인 테바트론을 성공적으로 완성했다. 그의 업적 중 중요한 것만 꼽아도, 1956년 약한 상호작용이 왼쪽 방향으로만 작용한다는 것을 파이온의 붕괴에서 확인한 일, 1962년 중성미자 빔을 이용한 실험에서 두 번째 중성미자의 존재를 확인한 일, 그리고 1977년 페르미 연구소에서 다섯 번째 쿼크를 발견한 것을 들 수 있다. 이 중 두 번째 중성미자를 발견한 업적은 1988년 그에게 노벨상을 가져다 주었다.

위의 강연 제목에서 볼 수 있듯이 레더먼은 과학 교육에 많은 관심을 가지고 있으며, 연구 현장에서 물러난 후에는 교육에 전념하고 있다. 고등학교에서 과학을 배울 때 물리학을 가장 먼저 가르쳐야 한다는 'Physics First' 운동을 이끌었으며, 미국 일리노이 주에 수학-과학 고등학교IMSA, Illinois Mathematics and Science Academy를 설립하는 데 기여했고, 그 밖에도 고등학교 과학교육 프로그램에 많은 영향을 미쳤다. 페르미 연구소에는 그의 이름을 딴 레더먼 과학 센터Lederman Science Center가 있는데, 여기서는 어린이들과 교육자를 위해 교육 및 전시 프로그램을 진행한다.

과학 교육에 관한 활동의 연장선상에서 그가 많은 노력을 기울이는 또 다른 일은 대중을 위한 과학책을 쓰는 일이다. 일반 대중이 레더먼에 대해서 알고 있다면, 노벨상보다도 그의 저서 『신의 입자The God Particle』 때문일 것이다. 이 이름을 지은 사람이 바로 그다. 레더먼이 쓴 책 중에 페르미 연구소의 이론물리학자인 크리스토퍼 힐과 함께 쓴 책이 두 권 있는데, 바로 이 책과 『대칭과 아름다운 우주』(승산, 2012)다. 이론물리학자와 함께 쓴 책답게 이 두 권의 책은 단순히 재미있는 과학 이야기를 들려주는 데서 한 발 더 나가서, 정확하게 과학 지식을 설명하고자 하고 있다.

양자역학은 인류 역사에서도 손꼽힐 중대 사건이다. 양자역학은 우리가 자연 현상에 대해서 지금까지 파악한 원리 중 가장 근본적인 원리다. 그런데 문명이 발전하면서 인간의 사고가 혁명적 변화를 겪은 일이 여러 차례 있지만, 사고방식의 생경함과 기괴함으로 말하자면 양자역학을 능가할 사건은 없다고 해도 좋다. 그 이유는 분명하다. 우리의 사고방식은 우리의 경험을 토대로 형성될 수밖에 없는데, 양자역학은 우리의 감각으로는 감지할 수 없는 세계의 현상으로부터 비롯된 이론이므로 기존의 사고방식과 맞아야 할 이유가 전혀 없는 것이다. 그런 의미에서 양자역학은 인간의 지성에 대한 진정한 혁명이었다.

이 책은 그러한 혁명을 친절하게 차근차근, 그러면서도 다채로운 표현을 들어서 설명하고 있다. 한 세대 전에 양자역학을 대중들에게 소개한 대표적인 책은 가모브의 『물리학을 뒤흔든 30년』과 같은 책이었다. 이 책에는 가모브의 책처럼 양자역학을 직접 창조한 보어나 하이젠베르크와 함께 그 시절을 경험한 생생한 경험담이 없는 대신, 양자역학이 우리의 일상을 지배하게 된 세상에서, 수십 년 동안 양자역학을 가지고 물리학을 연구해서 양자역학을 더 잘 다루고, 더 깊이 이해하는 현대의 물리학자가 들려주는 통찰과 풍부하고 다양한 설명이 들어 있다. 대학에서 양자역학을 본격적으로 배우는 과목이 아니라, 이 책의 내용처럼 양자역학의 개괄을 다루는 과목을 현대물리학이라고 한다. 현대적인 감각, 정확한 서술, 자연스럽고, 때때로 유머가 어우러진 글까지, 현대 물리학에 대한 입문서로서 이보다 나은 책은 보기 힘들 것 같다.

이강영, 경상대학교 물리교육과 교수

양자물리와 시 — 두 상상의 세계

시인을 위한 물리학이라니? 책 제목을 접한 독자 분들께서는 이 기이한 조합을 선뜻 받아들이기 어려우셨을 겁니다. 물과 기름처럼 서로 섞을 수 없는 듯 보이는 두 가지가 한데 묶여 있으니까요. 20세기 초반의 물리학계에는 이 같은 혼돈이 가득했습니다. 예컨대 입자와 파동은 전혀 다른 존재라고 굳게 믿어 왔건만 입자에서 파동의 성질이 나타나고 파동에서 입자의 특징이 관찰되었으니까요. 더 나아가 과거를 온전히 알고 자연의 법칙을 정확히 이해하면 미래를 완벽하게 예측할 수 있다는 고전적 결정론을 버려야 했던 과학자들이 느낀 기괴함과 당혹감은, "신은 주사위 놀이를 하지 않는다." 며 눈을 감는 순간까지 양자이론을 받아들이지 않은 아인슈타인의 태도에서 극명하게 드러납니다.

일반인의 눈에 비친 과학이란, 이론의 여지 없이 확실히 결론이 난 법칙들의 모음에 가깝습니다. 그와 달리 과학자들에게 있어 과학이란 기존의 지식으로 설명할 수 없는 수많은 현상 앞에서 그동안 참이라 믿어 온 법칙들의 한계를 점검하고 확장하며 새로운 이해의 틀을 제안하여 한없이 격돌하는 논리적 과정 자체이자 현재 진행형의 생생한 현장입니다. 물의 온도와 압력을 높여 임계점 근처에 이르면 기름과도 섞이는 자연의 섭리 앞에서 과학자들이 가야 할 길은 분명합니다.

이 책에서 저자들은 뉴턴 역학과 고전 전자기학으로 대표되는, 19세기 말까지 300여 년 동안 굳건히 이어진 고전적 물리 법칙들이 하나둘씩 무너지고 양자이론이 그 자리를 대신하는 과정을 상세하게 재구성합니다. 중대한 전환점마다 물리학자들을 괴롭힌 혼돈들, 그리고 충격적인 깨달음이 과거의 이론을 옹호하는 이들의 저항을 넘어 새로운 패러다임으로 고통스럽게 자리잡아 온 양자이론사(史)를 저자들의 안내를 따라 살펴보는 여정은 과학의 현장에 대한 간접경험으로 손색이 없을 것입니다. 점점 정설로 받아들여지는 양자물리와 고전적 인과율이 아인슈타인-포돌스키-로젠의 역설을 두고 충돌하는 최후의 결전은 특별히 더 자세히 소개되어 있으며 손에 땀을 쥐게 할 만큼 흥미로워 이 책의 하이라이트라 하겠습니다.

하나의 질문에 대한 대답은 늘 또 다른 질문을 불러옵니다. 양자이론과 아인슈타인의 일반상대론을 통합하여 중력의 본질을 이해하려는 시도는 현대의 물리학이 직면한 큰 과제 중 하나입니다. 저자들은 이러한 노력 속에 탄생한 초끈 및 초대칭 이론의 현주소를 짚어 줄 뿐만 아니라, 양자세계에 내재된 얽힘 현상을 이용하여 정보 과학을 근본적으로 뒤바꿀 아이디어와 기술적 시도들의 바탕을 이루는 양자물리의 현재 위상까지 함께 조명합니다.

객관적인 언어와 논리 그리고 수학을 써서 무궁한 대자연을 과연 어디까지 담아낼 수 있을까요? 그 끝이 어딘지조차 알 수 없는 심오한 진리의 한계에 도달하는 순간, 우리가 할 수 있는 일이란 계산하던 펜을 내려놓고 눈을 들어 하늘을 바라보며 상상의 나래를 시어로 펼치는 것뿐일지도 모릅니다. 위대한 물리학자들이 발휘한 대담한 상상력을 곳곳에서 적절한 시로 비유해낸 저자들의 문학적 감성, 그 고리를 통해 양자물리는 시와 하나가 됩니다.

"최선의 시는 존재하지 않고, 위대한 시에 대한 최선의 해석은 더더욱 존재하지 않는 (본문에서)"법이니까요.

김충구 박사, 브룩헤이븐 국립 연구소 박사후 연구원, 『파인만의 물리학강의 III』 옮김

대단히 훌륭한 초보자용 입문서

이렇게 아주 훌륭한 책에 서평이 없다는 것은 믿기 어려운 일이다. 제목을 보면 이 책이 양자물리학과 시를 다룬다는(최근에 나온 양자물리학과 음악에 관한 책처럼) 생각이 들 법하지만, 전혀 그렇지 않다. 이 책에서 시적인 것은 시적인 문체뿐이다. 물론 내용에 시가 나오는 것은 사실이지만, 한 챕터의 서두에 삽입되는 인용문처럼 아주 조금 나온다. 감히 말하는데, 레더먼의 책은 마치 훌륭한 소설처럼 시적인 흐름을 지녔기 때문에 읽기를 중단하기 어렵다. 나는 이 책을 열심히 완독한 다음에야 다른 책으로 눈을 돌릴 수 있었다. 예컨대 브라이언 그린이 최근에 낸 책은 지금도 손도 대지 않은 채로 내 책꽂이에 꽂혀 있다.

레더먼(그리고 크리스토퍼 힐)은 대중용 입문서 수준의 훌륭한 책을 비슷한 수많은 책들이 경쟁하는 시장에 내놓았다. 챕터는 10개뿐이지만, 이 입문서의 특징은 유명한 토머스 영의 이중슬릿 실험을 비롯한 익숙한 내용들이 상세하게 서술된다는 점이다. 물리학자가 아닌 독자는 과거에 읽은 책들에서 대충 다룬 주제에 관한 새로운 지식과 개념, 뜻밖의 내용을 많이 접하게 될 것이라고 장담한다. 양자물리학과 화학을 다루는 챕터들은 기존의 책들이 거의 다루지 않은 아주 값진 내용이다.

300쪽 이내의 책이 다 그렇듯이, 이 책의 내용은 포괄적일 수 없다. 그러나 고전물리학과 새로운 물리학의 주요 내용은 빠짐없이 들어있다. 이 책은 물리학자를 위한 것이 아니다. 물론 초급 양자물리학 강의의 보충 교재로 쓰일 수는 있겠지만 말이다. 이 책은 이해하기 어려울 수도 있는 주제들을 이해하기 위해 초급 수준의 책을 읽고자 하는 사람들을 위한 것이다. 거듭되는 말이지만, 이 책을 한번만 읽어도 양자물리학에서 가장 중요하고 근본적인 개념들을 이해할 수 있을 것이다. 이 분야의 책을 수백 권 구입한(나의 웹사이트에서 확인하라) 내가 보기에 이 책은 탁월하다.

케이스 H. 브레이(캘리포니아 주, 레돈도 비치)

14

심지어 시인에게도 굉장히 좋은 책

레더먼은 대단하다고 평가하지 않을 수 없는 비유를 들어가면서 양자이론의 원리들에 대한 자신의 통찰을 제시한다. 내가 아는 시인들이 이 책을 읽으면, 다른 사람에게 양자이론을 설명할 수 있을 만큼의 지식을 갖추지는 못하더라도 그 이론이 광범위하고 심오한 의미를 지녔음을 실감하게 될 것이다. 또한 어쩌면 양자이론의 예외적인 정확성과 완벽성에서 유래하는 아름다움도 느끼게 될 것이다. 양자이론을 반박하거나 적어도 위태롭게 만들기 위해 고안한 실험들에서도 양자이론이 정확하게 옳다는 결과가 나왔다. 시인이든 일반인이든 물리학자이든 상관없이 누구나 레더먼의 책에서 양자이론의 본성과 양자이론이 자연을 기술하는 방식을 보는 새로운 시각을 얻을 수 있으리라고 기대해도 좋다. 『시인을 위한 양자물리학』은 교육적으로 유익하고 정신의 지평을 넓혀주며 대체로 재미있게 읽히는 책이다.

괴츠 외르텔 박사

매우 저명한 물리학자인 레더먼과 힐은 우리 모두의 안에 있는 시인에게 말을 거는 산문을 썼다. 독자를 양자세계의 수수께끼들로 안내하는 흥미롭고 명쾌한 책이다.

지노 세그레, 펜실베이니아 대학 물리학천문학과,
『코펜하겐의 파우스트: 물리학의 영혼을 위한 싸움Faust in Copenhagen: A Struggle for the Soul of Physics』의 저자

닐스 보어는 양자역학에 대해 생각하면서 현기증을 느끼지 않을 수 있는 사람은 양자역학의 '양'자도 모르는 사람이라는 유명한 말을 남겼다. 이 책은 정반대이다. 저자들의 재치 있는 말투는 현기증을 일으킬 것이며, 독자는 많은 것을 알게 될 것이다.

로키 콜브, 시카고 대학 천문학천체물리학과

목차

1장 충격을 받지 않았다면, 이해하지 못한 것이다

텔레비전 시리즈 「스타트렉」과 그 후속편들에서 우주선 엔터프라이즈호는 은하 사이의 공간을 가로질러 여행한다. 5년 동안의 탐험을 통해 그 우주선이 완수할 임무는 인간이 가 보지 못한 곳에 가는 것이다. 엔터프라이즈호의 선원들은 허구적인 먼 미래의 기술을 써서 빛의 속도보다 몇 배나 빠른 워프 속도로 이동하고, 몇 파섹 떨어진 곳에서도 '부분공간 통신'을 이용하여 함대사령본부와 교신하며, 접근하는 우주선과 새 행성의 표면을 낱낱이 조사하고, 때로는 적대적인 세력에 맞서 광자 어뢰로 자신을 방어한다. 또한 아마 이것이 가장 혁신적일 텐데, 엔터프라이즈호의 선원들은 '광선'으로 변해서 새 행성의 표면에 도달하여 낯선 지형을 탐험하고 우리보다 앞서거나 뒤쳐진 외계 문명의 지도자와 직접 만날 수 있다.

그러나 그 많은 「스타트렉」 에피소드를 다 뒤져도 1900년부터 1930년까지 지구에서 실제로 이루어진 탐험보다 더 신기한 탐험을 찾아볼 수는 없다.

적어도 우리 저자들이 아는 공상과학 이야기를 모두 뒤져도 마찬가지이다. 20세기 초에 과학자들은 은하들 사이의 까마득한 공간을 가로지르지는 않았지만 엔터프라이즈호의 탐험에 못지않은 광활한 탐험을 했다. 그들은 온 우주의 재료인 아주 작은 대상들의 세계를 탐험했다. 그 세계는 아무도 가보지 못한 미지의 땅이었다.

기술과 과학적 기법의 발전에 힘입어 19세기 말에서 20세기 초에 과학자들은 기이한 외계 문명의 영역이라 할 만한 원자의 세계를 처음으로 방문했다. 그들이 대면한 세계는 놀랍고 실존적이고 초현실적이었다. 자연의 가장 깊은 속살에 해당하는 불가사의하고 기이하고 낯선 신세계를 들춰내는 물리학자들이 마치 당대의 미술, 음악, 문학 ─ 피카소의 눈, 쇤베르크의 귀 그리고 카프카의 펜 ─ 과 보조를 맞추는 듯했다. 지난 300년 동안 물리법칙에 대한 연구를 통해서 정교하게 다듬어 온 '고전적' 과학 지식과 거기에서 비롯된 규칙들이 그 낯선 신세계에서는 사실상 전부 엉터리임이 드러났다. 말하자면 커크 선장과 엔터프라이즈호의 선원들이 어떤 행성에 착륙했는데 그곳을 지배하는 자연법칙들이 앨리스가 토끼굴을 거쳐 도달한 이상한 나라의 법칙들만큼이나 이색적인 것과 같은 상황이었다. 그곳은 '꿈의 논리'가 지배하는 새로운 유형의 세계였다. 그 세계에서 여기에 놓인 대상은 동시에 저기에서 나타났다. 과학자들이 관찰하는 동안, 매끄럽고 단단한 돌멩이는 마치 물감이 번지듯이 윤곽이 흐려지면서 흩어지기 시작해 사라지는 것처럼 보였다. 굳건한 장벽은 마치 허공처럼 통과되었다. 대상들은 시간과 공간 안에서 거침없이 도약했다.

그 이상한 신세계에는 이리저리 떼 지어 돌아다니는 수많은 물질 '입자들'이 존재했다. 그것들을 면밀히 관찰한 과학자들은 그것들이 출발점 A에서 도착점 B까지 이동할 때 일정한 시간 동안 단일한 경로를 거쳐 이동하지 않음을 깨달았다. 그것들의 운동은 300년 전에 갈릴레오나 뉴턴이 생각한 운동과 전혀 달랐다.[1] 오히려 전자를 비롯한 자연의 '기본입자들' — 만물의 재료 — 은 A에서 B로 이동할 때 모든 가능한 경로들을 한꺼번에(!) 거치는 것으로 보였다. 입자들은 늘 어디에도 없는 동시에 모든 곳에 있었다. 입자들은 **가용한 경로 모두를** 귀신처럼 아는 듯이 도착점에 이르렀는데, 실제로 어느 경로를 선택했는지는 불확실했다. 과학자들은 A에서 B로 이동하는 입자가 선택할 수 있는 경로들의 일부를 막는 실험을 했고 그런 조작을 통해 입자들의 이동에 영향을 끼칠 수 있음을 발견했다. 입자가 선택할 수 있는 수많은 가용 경로들 중 하나만 건드려도 — 입자가 실제로 그 경로를 선택하는지와 상관없이 — 입자는 B에 더 자주 도달하기도 했고 아예 도달하지 않기도 했다.

식별 가능한 내부 장치나 장기가 없는, 점과 다를 바 없는 입자들은 탐지기에 선명한 궤적을 남기고 형광 영사막에 작은 빛점을 남기고 가이거 계수기로 하여금 "딸깍……. 딸깍……. 딸깍……." 소리를 내게 한다. 그러나 이 작디작은 물질 점들 각각이 또한 파동이라는 것이 새롭게 발견되었다. 입자들은 파동이나 구름처럼 불분명한 운동 패턴을 나타내고 그 패턴은 호수나 바다의 표면에 생기는 물결처럼 마루와 골을 지녔다. 또한 과거에 파동으로 여겨진 전파와 빛 등이 입자라는 것도 발견되었다. 파동은 입자가 되고 입자는 파동이 되었다. 실재는 파동도 아니고 입자도 아니거나 파동인 동시에 입자이거나 또는 이 둘 다였다. 마치 당대의 급진적인 화가와 작곡가와 작가가 자연법칙을 기술하는 듯한 상황이었다.

한마디로 20세기 초에 고도로 정교한 장치들을 통해 세계를 바라본 탐험가들의 눈앞에서 세계는 극적으로 달라졌다. 우주의 작동 방식은 르네상스에서 시작하여 300년을 이어 온 계몽 시대의 과학이 가르친 것과 영 딴판인 것으로 보였다. 물리 세계에 대한 우리의 앎에 일어난 거대한 변화는 전혀 다른 자연관의 도래를 알리는 신호탄이었고 완전히 새롭고 더 근본적인 과학인 양자물리학을 잉태하고 있었다.

원자에 관한 새로운 실험 데이터와 이론적 아이디어를 다루는 물리학자들은 갈릴레오와 뉴턴이 활동한 고전 시대의 전통적 세계에서 발명된 인간적인 언어와 비유를 어쩔 수 없이 사용했지만 그것들이 그들의 새로운 경험을 기술하기에 영 부적절하다는 것을 발견했다. 이제 세계는 '애매하다', '불확실하다', '도깨비 같은 원격 작용' 따위의 표현들을 요구하는 것 같았다. 마치 유령들이 돌아다니며 실험 결과에 영향을 끼치는 듯했다.

그런 상황에서 왜 파동이 때로는 입자이고 입자가 때로는 파동인지 납득하기 위하여 '파동 입자 이중성'이라는 새로운 개념이 등장했다. 물론 과학자들은 여전히 당혹감을 떨쳐내지 못했지만 말이다. 양자물리학의 귀결들은 너무나 기이했으므로, 양자물리학의 개척자들은 자신들이 광활하고 새로운 실재를 기술하고 있음을 부인하고 차라리 자신들은 '단지' 가능한 실험들의 결과를 예측하는 새로운 방법을 발명했을 뿐이라고 주장하는 쪽을 선택했다. 어쩌면 그들 자신이 제정신을 유지하려면 그 선택이 불가피했을지도 모른다.

양자물리학 미리 보기

양자 시대 이전의 과학자들은 원인과 결과에 대해서 확정적으로 진술했으며 물체가 자신에게 가해지는 다양한 힘들에 반응하여 일정한 경로로 어떻게 움직이는지를 정확하게 기술했다. 그러나 역사의 안개 속에서 등장한 고전과학은 19세기 말까지 줄곧 엄청나게 많은 원자들로 이루어진 집단만을 기술했다. 예컨대 모래 알갱이 하나는 원자 몇 조 곱하기 백만 개가 모인 집단이다.

양자 시대 이전의 관찰자는 말하자면 머나먼 곳에서 대규모 인간 집단을 살펴보는 외계인과 같았다. 머나먼 곳의 외계인은 수천 명이나 수만 명, 또는 더 많은 인구로 구성된 집단만을 관찰할 것이다. 그는 행진하는 사람들, 박수를 치는 사람들, 종종걸음으로 출근하는 사람들, 또는 온갖 방향으로 바삐 움직이는 사람들을 보겠지만, 개별 인간의 행동을 가까이에서 살펴보면 무엇을 발견하게 될지 전혀 예상할 수 없을 것이다. 사람들이 유머와 사랑과 연민과 창의성을 발휘하여 하는 행동은 머나먼 곳에서 인간 집단의 행동만을 관찰해 온 외계인에게는 전혀 예상치 못한 새로운 행동일 것이다. 만약에 외계인 자신이 곤충이거나 자동기계라면, 그는 가까이 있는 인간의 행동에서 관찰하는 바를 기술하기에 적당한 어휘조차 지니지 못했을 수도 있다. 실제로 인류가 오늘날까지, 예컨대 아이스킬로스에서부터 토머스 핀천에 이르기까지 축적해 온 시와 문학을 총동원해도 모든 개인의 경험을 다 아우르지는 못한다.

이와 유사하게, 거대한 원자 집단들의 행동을 정확하게 예측하는 엄격한 물리학 체계는 20세기의 벽두에 완전히 무너졌다. 새로 개량된 고도로 정교한 실험들을 통해 개별 원자의 속성과 심지어 원자 속에 들어 있는 더 작은 입자들이 무대에 올라 독주나 이중주, 삼중주 등의 소규모 합주를 들려주기 시작했다. 선도적인 과학자들은 관찰된 개별 원자의 행동에 충격을 받았고 차츰 고전적인 세계 바깥으로 나아갔다. 그들 신세계 탐험가, 원자 시대 최신 물리학의 아방가르드 '시인, 화가, 작곡가' 중에는 하인리히 헤르츠, 어니스트 러더퍼드, J. J. 톰슨, 닐스 보어, 마리 퀴리, 베르너 하이젠베르크, 에르빈 슈뢰딩거, 폴 디랙, 루이-빅토어 드브로이, 알베르트 아인슈타인, 막스 보른, 막스 플랑크, 볼프강 파울리 같은 유명 인물도 있었다. 이들이 원자의 내부를 들여다보고 받은 충격은 우주선 엔터프라이즈호의 선원들이 머나먼 우주에서 외계 문명과 마주쳤을 때에 받을 만한 충격에 못지않았다. 최초의 데이터가 일으킨 혼란은 신세계에 논리와 질서를 부여하려는 이 과학자들의 절박한 노력에 점차 자리를 내주었다. 결국 1920년대가 끝날 때까지, 모든 화학과 일상적인 물질의 배후에 있는 원자의 속성들에 관한 기초 논리가 최종적으로 구성되었다. 인류는 기이하고 새로운 양자 세계를 이해하기 시작했던 것이다.

그러나 「스타트렉」의 탐험가들은 광선으로 변하여 이동하고 결국 덜 위험한 곳으로 되돌아올 수 있었지만, 1900년대 초반의 물리학자들은 원자를 지배하는 새롭고 기묘한 양자 법칙들이 온 우주의 만물에게 일차적이고 근본적임을 알았다. 우리 모두는 원자로 이루어졌으므로, 우리는 원자 세계의 실재성에서 나오는 귀결들을 피할 수 없다. 우리가 발견한 낯선 세계는 바로 우리 자신이다!

양자에 관한 새로운 발견들에 담긴 충격적인 귀결들은 그 발견들을 해낸 과학자들 다수를 당황하게 만들었다. 정치적 혁명과 꽤 비슷하게 양자이론은 초기의 지도자들 중 다수를 정신적으로 소진시켰다. 그들이 혐오한 것은 타인들의 정치적 모략과 음모가 아니라 실재에 관한 새롭고 심오하고 꺼림칙한 철학적 문제들이었다. 1920년대의 막바지에 개념의 차원까지 건드리는 혁명이 본모습을 드러내자, 알베르트 아인슈타인을 비롯한 양자이론의 창시자들 중 다수는 자신들의 중요한 기여로 탄생한 이론을 비난하고 등을 돌렸다. 그러나 21세기가 시작된 지금 우리가 보유한 양자이론은 적용된 모든 상황에서 훌륭하게 구실한다. 양자이론은 우리에게 트랜지스터, 레이저, 핵 발전을 비롯한 수많은 발명과 통찰을 제공했다. 뛰어난 물리학자들은 지금도 양자이론을 더 온건하고 더 무난하게, 인간의 직관에 덜 거슬리게 이해하는 길을 찾으려 애쓴다. 하지만 우리에게 중요한 것은 진부한 설명이 아니라 과학이어야 마땅하다.

양자이론 이전의 주류 과학은 큰 규모의 세계를 성공적으로 설명했다. 벽에 안전하게 기대어 있는 사다리, 날아가는 화살과 포탄, 행성들의 자전과 공전, 떠돌이 혜성, 유용한 증기기관, 전신, 전동기와 발전기와 전파방송 등, 한마디로 '고전물리학'은 1900년과 그 이전에 과학자들이 쉽게 관찰하고 측정할 수 있었던 거의 모든 현상을 성공적으로 설명했다. 그러나 원자만 한 대상들의 행동을 고전물리학으로 설명하려는 시도는 엄청나게 어렵고 철학적으로 아귀가 맞지 않았다. 한편, 막 생겨나는 양자이론은 철저히 반직관적이었다.

직관은 과거의 경험에 기초를 둔다. 그러나 이를 받아들이더라도, 고전 과학의 대부분 역시 그것이 발견되던 시대의 사람들에게는 반직관적이었음을 부인할 수 없다. 마찰이 없는 상황에서 물체의 운동에 관한 갈릴레오의 통찰은 당대에 지극히 반직관적이었다(마찰이 없는 세계를 경험하거나 생각해 본 사람은 거의 없었다).[2] 그러나 갈릴레오의 통찰을 출발점으로 삼은 고전과학은 1900년에 이르기까지 300년 동안 우리의 직관을 재정의했고, 그렇게 공고해진 직관은 급진적인 변화를 겪지 않을 것처럼 보였다. 적어도 양자물리학의 발견들이 완전히 새로운 차원의 반직관적이고 실존적인 충격을 일으키기 전까지는 말이다.

원자를 이해하려면, 1900년에서 1930년 사이에 실험실들에서 나온 자기 모순적인 듯한 현상들을 종합하려면, 과학의 규범과 태도를 급진적으로 바꿔야 했다. 방정식은 과거에 큰 규모에서 사건들을 엄밀하게 예측했지만 이제 다만 가능성들만 알려 주었다. 또 각각의 가능성에 대해서 계산할 수 있는 것은 '확률'뿐이었다. 어떤 사건이 실제로 물리적으로 발생할 확률 말이다. 절대적으로 엄밀하고 확실한 뉴턴의 방정식들('고전적 결정론')은 슈뢰딩거가 세운 새로운 방정식들과 하이젠베르크가 제시한 애매성, 불확정성, 개연성의 수학으로 대체되었다.

불확정성은 원자 규모의 자연에서 어떻게 나타날까? 많은 곳에서 나타나지만, 일단 간단한 예 하나만 살펴보자. 우라늄 같은 방사성 원자들의 집단이 있다고 해 보자. 우리가 실험실에서 배우듯이, 이 집단을 '반감기'라는 특정 시간 동안 그냥 놔두면, 원자들의 개수가 반으로 줄어든다. 또 한번 반감기가 지나면, 남은 원자들의 개수는 다시 반으로 줄어든다(따라서 반감기가 두 번 지나면 원자들이 원래 개수의 4분의 1만큼만 남게 되고, 반감기가 세 번 지나면 8분의 1만큼만 남게 된다). 우리가 충분히 노력하고 양자물리학을 이용한다면, 원리적으로 우리는 우라늄 원자들의 반감기를 계산할 수 있다. 다른 많은 기본입자들의 반감기도 마찬가지이다. 실제로 반감기 계산은 원자물리학자, 핵물리학자, 입자물리학자의 주요 일거리이다. 그러나 **특정 우라늄 원자 하나가 언제 붕괴할지는 양자이론으로 전혀 예측할 수 없다.**

이 사실은 반직관적이다. 우라늄 원자들이 정말로 뉴턴적인 고전물리학 법칙들의 지배를 받는다면, 무언가 내적인 붕괴 메커니즘이 존재할 테고, 우리가 그 메커니즘을 충분히 자세히 연구하면 특정 원자가 언제 붕괴할지 정확하게 예측할 수 있을 것이다. 그런데 양자 법칙들은 그런 내적인 메커니즘에 대해서는 전혀 모르는 채로 단지 애매한 확률적 결과만을 내놓는다. 더 나아가 양자이론은 특정 원자의 붕괴에 관하여 우리가 알 수 있는 것은 확률뿐이라고 단언한다.

세계의 양자적 면모를 드러내는 또 다른 예를 살펴보자. 똑같은 광자(빛 입자) 두 개를 유리창으로 발사하면, 둘 다 유리를 통과할 수도 있고 하나만 통과할 수도 있고 둘 다 반사될 수도 있다. 그런데 새로운 양자물리학은 어느 광자가 어떻게 될지 — 통과할지 아니면 반사될지 — 정확하게 예측할 수 없다. 특정 광자 하나의 미래를 정확히 알기는 **원리적으로도** 불가능하다. 우리는 다양한 가능성들의 확률만 계산할 수 있다. 양자물리학을 이용하여 계산하면 '광자 각각이 유리에서 반사될 확률이 10퍼센트, 유리를 통과할 확률이 90퍼센트'라는 결과가 나올 수도 있다. 그러나 거기까지가 끝이다. 양자물리학은 이처럼 언뜻 보면 애매하고 부정확한 듯하지만 실은 실재를 이해하는 올바른 길, 더 나아가 유일하게 올바른 길이다. 또 원자 규모의 구조와 과정, 분자 형성, 복사(원자가 방출하는 모든 빛)를 이해하는 유일한 길이기도 하다. 최근에는 양자물리학이 원자핵을 이해하는 데도, 어떻게 원자핵 속의 양성자와 중성자의 내부에서 쿼크들이 서로 영구적으로 결합하는지, 어떻게 태양이 어마어마한 에너지를 생산하는지 이해하는 데도 마찬가지로 유용함이 밝혀졌다.

그렇다면 갈릴레오와 뉴턴의 고전물리학은 원자를 기술할 때는 터무니없이 무능한데도 어떻게 일식이 일어날 시기, 핼리혜성이 2061년(목요일 오후)에 다시 나타난다는 사실, 우주선의 정확한 궤적을 깔끔하게 예측하는 것일까? 비행기의 날개가 동체에 붙어서 제 구실을 하는 것, 바람이 불어도 교량과 고층건물이 무너지지 않는 것, 수술용 로봇이 정밀하고 정확한 솜씨를 발휘하는 것은 뉴턴 물리학이 성공적인 덕분이다. 양자물리학은 세계가 뉴턴 물리학이 말하는 대로 돌아가지 않는다고 강조한다. 그런데도 뉴턴 물리학은 어떻게 그토록 성공적일 수 있을까?

엄청나게 많은 원자들이 모여서 비행기 날개나 교량이나 로봇 같은 큰 물체를 이루면, 도깨비 같고 반직관적인 ─ 우연성과 불확정성이 두드러진 ─ 양자 행동들은 사라지고 고전적인 뉴턴 물리학의 정확한 예측가능성이 출현한다. 이를 간단히 통계에 빗대어 설명할 수 있다. 뉴턴 물리학의 정확한 예측은 평균 미국 가구가 2.637명으로 구성된다는 정확한 통계적 진술과 약간 비슷하다. 이 진술은 아주 엄밀하고 정확한 진술일 수 있다. 비록 2.637명으로 이루어진 가구는 단 하나도 없지만 말이다.

21세기에 들어선 지금, 양자물리학은 모든 원자 및 아원자 연구의 기본일 뿐더러 많은 재료과학 연구와 우주 연구의 기본이다. 미국 경제에서 양자이론의 성과들이 전자공학을 비롯한 여러 분야에서 산출하는 금액은 매년 수조 달러에 달한다. 또 양자 세계에 대한 지식을 통해 가능해진 생산성 향상 덕분에 산출되는 금액 역시 수조 달러이다. 그러나 소수의 이단아들 — 실존철학자들의 칭찬을 받는 물리학자들 — 은 지금도 양자이론의 토대를 이루는 개념들을 연구하면서 어떻게든 양자이론을 이해하려 애쓴다. 어쩌면 양자이론 안에 이제껏 간과된 내밀한 엄밀성이 있을지도 모른다는 희망을 품고서 말이다. 그러나 그들은 비주류이다.

왜 양자이론은 심리적으로 마뜩치 않을까?

다음은 알베르트 아인슈타인이 남긴 유명한 말이다. "당신은 주사위놀이를 하는 신을 믿는 반면, 나는 객관성이 존재하는 세계의 완벽한 법칙과 질서를 믿고 대단히 사변적인 방식으로 포착하려 애쓴다……. 양자이론이 일단 크게 성공했음에도 불구하고 나는 근본적인 주사위놀이를 믿을 수 없다. 이런 태도를 당신의 젊은 동료들이 [나의] 노쇠의 결과로 해석한다는 것을 나도 잘 알지만 말이다."[3] 에르빈 슈뢰딩거는 이렇게 후회했다. "나의 파동방정식이 이런 식으로 쓰일 줄 알았더라면, 나는 그 논문들을 출판하기 전에 태워버렸을 것이다……. 나는 그것이 싫다. 내가 그것과 조금이라도 관련을 맺었던 것이 유감스럽다."[4] 스스로 낳은 아름다운 자식에게 등을 돌린 이 저명한 물리학자들은 도대체 무엇이 못마땅했던 것일까? 아인슈타인과 슈뢰딩거의 불평을 자세히 살펴보자. 흔히 이 불평은 '신이 우주를 가지고 주사위놀이를 한다.'라는 것이 양자이론의 주장이라는 말로 요약된다. 현대 양자이론으로 이어진 혁신은 1925년에 젊은 독일인 베르너 하이젠베르크가 헬골란트 — 심한 고초열에 걸린 그가 증상을 완화하기 위해 찾은 북해의

작은 섬 ─ 에서 홀로 휴가를 보내면서 얻은 중요한 아이디어에서 시작되었다.[5]

당시 과학계에서는 원자가 마치 태양과 그 주위를 도는 행성들로 이루어진 태양계처럼 중앙의 조밀한 핵과 그 주위를 도는 전자들로 이루어졌다는 새로운 가설이 득세하는 중이었다. 하이젠베르크는 원자 안에서 전자들의 행동을 탐구했고 핵 주위를 도는 전자들의 정확한 궤도를 알 필요가 없음을 깨달았다. 전자들은 한 궤도에서 다른 궤도로 신비롭게 도약하고, 그때 아주 정확하게 정해진 색깔의 빛이 방출되는 듯했다(빛의 색깔은 빛 파동의 '진동수'이다). 하이젠베르크는 이 사태를 수학적으로 어느 정도 이해할 수 있었다. 그러나 원자 안에서 전자들이 확정된 궤도를 따라 운동한다고 상상할 필요는 없었다. 결국 그는 A 지점에서 방출되어 B 지점에서 탐지된 전자의 운동 경로를 계산하려는 노력을 포기했다. 또한 그는 A와 B 사이에서 전자를 어떤 식으로든 측정하면 가설적인 전자의 운동 경로가 교란될 수밖에 없음을 깨달았다. 하이젠베르크는 전자들의 경로에 대한 지식은 요구하지 않으면서도 원자가 방출하는 빛에 대해서는 정확한 결론들을 내놓는 이론을 개발했다. 그가 보기에 궁극적으로는 사건들이 일어날 가능성과 확률만이 본래적인 불확정성을 동반한 채로 존재했다. 이것이 신생 양자물리학이 포착한 새로운 실재였다.

원자물리학 분야에서 나온 일련의 당혹스러운 실험결과들에 대한 하이젠베르크의 혁명적 해석은 닐스 보어에게 생각의 자유를 선사했다. 하이젠베르크보다 선배인 보어는 양자이론의 아버지요 할아버지요 산파라고 할 수 있다. 그는 하이젠베르크의 급진적인 생각을 하이젠베르크 자신에게조차 충격적일 정도로 대폭 발전시켰다. 하이젠베르크는 결국 충격을 가라앉히고 보어의 열정에 동참했지만, 하이젠베르크보다 더 늙고 명성이 높은 동료들은 그렇게 하지 않았다. 보어가 주장한 바는, 특정 원자의 경로에 대한 앎이 원자의 행동을 이해하는 데 불필요하다면, 별 주위를 도는 행성의 궤도처럼 잘 정의된 전자의 '궤도'라는 개념 자체가 무의미하고 따라서 폐기되어야 한다는 것이었다. **관찰과 측정은 궁극적인 정의(定義) 활동이다. 측정 행위 자체가 시스템으로 하여금 다양한 가능성들 가운데 하나를 선택하도록 강요한다.** 바꿔 말해서 실재가 불확실한 측정 때문에 애매해지는 것이 아니다. 오히려 원자 규모의 자연에서 실재가 전통적인 의미의 확실성을 허용한다는 생각 자체가 틀렸다고 보어는 주장했다.

양자물리학에서는 시스템의 물리적 상태와 그것에 대한 관찰자의 의식적인 앎 사이에 야릇한 연관이 존재하는 것처럼 보인다. 그러나 양자 상태를 무수한 가능성들 중 하나로 재설정하는 것, 혹은 '붕괴시키는' 것은 실은 임의의 다른 시스템에 의해 이루어지는 측정 행위이다. 이 사실이 얼마나 반직관적인지를 우리는 곧 전자들을 이용한 이중슬릿 실험을 다루면서 보게 될 것이다. 그 실험에서 전자들은 하나씩 차례로 차단벽에 뚫린 두 구멍 중 하나를 통과하여 멀리 떨어진 곳에서 특정 패턴으로 탐지되는데, 그 패턴은 누군가 또는 무언가가 전자가 통과한 구멍이(또는 통과하지 않은 구멍이) 어느 것인지 아는지 여부에 따라, 바꿔 말해서 전자가 어느 구멍을 통과했는지 '측정'되었는지 여부에 따라 달라진다. 그 측정이 이루어졌을 때의 결과와 이루어지지 않았을 때의 결과는 영 딴판이다. 괴이하게도 전자는 아무도 지켜보지 않을 때에는 두 경로를 한꺼번에 거치고 누군가 또는 무언가가 지켜볼 때에는 하나의 확정된 경로를 거치는 것처럼 보인다. 전자는 입자도 아니고 파동도 아니다. 또한 입자이면서 파동이다. 전자는 무언가 새로운 것이다. 전자는 **양자상태**이다.[6]

원자 과학의 형성에 기여한 수많은 물리학자들이 이런 기괴한 사태를 받아들일 수 없었던 것은 놀라운 일이 아니다. '코펜하겐 해석'이라고도 불리는 하이젠베르크/보어의 양자적 실재에 대한 해석을 납득시키는 최선의 길은, 원자 규모에서 무언가를 측정하는 일은 측정되는 상태 자체를 심하게 교란하는 일임을 지적하는 것이다. 그러나 결국 양자물리학은 실재에 대한 우리의 천성적인 감각과 일치하지 않는다. 우리는 양자이론을 가지고 놀고 시험하면서 양자이론에 익숙해지는 법을 터득해야 한다. 다양한 상황과 결부된 이론적 문제들을 제기하고 실험을 함으로써 양자이론에 차츰 익숙해져야 한다. 그러는 동안에 우리는 새로운 '양자적 직관'을 얻게 된다. 비록 처음에는 그 양자적 직관이 지극히 반직관적이게 느껴지겠지만 말이다.

또 하나의 중요한 진보는 하이젠베르크와 전혀 상관없이 1925년에 휴가를 보내던 또 다른 이론물리학자 에르빈 슈뢰딩거에 의해 이루어졌다. 그러나 슈뢰딩거는 하이젠베르크처럼 외롭지 않았다. 빈에서 태어난 이론물리학자 에르빈 슈뢰딩거와 그의 친구이자 물리학자인 헤르만 바일의 공동연구는 과학사에서 가장 유명한 공동연구 사례의 하나로 꼽힌다. 바일은 상대성이론과 전자에 관한 상대론적 이론의 개발에 결정적으로 기여한 뛰어난 수학자이기도 했다. 그는 수학 실력으로 슈뢰딩거를 도왔고, 그 대가로 슈뢰딩거는 그가 자신의 아내 안니와 바람을 피우는 것을 허용했다. 안니의 기분이 어땠는지 우리는 모르지만, 빅토리아시대 후기 빈의 지식인들 사이에서는 이런 실험적인 부부생활이 드물지 않았다. 아무튼 슈뢰딩거 자신도 자유롭게 수많은 혼외정사에 탐닉했는데, 그중 하나가 (자그마치) 양자이론에서 가장 중요하다고 할 만한 발견으로 이어졌다.[7]

1925년 12월, 슈뢰딩거는 2주 반 동안 휴가를 보내기 위해 스위스 알프스 지역의 '아로자'라는 마을로 떠났다. 그는 안니를 집에 놔두고 빈에 사는 오래된 여자친구와 동행했다. 프랑스 물리학자 루이 드브로이가 쓴 과학논문 몇 편과 진주 두 알도 챙겼다. 그는 성가신 소음을 차단하기 위해 귓구멍을 진주로 막고 '파동역학'을 발명했다(그때 그의 여자친구는 무엇을 하고 있었는지 우리는 모른다). 파동역학은 막 생겨난 양자이론을 더 간단한 수학을 통해, 당대의 물리학자들 대부분에게 익숙할 만한 방정식들을 통해 이해하는 새로운 방법이었다. 이 혁신적인 방법은 양자물리학이라는 신생 과학을 훨씬 더 많은 물리학자들에게 알리는 데 크게 기여했다.[8] 지금은 유명해진 슈뢰딩거의 파동방정식(흔히 '슈뢰딩거 방정식'이라고 불린다)은 양자물리학의 진보를 앞당겼을지는 몰라도 양자물리학의 창시자들을 혼란스럽게 만들었다. 왜냐하면 그 방정식에 대한 궁극적인 해석이 논쟁거리로 떠올랐기 때문이다. 놀랍게도 슈뢰딩거는 자신의 연구가 사상과 철학에서 일으킨 혁명 때문에 자신의 연구를 발표한 것을 후회했다.

슈뢰딩거가 한 일은 수학적 도구들을 써서 전자를 파동으로 기술한 것이었다. 전자는 과거에 작고 단단한 공이라고 여겨졌지만 특정 실험들에서는 실제로 파동처럼 행동한다. 파동은 물리학자들이 익히 아는 현상이다. 파동의 예는 물결파, 빛, 공기와 고체 속의 소리, 전파, 마이크로파 등 무수히 많다. 슈뢰딩거 시대의 물리학자들은 이것들 모두를 잘 알았다. 슈뢰딩거는 전자와 같은 입자가 사실은 새로운 유형의 파동, 곧 '물질파'라고 주장했다. 참으로 괴상한 주장이었지만, 그의 방정식은 물리학자들이 이용하기에 편리했고 갖가지 옳은 대답들을 간단명료하게 제시하는 듯했다. 슈뢰딩거의 파동역학은 막 생겨나는 양자이론을 이해하려 애쓰던, 또한 어쩌면 하이젠베르크의 이론이 너무 추상적이라고 느끼던 물리학자들로부터 어느 정도 호응을 받았다.

슈뢰딩거 방정식, 곧 파동방정식에서 가장 중요한 것은 그 방정식의 해인데, 이 해는 전자파동을 기술한다. 파동방정식의 해는 그리스어 철자 Ψ ('프사이')로 표기되며 '파동함수'라고 불린다. 파동함수에는 우리가 전자에 관하여 알거나 알 수 있는 모든 것이 들어 있다. 파동방정식을 풀면, 공간과 시간의 함수인 Ψ를 얻을 수 있다. 다시 말해 슈뢰딩거 방정식은 파동함수가 공간 전체에서 곳에 따라 어떻게 다르고 시간이 흐름에 따라 어떻게 변화하는지 알려 준다.[9]

슈뢰딩거 방정식은 수소 원자에 적용될 수 있었고, 그 적용의 결과로 수소 원자 속의 전자가 어떤 춤을 추는지 정확하게 밝혀졌다. Ψ가 기술하는 전자파동들은 실제로 종이나 악기가 만들어내는 소리 패턴들과 꽤 비슷했다. 바이올린이나 기타의 현을 뜯을 때 발생하는 소리 파동들과 마찬가지로 물질파들에도 관찰 가능한 모양과 특정한 에너지양을 부여할 수 있었다. 이런 식으로 슈뢰딩거 방정식은 원자 속 전자의 에너지 준위들을 계산할 수 있게 해 주었다. 수소 원자 속 전자의 에너지 준위들은 일찍이 보어가 처음에 가설적으로 구상한 양자이론(오늘날 '옛 양자이론'이라는 격하된 명칭으로 불린다)에 의해 밝혀져 있었다. 수소 원자는 정해진 양의 에너지를 여러 '스펙트럼선'의 형태로 방출하는데, 오늘날 잘 알려져 있듯이, 이 스펙트럼선들은 전자가 한 파동상태(이를테면 'Ψ_2')에서 다른 파동상태('Ψ_1')로 도약하는 것과 관련이 있다.

새로 발견된 슈뢰딩거 방정식의 위력은 이처럼 대단했다. 물리학자들은 Ψ의 수학적 형태를 보면서 파동 패턴들을 쉽게 떠올릴 수 있었다. 파동 개념은 양자이론으로 다룰 필요가 있는 모든 시스템 — 여러 전자들로 이루어진 시스템, 원자 전체, 분자, 결정, 자유롭게 움직이는 전자들을 지닌 금속, 원자핵 속의 양성자와 중성자 등 — 에 쉽게 적용될 수 있었다. 오늘날에는 쿼크들로 이루어진 입자에도 파동 개념이 적용된다. 쿼크들은 양성자와 중성자와 모든 핵물질의 기초 재료이다.

슈뢰딩거가 생각하기에 전자는 오로지 파동이었다. 전자는 소리나 물결과 유사했고 전자의 입자성은 무시할 수 있거나 거짓이었다. 그의 해석에서 Ψ는 진짜 말 그대로 새로운 유형의 물질 파동이었다. 그러나 결국 이 해석은 틀렸음이 드러났다. Ψ가 모종의 파동을 나타낸다면, 그 파동은 정확히 무엇일까? 역설적이게도 전자들은 여전히 아주 작은 입자들처럼 행동했다. 전자들이 형광 영사막에 부딪히면 아주 작은 빛점들이 나타났다. 어떻게 이 행동과 물질파 Ψ를 조화시킬 수 있을까?

얼마 지나지 않아 독일 물리학자 막스 보른(가수 올리비아 뉴튼 존의 할아버지이기도 하다)이 슈뢰딩거의 물질파에 대하여 더 나은 해석을 내놓았다. 그 해석은 새로운 물리학의 주류로 자리 잡아 오늘날까지 건재하다. 보른은 전자와 연관된 파동이 '확률 파동'이라고 단언했다.[10] Ψ^2, 곧 Ψ의 제곱은 시간 t에 공간상의 점 x에서 전자를 발견할 확률을 나타낸다고 보른은 말했다. 그에 따르면, 시간상에서나 공간상에서나 Ψ^2이 큰 곳에서는 전자가 발견될 확률이 높다. 반대로 Ψ^2이 작은 곳에서는 전자가 발견될 확률이 낮다. 하이젠베르크의 획기적인 깨달음과 마찬가지로 이것은 매우 충격적인 발상이었지만 슈뢰딩거의 생각보다 더 명확하고 이해하기 쉬웠다. 마침내 사람들은 슈뢰딩거가 제시한 파동함수를 최종적으로 이해하게 되었다.

보른은 우리가 전자의 위치를 정확히 모르며 알 수도 없다고 분명하게 말했다. 여기에 전자가 있을까? 글쎄, 여기에 전자가 있을 확률은 85퍼센트이다. 혹시 저기에 전자가 있을까? 그럴 수도 있다. 그럴 확률은 15퍼센트이다. 확률 해석은 실험실에서 이루어지는 임의의 실험과 관련해서 우리가 정확히 예측할 수 있는 것과 없는 것을 명확하게 규정했다. 분명히 똑같은 실험을 두 번 했는데, 전혀 다른 결과들이 나올 수도 있다. 일반적으로 고전과학의 특징으로 여겨진 엄격한 인과법칙에 아랑곳없이 입자들은 어디에 있고 무엇을 할지에 관한 가능성들을 풍부하게 지닌 듯하다. 새로운 양자이론에서 신은 정말로 우주를 가지고 주사위놀이를 한다.

슈뢰딩거는 자신이 이 불길한 혁명의 주역들 중 하나였다는 것을 뒤늦게 깨닫고 당황했다. 역시 역설적이게도 보른은 확률 해석의 영감을 1911년에 발표된 한 논문에서 얻었는데, 그 논문의 저자는 다름 아닌 아인슈타인이었다. 슈뢰딩거와 아인슈타인은 여생 동안 양자이론의 반대자로 남았다. 막스 플랑크도 마찬가지였다. "코펜하겐에 근거를 둔 집단이 주창하는 확률 해석은 우리의 소중한 물리학에 대한 확실한 반역 행위로서 몰락해야 마땅하다."[11]

19세기 말에서 20세기 초에 베를린에서 활동한 위대한 이론물리학자 막스 플랑크는 새로 부상하는 양자이론의 의미에 분노했다. 플랑크 자신이 그 새로운 이론의 진정한 할아버지였다는 점, 심지어 일찍이 19세기에 그 새로운 과학을 표현하기 위해 '양자'라는 단어를 만든 장본인이 바로 플랑크라는 점을 감안할 때, 이는 더할 나위 없이 역설적인 사건전개였다.

엄밀한 원인과 결과 대신에 확률을 우주의 지배자로 받아들이는 것을 일부 물리학자들이 반역 행위로 여긴 이유를 우리는 이해할 수 있다. 평범한 테니스공을 라켓으로 쳐서 표면이 매끄러운 콘크리트 벽으로 날려 보낸다고 해 보자. 공은 벽에 부딪혀 되튈 것이다. 당신이 똑같은 위치에 서서 똑같은 힘으로 공을 쳐서 벽의 똑같은 지점을 향해 날려 보내기를 되풀이한다고 해 보자. 다른 모든 조건(바람의 속도 등)이 같다면(또한 당신의 솜씨가 충분히 뛰어나다면) 당신이 지치거나 공이(또는 벽이) 망가지지 않는 한, 공은 매번 똑같은 방식으로 당신에게 되돌아올 것이다. 이런 원리들에 의지하여 안드레 애거시는 윔블턴 테니스 대회에서 우승했고 칼 립켄 주니어는 '캠던 야즈' 구장에서 '루이빌 슬러거' 배트에 맞아 튕기는 야구공의 방향을 정확히 판단하여 명성을 얻었다. 그런데 테니스공이 시멘트 벽을 그대로 관통하는 경우도 있다면 어떻게 될까? 게다가 그런 경우의 발생 여부가 단지 확률에 달려 있다면? 당신이 공을 100번 쳤는데 55번은 공이 되튀어 당신에게 돌아오고 45번은 벽을 통과하는 상황을 상상해 보라! 공이 제멋대로 때로는 라켓에 맞아 날아가고 때로는 라켓을 통과하는 상황을 상상해 보라. 물론 우리가 테니스공이 속한 거시적이고 뉴턴적인 세계를 다룰 때는, 이런 상황이 절대로 발생하지 않는다. 그러나 원자 규모의 세계는 다르다. 전자들로 이루어진 벽을 향해 날아간 전자 하나가 그 벽을 통과할 확률은 0이 아니다(이 현상을 일컬어 '꿰뚫기'라고 한다). 양자 꿰뚫기가 종종 발생하는 양자 테니스를 상상해 보라. 그것은 아주 어렵고 황당한 게임일 것이다.

평범한 일상에서도 광자들의 확률적 행동을 볼 수 있다. 당신이 여성용 속옷 가게의 쇼윈도를 구경한다고 해 보자. 이를테면 섹시한 마네킹의 구두를 뚫어지게 바라본다면, 거기에 당신 자신의 모습이 어렴풋이 겹쳐 보일 것이다. 왜 그럴까? 빛은 '광자'라는 입자들의 흐름인데, 이 광자들이 기이한 양자적 결과를 만들어낸다. (예컨대 태양을 비롯한 광원에서 나온) 광자들의 대부분은 당신의 얼굴에서 반사되어 곧장 유리를 통과함으로써 마침 유리 건너편에 있는 누군가(마네킹에 옷을 입히는 직원?)에게 선명한 당신의 상(잘생긴 악당!)을 제공한다. 그러나 소수의 광자들은 유리에서 반사되어 쇼윈도에 진열된 아슬아슬한 속옷에 어렴풋이 겹친 당신의 상을 만들어낸다. 광자들은 다 똑같은데, 왜 어떤 광자들은 유리를 통과하고 다른 광자들은 반사될까?

정교한 실험들을 통해 분명하게 확인할 수 있듯이, 어떤 광자가 유리를 통과하고 어떤 광자가 반사될지 미리 알아낼 길은 없다. 임의로 선택된 광자가 유리를 통과할 확률과 반사될 확률만 계산할 수 있다. 유리를 향해 날아가는 광자 하나에 양자이론을 적용하면, 슈뢰딩거 방정식에 의거하여 그 광자가 유리를 통과할 확률이 이를테면 96퍼센트, 반사될 확률이 4퍼센트라는 결론에 도달할 수는 있다. 그러나 어떤 광자가 통과하고 어떤 광자가 반사될까? 상상 가능한 최고의 장비들을 동원해도 이 질문에 답하는 것은 불가능하다. 신은 주사위를 던져서 이 질문에 답한다. 적어도 양자이론에 따르면 그렇다(신의 도구가 주사위가 아니라 룰렛일 수도 있다. 도구가 무엇이든 간에, 결국 중요한 것은 확률이다).

쇼윈도 구경하기와 비슷한 상황을 (물론 비용은 훨씬 더 많이 들지만) 전자들을 전기 장벽을 향해 발사하는 실험으로 연출할 수 있다. 전기 장벽에 예컨대 10볼트의 전압이 걸려 있다고 해 보자. 만일 발사되는 전자들이 보유한 에너지가 간신히 9볼트의 전압을 극복할 만큼이라면, 전자들은 '반사되어야' 마땅하다. 그 만큼의 에너지로는 장벽이 발휘하는 반발력을 이겨낼 수 없기 때문이다. 그러나 슈뢰딩거 방정식에 따르면, 전자 파동의 일부는 장벽을 통과하고 일부는 반사된다. 마치 광자들이 쇼윈도 유리에 부딪힐 때처럼 말이다. 그러나 전자나 광자의 한 부분이 관찰되는 일은 결코 없다. 이 입자들은 진흙덩어리처럼 찢어지지 않는다. 항상 온전한 입자가 장벽을 통과하거나 아니면 반사된다. 입자가 반사될 확률이 20퍼센트라는 것은 온전한 입자가 반사될 확률이 20퍼센트라는 것이다. 우리가 슈뢰딩거 방정식의 해에서 주목해야 할 것은 Ψ^2이다.

이와 유사한 실험을 계기로 물리학계는 전자를 말 그대로 물질 파동으로 보는 슈뢰딩거의 해석을 버리고 수학적인 파동함수 Ψ의 제곱이 전자를 어딘가에서 발견할 확률을 나타낸다는 더 이상한 생각을 받아들였다. 우리가 예컨대 전자 1,000개를 차단벽을 향해 발사하고 전자들의 행동을 가이거 계수기로 측정하면, 568개가 통과하고 432개가 반사되었음을 알게 될 수도 있다. 그런데 어떤 전자가 어떻게 행동할까? 우리는 그것을 모르며, 알 수도 없다. 이것이 양자물리학이 일러주는 괘씸한 진실이다. 우리는 오로지 확률, 곧 Ψ^2만 계산할 수 있다.

도깨비 같은 원격 작용

알베르트 아인슈타인은 이런 선언도 했다. "물리학이 시간과 공간 안의 실재를 도깨비 같은 원격 작용 없이 서술해야 한다는 생각과 양자이론은 조화하지 않기 때문에, 나는 양자이론을 진지하게 믿을 수 없다."[12]

아인슈타인은 양자물리학의 기본 원리 하나에서 치명적인 결함을 발견했다고 생각했다. 양자물리학을 옹호하는 사람들(특히 보어)은 입자의 다양한 속성들이 측정되기 전에는 객관적으로 실재하지 않는다고 주장했다. 아인슈타인이 보기에, 우리가 대상들을 측정하기 전에는 대상들이 존재하지 않는다는 말은 헛소리였다. 입자들은 존재하고 위치, 속도, 질량, 전하량 등의 속성들을 ― 설령 우리가 그것들을 관찰하지 않고 그것들의 값을 모른다 하더라도 ― 지닌다는 것이 아인슈타인의 견해였다. 그는 아주 작은 입자를 측정할 때 입자가 교란을 당하고 미지의 변화를 겪을 수 있다는 상식적인 생각에만 동의했다. 단지 관찰 때문에 양자상태가 온 우주에서 갑자기 (7장과 8장에서 다룰 '재설정'의 경우처럼) 변할 수 있다는 생각은 신호(정보)가 엄청나게 먼 거리를 순간적으로, 빛의 속도보다 더 빠르게 이동한다는 터무니없는 생각을 함축하는 듯했다. 그런데 아인슈타인 자신의 상대성이론에 따르면, 아무것도 빛보다 더 빠를 수 없다.

그리하여 1935년에 아인슈타인은 실재가 측정에 의해 비로소 존재하게 된다거나 존재하도록 '강제된다'는 생각을 끝장내려는 요량으로 사고실험 하나를 제안했다. 그 실험은 아인슈타인과 그의 두 동료 보리스 포돌스키와 나탄 로젠의 이름을 따서 EPR 사고실험으로 명명되었다. EPR 사고실험은 '어미 입자'의 방사성 붕괴로 산출되는 두 입자에 관한 것인데, 이 두 입자는 속성들, 그러니까 속도, 스핀, 전하량 등이 서로 연계되어 있다. 예컨대 전기적으로 중성인 '어미 입자'가 멀리 떨어진 어딘가에서 '딸 입자' 두 개로 붕괴한다고 해 보자. 구체적으로, 음전하를 띤 전자('몰리'라고 부르자)와 양전하를 띤 양전자('준'이라고 부르자)로 붕괴한다고 해 보자. 이 두 입자는 크기는 같고 부호는 반대인 전하를 띠고 서로 반대방향으로 날아가는데, 우리는 어느 입자가 어느 방향으로 날아가는지 모른다. 이를테면 준이 피오리아(미국 일리노이 주의 도시—옮긴이)로 날아가고 몰리가 머나먼 별 알파 센타우리로 날아갈 수도 있고 거꾸로 몰리가 피오리아로 준이 알파 센타우리로 날아갈 수도 있다. 고전물리학에서는 이 두 가능성 가운데 하나가 참이다. 그러나 양자이론에서는 실재하는 물리적 **양자상태**가 두 가능성의 애매한 혼재, 곧 '얽힌 상태'일 수 있다.

(준 → 피오리아, 몰리 → α 센타우리) + (준 → α 센타우리, 몰리 → 피오리아)

이렇게 명확한 가능성 두 개(또는 세 개 이상)를 '포개서' '혼합된' 혹은 '얽힌' 상태를 만들 수 있는 것은 모든 가능성들을 한꺼번에 아우를 특권을 지닌 양자이론의 특징이다.[13] 두 가능성 가운데 어느 것이 실재와 일치하는 지는 확실한 측정이 이루어질 때까지 전혀 알려지지 않는다. 확실한 측정이 이루어지는 순간, 양자상태는 곧바로 변화하여 그 측정 결과를 반영한다.

따라서 다음과 같은 기괴한 상황이 벌어진다. 우리가 피오리아에 도착한 입자의 전하량을 측정하면, 우리는 알파 센타우리로 날아가는 머나먼 입자의 전하량을 별도의 측정 없이 곧바로 알 수 있다. 다시 말해, 우리가 피오리아에서 준을 관찰하면, 우리는 알파 센타우리로 날아가는 입자가 몰리라는 것을 즉시 알 수 있다. 그 순간, 양자상태는 **온 우주에 걸쳐** 즉각 변화하여, 곧 '붕괴하여' 아래와 같은 '순수한 상태'가 된다.

(준 → 피오리아, 몰리 → α 센타우리)

거꾸로 (몰리 → 피오리아, 준 → α 센타우리)가 될 수도 있다. 양자이론은 두 가능성 모두를 포용하고 각각의 확률만을 예측하니까 말이다.

고전물리학의 입장에서 고찰해도 상황은 마찬가지라고 생각하는 독자도 있을 것이다. 그러나 고전물리학은 관찰 시점에 자연의 **상태**가 변화하는 것을 요구하지 않는다. 고전물리학의 입장에서 보면, 관찰은 우리에게 어떤 고전적 상태가 실재하는지 알려 줄 뿐이다. 고전적 상태들은 절대로 혼재하지 않으며 실재한다면 명확하게 실재한다. 고전적 상태를 관찰할 때 일어나는 변화는 우리 자신의 무지가 앎으로 바뀌는 것뿐이다. 반면에 양자이론에서는 우리가 관찰을 하면, 실재하는 준과 몰리의 물리적 상태 — 파동함수 — 가 갑자기 변화하여 순간적으로 온 우주의 모든 곳에 새로운 양자상태가 실재하게 된다.

아인슈타인이 보기에 이것은 정보가 자연의 한계 속도인 광속을 능가하여 순간적으로 온 우주에 전달되지 않는 한, 적어도 피오리아에서 알파 센타우리까지 전달되지 않는 한 불가능했다. 아인슈타인은 보어를 향해 '바로 이거야, 딱 걸렸어!'라고 외쳤을 것이 분명하다.

실제로 아인슈타인의 지적은 양자상태에 대한 보어의 해석을 치명적으로 논박하는 듯했다. 준과 몰리의 속성들은 방사성 어미 입자의 초기 양자상태에 의해 서로 연계되어 있고, 준의 위치는 몰리를 측정하지 않아도 도출할 수 있으므로, 알파 센타우리에 도착하는 입자의 속성들은 객관적으로 실재해야 할 듯하다. 그런데 보어는 확정된 속성은 측정을 통해서 비로소 존재한다고 주장했다. 이에 아인슈타인이 내린 결론은, 여기에서의 측정에 의해 저 먼 곳의 속성들이 결정된다는 양자이론의 주장은 '도깨비 같은 원격 작용'을 함축하고 보어의 해석은 빛보다 빠른 신호 전달을 함축하므로 양자이론은 불완전하거나 틀렸다는 것이었다. 이런 유형의 문제들 때문에 플랑크, 드브로이, 슈뢰딩거, 아인슈타인 등은 당대의 양자이론을 배척했다.

EPR 사고실험은 양자이론에 치명상을 입혔을까? 전혀 그렇지 않다. 양자이론은 지금도 살아서 잘 활동하며 심지어 과학사에서 가장 성공적인 이론이라고 할 만하다. 양자이론 옹호자들은 아인슈타인의 강력한 공격에 어떻게 대응했을까? 핵심은 '그렇다, 실제로 양자상태가 온 우주에서 순간적으로 재설정된다.' 또는 '붕괴한다.'라는 대꾸로 요약할 수 있다. 이 붕괴로 두 가능성 가운데 하나가 실현된다. 그러나 당신이 아무리 애를 쓰더라도, 도깨비 같은 원격 작용의 증거를 포착할 수는 없다. 어떤 메시지도 빛보다 빠르게 알파 센타우리로 전달될 수 없다. 그곳의 관찰자는 몰리가 다가오는 줄 모르다가 직접 몰리를 관찰하고 나서야 비로소 그것을 알게 된다. 마찬가지로, 그 관찰자는 얽힌 양자 상태가 명확한 가능성들 중 하나로 붕괴했음을 모르다가 스스로 측정하고 나서야 비로소 알게 된다. 그러므로 EPR 사고실험은 신호가 광속 이하로 전달되어야 한다고 규정하는 '자연의 인과법칙'을 위반하지 않는다. 결론적으로 측정 행위는 여전히 실재의 조건이라고 보어는 말했다. 그는 이렇게 덧붙였다. "양자이론에 충격을 받지 않은 사람은 양자이론을 이해하지 못했음이 틀림없다."[14]

그나마 다행인 것은, 골치 아픈 EPR 문제가 원자 세계라는 외딴 영역에 국한된 듯하다는 점이었다. 원자 세계에서 뉴턴의 법칙들이 통하지 않는다는 것은 당대에도 이미 잘 알려져 있었다. 그러나 다행은 오래 지속되지 않았다. 따지고 보면, 우리는 누구나 원자로 이루어진 물체이지 않은가?

슈뢰딩거의 혼합 고양이

양자철학의 곤경을 이야기하면서 이제는 유명해진 슈뢰딩거의 고양이를 간단히 언급하지 않는 것은 있을 수 없는 일이다. 이 역설은 몽실몽실한 양자적 미시 세계와 그곳의 통계적 확률을 뉴턴적 거시 세계와 그곳의 엄밀한 명제들과 연결한다. 아인슈타인, 포돌스키, 로젠과 마찬가지로 슈뢰딩거는 측정 이전에는 객관적 실재성이 없는 세계, 단지 넘실거리는 확률들의 집합일 뿐인 세계를 문제 삼았다. 그는 이 세계관을 조롱하려는 의도로 역설을 구성했지만, 그 역설은 지금도 과학자들을 괴롭힌다. 슈뢰딩거는 원자와 관련한 양자 효과가 평범한 거시 세계에서 극적으로 드러나게 만드는 **사고실험**을 생각해냈다. 그가 동원한 것 역시 방사성 붕괴 현상이었다. 이 현상에서 입자들은 예측 가능한 비율로 붕괴하지만, 특정 입자가 언제 붕괴할지는 예측할 수 없다. 다시 말해 예컨대 한 시간 동안 전체 원자들의 몇 퍼센트가 붕괴할지는 예측할 수 있지만 개별 원자들 중에서 어떤 것들이 붕괴할지는 예측할 수 없다.

슈뢰딩거가 제안한 사고실험의 방법은 이러하다. 우선 독가스가 든 병과 고양이를 상자에 넣는다. 가이거 관 속에 방사성 물질을 넣되, 한 시간 동안에 원자 하나가 붕괴할 확률이 50퍼센트가 되도록 아주 조금만 넣는다. 이제 상자와 가이거 관과 망치를 교묘하게 연결하여, 원자가 붕괴하면 가이거 관이 작동하고 그러면 망치가 움직여서 독가스 병이 깨지고 고양이가 죽도록 만든다(역시 세기말에 빈에서 활동한 지식인의 작품답게 엽기적이다).

자, 한 시간 후에 고양이는 살아 있을까 아니면 죽었을까? 시스템 전체를 양자 파동함수로 기술하면, 살아 있는 고양이와 죽은 고양이는 (거슬리는 표현이지만) '뭉개져서' 반반씩 혼합되어 하나의 상태를 이룰 것이다. 파동함수 Ψ는 그 상태가 '고양이 살아 있음'과 '고양이 죽었음'의 혼합이라고 말해 줄 것이다.[15] 다시 말해 Ψ_{고양이 살아 있음} + Ψ_{고양이 죽었음} 형태의 혼합 양자상태가 존재하게 될 것이다. 따라서 우리는 거시 규모에서도 살아 있는 고양이를 발견할 확률(Ψ_{고양이 살아 있음})^{2}과 죽은 고양이를 발견할 확률(Ψ_{고양이 죽었음})^{2}만 알아 낼 수 있을 것이다.

하지만 우리가 상자를 들여다보면, 살아 있는 고양이가 발견되거나 아니면 죽은 고양이가 발견될 것이다. 그런데 문제는 이것이다. **누군가**(또는 **무언가**) 상자 안을 들여다보는 순간, 양자상태가 '고양이 살아 있음'이나 '고양이 죽었음'으로 재설정되는 것일까? 애초부터 상자 안에서 고양이가 가이거 관을 초조하게 바라보며 자신의 상태를 측정하는 것은 양자상태의 재설정과 관련해서 무의미할까? 이 같은 '관찰자 문제'를 더 확장할 수 있다. 우리가 실험 장치를 더 개량하여 방사성 붕괴를 컴퓨터로 감시하고 매순간에 고양이의 상태가 상자 내부의 종이에 인쇄되도록 만든다고 해 보자. 이 경우에 고양이는 컴퓨터가 방사성 붕괴를 처음 탐지하는 순간에 확실히 살아 있는 상태가 되거나 확실히 죽은 상태가 될까? 혹은 인쇄가 완료된 순간에 그렇게 될까? 또는 내가 인쇄된 종이를 꺼내는 순간에? 또는 당신이 그 종이를 보는 순간에? 또는 원자의 붕괴로 인해 가이거 관의 내부에서 전자들의 흐름이 발생하고 그 결과로 가이거 계수기가 '딸깍' 소리를 내면 아원자 세계에서 거시 세계로의 이행이 일어나는 것이므로, 그 순간에 양자상태의 재설정이 일어날까? 슈뢰딩거의 상자 속 고양이 역설은 EPR 실험과 마찬가지로 새로운 양자이론의 기본 원리들을 위협하는 강력한 논증인 것으로 보인다. 직관적으로 생각할 때, '혼합 상태'의 고양이, 반쯤 살아 있고 반쯤 죽은 고양이는 있을 수 없다. 그렇지 않은가?

나중에 보겠지만, 여러 실험들은 슈뢰딩거의 고양이로 대표되는 커다란 거시적 시스템이 실제로 혼합 상태일 수 있음을 보여 준다. 다시 말해 양자이론은 거시 규모의 혼합 상태를 만들어낼 수 있다. 요컨대 양자물리학은 슈뢰딩거와의 대결에서도 승리한다.

양자효과는 아주 작은 원자에서부터 커다란 거시적 시스템에서까지 광범위하게 나타날 수 있다. 극도로 낮은 온도에서 특정 물질들이 '초전도성'을 띠고 완벽한 도체가 되는 것은 양자 현상이다. 이 현상이 발생하면, 전지가 없어도 전류가 영원히 흐르고, 원형으로 흐르는 초전도 전류 위에 자석이 영원히 떠 있을 수 있다. 액체 헬륨이 에너지 소비 없이 그릇의 벽을 타고 오르내리거나 웅덩이에서 관을 통해 솟아올라 분수처럼 뿜어져 내리기를 영원히 계속하는 '초유동성' 현상도 마찬가지이다. 모든 기본입자들이 질량을 얻는 현상 — 신비로운 '힉스 메커니즘' — 도 마찬가지이다. 양자역학을 벗어날 길은 없다. 궁극적으로 우리는 모두 다 상자 속의 고양이인 셈이다.

여러 해가 흘러갔지
하지만 마침내 두드리는 소리가 들렸어
그리고 나는 잠글 자물쇠가 없는
문을 생각했어.

나는 입바람을 불어 불을 끄고
발끝으로 바닥을 더듬으며
양손을 높이 들었지
문을 향해 기도하면서.

하지만 두드리는 소리가 또 들렸어
나의 창은 활짝 열려 있었지
나는 창턱에 기어올라
밖으로 내려갔어.

다시 창턱에 올라
문을 두드린 자가
누구든
"들어오라" 일렀지

그렇게 나는 두드리는 소리에
나의 우리를 벗어났고

세상 속에 숨어서

나이를 먹으며 변해가지.

로버트 프로스트, 「자물쇠 없는 문」[16]

수학은 안 나오지만 숫자는 가끔 나올 수도 있다

우리 저자들의 목표는 원자와 분자가 주인공인 야릇한 미시 세계를 이해하기 위해 개발된 물리학 법칙들을 알기 쉽게 설명하는 것이다. 우리는 독자에게 사소한 두 가지 조건을 요구한다. 세계에 대한 호기심, 그리고 편미분방정식에 대한 완벽한 이해. 잠깐! 기다리시라. 방금 한 말은 농담이다. 우리는 여러 해 동안 대학의 인문계 신입생들을 가르쳐 왔기 때문에 일반인이 수학에 대해 지니고 있는 공포와 혐오를 너무나 잘 안다. 그래서 수학은 동원하지 않을 것이다. 이 책에서 수학은 드물게 아주 조금 나올 수도 있겠지만, 많이 나오는 일은 절대로 없을 것이다.

과학자들이 세계에 관해서 하는 말은 모든 사람이 받는 교육에 포함되어야 한다. 특히 양자이론은 고대 그리스인들이 신화를 버리고 우주에 대한 합리적 이해를 추구한 이래로 가장 의미심장한, 관점의 변화이다. 양자이론은 인류의 지식을 대폭 확장했다. 현대 과학자들은 지적인 지평을 확장하는 과정에서 양자이론과 수많은 반직관적 사태들을 수용하는 대가를 치렀다. 잊지 말아야 할 것은 뉴턴적인 언어가 새로운 원자 세계를 기술하는 데 실패한 것이 양자이론이 선택된 주원인이라는 점이다. 그러나 우리 과학자들은 계속 최선을 다할 것이다.

양자이론은 우리를 작디작은 것들의 세계로 안내하므로, 앞으로의 논의를 번거롭지 않게 전개하기 위해 '10의 거듭제곱' 표기법을 사용하기로 하자. 우리가 때때로 사용하게 될 과학 기호(예컨대 10^4 등)에 겁을 먹지 마시기를 간절히 바란다. 10의 거듭제곱 표기는 아주 크거나 아주 작은 수를 간단하게 나타내는 방법에 지나지 않는다. 예를 들어 10^4은 단지 1 다음에 0이 네 개 붙은 수라고 생각하면 된다. 요컨대 10^4은 10,000이다. 거꾸로 10^{-4}은 소숫점 아래 넷째 자리에 1이 있는 수, 곧 0.0001(1 나누기 10,000 또는 10,000분의 1)이다.

이 간단한 표기법을 사용하면, 자연에 있는 길이 혹은 거리들을 점점 작아지는 순서로 나열할 수 있다.

- 1미터는 인체와 관련이 있는 대표적인 길이이다. 어린이의 키, 어른의 팔 길이, 행진할 때의 보폭이 대략 1미터이다.
- 1센티미터, 곧 10^{-2}미터('10의 마이너스 2제곱미터')는 엄지손톱, 꿀벌, 캐슈너트cashew nut의 크기와 비슷하다.
- 10의 마이너스 4제곱(10^{-4})미터로 내려가면 핀이나 개미 다리의 굵기에 도달한다. 여기까지는 아직 고전적인 뉴턴물리학의 영역이다.
- 다시 규모를 100배 줄여서 10^{-6}(100만 분의 1)미터로 내려가면 살아 있는 세포 속의 커다란 분자들, 예컨대 DNA를 만나게 된다. 여기에서부터 양자적 행동이 관찰되기 시작한다. 이 규모는 가시광선의 '파장'과도 비슷하다.
- 금 원자의 지름은 10^{-9}(10억 분의 1)미터이다. 가장 작은 원자인 수소

원자의 지름은 10^{-10}미터이다.

- 원자핵의 크기는 10^{-15}미터이다. 양성자나 중성자의 지름은 10^{-16}미터이고, 이보다 더 작은 규모로 내려가면 양성자 내부의 쿼크들이 나온다. 최고 성능의 입자가속기인(세계 최고 성능의 현미경이기도 하다) 스위스 주네브의 대형강입자충돌기(LHC)를 써서 직접 관찰할 수 있는 최소 길이는 10^{-19}미터이다.

- 우리는 10^{-35}미터가 존재하는 최소 길이라고 믿는다. 이 한계에 이르면 양자 효과 때문에 길이 자체가 무의미해진다.

우리의 지식을 원자 규모(10^{-9}미터)에서 원자핵 규모(10^{-15}미터)로 확장하려면 양자이론이 필수적이고 유효하다는 것이 실험을 통해 밝혀졌다. 10^{-15}미터는 1,000조 분의 1미터이다. 최근에 과학자들은 페르미 연구소의 입자가속기 '테바트론'을 이용하여 10^{-18}미터 규모까지 조사했지만 양자이론의 타당성이 무너지는 조짐은 발견하지 못했다. 머지않아 유럽원자핵공동연구소의 대형강입자충돌기가 가동하면 과학자들은 10의 거듭제곱의 지수로 한 단계 더 내려가서 10^{-19}미터 규모를 탐사하게 될 것이다. 이 새로운 땅은 우리의 일상세계에 인접한 이웃 지역이 아니다. 과거에 유럽인들이 발견한 아메리카와는 다르다는 말이다. 10^{-19}미터 규모의 세계는 오히려 우리의 세계이다. 왜냐하면 우주는 원자핵보다 작은 세계의 거주자들로 이루어졌기 때문이다. 우주의 속성과 역사와 미래는 그 거주자들에 의해 결정된다.

우리가 '이론'에 관심을 기울이는 까닭

양자이론은 단지 이론일 뿐인데, 왜 우리가 양자이론에 신경을 써야 하느냐고 묻고 싶은 독자도 있을 것이다. 이론들은 도처에 널려 있지 않느냐고 말이다. '이론'이라는 단어를 여러 의미로 사용하는 것은 우리 과학자들의 흠이다. 실제로 이론은 과학적으로 잘 정의된 단어가 전혀 아니다.

우스꽝스러운 예를 하나 들어 보자. 대서양 근처에 사는 사람들이 관찰해 보니, 태양은 매일 아침 예컨대 5시경에 수평선 위로 떠올라 저녁 7시경에 반대편으로 진다. 이 현상을 설명하기 위해 어느 명망 높은 교수가, 수평선 너머에 무한히 많은 태양들이 24시간 간격으로 줄지어 늘어서 있다는 이론을 내놓는다. 그 태양들이 차례로 솟아올라서 반대편으로 사라지는 것이라고 그는 설명한다. 이보다 더 경제적인 이론은, 단 하나의 태양이 지구 주위를 24시간에 한 바퀴씩 돈다는 것이다. 더 기괴하고 반직관적인 세 번째 이론은, 태양이 멈춰 있고 지구가 자전축을 중심으로 24시간에 한 바퀴씩 자전한다는 것이다. 요컨대 서로 경쟁하는 세 이론이 있다. 여기에서 '이론'이라는 단어는 데이터를 합리적이고 조직적인 방식으로 이해하기 위해 고안된 가설이나 가설적인 생각을 뜻한다.

첫 번째 이론은 여러 이유 때문에 아주 신속하게 폐기된다. 태양의 흑점들의 모양과 배치가 날마다 똑같다는 것, 혹은 단지 멍청한 이론이라는 것이 폐기의 이유일 수 있을 것이다. 두 번째 이론은 물리치기가 더 어렵다. 그러나 다른 행성들을 관찰하면, 그것들이 자전한다는 것을 알 수 있다. 그렇다면 유독 지구만 자전하지 말란 법이 있을까? 더 나아가 지구의 표면 근처에 있는 물체들을 정밀하게 측정하면, 지구가 자전한다는 증거를 포착할 수 있다. 그러므로 결국 자전 이론 하나만 살아남는다.

그런데 문제는 이것이다. 위의 서술에서 우리는 '이론'이라는 단어를 '사실'이라는 단어로 대체하지 않고 줄곧 사용했다. 수백 년이 지나서 지구의 자전이 우리가 아는 어떤 사실에 견줘도 손색이 없는 사실로 인정된 뒤에도 우리는 여전히 '자전 이론'을 운운할 것이다. 우리 저자들이 말하려는 요지는 다음과 같다. 살아남는 이론은 측정 및 관찰과 가장 잘 일치하는 이론이다. 그 이론에 대한 검증은 다양하고 극단적인 조건에서 이루어질수록 더 좋다. 언젠가 그 이론은 최고의 지위에 올라 더 나은 설명이 제시될 때까지 그 지위를 유지한다. 그럼에도 우리는 여전히 '이론'이라는 똑같은 단어를 사용한다. 어쩌면 검증되어 특정 영역에서 사실이 된 이론들도 더 큰 영역으로 확장되면 수정할 필요가 있을 수 있다는 것을 우리가 경험을 통해 알기 때문인지도 모르겠다.

아무튼 오늘날 우리 곁에는 상대성**이론**, 양자**이론**, 전자기**이론**, 다윈의 진화**이론** 등이 있는데, 이것들 모두는 과학적으로 수용할 수 있다는 판정을 받고 더 높은 지위로 격상한 상태이다. 이 이론들은 현상을 옳게 설명하며 각자의 적용 영역에서 **사실**로 간주된다. 또한 새로 제안된 이론들 ― 예컨대 초끈**이론** ― 도 있다. 그것들은 탁월하지만 잠정적인 가설이며 언젠가 확립될 수도 있고 버려질 수도 있다. 다른 한편, 완전히 버려진 옛 이론들도 있다. 예컨대 '플로지스톤'(가연성 물질에 들어 있다고 여겨진 가설적인 성분) 이론이나 '칼로릭'(가설적인 열 유체) 이론이 이 부류에 속한다. 반면에 양자이론은 적어도 현재로서는 과학을 통틀어 가장 성공적인 이론이다. 요컨대 양자이론은 사실이다.

직관? 반직관을 가동하라

새로운 원자 영역에 접근하면 우리의 모든 직관은 의심스러워질 수 있다. 우리가 지닌 사전 정보는 쓸모 없어질 수 있다. 평범한 삶에서 우리의 경험은 극히 제한적이다. 우리는 총알보다 100만 배 빠르게 움직여 본 경험이 없다. 태양의 중심보다 10억 배 뜨거운 열을 경험해 보지 못한다. 우리는 개별 분자나 원자, 원자핵과 춤을 춰 본 적이 없다. 자연에 대한 우리의 직접 경험은 이렇게 제한적이지만, 과학은 우리 바깥에 펼쳐진 세계의 광활함과 다양함을 일깨워 준다. 어느 과학자는 우리를 알 속의 병아리에 비유했다. 우리는 알 속에 저장된 먹이로 연명하는데, 언젠가는 그 먹이가 바닥나고 세상이 종말에 이른 듯한 때가 온다. 그러나 그때 알껍데기가 깨지고 병아리는 훨씬 더 큰(또한 흥미로운) 새 세상으로 나온다.

성인들 대부분이 품은 다양한 직관들 중에는 우리 주변의 대상들 — 의자, 전등, 고양이 — 이 우리의 관찰과 상관없이 제 속성들을 완비하고서 존재한다는 것도 있다. 또 다른 직관적 믿음의 예로, 만일 우리가 하나의 실험을, 예컨대 장난감 자동차 두 대를 똑같은 경사면으로 내려 보내는 실험을 똑같은 방식으로 여러 날에 걸쳐 되풀이하면, 똑같은 실험 결과가 나올 것이라는 믿음이 있다. 더 나아가 만일 야구공이 타자에게서 외야수에게로 날아간다면, 야구공 궤적의 모든 점 각각에서 야구공의 위치와 속도가 확정된다는 것은 직관적으로 당연하다고 여겨진다.

이 직관들은 의자와 야구공이 있는 거시 세계에서 여전히 유용하다. 그러나 우리가 이미 보았고 앞으로도 보겠지만, 원자의 내부에서는 기이한 일들이 벌어진다. 당신이 가장 애지중지하는 직관들을 점검할 마음을 먹어야 한다. 과학의 역사는 기존 지식을 포용하는 혁명들의 역사이다. 예컨대 뉴턴 혁명은 과거에 갈릴레오, 케플러, 코페르니쿠스가 남긴 연구와 개념을―버린 것이 아니라―감싸 안았다. 제임스 클럭 맥스웰이 최종적으로 정리한 전자기이론도 마찬가지였다.[17] 맥스웰은 19세기에 뉴턴 역학을 확장하고 부분적으로 포용했다. 아인슈타인의 상대성이론은 뉴턴의 이론을 버리지 않고 공간, 시간, 중력에 대한 심화된 견해와 매우 높은 속도의 현상들을 포용할 수 있도록 확장했다. 뉴턴의 방정식들은 낮은 속도들의 영역에서 타당성을 유지했다. 양자 이론은 뉴턴/맥스웰 이론들을 포용하였고, 그 결과로 우리는 원자 영역을 이해할 수 있게 되었다. 어느 경우에나 새 이론은, 적어도 처음에는, 옛 이론의 언어로 이해되어야 했다. 그러나 양자이론을 논의할 때 '고전' 이론의 언어―우리의 인간적인 언어―는 무용지물이다.

아인슈타인을 비롯한 반대자들이 맞닥뜨렸던 문제는 오늘날 우리의 문제와 다르지 않다. 그것은 원자를 다루는 새 물리학을 거시 대상을 다루는 옛 물리학의 언어와 철학으로 이해하려는 것에서 비롯되는 어려움이다. 우리는 어떻게 뉴턴과 맥스웰의 옛 세계가 새로운 양자 세계의 귀결로 생겨나는지를 양자이론의 언어로 이해하는 법을 터득해야 한다. 만약에 우리의 크기가 원자만 하다면, 우리는 양자 현상들에 둘러싸여 성장할 것이다. 그럼 우리 중 누군가가 이런 질문을 제기할 수도 있을 것이다. '우리가 원자 10^{23}개를 조립해서 이른바 '야구공'을 만든다면, 우리는 어떤 종류의 세계를 대면하게 될까?'

개연성, 불확정성, 객관적 실재, 기괴함 등은 모두 우리 언어의 접근을 허용하지 않는 개념들일지도 모른다. 이 점은 20세기 말에도 여전히 문제였다.

전하는 이야기에 따르면, 리처드 파인만은 어느 텔레비전 인터뷰에서 진행자가 시청자들을 위해 두 자석 사이에 작용하는 힘을 설명해달라고 공손히 요구하자 "저는 못합니다."라고 대꾸했다. 그는 나중에 그 이유를 해명했다. 그 진행자(그리고 거의 모든 사람들)는 힘을 이야기하면서 이를테면 손으로 테이블을 미는 행동을 생각한다. 이것이 그의 세계이고 그의 언어이다. 그러나 그 행동은 전기, 양자이론, 물질의 속성들과 얽혀 있는 복잡한 행동이다. 인터뷰 진행자는 파인만이 순수한 자기력을 '옛 세계' 거주자들에게 '익숙한' 힘들을 통해 설명해 주기를 기대했던 것이다.

곧 실감하겠지만, 양자물리학을 이해하는 것은 전혀 새로운 세계에 진입하는 것과 같다. 확실히 양자물리학은 20세기에 과학이 이룬 가장 위대한 발견이며 21세기 내내 필수적일 것이다. 양자물리학은 전문가들의 이익과 재미를 위한 것으로만 놔두기에는 너무나 중요하다.

21세기의 두 번째 10년이 시작된 지금도 여전히 뛰어난 물리학자들은 인간적인 직관에 가하는 충격이 덜하고 철학적으로 만족스러운, '온건하고 무난한' 양자이론을 발견하기 위해 애쓴다. 그러나 그들의 노력은 성과로 이어지지 못하는 듯하다. 다른 물리학자들은 단순히 양자물리학 법칙들을 있는 그대로 통달하여 삐걱거리는 소음을 내면서 전진한다. 그들은 양자물리학 법칙들을 새로운 대칭 원리들에 맞게, 점과 같은 입자가 아니라 가설적인 끈과 막에 맞게 조정하고 현재 현미경으로 조사할 수 있는 길이보다 1조 배 작은 길이에 관한 강력한 이론들을 구성한다. 가장 성공적인 것은 이 두 번째 접근법인 것으로 보인다. 이 접근법은 시공의 구조 자체와 알려진 모든 힘들의 통일에 관한 중요한 힌트를 제공하는 듯하다.

우리 저자들은 한편으로 양자이론의 꺼림칙한 기괴함과 다른 한편으로 자연에 대한 우리의 이해와 관련해서 그 이론이 지닌 심오한 귀결들을 모두 전달하려 한다. 양자이론의 기괴함은 상당 부분 인간의 조건에서 비롯된다고 우리는 생각한다. 자연은 나름의 언어를 지녔고 우리는 그 언어를 배워야 한다. 우리는 카뮈의 작품을 프랑스어로 읽는 법을 배워야지, 그것을 싸구려 미국어로 억지스럽게 번역하지 말아야 한다. 만일 프랑스어를 번역하기가 어렵다면, 프로방스 지방에서 꽤 오랫동안 휴가를 보내며 프랑스 공기를 마셔야 한다. 우리 동네에 앉아서 세계를 우리 사투리의 틀에 맞추려고 억지를 부릴 일이 아니다. 이어질 내용을 통해 당신이 우리의 세계 안과 그 너머에 있는 새로운 세계에 도달하고 새로운 언어까지 습득하여 그 멋진 신세계를 이해하게 되기를 바란다.

2장 양자가 등장하기 전에

갈릴레오가 피사의 사탑에 올라 무게가 서로 다른(그러나 모양이 똑같아서 똑같은 공기저항을 받는) 두 물체를 떨어뜨렸을 때, 그의 행동은 과학실험 이상의 의미가 있었다. 그는 위대한 거리 공연을 펼친 것이었다. 그것은 아리스토텔레스를 추종하는 피사 대학의 교수들을 공개적으로 비웃을 기회였다. 또한 아마도 후원 자금을 끌어 모으기 위한 볼거리였을 것이다(갈릴레오는 메디치 가문의 후원을 받기 위해 어쩔 수 없이 호로스코프를 제작하기도 했다). 그러나 더 중요한 것은 갈릴레오가 직관을 경험적인 증거로, 교설을 사실로 대체하는 일의 중요성을 보여 주었다는 점이다.

우리가 양자이론을 탐구하는 동안, 실재와 '물리적 세계'에 대한 당신의 천성적 직관은 심각한 도전에 직면할 것이다. 당신이 받을 충격도 두 물체가 동시에 쿵하고 바닥에 떨어지는 것을 직접 보고 들은 평범한 피사 사람들이 받은 충격에 못지않을 수 있다. 어떻게 무거운 물체가 가벼운 물체보다 더 빨리 떨어지지 않을 수 있단 말인가? (어떻게 아리스토텔레스가 틀릴 수 있단 말인가?) 선생들은 직관에 의지하여 학생을 가르쳤다. 고대 그리스인들은 무거운 물체와 가벼운 물체 중에 어느 것이 더 먼저 바닥에 떨어지는지 확인하는 실험을 전혀 하지 않았다. 그러나 직관은 천성적이기는커녕 관찰에 의해 습득된 것일 수도 있다.

갈릴레오의 시대까지 유럽인들은 무거운 물체가 가벼운 물체보다 더 빨리 떨어진다는 (그릇된) 가르침을 무려 2,000년 동안 받아 왔다. 또한 그들은 움직이는 물체는 자연적으로 언젠가는 멈춰야 하고 지구는 우주의 중심에 있다고 배웠다. '만물은 질서를 지키고, 달과 태양과 행성들은 지구 주위를 돌며, 천국은 위에, 지옥은 아래에 있다.'라고 말이다. 갈릴레오의 급진적인 생각들은 관찰과 그에 따른 추론에 근거를 두었다. 동시에 떨어뜨린 두 물체는 (공기저항의 효과를 무시하면) 무게와 상관없이 똑같은 순간에 바닥에 도달할 것이다. 이 결론은 실제로 실험을 해봄으로써 검증할 수 있다. 더 나아가 힘이 작용하여 운동 상태를 바꾸지 않는다면 물체는 계속 직선으로 운동한다는 것 역시 매끄럽고 마찰이 없는 표면 위에서 움직이는 물체를 가지고 검증할 수 있다. 태양은 태양계의 중심이고 (지구를 포함한) 행성들은 태양 주위를 타원 궤도를 따라 돌고, 달은 지구 주위를 돈다고 생각하면, 과거에 지구 중심 우주관을 괴롭힌 관찰 자료들을 설명할 수 있다. 그러나 이 생각 역시 갈릴레오의 시대에는 기괴했다. 이처럼 1600년에 갈릴레오의 생각들은 1930년에 양자이론이 그랬던 것과 마찬가지로 '반직관적'이었다.[1]

현기증을 유발하는 양자물리학의 세계를 살펴보기에 앞서, 양자물리학 이전의 과학을 어느 정도 이해할 필요가 있다. 그 과학을 일컬어 **고전물리학**

이라고 하는데, 이것은 갈릴레오의 시대보다 먼저 시작되어 수백 년 동안 이어지면서 아이작 뉴턴, 마이클 패러데이, 제임스 클럭 맥스웰, 하인리히 헤르츠를 비롯한 많은 과학자들에 의해 개량된 연구의 성과이다.[2] 고전물리학은 우주가 일종의 시계장치라고 전제했다. 우주는 질서정연하고 인과법칙을 따르며 정확하고 예측 가능하다고 말이다. 고전물리학은 20세기가 시작될 때까지 최고의 권위를 유지했다.

복잡성 유발 요인

반직관적인 생각이 무엇인지 느껴 보기 위해 지구를 생각해 보자. 지구는 단단하고 영원하며 요지부동인 것처럼 보인다. 우리가 음식 운반용 수레를 밀고 가도, 잔에 담긴 커피는 쏟아지지 않는다. 그러나 여전히 지구는 자전하고 있다. 지구 표면에 붙어 있는 물체들은 가만히 있기는커녕 마치 거대한 관람차처럼 회전하는 지구와 함께 회전한다. 적도 근처의 물체들이 가장 빠르게 회전하는데, 그 속도는 시속 1,600킬로미터로 제트비행기와 맞먹는다. 게다가 지구는 태양 주위의 공전 궤도를 따라 시속 16만킬로미터라는 어마어마한 속도로 움직인다. 더 나아가 태양계 전체가 우리 은하의 중심을 도는 속도는 그보다 더 빠르다. 그럼에도 태양은 동쪽에서 떠서 서쪽으로 지고, 우리는 지구의 운동을 거의 느끼지 못한다. 어떻게 이럴 수 있을까? 말을 타고 달리면서 편지를 쓰기는 불가능하고 고속도로에서 시속 110킬로미터로 달리는 자동차 안에서 편지를 쓰는 것도 어렵다. 그러나 우리 모두가 동영상에서 보았듯이, 우주인들은 지구 주위를 시속 2만 9천킬로미터로 도는 우주선 안에서 바늘에 실을 꿰는 등의 정교한 일들을 해낸다. 우주에 떠 있는 그 우주인들 아래에서 푸른 지구가 회전할 뿐, 그들은 전혀 움직이지 않는 것처럼 보인다.

> 태양의 무늬는
> 오직 그 남자에게만 어울릴 수 있네
> 광채가 태양이려면
> 원반의 모양을 갖춰야 하므로 ─

에밀리 디킨슨, 「태양의 무늬」[3]

우리의 일상적인 직관은 우리가 운동하는지를 단박에 알려 주지 않는다. 만일 환경과 우리 자신이 똑같이 움직인다면, 또 그 움직임이 가속도 없이 일정하다면, 우리는 어떤 운동도 감지하지 못할 것이다. 고대 그리스인들은 지구 표면에 붙어 있는 물체가 절대적인 정지 상태에 있다고 믿었다. 갈릴레오는 이 유서 깊은 '아리스토텔레스적' 직관에 맞서서 새롭고 과학적으로 향상된 직관을 옹호했다. 가만히 앉아 있는 상태와 일정하게 움직이는 상태는 다르지 않다고 우리는 배운다. 우주인들은 그들 자신의 관점에서 볼 때 가만히 앉아 있지만, 우리의 관점에서 보면 시속 2만 9천킬로미터로 우주 공간을 내달리고 있다.

가벼운 물체와 무거운 물체가 똑같은 속도로 낙하하여 동시에 바닥에 닿으리라는 것은 갈릴레오의 예리한 눈에는 전적으로 명백했다. 하지만 대부분의 사람들에게는 전혀 그렇지 않았다. 왜냐하면 경험은 그 반대가 옳음을 시사하는 듯했기 때문이다. 그러나 갈릴레오는 진실을 들춰내는 실험을 했고 그 실험의 의미를 옳게 해석했다. 무거운 물체와 가벼운 물체가 동시에 떨어진다는 진실은 다만 주위의 공기가 운동을 방해하기 때문에 은폐되었던 것이다. 갈릴레오는 주위 공기가 자연의 바탕에 깔린 근본적인 단순성을 가리는 '복잡성 유발 요인'이라는 것을 알아보았다. 공기가 없으면 모든 물체들이, 심지어 깃털과 바위도 똑같은 속도로 떨어지리라는 것을 그는 깨달았다.

실제로 중력의 크기는 중력을 받는 물체의 질량에 따라 달라진다. **질량**이란 물체가 보유한 물질의 양이다.

질량을 지닌 물체가 받는 중력이 바로 **무게**이다(과학 선생님들이 누누이 강조하는 대로, 물체의 질량은 달에 가도 변하지 않지만 무게는 줄어든다. 이 사실은 갈릴레오를 비롯한 사람들이 연구를 통해 얻은 결과이다). 물체의 질량이 클수록, 중력은 강해진다. 질량이 두 배로 커지면, 중력도 두 배로 커진다. 그러나 물체의 질량이 커지면, 물체가 운동 변화에 저항하는 경향도 커진다. 이렇게 중력과 운동 변화에 대한 저항성이 함께 증가하여 상쇄되므로, 모든 물체는 ― 우리가 공기 저항의 효과를 제거할 수 있다면 ― 똑같은 속도로 땅에 떨어진다. 공기 저항은 복잡성 유발 요인이다.

고대 그리스 철학자들이 보기에 물체가 취할 수 있는 가장 자연스러운 상태는 당연히 정지 상태였다. 우리가 축구공을 내차면, 축구공은 굴러가다가 결국 멈춘다. 당신의 자동차는 연료가 남아 있는 동안만 움직이고 그 다음에는 느려지다가 이내 멈춘다. 테이블 위의 하키 퍽을 손가락으로 튕기면, 퍽은 1미터 정도 움직이다가 멈춘다. 이 모든 현상들은 완벽하게 자명하고 완벽하게 아리스토텔레스적이다(우리 모두의 내면에는 아리스토텔레스가 들어 있다).

그러나 갈릴레오는 더 심오한 직관을 개발했다. 만일 하키 퍽과 테이블에 왁스를 발라 윤을 낸다면, 퍽은 더 멀리 미끄러질 것이고, 만일 테이블이 아니라 얼음판 위라면 퍽은 아주 멀리 미끄러질 것임을 갈릴레오는 깨달았다. 마찰을 비롯한 모든 복잡성 유발 요인들을 제거하면, 퍽은 직선으로 일정한 속도로 영원히 미끄러질 것이다. 이 결론에 이른 갈릴레오는 '바로 이거야!' 하고 외쳤을 것이다. 운동의 감소는 퍽과 테이블(또는 자동차와 도로) 사이의 마찰 때문에 일어나고, 바로 그 마찰이 복잡성 유발 요인이다.

일반적인 대학 실험실에는 기다란 철제 선로가 있다. 그 선로에는 작은 구멍이 수천 개 뚫려 있는데, 그 구멍들로 공기가 뿜어져 나오기 때문에, 선로에 얹어 놓은 물체(하키 퍽에 해당함)는 공중에 떠서 선로를 따라 움직이게 된다. 선로의 양끝에는 탄성이 좋은 완충장치가 달려 있다. 선로 위에 얹어 놓은 물체를 살짝 밀면, 물체는 9미터 길이의 선로 끝까지 미끄러져 완충장치에서 되튀고 다시 반대쪽 끝에서 되튐을 한 시간짜리 수업 내내 계속한다. 왜 물체는 그토록 오랫동안 저절로 움직이는 것일까? 이 실험은 대단히 반직관적이기 때문에 아주 재미있다. 그러나 이 실험에서 우리가 목격하는 것은 마찰이라는 복잡성 유발 요인에 얽매이지 않은 본래의 세계이다. 이 실험보다 기술적으로는 더 원시적이지만 명쾌한 실험들을 통해서 갈릴레오는 '고립된 상태에서 운동하는 물체는 자신의 운동을 영원히 유지할 것이다.'라는 새로운 자연법칙을 발견하고 언명했다. 이때 '고립된' 상태란 마찰력 따위가 없는 상태를 의미한다. 오직 힘만이 등속운동 상태를 변화시킬 수 있다.

이 자연법칙이 반직관적이라고? 두 말하면 잔소리다! 정말로 고립된 물체를 상상하기는 지극히 어렵다. 왜냐하면 우리가 진정으로 고립된 물체를 거실이나 야구장에서, 혹은 지구 위 어딘가에서 만나는 일은 결코 없기 때문이다. 우리는 오로지 면밀히 설계된 실험에서만 고립이라는 이상적인 상태에 접근할 수 있다. 그러나 방금 언급한 선로(에어 트랙) 실험 등을 여러 번 경험한 사람은 결국 이 자연법칙을 직관의 일부로 수용하게 된다. 실제로 일반적인 물리학 전공 대학 신입생들을 보면 그런 변화를 확인할 수 있다.

과학적 방법의 한 요소는 세계를 주의 깊게 관찰하는 것이다. 과학적 방법이 지난 400년 동안 대단한 성공을 거둔 이유의 핵심은 추상화에 있다. 과학은 우리가 실제 세계의 복잡성이 제거된 순수한 정신적 소형-세계를 창조하고 그 안에서 기초적인 자연법칙들을 탐구할 수 있게 해준다. 그 다음에 우리는 다시 현실로 돌아가 마찰이나 공기 저항 같은 복잡성 유발 요인들을 정량화하면서 더 복잡한 실제 세계를 탐구할 수 있다.

중요한 예를 하나 더 살펴보자. 실제 태양계는 엄청나게 복잡하다. 태양계의 중심에는 육중한 별인 태양이 있고, 태양보다 작으며 질량이 각각 다른 행성 9개(명왕성을 제외하면 8개)가 제각각 위성들을 거느리고 태양 주위를 도는데, 이 모든 천체들 각각이 다른 모든 천체들을 끌어당겨서 태양계 전체는 복잡한 춤을 추게 된다. 이처럼 복잡한 태양계를 단순화하기 위해 뉴턴은 다음과 같은 단순한, 이상화된 질문을 던졌다. 태양 하나와 행성 하나로만 이루어진 태양계를 생각해 보자. 그 태양과 행성은 어떻게 운동할까?

이런 접근법을 일컬어 '환원주의적 방법'이라고 한다. 복잡한 시스템(이를테면 행성 아홉 개와 태양 하나)을 이해하기 위해서 더 작은 부분 시스템 (행성 하나와 태양 하나)에 관한 문제를 고찰하라. 그러면 문제가 풀릴 수도 있다(실제로 풀린다). 그 다음에 당신은 부분 시스템과 원래 탐구 과제인 복잡한 시스템이 공유하는 특징들을 찾아낼 수 있다(예컨대 행성 아홉 개 각각의 운동은 행성 하나와 태양만 있는 시스템의 행성의 운동과 거의 비슷하다. 다만, 행성들 사이에 작용하는 힘들 때문에 약간의 차이가 발생한다).

환원주의적 방법을 늘 적용할 수 있는 것은 아니다. 그 방법이 통하지 않을 때도 있다. 이 때문에 토네이도와 관을 통과하는 액체의 마구잡이 흐름은 오늘날에도 완전히 이해되지 않는 현상으로 남아 있다. 거대한 분자들과 살아 있는 유기체들이 나타내는 복잡한 현상들은 더 말할 것도 없다. 이것들은 가장 복잡한 물리적 시스템들이다. 환원주의적 방법은 물리학자가 상상한 추상적이고 단순한 시스템이 난잡한 실제 시스템과 그리 다르지 않을 때 가장 잘 통한다. 태양계의 경우, 거대한 태양이 지구에 발휘하는 힘이 다른 모든 행성들이 지구에 발휘하는 힘을 압도한다. 따라서 우리는 화성, 금성, 목성 등의 영향력을 무시하고서도 꽤 훌륭한 결론에 도달할 수 있다. 지구와 태양만 고려해도, 지구의 공전 궤도를 충분히 정확하게 기술할 수 있다. 이런 식으로 환원주의적 방법이 성과를 거두면, 우리는 원점으로 돌아가 복잡성 유발 요인들 가운데 가장 중요한 것 하나를 추가로 고려하면서 다시 탐구를 진행할 수 있다.

포물선과 진자

사람들이 웅얼거리는 소리가 귀에 거슬리게 들렸다! 수많은 트럼펫이 내는 듯 요란
한 소음이 났다! 천 개의 천둥처럼 지독하게 귀에 거슬리는 소리가 났다!

불타는 벽들이 순식간에 멀어졌다. 내뻗은 팔이 내 팔을 잡았고, 나는 까무러치며
심연으로 빠져들었다. 라살 장군의 팔이었다. 프랑스군이 톨레도에 입성한 것이었
다. 종교재판소는 적들의 수중에 들어가 있었다.

에드가 앨런 포, 『함정과 진자』의 일부[4]

　고전물리학, 즉 양자 이전의 물리학을 떠받치는 기둥은 두 개이다. 첫 번
째 기둥은 17세기 갈릴레오/뉴턴 역학, 두 번째 기둥은 19세기에 여러 물리
학자들에 의해 발견된 전기와 자기와 광학에 관한 자연법칙들이다. 이 물리
학자들의 이름 ─ 쿨롱, 외르스테드, 옴, 앙페르, 패러데이, 맥스웰 ─ 은 전
기와 관련한 다양한 단위들의 명칭과 닮은꼴이다. 우선 우리의 영웅 갈릴레
오의 후계자이며 위대한 물리학자인 아이작 뉴턴부터 살펴보자.

　물체들은 땅으로 떨어지고, 떨어지는 물체의 속도가 증가하는 비율(이
른바 **가속도**)은 정확하게 정해져 있다. 야구방망이에 맞아 공중으로 솟은 공
이나 포에서 발사된 포탄 등의 발사체는 '포물선'이라는 우아한 곡선을 그
리며 발사지점에서 멀어진다. 끝에 추가 달린 기다란 끈을 높이 매달아 놓은
형태의 (할아버지가 물려준 옛날 시계의 추나 나뭇가지에 밧줄로 매단 폐타
이어 따위의) 진자는 시계를 맞추는 기준으로 삼아도 될 만큼 정확하게 시간
을 맞춰서 앞뒤로 흔들린다. 태양과 달은 지구의 바닷물을 끌어당겨서 밀물
과 썰물을 일으킨다. 이 모든 현상들은 뉴턴의 운동법칙들에 의해 설명된다.

　뉴턴은 인류의 역사에서 유례를 찾기 어려운 폭발적인 창조력으로 두 가

지 발견을 했다. 그 발견들은 모두 '미적분학'이라는 수학의 언어로 표현되는데, 뉴턴은 자신의 예측들을 자연과 비교하기 위해 미적분학의 대부분을 스스로 발명해야 했다. 첫 번째 발견 — 흔히 뉴턴의 세 가지 운동법칙들이라고 불린다 — 은 물체에 작용하는 힘을 알 때 물체의 운동을 계산하는 방법이다. 뉴턴은 이렇게 젠체할 만했다. '나에게 힘들을 알려 주고 충분히 큰 컴퓨터를 달라. 그러면 내가 너희에게 미래를 알려 주겠다.' 그러나 우리가 아는 한에서 뉴턴은 이렇게 말하지 않았다.

물체에 가해지는 힘은 밧줄, 막대, 인간의 근육, 바람이나 물의 압력, 자석 등 거의 모든 것에서 유래할 수 있다. 그러나 뉴턴의 두 번째 발견의 초점이 된 것은 자연의 특별한 힘인 중력이었다. 그는 모든 물체들이 서로를 끌어당긴다는 보편적인 법칙을 허망할 정도로 간단해 보이는 방정식 하나로 표현했다. 두 물체 사이에 작용하는 인력은 물체들 사이의 거리가 멀어지면 줄어든다. 거리가 예컨대 두 배로 멀어지면, 그 인력, 즉 중력은 4분의 1로 줄어든다. 거리가 세 배로 늘어나면, 중력은 9분의 1로 줄어든다. 이것이 그 유명한 '역제곱 법칙'이다. 이 법칙이 성립하기 때문에, 우리가 물체에서 충분히 멀리 떨어지면, 그 물체의 영향력을 우리가 원하는 만큼 줄일 수 있다. 태양에서 가장 가까운 별들 중 하나인 — 겨우 4광년 떨어진(즉, 빛이 여기에서 알파 센타우리까지 가는 데 4년이 걸린다) — 알파 센타우리가 우리에게 발휘하는 중력은 지표면에서 우리 몸무게의 10조 분의 1, 즉 10^{-13}배에 불과하다(미국 GDP의 10^{-13}배는 약 1달러이다). 거꾸로 우리가 중성자별처럼 크고 밀도가 높은 물체에 바투 접근하면, 우리는 중력에 짓이겨져서 원자핵들로 분해될 것이다. 뉴턴의 법칙들은 떨어지는 사과, 발사체, 진자, 그밖에 우리

대부분이 사는 지구 표면 근처의 물체들에 중력이 어떻게 작용하는지 알려 준다. 중력은 광활한 공간 너머까지 작용한다. 예컨대 1억 5천만킬로미터 떨어진 지구와 태양 사이에서도 중력이 작용한다.

뉴턴의 법칙들은 우리가 사는 지구를 벗어난 곳에서도 성립할까? 이론의 귀결들은 측정 결과와 (실험 오차 이내로) 일치해야 한다. 그리고 측정 결과들 ― 어떤 측정 결과들인지 맞춰 보라 ― 은 뉴턴의 법칙들이 태양계 전체에서 성립함을 보여 준다. 더 나아가 행성 각각의 운동을 계산할 때 우리는 그 행성 하나만 태양 주위를 도는 단순한 상황만 고려해도 실제와 매우 흡사한 결과를 얻을 수 있다. 그렇게 계산하면, 뉴턴의 법칙들은 행성 각각이 완벽한 타원 궤도를 그린다고 예측한다. 그러나 예컨대 화성의 궤도운동을 더 자세히 살펴보면 미세한 차이가 발견된다. 화성의 궤도는 환원주의적 방법에 의거한 '2체' 근사에서 예측되는 완벽한 타원이 아니다.

태양-화성 시스템을 고립시켜서 분석할 때 우리는 지구와 금성과 목성 등이 발휘하는 비교적 작은 중력 효과들을 무시한다. 이 행성들도 화성을 끌어당김에도 불구하고 말이다. 화성과 목성이 서로 지나칠 때, 화성은 목성으로부터 상당한 영향을 받는다. 이 영향은 긴 세월에 걸쳐 누적되어 큰 결과로 이어질 수 있다. 화성은 이삼십억 년 후에 목성에 의해 내동댕이쳐져서 마치 텔레비전 서바이벌 쇼의 출연자처럼 태양계 바깥으로 퇴출될 수도 있다. 이렇게 우리가 행성의 운동을 아주 먼 미래까지 내다보려 하면, 문제는 더 복잡해진다. 그러나 현대적인 컴퓨터를 이용하면 크고 작은 건드림의 효과를 계산에 포함시킬 수 있고 (현대적인 중력이론인) 아인슈타인의 일반상대성이론이 예측하는 미세한 효과까지 감안할 수 있다. 이 모든 효과들을 포함시키면, 뉴턴 이론과 측정 결과는 더 잘 일치하게 된다. 그러나 뉴턴의 법칙들은 별들 사이의 광활한 ― 거리가 수십조킬로미터에 달하는 ― 공간에서도 성립할까? 중력의 세기는 거리가 멀어짐에 따라 감소하지만, 현대적인 천문학 측정 결과들은 중력이 우리가 아는 우주의 끝까지, 또한 영원히 작용함을 알려 준다.

이제 뉴턴의 운동법칙들과 중력법칙 때문에 일어나는 다양한 현상들을 잠깐 살펴보자. 사과는 거의 수직으로 떨어지지만 사실은 지구의 중심을 향해 떨어진다. 포탄은 포물선을 그리며 날아간다. 달은 겨우 40만킬로미터 떨어진 곳에서 지구 주위를 돌며 바닷물과 우리의 낭만적 심성을 끌어당긴다. 행성들은 원에 가까운 타원 궤도를 따라 태양 주위를 돈다. 혜성들은 심하게 찌그러진 타원 궤도를 따라 태양에 접근하는데, 혜성이 다시 돌아오기까지는 수십 년이나 수백 년이 걸릴 수도 있다. 가장 작은 것부터 가장 큰 것까지 우주에 있는 모든 것은 아이작 뉴턴 경의 법칙들에 의거하여 정확히 예측할 수 있는 방식으로 운동한다.

어떻게 한두 개의 수학 방정식이 이토록 많은 현상들을 아우를 수 있을까?

대포와 우주

중력법칙이 미치는 범위는 뉴턴 자신이 탐구한 문제이기도 하다. 이 문제에 접근하기 위해 그는 벼랑 끝에 설치된 가상의 대포를 생각했다. 그는 화약의 양에 따라서 포탄의 궤적이 어떻게 달라지는지 계산하고자 했다. 이 실험을 우리가 재현한다면, 처음에는 케케묵은 싸구려 화약 한 자루만 있으면 충분할 것이다. 화약은 피시식 타오르면서 포탄을 포구 바깥으로 간신히 밀어낼 테고, 포탄은 나무에서 떨어지는 사과와 마찬가지로 벼랑 아래로 거의 수직으로 떨어질 것이다. 포탄과 사과는 둘 다 중력과 운동법칙들의 지배를 받는다.

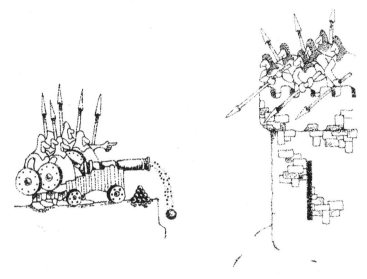

그림 1 장군은 화약 한 자루를 사용하여 대포를 발사하라고 명령한다. 동방에서부터 길고 힘겨운 행군을 한 탓에 화약은 축축하고 곰팡이가 핀 상태이다. '퍽!' 대포가 소음을 내고, 포탄이 튀어나와 거의 수직으로 떨어진다. (일제 런드 그림)

다음 단계로 우리는 정부가 공인한 화약 신제품 한 자루를 사용할 수 있을 것이다. '펑!' 이번에는 포구로 튀어나온 포탄이 멋진 곡선을 그리며 날아가 벼랑 밑바닥에서 100미터 떨어진 지점에 낙하한다. 하지만 장군은 그 정도로 만족하지 않을 것이다. 그러므로 우리는 화약 세 자루를 사용하고 포열을 약간 더 세우자. '쾅!' 이제 포탄은 포물선을 그리며 높이 솟았다가 8킬로미터 떨어진 지점에 낙하한다.

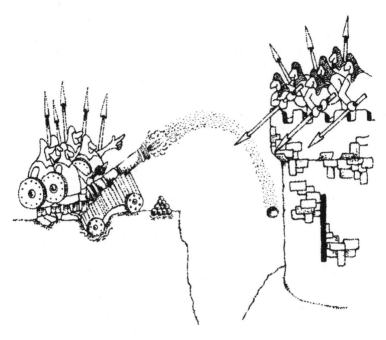

그림 2 장군이 화약 세 자루를 쓰라고 명령한다. '쾅!' 포탄이 성을 향해 포물선을 그리며 날아간다. 포탄은 바닥을 향해 $g = 9.8m/s^2$ 만큼 가속하여 성벽 바로 앞에 떨어진다.(일제 런드 그림)

그러나 장군은 여전히 더 강한 폭발을 원하므로, 우리는 화약 열 자루와 맞먹는 고성능 다이너마이트를 장전한다. 이번 소음은 굉장하다. '쿠아아앙!' 몇 킬로미터 떨어진 관측소의 장군들도 느낄 수 있을 만큼 요란하고 찬란한 폭발이다. 그 장군들은 목표지점을 살펴보지만 아무것도 발견하지 못한다. 포탄을 발사하려고 폭발을 일으켰는데, 도리어 포탄이 산산이 부서진 것일까? 장군들은 포를 발사한 병사들에게 전화를 건다. "화약 열 자루라고?" 장군이 깜짝 놀라서 외친다. "이런 멍청이들. 포탄을 궤도에 올려 놓았군!" 90분이 지나면 포탄은 신형 스푸트니크 위성이라도 되는 것처럼 지구를 한 바퀴 돌아 병사들의 머리 위로 날아갈 것이 뻔하다.

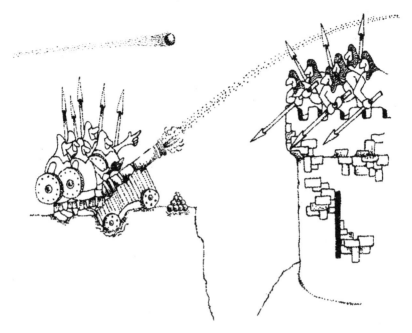

그림 3 장군이 화약 열 자루를 투입하라고 명령한다. '쿠아아앙!' 포탄이 하늘 높이 날아간다. 90분 뒤에 포탄은 궤도를 한 바퀴 돌아 병사들의 머리 위로 지나간다. 포탄은 끊임없이 바닥을 향해 $g = 9.8 m/s^2$만큼 가속하지만 엄청난 속도로 전진하는 중이고 지구가 둥글기 때문에 계속해서 원운동을 유지할 수 있다.(일제 런드 그림)

이 '사고'실험은 공기저항을 무시하지만 나머지 면에서는 뉴턴의 방정식들이 예측하는 바를 정확하게 반영한다. 지구의 중력은 항상 변함없이 포탄이 지구를 향해 '떨어지게' 만들지만, 매번 초기조건이 다르기 때문에 다른 결과가 발생한다. 처음 속도가 낮으면 포탄은 수직에 가까운 방향으로 떨어진다. 처음 속도를 높이면, 포탄은 지구 표면 근처의 발사체가 그리는 궤적을 그릴 것이다. 처음 속도가 더 높으면, 포탄은 더 멀리 날아가서 지구 표면에 떨어질 것이다. 그런데 지구 표면은 휘어져 있으므로, 처음 속도가 특정한 값에 도달하면 포탄이 지구를 향해 '떨어지는' 정도와 지구 표면이 '휘어진' 정도가 정확히 일치하게 되고 포탄은 궤도운동을 하게 된다. 만일 우리가 화약 두세 자루를 더 사용한다면, 포탄은 지구의 중력을 극복하고 우주로 날아갈 것이다. 이처럼 기본 방정식은 항상 같지만 초기조건이 어떠하냐에 따라서, 소행성과 혜성의 궤적부터 행성과 보이저 탐사선과 발목에 밧줄을 묶고 번지점프를 하는 사람의 궤적까지, 다양한 결과가 나온다.

뉴턴의 경이롭고 보편적인 방정식들에 감탄한 독자들을 위해 덧붙이자면, 그 방정식들에는 다음과 같은 심오한 철학적 의미도 들어 있다. 만일 우리가 무언가의 초기조건을 알면 — 대포의 예에서 초기조건은 포탄의 처음 위치(대포의 위치)와 속도(사용된 화약의 양)이다 — 원리적으로 우리는 그것의 미래 전체를 정확하게 예측할 수 있어야 한다. 미래를 예측한다는 것은 진정한 의미에서 아리스토텔레스 철학에 대한 도전이다.

예컨대 만일 우리가 태양계에 속한 아홉 행성의 처음 위치(태양에서 떨어진 거리)와 속도를 정확히 알고 행성들 사이에 작용하는 (행성들의 질량에 의해 결정되는) 힘들도 정확히 알뿐더러 성능이 엄청나게 좋은 컴퓨터까지 가지고 있다면, 우리는 태양계 전체의 앞날을 먼 미래까지 우리가 원하는 만큼 정확하게 예측할 수 있다. 다음 한 걸음은 훨씬 더 크다. 만일 우리가 태양계의 전신인 뜨거운 먼지 구름 속 입자들 각각의 초기조건을 안다면, 우리는 미래에 행성들과 위성들이 형성될 것을 예측할 수 있어야 마땅하다. 고전물리학에서는 충분한 계산 능력과 초기조건에 대한 정확한 앎만 확보되면 무엇이든 예측할 수 있다. 이 사실을 특별한 용어를 써서 다음과 같이 표현할 수 있다. 고전물리학은 '결정론적'이다. 고전물리학에서 미래는 적어도 원리적으로는 정확하게 결정될 수 있다. 이 중요한 사실은 나중에 양자 혁명을 다룰 때 다시 거론될 것이다.

나사는 뉴턴의 법칙들을 토대로 작성한 컴퓨터 프로그램으로 위성들의 복잡한 궤도를 예측한다. 캘리포니아 공과대학과 매사추세츠 공과대학을 비롯한 연구기관들은 그 법칙들을 기계공학, 토목공학, 건축공학에 적용한다. 그 법칙들은 우주여행을 가능케 하고 교량과 고층 건물, 자동차, 비행기를 설계할 수 있게 해 준다. 그 법칙들은 근대 문명이 지금의 복잡하고 다채로운 모습으로 번창하게 해 주었다.

그렇다면 뉴턴의 이론에 무슨 문제가 있을까? 간단하다! 뉴턴의 시스템은 300년 동안 고객들을 만족시켰지만 두 영역에서 무력하다. 엄청나게 빠른 속도의(광속에 가까운 속도로 움직이는 대상들의) 영역과 아주 작은(원자 규모의) 대상들의 영역이 그것이다. 원자 내부에서 유효한 것은 양자이론이다.

3장 빛의 신기한 속성들

고전물리학을 떠나기 전에 잠깐 놀이 삼아 빛을 살펴볼 필요가 있다. 빛에 관한 질문 중에는 중요하고 처음 만나면 당혹스러운 것들이 많은데, 그것들은 우리가 양자 영역을 탐구할 때 새로운 모습으로 다시 등장할 것이다. 지금은 우선 고전적인 틀 안에서 빛 이론이 어떻게 기원했는지 알아보자.[1]

빛은 에너지의 한 형태이다. 전기에너지나 화학에너지를 빛으로 변환하는 과정들이 다양하게 존재한다. 예컨대 전기난로와 전구, 또는 양초와 장작불에서 그런 과정들이 일어난다. 햇빛은 태양의 내부에서 일어나는 핵융합이라는 과정에 의해 산출된 에너지로 뜨겁게 달궈진 태양의 표면에서 나온다. 원자로의 노심에서 튀어나오는 방사성 입자들은 주위의 물 속에서 원자들을 부스러뜨려(이온화하여) 희미한 파란색 빛을 만들어낸다.

임의의 물질 덩어리에, 예컨대 쇳덩이에 소량의 에너지를 주입하면, 쇳덩이는 가열된다. 주입된 에너지가 충분히 적으면, 쇳덩이는 손으로 만지면 느껴질 만큼 데워질 것이다(취미로 목공을 하는 사람들도 다 알듯이, 나무에 못을 박기 위해 망치질을 하면, 못이 뜨거워진다). 충분히 가열된 쇳덩이는 희미하고 칙칙한 빨간색 빛의 형태로 복사에너지를 방출한다. 쇳덩이의 온도가 더 높아지면, 빨간색에 주황색과 노란색이 추가되고, 더욱 더 높은 온도에서는 녹색과 파란색이 가세한다. 결국 쇳덩이뿐 아니라 임의의 물체가 충분히 뜨거워지면, 모든 색깔의 빛이 혼합된 결과인 흰색 빛이 방출된다.

우리가 주위에서 보는 물체들의 대부분은 빛을 방출하기 때문이 아니라 반사하기 때문에 보인다. 그리고 그 반사는 완벽하지 않다. 물론 표면이 매끄러운 거울은 예외이지만 말이다. 빨간색 물체는 태양에서 나온 흰색 빛을 받아서 주황색 빛, 녹색 빛, 보라색 빛 등을 흡수하고 빨간색 빛만 반사한다. 다양한 색소들은 빛을 흡수하는 행동이 제각각 다른 화학물질들이다. 물질에 색소를 첨가하면, 특정 색깔의 빛만 반사되고 나머지 색깔들은 흡수되도록 만들 수 있다. 하얀색 물체는 모든 색깔을 반사하고, 검은색 물체는 모든 색깔을 흡수한다. 이것이 맑은 날에는 아스팔트가 아주 뜨겁고, 열대지방에서는 하얀색 옷이 검은색 옷보다 더 시원한 이유이다. 이 현상들, 즉 빛의 흡수와 반사, 가열, 그리고 여러 색깔의 빛과 이 현상들 사이의 관계는 다양한 과학 장치를 통해 측정하고 정량적으로 표현할 수 있다.

빛은 신기한 속성들을 잔뜩 지녔다. 내가 강의실의 저쪽 구석에 있는 당신을 '본다'는 것은, 당신에게서 반사된 빛이 내 눈에 도달한다는 것이다. 이 얼마나 멋진 일인가! 당신의 친구 에드워드는 지금 피아노를 보는데, 피아노와 에드워드를 잇는 광선은 당신과 나를 잇는 광선과 눈에 띄는 방해 없이 교차한다. 광선들은 (공기 중에 분필가루나 담배연기가 있지 않으면 보이지 않는다) 서로를 쉽게 관통한다. 그러나 예컨대 손전등 두 개에서 나온 두 광선이 한 물체를 비추면, 물체는 광선 하나가 비출 때보다 두 배 밝아진다.

이제 어항을 관찰하자. 방을 어둡게 만들고 칠판지우개나 먼지떨이를 맞부딪혀서 먼지를 피운 다음에 손전등의 광선을 어항에 비추면, 광선이 비스듬히 물 속으로 들어가면서 꺾이는 것을 볼 수 있을 것이다(더불어 아무것도 모르는 채로 먹이를 기다리는 블루 구라미가 보일 수도 있겠다). 그렇게 유리나 플라스틱 같은 투명한 물질의 경계에서 빛이 꺾이는 현상을 '굴절'이라고 한다. 보이스카우트들은 볼록렌즈로 햇빛을 모아 불쏘시개에 불을 붙인다. 이때 그들은 빛이 렌즈에 의해 굴절하는 현상을 이용하는 것이다. 햇빛 광선 각각은 렌즈를 통과하면서 굴절하여 한 점으로 모이는데, 그 점을 '초점'이라고 한다. 요컨대 보이스카우트들은 성공적으로 빛 에너지를 모아 불쏘시개를 신속하게 가열함으로써 연소를 유발하는 것이다.

창가에 매달아 놓은 유리 프리즘은 흰색 햇빛을 가시광선 스펙트럼의 성분들인 빨강색, 주황색, 노랑색, 초록색, 파란색, 남색, 보라색 빛으로 분산한다. 우리 눈은 가시광선에 반응하지만, 우리는 가시광선 스펙트럼의 바깥에도 빛 에너지가 존재함을 안다. 가시광선 스펙트럼의 한쪽 끝 너머에는 (예컨대 적외선램프, 전기난로, 꺼져가는 불씨에서 나오는) 보이지 않고 파장이 긴 적외선이 있고, 반대쪽 끝 너머에는 (용접 토치에서 나오기 때문에 용접공이 고글을 써서 차단해야 하는) 보이지 않고 파장이 짧은 자외선이 있다. 흰색 빛은 다양한 색깔의 빛들이 같은 비율로 혼합된 결과이다. 그러므로 여러 색깔의 빛들을 섞어서 흰색 빛을 만들 수 있다. 우리는 현대적인 측정 장치들로 각 색깔의 빛의 세기를 선택적으로 측정할 수 있고(빛의 색깔은 빛의 '파장'을 반영한다), 그런 다음에 빛의 파장과 세기 사이의 관계를 그래프로 나타낼 수 있다. 뜨거운 물체가 방출하는 빛을 측정하여 그래프를 그리면, 특정 파장(색깔)에서 극대점을 지닌 종 모양의 곡선이 그려진다(그림 13 참조). 물체의 온도가 낮으면, 곡선의 극대점은 파장이 긴 구역, 즉 빨간색 구역에 위치한다. 그러나 온도가 점점 높아지면, 빛의 에너지 분포 곡선의 극대점은 스펙트럼의 파란색 구역을 향해 이동한다. 그러나 다른 색깔의 빛들도 충분히 많이 있기 때문에, 물체는 흰색으로 빛난다. 더욱 더 높은 온도에서 물체는 푸르스름하게 빛난다. 맑은 밤에는 별들의 미세한 색깔 차이를 식별할 수 있다. 붉은 별은 하얀 별보다 더 차갑고, 하얀 별은 파란 별보다 더 차갑다. 별의 색깔은 별이 일생의 어느 단계에 있고 어떤 핵연료를 태우는 중인지 알려 준다. 요컨대 물체의 온도와 물체가 방출하는 빛 사이에 간단한 관계가 성립하는데, 나중에 자세히 설명하겠지만, 이 관계에 대한 연구 결과는 양자이론의 출생증명서와도 같다.

빛은 얼마나 빠르게 이동할까?

빛이 반짝이는 광원에서 나와서 공간을 가로질러 당신의 눈까지 이동해야 하는 존재라는 것은 직관적으로 자명하지 않다. 어린이는 빛이 이동한다는 것을 납득하지 못한다. 어린이가 보기에 빛은 그저 반짝일 뿐이다. 그러나 빛은 이동해야 하고, 갈릴레오는 빛의 속도를 측정하려고 시도한 최초의 인물들 중 하나였다. 그는 조수 두 명을 고용하여 밤새도록 인근의 여러 산봉우리에 올라가서 등에 덮개를 씌웠다가 정해진 시점에 걷으라고 지시했다. 그들은 소리 내어 수를 세는 방식으로 시간을 측정하면서 관찰자(갈릴레오)와 등 사이의 거리가 증가함에 따라 빛의 이동 시간이 늘어나는 것을 확인하려 했다. 이런 방식으로 소리의 속도를 측정하는 것은 확실히 가능하다. 예컨대 1.6킬로미터 떨어진 탑에 벼락이 떨어지는 것을 보는 순간부터 천둥소리가 들리는 순간까지의 시간을 소리 내어 초를 세는 방식으로 측정한다고 해 보자. 소리의 속도는 초속 340미터 정도에 불과하므로, 천둥소리가 1.6킬로미터를 이동하려면 대략 5초가 걸릴 것이다. 이 정도 시간이라면 소리 내어 초를 세는 방식으로도 쉽게 측정할 수 있을 것이다. 그러나 갈릴레오가 빛의 속도를 측정하기 위해 시도한 소박한 실험은 실패로 돌아갔다. 왜냐하면 빛의 속도는 그 실험으로 측정하기에는 너무나 빠르기 때문이다.

1676년, 파리 천문대의 덴마크 천문학자 올레 뢰머는 자신의 망원경으로 목성에 딸린 위성들(거의 1세기 전에 갈릴레오가 발견한 '목성의 달들')의 운동을 정밀하게 측정했다.[2] 뢰머는 그 위성들이 거대한 목성에 가려지는 식(蝕) 현상을 관찰했고, 위성이 사라지면서 식이 시작되는 시점과 위성이 다시 나타나면서 식이 끝나는 시점이 이론적인 예측보다 흔히 늦어진다는 것을 발견했다. 이 수수께끼 같은 시간 지연의 규모는 연중 어느 때에 측정하느냐에 따라서, 즉 지구와 목성 사이의 거리에 따라서 달라졌다(예를 들어 목성의 위성 가니메데의 식이 끝나는 시점은 12월에는 이론보다 더 일렀고 7월에는 더 늦었다). 뢰머는 빛의 속도가 유한하기 때문에 그런 시간 지연이 관찰된다는 것을 깨달았다. 천둥소리가 우리에게 도달하는 데 어느 정도 시간이 걸리는 것과 마찬가지로, 목성의 위성에서 출발한 빛이 지구에 도달하는 데 일정한 시간이 걸리기 때문에 그런 시간 지연이 관찰된다는 것을 말이다.

그 시간 지연에 대한 뢰머의 꼼꼼한 측정 결과들과 1685년에 처음으로 정확하게 측정된 지구와 목성 사이의 거리를 근거로 빛의 속도가 처음으로 세밀하게 계산되었다. 실제 빛의 속도는 초속 30만킬로미터 정도로 엄청나게 빠르다. 더 나중인 1850년에 솜씨가 아주 뛰어나고 경쟁심이 강한 프랑스 과학자 두 명 ― 아르망 피조와 장 푸코 ― 이 천문 관찰과 무관하게 지상에서 빛의 속도를 측정하는 데 최초로 성공했다. 그 후 빛의 속도를 더 세밀하고 정확하게 측정하기 위한 '따라올 수 있으면, 따라와 봐' 경쟁이 시작되었고, 현재 가장 좋은 측정값은 초속 299,792,458미터이다. 물리학에서 빛의 속도는 항상 'c'로 표기된다는 점을 명심하라. 예컨대 '$E=mc^2$'이라는 방정식을 보면, 'c'가 빛의 속도라는 것을 알아야 한다. 빛의 속도 c는 물리적 우주라는 퍼즐 전체에서 가장 중요한 조각들 중 하나이다.

그런데 빛은 입자로 이루어졌을까 아니면 파동으로 이루어졌을까?

빛은 한 지점에서 공간을 가로질러 다른 지점으로 엄청나게 빠르게 이동한다(더 전문적인 표현은 '퍼져 나간다'이다). 그런데 우리는 다음 질문에 아직 답하지 않았다. 이것은 빛에 관한 매우 근본적인 질문이다. 당신 곁의 꽃다발에서 당신의 눈으로 퍼져 나가는 빛의 정체는 무엇일까? 일반적으로, 빛은 무엇일까? 우리의 직관에 따르면 세계의 모든 사물은 더 작은 조각들로 이루어졌다. 우리는 그 조각들을 '입자'라고 부를 수 있다. 따라서 위 질문에 대한 아주 그럴싸한 대답은 빛이 광원에서 방출되는 입자들의 흐름이라는 것이다. 그 입자들이 우리 눈으로 들어가 망막에 부딪히면 생화학 반응이 일어나서 우리의 뇌에서 '시각'이라는 감각 경험이 발생한다는 생각은 아주 강한 설득력이 있다.

입자들은 에너지를 운반할 수 있기 때문에, 빛이 입자들로 이루어졌다는 것은 좋은 가설이다. 입자들은 어지럽게 흩어질 수 있다. 즉, 물체의 표면에서 반사될 수 있다. 입자들은 또한 화학 반응을 유발할 수 있다. 그러나 빛 입자들이 색깔을 가지려면 모종의 내부 구조를 갖춰야 한다. 선배인 갈릴레오와 마찬가지로 아이작 뉴턴은 당대에 가용한 모든 자료와 그 자신의 해석에 의지하여 빛이 '미세하고 보이지 않는 입자들의 소나기'라고 확신했다. 광원에서 방출된 빛 입자들이 엄청나게 빠르게 직선으로 이동하여 물체에 부딪히고 그로 인해 흡수되거나 반사되거나 굴절된다고 말이다. 뉴턴이 이런 확신을 품은 시기가 빛의 속도 측정이 실제로 이루어진 다음인 1700년경이라는 점을 상기하라. 따라서 갈릴레오와 달리 뉴턴은 빛이 순간적으로 퍼져 나가지 않음을 알았다. 뉴턴은 가장 위대한 이론가 중의 한 사람이고, 이론가들에게는 실험의 강력한 뒷받침이 항상 필요하다. 뉴턴은 굴절 — 광선이 유리나 물의 경계에서 꺾이는 현상 — 이 유리(또는 굴절을 일으키는 임의의 물질) 속에서 빛 입자들의 속도가 달라지기 때문에 일어난다고 결론지었다.

굴절은 왜 일어날까? 뉴턴이 상정한 빛 입자들이 유리나 물의 경계면으로 비스듬히 날아간다고 상상해 보자. 빛 입자들이 경계면에 도달할 때 유리나 물이 입자들을 '끌어당기기' 때문에 입자들의 운동에서 경계면과 평행한 성분이 줄어든다고 뉴턴은 생각했다. 그 결과로 빛 입자들의 흐름이 '꺾인다'고 말이다. 이것은 굴절에 대한 그럴싸한 설명이었다.

그러나 이것은 당대의 유일한 이론이 아니었다. 다른 경쟁 이론은 빛을 소리에 빗대었다. 소리가 압력의 교란이 공기 속에서 파동의 형태로 퍼져 나

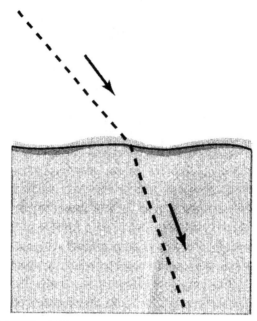

그림 4 공기에서 물로 진입하는 광선의 굴절

가는 현상이며 수면에서 물결이 퍼져 나가는 현상과 매우 비슷하다는 것은 당시에도 알려져 있었다. 이 가설에 따르면, 빛은 우주 전체에 가득 차 있는 어떤 투명한 물질을 매질로 삼아서 퍼져 나가는 파동이었다. 뉴턴과 같은 시대에 살았던 크리스티안 하위헌스는 빛이 파동이며, 잔잔한 연못의 수면을 손가락 끝으로 살짝 건드리면 둥글게 퍼져 나가는 원형 파동과 매우 유사하다고 믿었다. 그는 파동의 속도가 공간에서보다 조밀한 매질 속에서 더 느려진다면, 공간에서 조밀한 매질로 진입하는 파동은 자연스럽게 꺾인다는(굴절된다는) 것도 증명했다.

실제로 빛의 속도는 공기 속에서보다 유리나 물 속에서 더 느리다. 그러나 당대에는 천문 관찰 이외의 방법으로 빛의 속도를 측정할 수 있는 사람이 없었으므로, 이 결정적인 사실은 150년이 더 지난 다음에야 밝혀졌다. 뉴턴의 이론과 하위헌스의 이론은 둘 다 당대의 데이터와 일치했지만, 과학계에서 뉴턴의 권위가 워낙 막강했던 탓에 그의 빛 입자(뉴턴 자신의 표현으로는 '미립자') 이론이 정설로 자리 잡았다. 1807년에 이르러 변화가 일어날 때까지 말이다.

토머스 영

그 해에 박식하고 물리학을 아주 좋아하는 영국 의사가 불멸의 실험을 했다. 토머스 영(1773~1829)이라는 그 의사는 두 살에 글을 깨치고 일곱 살이 되기 전에 성경을 두 번 통독하고 라틴어 공부를 시작한 신동이었다.[3] 그는 기숙학교에서 라틴어, 그리스어, 프랑스어, 이탈리아어를 읽는 법을 터득했고 자연사, 철학, 뉴턴의 미적분학을 공부하기 시작했으며 현미경과 망원경의 제작법을 배웠다. 아직 10대 시절에 영은 히브리어, 칼데아어, 시리아어, 사마리아어, 아랍어, 페르시아어, 터키어, 에티오피아어를 공부하기 시작했다. 그는 1792년부터 1799년까지 런던, 에든버러, 괴팅겐에서 의학을 공부했다. 그러면서 어릴 때부터 품어온 퀘이커교 신앙을 버리고 음악, 춤, 연극에 탐닉했다. 그는 평생 동안 단 하루도 게으르게 보내지 않았다고 자부했다. 이집트학에 매료된 이 특이한 신사, 학자, 독학자는 이집트 상형문자를 번역한 최초의 인물 중 하나이다. 그는 죽는 날까지 이집트어 사전을 편찬하는 작업을 계속했다.

불행하게도 영은 의사로서 그리 성공하지 못했다. 아마도 그가 환자들의 신뢰를 불러일으키지 못했거나 그의 진료 방식이 무언가 미흡했기 때문일 것이다. 그러나 런던 진료소에서의 업무가 한가한 덕분에 그는 많은 시간을 내서 왕립 학회에 참석하고 당대 과학계의 거물들과 토론할 수 있었다. 우리의 논의와 관련해서 토머스 영이 이룬 가장 위대한 업적은 광학 분야에 속한다. 그는 1800년에 연구를 시작하여 1807년까지 일련의 실험을 통해 빛 파동이론을 점점 더 결정적으로 뒷받침하는 결과들을 얻었다. 그러나 너무나도 유명한 그의 실험을 다루기 전에, 파동 일반의 행동을 잠시 살펴볼 필요가 있다.

파도타기 애호가들과 낭만적인 시인들이 사랑하는 파도, 즉 물결파를 살펴보자. 저 멀리 큰 바다의 물결을 상상해 보라. 높이 솟은 마루들 사이의 거리는 물결파의 **파장**이고, 잔잔한 해수면에서부터 솟은 마루까지의 높이는 물결파의 **진폭**이다. 마루들이 '영점'보다 몇 미터 높으면, 골들은 꼭 그만큼 낮을 것이다. 파동은 퍼져 나간다. **파동의 속도**(빛의 경우에는 c)는 파동의 마루들이 이동하는 속도이다. 마루가 골로 바뀌고 다시 마루로 바뀌는 데 걸리는 시간을 일컬어 '주기'라고 한다. 주기와 속도를 알면 **주파수**(진동수)를 알수 있다. 주파수란 단위시간 동안 한 지점을 통과하는 마루(또는 골)의 개수이다. 1분 동안 마루 3개를 통과한다면, 진동수는 3/60헤르츠(='초$^{-1}$')이다. 파동의 속도는 진동수 곱하기 파장과 같다. 파동의 진동수가 3/60헤르츠이고 파장이 10미터라면, 파동의 속도는 0.5미터/초, 다시 말해 시속 1.8킬로미터이다.[4]

소리파동의 주파수는 우리에게 익숙하며 인간의 귀로 잘 식별할 수 있다. 아주 낮은 저음의 주파수는 30헤르츠이고, 인간이 들을 수 있는 가장 높

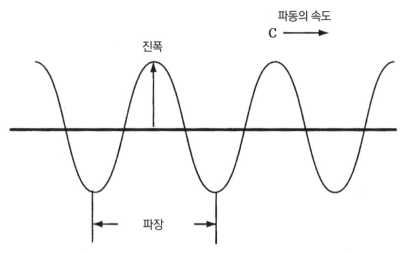

그림 5 파동열, 혹은 '진행파'. 속력 c의 파동이 오른쪽으로 이동한다. 파장은 마루에서 마루까지, 또는 골에서 골까지, 한 주기 전체의 길이이다. 멈춘 상태에서 파동이 진행하는 것을 바라보는 관찰자는 1초 동안 (c/파장), 즉 주파수만큼의 마루들이 지나가는 것을 볼 것이다. 진폭은 마루와 영점 사이의 높이 차이이다.

은 소리의 주파수는 1만 7,000헤르츠이다. 연주회용 표준음은 피아노 건반에서 가온음 C보다 다섯 칸 오른쪽에 놓인 A음인데, 이 음의 주파수는 440헤르츠이다. 앞에서 언급했듯이, 공기 속에서 소리의 속도는 약 340m/s, 다시 말해 시속 1,220킬로미터 정도이다. 간단한 수학 ― 파장은 소리의 속도 나누기 주파수와 같다 ― 을 적용하면 연주회용 표준음 A의 파장이 $(340\text{m/s})/(440\text{s}^{-1}) = 0.77$미터임을 알 수 있다. 인간이 들을 수 있는 소리의 파장 범위는 대략 $(340\text{m/s})/(17,000\text{s}^{-1}) = 0.02$미터부터 $(340\text{m/s})/(30\text{s}^{-1}) = 11.3$미터까지이다. 소리가 대포 근처나 야구장 상공이나 연주회장에서 어떻게 울려 퍼질지는 소리의 파장과 속도에 의해 결정된다.

　세계는 다양한 파동으로 가득 차 있다. 물결파, 음파(소리파동), 밧줄이나 스프링에서 일어나는 파동, 우리 발밑의 땅을 흔드는 지진파 등을 예로

들 수 있다. 이 모든 파동들은 고전물리학으로 기술할 수 있다. 파동의 진폭은 경우에 따라 다양한 양일 수 있다. 이를테면 물의 높이, 공기의 압력(힘 나누기 면적), 밧줄의 변위나 스프링의 압축 등일 수 있다. 이 모든 양들은 교란, 즉 매질이 교란 당하지 않았을 때 머무는 정상 위치를 벗어나는 것과 관련이 있다. 교란(예컨대 현악기의 현을 퉁길 때 일어나는 교란)은 파동의 형태로 퍼져 나간다. 고전물리학에서는 이 교란에 의해 운반되는 에너지의 양이 **진폭**에 의해 결정된다.

어부가 호수에 뜬 배에 앉아 있다고 해 보자. 어부는 찌가 매달린 낚싯줄을 물속으로 드리운다. 찌는 낚싯줄이 적당한 길이만큼만 물속으로 들어가서 바닥에 닿지 않게 해 주고 물고기의 입질을 어부에게 알려 주는 기능도 한다. 물결파가 지나가면 찌는 위아래로만 움직인다. 매질이 그런 찌처럼 운동하게 만드는 파동, 즉 매질이 영점에서 부드럽게 마루로 솟아올랐다가 골로 떨어지고 다시 영점으로 돌아오는 주기적인 운동을 반복하게 만드는 파동을 일컬어 **조화파** 혹은 **사인파**라고 하는데, 이 책에서는 사인파를 줄여서 '파동'이라고 부르겠다.

회절

이제 우리는 한 가지 현상을 추가로 살펴보려 한다. 그러는 동안 파동과 관련해서 매우 중요한 '회절'이라는 용어도 배우게 될 것이다.

항구를 보호하기 위한 방파제에 배가 드나드는 좁은 통로 하나만 뚫려 있다고 해 보자. 먼 바다의 물결파(파도)는 평행한 파면들을 형성하며 밀려와서 방파제에 부딪혀 부서진다. 그러나 좁은(물결파의 파장에 비해 '좁은')

통로에 이른 물결파는 통로를 지나 모든 방향으로 퍼지면서 항구에 도달한다. 마치 통로가 새로운 물결파의 원천인 것처럼, 마치 누군가가 연못의 수면 한가운데를 손가락으로 건드렸을 때처럼, 모든 방향으로 균등하게 퍼져나가는 새로운 물결파가 발생하는 것이다. 이렇게 좁은 틈을 통과한 파동이 모든 방향으로 퍼지는 현상을 일컬어 '회절'이라고 한다. 소리파동도 회절한다. 우리가 길모퉁이 너머에서 나는 소리를 들을 수 있는 것은 소리의 회절 덕분이다. 면밀히 측정해 보면 알 수 있듯이, 파동이 얼마나 많이 회절하는가는 틈의 크기와 파장에 의해 결정된다. 파장이 길고 틈이 좁을수록 회절이 많이 일어나고, 틈이 파장보다 더 크면, 파동은 틈을 통과하고 나서도 대체로 원래 진행 방향을 유지한다.

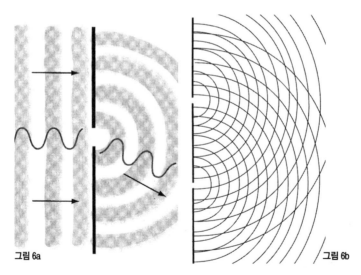

그림 6a, 6b 항구로 뚫린 좁은 통로를 지나는 진행파의 회절(a). 이 현상은 빛과 소리를 비롯한 임의의 파동에서 나타난다. 우리가 모퉁이 너머의 소리를 들을 수 있는 것은 소리의 회절 덕분이다. 빛의 단일 슬릿 회절은 슬릿의 폭이 유한하기 때문에 발생한다. 두 슬릿을 통과한 파동들을 조합하면 (b)에서 보는 것과 같은 회절 무늬를 얻을 수 있다. 빛이 이중 슬릿을 통과하여 영사막에 닿으면, 영사막에는 밝은 띠와 어두운 띠가 교대하는 회절 무늬가 생긴다. 토머스 영은 그 무늬를 관찰했다.

욕조에서 다양한 물결파를 일으켜 실험을 하면, 위 사실을 직접 확인할수 있다. 파장이 긴 물결파가 좁은 틈을 통과할 때 일어나는 회절을 재현해보라. 뿐만 아니라 당신이 관찰력과 시력이 뛰어나다면 밤에 가로등을 바라보면서 빛의 회절을 체험할 수 있다. 당신이 실눈을 떠서 빛이 눈에 도달하기 전에 통과하는 틈을 좁히면, 당신은 가물거리는 빛의 줄무늬를 보게 될것이다. 그것 역시 회절 무늬이다.

빛 파동이론이 그렇게 나중에야 호응을 얻은 이유 중 하나는 광선의 회절을, 즉 광선이 작은 구멍을 통과하면서 방향을 바꾸는 것을 확실히 관찰한 사람이 없다는 것에 있었다. 회절이 관찰되지 않으므로 빛은 파동이 아니라고 사람들은 생각했다. 그러나 일찍부터 영은 빛 파동의 파장이 아주 짧기(이를테면 10만분의 1센티미터이기) 때문에 구멍을 통과할 때 빛은 극도로미세하게 회절하고 따라서 빛의 회절이 관찰되지 않는 것이라고 주장했다.

이 대목에서 우리는 마지막으로 파동 현상 하나를 더 언급해야 한다. 그것은 **간섭** 현상이다. 두 파동이 똑같은 자리를 차지했을 때, 파동들은 보강(또는 상쇄)될 수 있다. 구체적으로 두 가지 일이 일어날 수 있다. 첫째, 한 파동의 골과 다른 파동의 마루가 같은 지점에 있으면, 두 파동은 상쇄된다. 둘째, 한 파동의 마루(또는 골)와 다른 파동의 마루(또는 골)가 같은 지점에 있으면, 두 파동은 서로를 보강하여 더 큰 파동을 이룬다. 실제로 바다에서 이런 식으로 여러 물결파의 마루들이 포개져서 거대한 '이상파랑'이 발생하는 경우가 있다. 이상파랑은 뱃사람들에게 공포의 대상이다.[5]

간섭 현상은 파장이 거의 같은(따라서 주파수도 거의 같은) 파동들이 포개질 때 가장 효과적으로 비교적 넓은 구역에서 일어난다. 한 파동의 마루들과 다른 파동의 마루들이 동일한 지점에 동시에 도착한다면, 두 파동은 '위상이 맞는' 파동들이다. 위상이 맞는 두 파동이 포개지면 보강이 일어나 원래 파동 각각보다 두 배 큰 파동이 만들어진다. '위상이 어긋난' 두 파동이 겹치면 상쇄가 일어나 원래 파동들이 없어진다(진폭이 0인 파동이 만들어진다). '위상 맞음'과 '위상 어긋남'은 양극단의 가능성이며, 이것들 사이에 어정쩡한 가능성들이 연속적으로 분포한다. 따라서 간섭의 결과로 생겨나는 진폭의 가능성도 연속적으로 분포한다. 마루와 마루가 포개져서 더 큰 진폭이 생겨나는 경우를 **보강간섭**, 마루와 골이 만나서 둘 다 없어지는 경우를 **상쇄간섭**이라고 한다.[6] 이로써 우리는 영의 이중슬릿 실험을 살펴볼 준비를 마쳤다.

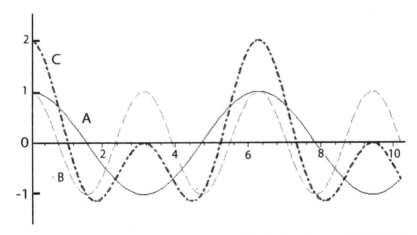

그림 7 두 파동이 포개져서 간섭하는 현상을 나타낸 그래프이다. 파동 A(실선으로 표시된 cos x 곡선)와 파동 B(점선으로 표시된 cos $2x$ 곡선)를 합하면(수학적으로 덧셈하면) 파동 C(점과 선이 조합된 형태의 곡선)를 얻을 수 있다. C에서는 높은 마루와 낮은 마루가 교대로 나타난다는 점을 주목하라. 더 많은 파동들을 합하면 임의의 패턴을 만들어낼 수 있다(푸리에 해석 참조).

영의 이중슬릿 실험이 일으킨 환희와 절망

빛의 파동성을 입증한 여러 실험들 가운데 첫 번째는 영의 이중슬릿 실험이었다. 이 실험의 결과는 빛을 '미립자'로 보는 뉴턴의 견해를 정면으로 반박했다. 여담이지만, 영은 물리학의 위대한 아이콘인 뉴턴에 대한 도전의 위험성을 의식하고 자신의 논문 첫머리에서 빛의 정체에 관한 의심을 표현하는 뉴턴의 문장들을 인용했다.

빛의 파동성을 입증하는 영의 실험을 재현하기 위해 우리는 저렴한 레이저 포인터를 고정해 놓고 광원으로 이용할 수 있다. 레이저 포인터에서 나오는 광선은 영사막을 향하게 하고, 광원과 영사막 사이에 이중슬릿이 뚫린 차단벽을 설치하자. 예컨대 알루미늄박에 세로로 슬릿 두 개를 뚫어서 차단벽으로 사용하면 된다. 슬릿은 알루미늄박을 면도날로 베어서 뚫을 수 있다. 두 슬릿은 평행해야 하고 간격이 1밀리미터 정도여야 한다(간격이 좁을수록 더 좋다). 슬릿과 영사막 사이의 거리는 3~5미터가 적당하다. 방의 조명을 어둡게 하고 레이저 포인터를 켜면, 영사막에 밝은 띠와 어두운 띠가 교대하는 줄무늬가 나타날 것이다(그림 8). 그 띠들은 차단벽에 뚫린 슬릿들과 평행하다. 바꿔 말해서 영사막의 일부 지점들에서는 마루와 마루가 겹쳐서 보강간섭이 일어나고 다른 지점들에서는 마루와 골이 겹쳐서 상쇄간섭이 일어난다. 그 결과로 생겨나는 무늬를 일컬어 **간섭무늬**라고 한다.[7]

만일 두 슬릿 중 하나를 막으면, 결과는 전혀 달라져서 줄무늬 대신에 중심은 환하고 가장자리로 갈수록 차츰 어두워지는 띠 하나만 열린 슬릿 너머에 형성될 것이다(그림 9). 극적인 간섭 효과는 슬릿 두 개가 모두 열려서 두 슬릿을 통과한 파동들이 영사막에서 포개질 수 있을 때만 나타난다.[8]

이 모든 결과들의 의미는 무엇일까? 영사막 위의 한 지점 P에 빛 탐지기가 있다고 상상해 보자. P에는 슬릿 A를 통과한 빛과 슬릿 B를 통과한 빛이 도달한다. 그런데 빛은 파동이므로, 빛이 광원에서 나와 두 슬릿에 도달할 때, 빛 파동의 위상은 마루일 수도 있고 골일 수도 있고 그 사이의 중간 위상일 수도 있다. 아무튼 빛이 두 슬릿을 통과하는 순간, 슬릿 A를 통과한 빛 파

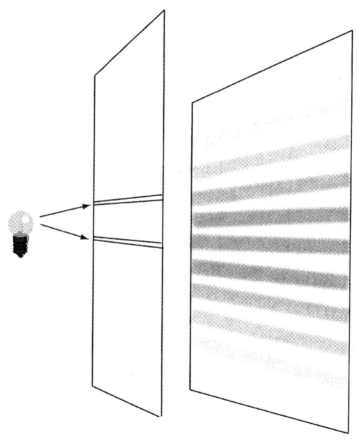

그림 8 두 슬릿을 통과한 빛 파동들이 그림 6b에서처럼 포개진 결과로 멀리 떨어진 영사막에 형성된 간섭무늬. 토머스 영은 이 현상을 관찰한 덕분에 빛이 파동임을 증명할 수 있었다.

동과 슬릿 B를 통과한 빛 파동은 서로 위상이 같다. 그러므로 만일 P에서 슬릿 A까지 거리와 P에서 슬릿 B까지의 거리가 같다면, 두 파동은 P에 위상이 맞게 도달하여 보강간섭을 일으킨다. 따라서 탐지기는 강한 빛을 탐지할 것이다. 이제 빛 탐지기의 위치를 옮긴다고 해 보자. 만일 새로운 P에서 슬릿 A

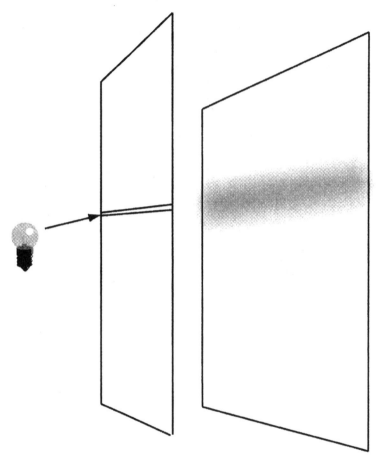

그림 9 영의 실험에서 간섭무늬는 그림 8에서처럼 두 슬릿을 통과한 파동들이 합해지기 때문에 발생한다. 슬릿 하나를 막으면, 간섭 효과는 사라진다(단일 슬릿 간섭도 존재하지만 슬릿의 폭이 극도로 좁을 때에는 그 효과를 관찰할 수 없다).

까지 거리와 슬릿 B까지 거리의 차이가 빛 파동들의 상쇄간섭을 유발할 만큼이라면, 다시 말해 빛 파동들의 위상이 정확히 어긋나서 파동들이 서로를 없애버리는 결과를 낳을 만큼이라면, 탐지기는 빛을 전혀 탐지하지 못할 것이다.(그림 10)

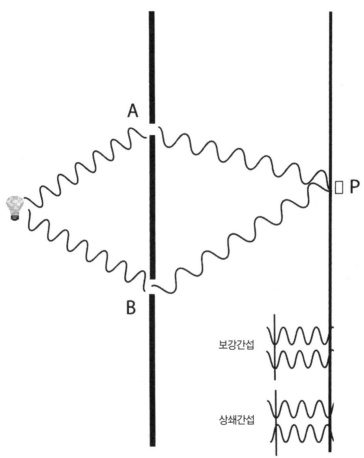

그림 10 이중슬릿 간섭의 원리를 상세히 보여 주는 그림. 영사막 위의 특정한 지점 P(탐지기)에서 두 파동이 '위상이 맞게' 포개지면 보강간섭이 일어나 P는 밝아진다. P에서 두 파동이 '위상이 어긋나게' 포개지면 상쇄간섭이 일어나 P는 어두워진다.

영사막에 어두운 띠와 밝은 띠가 교대로 나타나는 것은 두 파동의 위상 차이 때문이다. P에서 슬릿 A까지 거리와 슬릿 B까지 거리의 차이가 한 주기(파장)에 대응하면, P에는 밝은 띠가 생긴다. 반대로 그 차이가 반 주기(파장)에 대응하면, P에는 어두운 띠가 생긴다.

영이 내놓은 간단하면서도 대단한 주장은, 특정 조건에서는 광선 두 개를 합친 결과가 어둠일 수 있다는 것이었다. 즉, 빛 파동의 마루와 골이 합해지는 곳에서는 상쇄간섭이 일어난다는 것이었다. 그리하여 형성된 전형적인 간섭무늬는 빛이 '파동'이라고 외친다. 빛의 간섭무늬는 물 위에 뜬 휘발유나 기름에서도 볼 수 있다. 이를테면 세차장 바닥의 물이 고인 곳에 휘발유가 약간 떨어지면, 알록달록한 줄무늬가 나타나는데, 그 원인은 빛의 간섭이다. 빛은 얇은 기름막의 위 경계면에서도 반사되고 아래 경계면에서도 반사되는데, 두 반사 광선 중 하나는 기름막을 두 번 통과하고 다른 하나는 한 번도 통과하지 않으므로, 두 광선들은 서로 위상이 다르다. 그 광선들이 당신의 눈에 도달하여 포개지면, 간섭이 일어난다. 그런데 이 경우에는 두 광선이 (온갖 파장의 빛들을 아우른) 흰색 햇빛이므로, 상쇄간섭이 일어나더라도 한 파장의 빛만 상쇄된다. 예컨대 빨간색 빛이 상쇄되면, 당신은 흰색 빛에서 빨간색 빛을 뺀 나머지 빛, 즉 파란색 빛을 보게 된다. 기름막의 두께가 약간 다른 곳에서는 다른 파장의 빛이 상쇄되므로, 당신은 전체적으로 알록달록한 무늬를 보게 된다. 또 밝은 무지개(1차 무지개)의 안쪽에 드물게 나타나는 흐릿한 '과잉 무지개들'도 빛의 간섭에서 비롯된 결과이다.

이 오랜 비바람 위로 무지개 솟았네—

이 늦은 아침 위로— 태양—

구름들— 심드렁한 코끼리 떼처럼—

지평선들— 여기저기 흩어져 내린—

새들이 미소 지으며 솟았네, 둥지 안에서—

들버드나무들— 정말로— 끝났네—

아— 눈은 얼마나 무심했던가—

찬란한 여름 앞에서!

죽음의 고요한 태연함—

어떤 새벽도— 그녀를 북돋우지 못해—

느릿한— 대천사의 말씀이

그녀를 깨워야 해!

에밀리 디킨슨, 「이 오랜 비바람 위로 무지개 솟았네」[9]

뉴턴이 상정한 빛 입자들이 이곳에서는 상쇄되고 저곳에서는 보강되어 간섭무늬를 만들어낸다는 것은 상상하기 어려웠다. 사과 바구니에 사과를 더 담으면 바구니 속의 사과는 항상 더 많아지지, 도리어 줄어드는 일은 결코 없지 않은가!

영의 결론: 빛은 파동이다

그로부터 약 10년 뒤에 프랑스 물리학자 오귀스탱 프레넬이 영의 실험 결과들을 입증하고 확장했다. 이로써 빛이 파동이라는 생각이 확고하게 자리 잡았다. 파동광학 분야는 확대되었고 빛이 파동이라는 생각에 기초하여 망원경과 현미경을 비롯한 여러 정교한 광학 장치들이 설계되었다.

빛 파동이론은 우리가 보는 다양한 현상들을 모두 설명하는 듯하다. 반사, 흡수, 굴절, 회절 그리고 특히 간섭을 말이다. 19세기가 끝날 무렵, 빛 파동이론은 원자가 진동하면 빛이 방출된다고 설명했다. 당시에 이 설명은 어렴풋한 수준이었지만 아무튼 이 설명이 옳다면 원자의 진동이 매우 빨라야 한다는 것(진동수가 빛 파동의 진동수와 대등한 천조(10^{15})헤르츠 수준이어야 한다는 것)은 알려져 있었다. 빛의 진동수는 빛의 속도 나누기 파장임을 상기하라. 빛의 속도는 아주 큰 값이고 빛의 파장은 아주 작은 값이므로, 빛의 진동수는 어마어마하게 크다. 그렇게 큰 진동수는 오로지 '원자' 규모에서의 신속한 진동만 도달할 수 있다. 당대의 사람들은 색깔이 망막에 흡수된 빛의 파장이 일으키는 생리학적 효과라는 것을 알았다. 빛의 파장에 진동수를 곱하면 빛의 속도가 나온다. 그런데 빛의 속도, 정확히 말해서 진공에서 빛의 속도 'c'는 빛의 파장(색깔)과 상관없이 동일하다. 또한 광원과 상관없이 동일하다. 촛불에서 나온 빛이든, 뜨거운 금속이나 태양에서 나온 빛이든 상관없이 빛의 속도는 항상 c이다. 그러나 빛이 유리나 물과 같은 물질을 통과할 때는 거의 항상 속도가 느려진다. 물질 속에서 빛의 속도는 파장에 따라서 약간씩 다르다. 흰색 빛이 프리즘을 통과하면서 여러 색깔의 성분들로 분해되는 것은 이 같은 파장에 따른 속도 차이 때문이다.

이처럼 알려진 빛 현상들의 대부분은 20세기 이전에 빛 파동이론에 의해 설명되었다. 그러나 해결되지 않은 문제들도 있었다.

미해결 문제들

19세기 말의 빛 이론은 많은 질문들에 만족스러운 대답을 내놓지 못했다. 빛은 어떤 메커니즘을 통해 생겨나는가? 빛 파동이 흡수되는 메커니즘은 무엇이고, 색깔이 있는 물체는 왜 특정 색깔(파장)의 빛만 흡수하는가? 망막이나 사진 건판에서 어떤 신비로운 일이 일어나기에 우리가 '볼' 수 있는 것일까? 이 모든 질문들의 공통점은 빛과 물질의 상호작용에 대한 물음이라는 것이다. 다른 유형의 질문도 있었다. 소리와 물결파는 매질이 있어야만 전달되는데, 어떻게 빛은 태양과 지구 사이의 텅 빈 공간을 가로지르는 것일까? 그 공간에도 투명하고 무게가 없고 물질답지 않은 모종의 매질이 채워져 있는 것이 아닐까? 19세기 물리학자들은 그 매질에 '에테르'라는 이름을 붙였다.

또 다른 수수께끼를 곰곰이 따져 보자. 이 수수께끼는 태양에 관한 것이다. 초대형 빛 파동 생산 시설이라고 할 수 있는 태양은 보이는 빛과 보이지 않는 빛을 모두 방출한다. 보이지 않는 빛은 보이는 빛보다 파장이 긴(적외선부터 시작되는) 빛과 보이는 빛보다 파장이 짧은(자외선부터 시작되는) 빛으로 구분된다. 지구의 대기 ― 주로 성층권의 오존 ― 는 자외선의 대부분과 그보다 파장이 더 짧은 빛(X선 등)의 전부를 차단한다. 이제 우리가 특정 파장 범위의 빛만 선택적으로 흡수하여 그 에너지를 측정하는 장치를 개발했다고 해 보자.

실제로 그런 장치가 존재한다. 과학 장비를 잘 갖춘 고등학교라면 어디에나 있는 그 장치의 이름은 '분광계'이다. 분광계는 빨간색 빛을 가장 많이 굴절시키고 보라색 빛을 가장 조금 굴절시킨다. 따라서 원래의 흰색 광선은 분광계에 의해 모든 색깔들로 분해되면서 펼쳐진다. 뉴턴의 유리 프리즘은 원시적인 분광계이다. 우리가 이야기하는 분광계에는 프리즘 외에 (망원경과 구조가 같은) 관찰경이 포함되어 있고, 관찰경의 방향과 원래의 흰색 광선의 방향 사이의 각을 측정할 수 있도록 관찰경 거치대에 눈금이 새겨져 있다. 빛이 얼마나 굴절되는지는 빛의 색깔(파장)에 의해 결정되므로, 우리는 관찰경 받침대의 눈금을 보고 관찰경에 포착된 빛의 파장을 쉽게 알아낼 수 있다.

이제 관찰경을 움직여서 빨간색 빛과 그 곁의 어둠이 포착되도록 만들자. 그런 상태에서 관찰경 거치대의 눈금을 보면, 빨간색 빛과 어둠이 만나는 자리가 파장 7500Å에 해당함을 알 수 있다. 이때 'Å'는 **옹스트롬**을 나타낸다. 옹스트롬은 분광학의 발전에 기여한 스웨덴 물리학자 안데르스 요나스 옹스트룀의 이름을 따서 명명된 길이 단위로, 1옹스트롬은 1억 분의 1(10^{-8}) 센티미터이다. 따라서 빨간색 범위의 바깥쪽 경계에 놓인 빛의 파장은 7500Å이다. 다시 말해 그 빛 파동의 마루와 마루 사이의 거리는 10만 분의 몇 센티미터 정도이다. 이 빛이 놓인 자리가 가시광선 스펙트럼의 한쪽 끝이다. 이보다 더 긴 파장의 빛을 포착하려면, 적외선과 그보다 더 긴 파장의 빛들을 탐지하는 장치가 필요하다. 이제 다시 관찰경을 움직여서 가시광선 스펙트럼의 반대쪽 끝에 놓인 흐릿한 보라색을 포착하고 눈금을 읽으면, 그 보라색 빛의 파장이 대략 3500Å임을 알 수 있다. 파장이 3500Å보다 더 짧은 자외선을 포착하려면 맨눈으로는 안 되고 특수한 탐지기가 필요하다.

지금까지의 내용은 뉴턴이 흰색 빛을 분해하여 얻은 결과를 미세하게 다듬는 수준에 지나지 않는다. 그러나 영국 화학자 윌리엄 울러스턴은 1802년에 분광계로 태양을 관찰했고, 태양빛을 분해하면 빨간색부터 보라색까지 매끄럽게 연속되는 스펙트럼이 나타날 뿐만 아니라 거기에 겹쳐서 많은 검은 선들이 또렷하게 나타난다는 것을 발견했다. 그 검은 선들의 정체는 무엇일까?

대답은 교육을 받지 못했지만 대단히 솜씨가 좋은 바이에른의 렌즈 제작자 겸 광학자 요제프 프라운호퍼(1787~1826)가 제시했다.[10] 가난한 유리 기술자의 11번째이자 막내로 태어난 프라운호퍼는 겨우 초등교육만 받고 나서 마치 디킨스의 작품에 등장하는 소년들처럼 아버지의 작업장에서 고되게 일하는 신세가 되었다. 아버지가 죽은 후, 병약한 소년 프라운호퍼는 뮌헨에서 거울과 유리를 다루는 장인의 천한 도제가 되었고, 결국 뮌헨의 어느 과학 장비 회사가 운영하는 광학기기 공방에서 일하게 되었다. 그곳에서 그는 숙련된 천문학자와 광학 전문가의 도움으로 실용 광학을 완벽하게 익히고 수학과 광학 분야의 전문 지식을 터득했다. 당대에 가용했던 광학 유리의 낮은 품질에 불만을 품은 완벽주의자 프라운호퍼는 당시에 막 바이에른으로 거점을 옮긴 어느 스위스 유리 제작 회사와 계약을 맺고 그 회사의 비법들을 전수 받았다. 이 협동의 결과로 그는 더 우수한 렌즈를 만들 수 있게 되었고, 우리의 관점에서는 이것이 더 중요한데, 프라운호퍼라는 이름이 과학사에 영원히 남게 만든 획기적인 이론을 개발했다.

광학적 이상(理想)에 가까운 렌즈를 만들기 위해 노력하는 와중에 프라운호퍼는 분광계를 이용해서 다양한 유리의 빛 굴절력을 측정하자는 생각에 도달했다. 그리하여 제작한 정밀한 분광계로 태양을 관찰한 그는 울러스턴이 언급한 미세한 검은 선을 다수 발견하고 깜짝 놀랐다. 그는 1815년까지 거의 600개에 달하는 검은 선들의 파장을 꼼꼼히 측정하고 기록했다. 그는 두드러진 선들에 대문자 A부터 I까지를 이름으로 붙였다. A는 빨간색 범위에 있는 검은 선, I는 보라색 범위에서도 바깥쪽 구역에 있는 검은 선이다. 그 선들의 정체는 무엇일까? 프라운호퍼는 금속이나 염을 뜨거운 불꽃에 대면 특징적인 색깔의 빛이 나온다는 것을 알고 있었다. 그 빛들을 분광계로 관찰하니 밝고 가는 선들이 보였다.

그런데 흥미롭게도, 염에서 나온 밝은 선들의 패턴이 태양 스펙트럼에 있는 검은 선들의 패턴과 정확하게 일치했다. 예컨대 소금에서 방출된 밝은 노란색 선들은 프라운호퍼가 그린 햇빛 스펙트럼 지도의 D 구역에 있는 선들과 일치했다. 이에 대한 설득력 있는 설명은 얼마 지나지 않아 제시되었다. 정확하게 정해진 파장은 정확하게 정해진 진동수에 대응한다는 점을 상기하라. 물질에서 정확하게 정해진 파장의 빛이 나온다는 것은 아마도 원자 규모에서 무언가가 정확하게 정해진 진동수로 진동하기를 좋아한다는 것을 의미함이 분명하다. 원자들은(프라운호퍼의 시대에는 원자의 존재와 본성이 전혀 밝혀지지 않은 상태였다) 가시적인 지문을 가지고 있는 것이 분명하다!

원자의 지문

음악에 조예가 있는 독자는 다들 알겠지만, 연주회용 표준음 A를 내는 소리굽쇠는 충격을 받으면 항상 초당 440회 진동(진동수 440헤르츠)한다. 아주 작은 원자 규모에서 발생하는 진동수들은 이보다 훨씬 더 높겠지만, 프라운호퍼의 시대에는 원자 속에 아주 작은 소리굽쇠들이 한가득 들어 있고 그 소리굽쇠 각각이 고유한 진동수의(즉, 파장의) 빛을 방출한다고 상상하는 것이 가능했다.

이 얘기가 프라운호퍼가 발견한 검은 선과 무슨 상관이냐고 묻고 싶은 독자도 있을 것이다. 잘 생각해 보자. 뜨거운 불꽃에 들뜬 나트륨 원자들은 두 가지 진동수로 진동하면서 그 진동수 각각에 대응하는 파장 5962Å의 빛과 5911Å의 빛(둘 다 노란색이다)을 방출한다. 그렇다면 거꾸로 나트륨 원자들은 바로 그 두 파장의 빛을 선택적으로 흡수할 것이다. 뜨겁고 흰 태양의 표면은 모든 파장의 빛을 방출한다. 그러나 그 빛은 태양의 외곽 대기('코로나')를 이루는 비교적 온도가 낮은 기체들을 통과한다. 이때 기체 원자들은 각자가 방출하기 좋아하는 파장의 빛을 흡수한다. 프라운호퍼가 관찰한 검은 선들은 이 흡수 때문에 생겨난다. 프라운호퍼의 뒤를 이은 분광학자들은 원소 각각을 가열하면 특징적인 '스펙트럼선들'이 (네온사인에서 볼 수 있는 네온 기체의 찬란한 빨간색 선들처럼) 또렷하거나 (수은등의 푸르스름한 빛처럼) 희미하게 나타난다는 것을 차츰 밝혀냈다. 그 선들은 화학원소의 지문이었고 원자 내부에 아주 작은 '소리굽쇠들' ― 또는 무언가 진동하는 것들 ― 이 있음을 시사하는 최초의 단서였다.

스펙트럼선들은 아주 가늘기 때문에, 분광계로 스펙트럼선의 파장을 아주 정밀하게 측정할 수 있다. 예컨대 (어두운 빨간색에 대응하는) 6503.2Å이나 (환한 빨간색에 대응하는) 6122.7Å을 측정 결과로 얻을 수 있다. 화학 원소들의 스펙트럼 데이터는 19세기 말에 이르기까지 풍부하게 축적되었다. 당시에 유능한 분광학자들은 스펙트럼 분석을 통해 새로운 화합물을 식별하고 극미량의 오염 물질을 탐지할 수 있었다. 그러나 원자 속에서 무엇이 그 극적인 스펙트럼 메시지를 만들어내는지 분명하게 말할 수 있는 사람은 아무도 없었다.

분광학의 두 번째 주요 성취는 첫 번째보다 더 철학적이었다. 과학자들은 태양의 검은 선 지문에서 태양의 화학적 조성을 읽어낼 수 있었다. 그들은 태양이 우리가 사는 지구와 마찬가지로 수소, 헬륨, 리튬 등으로 이루어졌음을 알아냈다. 그 후 우리는 아주 먼 은하에 속한 별들의 빛을 분석했고 항상 수소와 헬륨 같은 우리에게 익숙한 원소들을 발견했다. 우주의 조성과 자연법칙들은 장소에 상관없이 똑같다. 이 모든 단서들은 우주 전체가 어떤 불가사의한 물리적 창조 활동에서 한꺼번에 기원했음을 시사한다.

다른 한편, 17세기부터 19세기까지 과학자들을 난감하게 한 또 하나의 문제는, 중력을 비롯한 힘들이 어떻게 먼 곳까지 전달되느냐 하는 것이었다. 말이 마차에 매여 있으면, 말이 발휘하는 힘은 가시적인 마구를 통해 마차에 전달된다. 그럼 지구는 1억 5,000만킬로미터 떨어진 태양의 중력을 어떻게 느끼는 것일까? 어떻게 자석은 멀리 떨어진 못을 끌어당기는 것일까? 이 경우에 눈에 보이는 연결은 없다. 그래서 '원격 작용'이라는 신비로운 명칭이 사용된다. 뉴턴이 상정한 중력은 원격 작용이다. 하지만 태양과 지구를 연결하는 마구는 과연 무엇일까? 심지어 위대한 뉴턴도 '원격 작용'의 문제를 치열하게 고민한 뒤에 무지를 고백하면서 그 문제를 미래의 물리학자들에게 넘길 수밖에 없었다.

맥스웰과 패러데이: 지주와 제본공

마이클 패러데이(1791~1867)는 **전자기장** 가설을 통해 처음으로 원격 작용의 수수께끼를 파헤쳤다.[11] 그는 가난한 집안에서 태어나 제본공으로 일하면서 자신이 제본하는 책들을 읽으며 독학했다. 다행히 그가 읽은 책들 중 하나가 그를 과학에 빠져들게 만들었다. (수학 실력이 아주 약한) 패러데이는 대단한 직관의 도약을 통해, 전하를 지닌 입자는 자기 주위에 이른바 **전기장**을 형성한다는 판단을 내렸다. 전기장이란 원천 전하가 발휘하는 전기력이 (원천 전하로부터 떨어진 거리에 따라 줄어들기는 하지만) 공간 전체에 스며들어 임의의 다른 전하에 작용함을 나타내기 위해 도입된 개념이다. 또 다른 예로 자기장은 말하자면 자석 주위의 공간에 스며들어서 멀리 떨어진 쇳가루에게 자석의 존재를 '알리고' 자기력을 산출한다.

이러한 '장' 개념은 전하 a가 전하 b에 힘을 가한다는 말을 색다르게 하는 방식에 불과하다고 반발하는 독자도 있을 것이다. 장의 존재는 많은 생각과 논쟁과 철학적 성찰의 주제였다. 장 개념은 간단하고 확실한 수학과 멋지게 연결되었고, 19세기 말에 이르자 사람들은 (전하가 창출하는) 전기장과 (자석이나 전류, 즉 운동하는 전하가 창출하는) 자기장과 (중력 질량을 지닌 물체가 창출하는) 중력장이 존재한다고 믿게 되었다. 장은 힘이 멀리 떨어진 물체에 작용하는 것을 물리적으로 직관할 수 있게 해 주며 어떻게 에너지가 전하에서 장으로, 또 장에서 다시 전하로 옮겨갈 수 있는지 설명해 준다. 장 개념을 도입하면 원격 작용을 설명할 수 있다. 장을 볼 수는 없어도 측정할 수는 있다. 예컨대 나침반 바늘은 자기장에 반응한다. 작은 '검사용' 전하는 멀리 떨어진 전하의 전기장이 발휘하는 힘을 느낀다. 게다가 장 자체가 에너지와 운동량을 보유한다.

　1820년대에 패러데이가 한 실험들은 전기장과 자기장 사이의 깊은 연관성을 들춰냈다. 고리 모양의 구리선에 전류가 흐르면 자기장이 생겨난다는 사실은 이미 발견된 뒤였다. 패러데이는 반대 방향의 질문을 던졌다. 자기장이 전기장을 만들어낼 수 있을까? 대답은 놀라웠다. 시간에 따라 달라지는 자기장은 실제로 전기장을 산출한다. 이 사실을 패러데이는 촘촘하게 감은 코일에 다량의 전류를 흘려보내 강한 자기장을 만들어내는 실험을 통해 발견했다. 이 실험에서 그는 대전된 전선을 탐침 삼아 전자석 주위의 전기장을 검사했다. 결과는 0. 전기장은 전혀 발견되지 않았다. 이어서 그는 전류를 차단하여 자기장을 0으로 줄였다. 이 과정에서 그는 전류계가 잠깐 도약했다가 0으로 떨어지는 것을 발견했다. 이 현상은 자기장이 0으로 줄어드는 짧은 시간 동안 전기장이 발생함을 시사했다. 패러데이가 다시 전자석을 '켜자' 자기장이 증가하는 동안 전기장이 발생하는 것이 탐침에 포착되었다. 패러데이는 탄성을 내질렀다.

　자기장이 존재하고 시간적으로 변하면, 전기장이 만들어진다. 이 놀라운 발견 — 이른바 유도법칙 — 은 머지않아 전동기와 발전기, 그리고 자그마치 현대 전기 사회의 기초가 되었다. 유도법칙은 역학적 에너지를 곧장 전기 에너지로 변환하는 것을 가능하게 해 준다. 예컨대 폭포로 수차를 돌리고, 수차와 자석을 연결하여 변화하는 자기장을 산출하고 그 속에 코일을 놓을 수 있다. 그러면 변화하는 자기장이 전기장을 **유도**하여 전류가 발생한다. 유도법칙은 전기에너지를 먼 곳으로 보내는 것도 가능하게 해 준다. 또 이 법칙을 거꾸로 이용하면, 디젤 – 전기 열차나 전기자동차에서처럼 전기에너

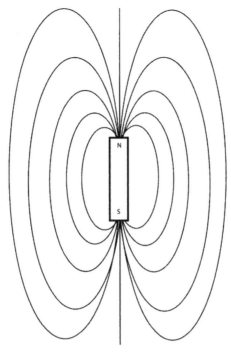

그림 11 자석이 만들어내는 '쌍극' 자기장. 장선들은 장의 방향을 알려 준다. 장선들의 밀도는 장의 세기를 나타낸다. 종이 밑에 자석을 놓고 종이 위에 쇳가루를 놓으면 쇳가루가 장선과 나란하게 늘어서므로 자기장을 눈으로 관찰할 수 있다. 장이 실재하느냐를 놓고 논쟁하는 물리학자는 이제 거의 없다. 물리학자들은 간단히 장의 존재를 전제하고 활용한다.

지로 바퀴를 돌릴 수 있다. 다 패러데이 덕분이다.

패러데이의 유도법칙과 다른 발견들은 전자기를 고전물리학 수준에서 완벽하게 이해하는 토대가 되었다. 그러나 패러데이의 개념들은 대체로 파편적이었다. 그로부터 몇십 년 후, 스코틀랜드의 귀족 물리학자 제임스 클러크 맥스웰(1831~1879)은 실험에서 발견된 전기와 자기에 관한 법칙들을 '조화시키는' 작업, 즉 전류, 자기장, 전기장 사이의 복잡한 관계를 파악하여 우아하고 일관된 수학적 구조 안에 포섭하는 작업에 착수했다.[12]

에든버러 명문가의 자제인 맥스웰은 그곳 상류층의 관습대로 법학을 공부했으나 과학과 기술에 매료되었다. 그는 겨우 14세에 에든버러 왕립 학회 기관지에 첫 논문을 발표했다. 그 논문은 완벽한 타원 작도법에 관한 것이었는데, 그가 제시한 방법은 끈을 이용한 작도법과 유사했다. 데카르트도 빛의 굴절과 관련해서 타원 작도법을 연구한 바 있다. 맥스웰은 세 가지 색깔을 혼합하면 우리 눈이 포착하는 모든 색깔을 만들 수 있음을 보여 주었다. 그는 망막에 색깔을 감지하는 수용기가 세 가지 있다는 영의 이론을 되살렸고 색맹은 한두 가지 수용기에 결함이 있을 때 발생함을 증명했다. 그는 가시광선 스펙트럼의 특정 구역을 응시할 때 이른바 맥스웰의 반점이 보인다는 것을 발견했다. 그러나 그의 아내는 망막에 노란색 색소가 거의 없어서 맥스웰의 반점을 보지 못했다. 맥스웰은 어느 동료에게 이렇게 썼다. "다들 맥스웰의 반점을 보는데, 나의 아내와 돌아가신 장인 스트레인지 대령(왕립 학회 회원)만 보지 못한다."

1865년, 맥스웰은 유명한 저서 「전자기학」의 원고를 마지막으로 다듬었다(같은 시기에 자택을 증축하는 대형 공사도 완료했다). 그는 1871년에 케임브리지 대학 최초의 실험물리학 교수로 임명되어 이곳에서 유명한 캐번디시 연구소를 설계하고 창설했다. 맥스웰의 평생 소망은 전기의 본성을 이해하는 것이었다. 전기는 전선을 따라 흐르는 유체일까? 혹은 매질 속에서 일어나는 교란이나 긴장일까? 이 생각을 이해시키려면 공간 전체에 비물질적이고 전기장과 자기장에 의해 교란될 수 있는 매질인 '에테르'가 충만해 있다고 전제할 필요가 있었다.

실험에서 발견된 모든 법칙들을 기술하는 수학 방정식들을 추구하는 과정에서 맥스웰은 위대한 발견을 했다. 첫째, 패러데이의 유도법칙과 쌍을 이룰 법칙이 (아직) 없음을 깨달았다. 변화하는 자기장이 전기장을 산출한다면, 변화하는 전기장은 자기장을 산출해야 하지 않겠느냐고 그는 생각했다. 과감하게 실험 데이터 너머로 나아간 맥스웰은 실제로 그 대칭이 수학적으로 불가피함을 발견했다. 이로써 그의 방정식들은 독자적인 생명력을 얻었다. 자기장의 변화는 전기장을, 전기장의 변화는 자기장을 산출한다. 그리하여 서로 엮인 전기장과 자기장(전자기장)은 춤추는 파동을 이뤄 퍼져 나간다.

가장 놀라운 것은 그 다음 대목이었다. 맥스웰은 상수들의 값을 옳게 집어넣고 자신의 방정식들을 분석하여 전자기장이 전선이나 자석의 근처를 벗어나 공간 속으로 엄청나게 빠른 속도로 퍼져 나갈 수 있음을 발견했다. 그 속도는 정확히 초속 30만킬로미터, 즉 M. 피조가 측정한 빛의 속도였다. 이 일치는 우연일까? 물리학에서 초속 30만킬로미터는 흔히 등장하는 속도가 아니다. 맥스웰은 빛이 전자기 교란이라는 극적인 결론을 내렸다. 다시 말해 긴밀하게 짝을 이룬 전기장과 자기장의 진동이 공간 속으로 초속 30만킬로미터로 퍼져 나가는 현상이 바로 빛이라고 결론지었다.

맥스웰의 이론은 패러데이의 직관을 구체화했다. 장은 에너지와 운동량을 보유한다. 장은 단지 수학적 기호가 아니라 실재하는 물리적 대상이다. 이제 과학자들은 빛 파동이 퍼져 나갈 때 정확히 무엇이 퍼져 나가는지 이해할 수 있었다. 그리고 그들은 빛이 원자 내부에 들어 있으며 전하를 띤 무언가에 전기력과 자기력을 가함으로써 인간의 망막과 사진 필름과 녹색 나뭇잎에 영향을 끼친다는 결론을 내릴 수밖에 없었다. 원자의 내부에 전하들이

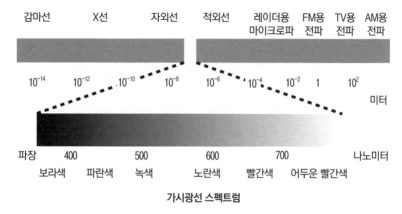

그림 12 빛의 스펙트럼. 가시광선은 파장 0.00007=7×10^{-5}센티미터(700나노미터, 즉 7000Å)부터 0.00004=4×10^{-5}센티미터(400나노미터, 즉 4000Å)까지의 좁은 구역만 차지한다. 광자의 에너지는 파장이 길수록 더 작다. 파장은 가시광선, 적외선, 마이크로파, TV용 전파, AM용 전파 순으로 길어지며, AM용 전파의 파장은 수백미터에 달한다. 거꾸로 광자의 에너지는 파장이 짧을수록 더 크다. 파장이 X선보다 더 짧은 감마선은 에너지가 매우 크다.

들어 있다는 생각은 당대의 물리학자들 사이에 널리 퍼져 있었다. 그러나 전하들이 정확히 어떤 식으로 들어 있는지에 대해서는 확실한 견해가 없었다.

독일 물리학자 하인리히 헤르츠는 1865년부터 1880년까지 빛이 전자기파라는 가설을 검증했다. 그는 실험적으로 전기 및 자기 파동을 발생시키고 그 파동이 반사, 굴절, 회절, 간섭의 법칙을 따름을 입증했다. 이는 거대하고 극적인 성과였다! 맥스웰 방정식들은 완벽하게 입증되었다. 맥스웰은 자신의 연구를 간결하지만 매우 추상적인 방정식 네 개로 요약했는데, 헤르츠는 그 방정식들을 새로운 벡터미적분학의 언어로 깔끔하게 표현했다. 헤르츠와 그의 뒤를 이은 구글리엘모 마르코니와 두 번의 세계 대전의 영향 아래, 맥스웰 방정식들은 신기술의 물결을 일으켰다. 그 결과 우리는 러시 림보, 케이스 올버만, 오프라 윈프리가 출연하는 텔레비전 방송과 전자레인지로 데운 음식을 즐기게 되었다. 새롭고 엄청나게 유용한 전파, 마이크로파, 자외선, X선, 감마선과 가시광선의 차이는 파장뿐이다(그림 12 참조).

과학은 정말 극적인 종합을 이루어냈다! 모든 단서들이 척척 맞아 들어가고, 우리는 빛의 행동을 비롯한 수많은 현상들을 이해하게 될 듯했다. 원자에 에너지를 투입하면, 원자 속의 작은 전하들이 어떤 식으로든 진동했다. 맥스웰의 이론은 진동하는 전하가 가시광선을 비롯한 전자기에너지를 방출한다는 것을 보여 주었다. 패러데이와 맥스웰 등은 고전적인 언어로 우주를 설명하는 데 성공했다. 그 언어에서 빛은 공간 속으로 퍼져 나가는 전자기파였다. 모든 것이 잘 돌아가는 듯했다. 자연은 덩어리지거나 띄엄띄엄 떨어지지 않고 매끄러우며 연속적이었다. 맥스웰의 전자기학은 뉴턴의 고전역학과 더불어 과학자들에게 다음 모험을 위한 강력한 지적 도구들을 제공했다. 그 모험의 목적은 원자 내부의 전하들과 힘들을 이해하는 것이었다.

이 장대한 모험이 본격화하고 빛에 대한 새롭고 심오한 이해가 마치 갓 부은 콘크리트처럼 굳어 가던 바로 그때, 생각할 수조차 없는 일이 벌어졌다. 빛이 '입자들의 흐름!'임을 절망적일 정도로 명확하게 보여 주는 데이터들이 나오기 시작했다. 양자 도깨비가 출현한 것이었다.

4장 반역자들

갈릴레오와 뉴턴이 제시한 모든 법칙들은 약 300년 동안 정론으로서 지배력을 유지했다. 그 법칙들은 고전물리학의 아름다움과 합리적 안정성을 대표했다. 고전물리학의 황금시대에 운동법칙들은 질서정연했고, 보편적인 중력법칙은 사과와 소행성을 공히 지배했으며, 전기 이론과 자기 이론의 바탕에 깔린 경이로운 대칭성이 밝혀졌고, 빛이 전자기장의 파동이라는 통찰까지 이루어졌다. 지금까지 우리가 살펴본 대로, 두 번째 밀레니엄의 마지막 세기가 시작될 때까지 이루어진 발전은 일관되고 안정적이었다. 그러나 1900년부터 조금 이상해지기 시작했다. 이제부터 우리는 아주 기이하고 꺼림칙한 사건들을 만나게 될 것이다. 출발점은 당신이 매일 아침 출근하기 전에 대면하는 익숙한 대상, 곧 토스터이다.

당신은 토스터의 플러그를 꽂고 스위치를 켠 다음에 토스터 내부의 열선이 뜨거워져서 빨갛게 빛나는 것을 관찰한 적이 있을 것이다. 토스터의 열선이 내뿜는 그 붉은 빛을 전문용어로 '흑체복사'라고 한다.

흑체복사는 1900년에 물리학계의 뜨거운 화두였다. 과거 수십만 년 동안의 인류사에서 대장장이들과 요리사들은 불타는 석탄을 비롯한 뜨거운 물체들이 그 불그스름한 빛을 내뿜는 것을 줄곧 보아 왔을 터이므로, 그 빛이 새삼 주목을 받은 것은 아주 특별한 일이었다. 19세기가 끝날 무렵에 아주 영리한 물리학자 하나가 맥스웰 방정식을 이용해서 그 불그스름한 빛의 속성들을 계산하려 애쓰다가 무언가 큰 문제가 있음을 발견했다. 결국 고전 물리학은 토스터의 열선을 비롯한 하찮은 물체들이 내뿜는 빛에 관한 상세하고 기이한 데이터에 의해 복구 불가능하게 무너졌다. 이 일상적인 현상에 관한 미묘한 질문 하나 ― '왜 장작불이나 토스터의 열선은 붉게 빛날까?' ― 가 양자 세계로 통하는 문을 열어젖혔다.

흑체는 무엇이고 왜 중요할까?

모든 물체는 에너지를 주위 환경으로 **방출**하기도 하고 거꾸로 **흡수**하기도 한다. 이때 '물체'란 커다란 것, 즉 '거시적인' 것, 이를테면 원자 수십억 개로 이루어진 무언가를 뜻한다. 물체의 온도가 높을수록, 물체가 방출하는 에너지의 양은 많아진다.

뜨거운 물체와 그것의 모든 부분들(각 부분을 개별 물체로 간주할 수 있다)이 방출하는 에너지와 흡수하는 에너지는 결국 같아진다. 예컨대 냉장고 속의 달걀을 뜨거운 물이 담긴 냄비에 넣는다고 해 보자. 차가운 달걀은 뜨거워지고, 즉 물에서 에너지를 흡수하고, 물은 달걀에게 에너지를 내주고 약간 식을 것이다. 반대로 뜨거운 달걀을 차가운 물에 넣으면, 물은 따뜻해지고 달걀은 식을 것이다. 어느 쪽이든, 시간이 지나면 달걀과 물의 온도는 같아진다. 이것은 뜨거운 물체의 기본적인 행동이며 실험으로 쉽게 확인할 수 있다. 달걀과 물의 온도가 이루는 최종적인 균형을 일컬어 **열평형**이라고 한다. 이와 마찬가지로 한 물체의 내부에 특별히 뜨거운 지점이 있으면, 차차 그 지점의 온도는 내려가고 주변의 온도는 높아질 것이다. 거꾸로 특별히 차가운 지점은 차차 따뜻해질 것이다. 결국 열평형에 도달하면, 물체의 모든 부분들이 똑같은 온도가 될 것이다. 열평형 상태에서 부분들은 에너지를 동등하게 방출하고 흡수할 것이다.

당신이 맑은 여름날 해변에 누워 있다면, 당신은 전자기복사를 방출하고 흡수할 것이다. 우선 둘째가라면 서러운 복사체 중의 복사체인 태양이 **당신**을 향해 방출하는 에너지가 있다. 한편 당신의 몸도 적정 온도를 유지하기 위해 적당량의 에너지를 방출한다.[1] 당신이 생리학적으로 정상이라면, 당신의 체온은 섭씨 37도일 테고, 당신이 지속적으로 방출하는 에너지는 약 100와트일 것이다. 당신 몸의 모든 부분들 — 간, 뇌, 치아 — 은 열평형을 유지한다. 이 열평형은 생명의 화학을 지탱하는 데 필요하다. 환경의 온도가 매우 낮으면, 당신의 몸은 에너지 방출에 맞서 체온을 유지하기 위해 더 많은 에너지를 생산하거나 이미 생산한 에너지를 더 많이 보유해야 한다. 따라서 열에너지를 몸의 표면으로 운반하는 혈류가 감소하고, 그 결과로 몸의 내부는 온도를 유지하지만 손가락과 발가락은 차가워진다. 반대로 환경의 온도가 높으면, 몸은 더 많은 에너지를 방출하여 체온 상승을 막아야 한다. 땀은 증발할 때 피부에서 열에너지를 흡수하여 환경으로 운반하므로 일종의 에어컨 구실을 한다. 방안에 사람들이 붐비면 온도가 올라간다. 방안에 당신을 비롯한 30명이 모여 지루한 회의를 한다면, 30명이 방출하는 3킬로와트의 에너지가 실내 온도를 신속하게 올려서 당신은 금세 더위와 답답함을 참기 어려워질 것이다. 그러나 당신이 남극에 있다면, 당신은 긴 겨울을 나며 연약한 알을 보호하는 황제펭귄들처럼 다른 사람들과 한데 모여 떼를 지을 필요가 있다.

사람도 펭귄도 심지어 토스터도 복잡한 시스템이다. 이 시스템들은 내부에서 에너지를 생산한다. 사람의 경우, 에너지 생산은 음식이나 저장된 지방을 태움으로써 이루어지고, 토스터에서는 전류 속의 전자들이 열선에 있는 무거운 원자들과 충돌할 때 에너지가 생산된다. 사람과 토스터가 방출하는 전자기복사는 사람의 피부와 토스터 열선의 표면을 떠나 외부 환경으로 퍼져 나간다. 일반적으로 이 복사에는 특정한 '원자 전이'에 대응하는 색깔들이 들어 있다. 예컨대 불꽃놀이용 폭약이 폭발하면 당연히 뜨거울 뿐만 아니라 그 성분인 염화스트론튬과 염화바륨 등이 산화하면서 강렬한 빨간색과 녹색 등을 산출하여 멋진 광경을 만들어낸다.[2]

그런데 시스템들을 잘 혼합하여 특수한 원자 전이 효과들을 평준화하거나 시스템을 단순화했을 때, **모든 시스템이 공유하는** 일반적인 전자기복사 패턴이 존재한다. 이 패턴을 일컬어 **열복사**라고 한다. 또 물리학자들이 말하는 '흑체'란 열복사를 방출하는 이상적인 물체이다. 요컨대 흑체는, 그 정의에 따라서, 가열되면 열복사만 방출할 뿐, 불꽃놀이에서 보이는 특수한 색깔 효과는 전혀 산출하지 않는다. 흑체는 이상적인 물체이므로 일상의 물체들은 근사적으로만 흑체일 수 있다. 그러나 일상의 물체들도 흑체와 꽤 유사할 수 있다. 예를 들어 태양 빛은 태양 표면보다 온도가 낮은 코로나에 있는 기체 원자들 때문에 생긴 흡수 선들(프라운호퍼 선들)을 포함하고 있지만 전체적인 패턴은 뜨거운 흑체의 열복사와 꽤 유사하다. 숯불, 토스터의 열선, 지구의 대기, 핵폭발로 인한 버섯구름, 초기 우주가 방출하는 복사도 마찬가지이다. 구식 석탄 보일러의 화덕, 이를테면 증기기관차의 화덕은 흑체를 탁월하게 닮았다. 그 화덕은 가열되면 내부가 거의 순수한 열복사로 채워진다. 실제로 19세기 말에 물리학자들이 흑체에 가까운 물체로 처음 선택한 것이 그런 화덕이었다. 순수한 흑체 광원을 제작하려면 열복사를 석탄불로부터 분리하여 고립시킬 필요가 있다. 두꺼운 철판으로 크고 튼튼하고 밀폐된 상자를 만들고 그 내부를 들여다보고 측정 장치들을 집어넣을 수 있게 한쪽 벽에 구멍을 뚫으면, 충분히 훌륭한 흑체가 완성된다. 그 철제 상자를 화덕에 넣고 가열하면서 구멍 안을 들여다보면, 상자의 내부를 채운 순수한 열복사를 직접 관찰할 수 있다. 그 복사는 상자의 뜨거운 벽에서 방출되어 이리저리 반사되면서 상자 내부를 돌아다니는데, 그중 일부가 구멍을 통해 빠져나와 우리 눈에 포착된다.

우리는 상자의 구멍 안을 들여다보면서 열복사에 다양한 색깔(파장)의 빛들이 얼마나 많이 들어 있는지 조사할 수 있다. 또 상자를 품은 화덕의 온도를 높이거나 낮추면 색깔들의 분포가 어떻게 바뀌는지 연구할 수 있다. 요컨대 우리는 열평형 상태의 흑체가 방출하는 순수한 복사를 연구할 수 있다.

흑체를 품은 화덕의(따라서 흑체의) 온도를 높이면, 처음에는 따뜻하지만 보이지 않는 적외선 복사가 구멍으로 나오는 것만 느껴질 것이다. 온도가 더 높아지면, 우리가 토스터의 열선에서 본 것과 같은 흐릿한 빨간색 빛이 구멍으로 나올 것이다. 온도가 더욱 더 높아지면, 복사는 밝은 빨간색으로,

이어서 노란색으로 바뀔 것이다. 우리가 강철 제조용 베서머 회전로를 화덕으로 삼아 실험을 한다면, 흑체의 온도는 엄청나게 높아지고 우리는 흑체복사가 거의 흰색으로 바뀌는 것을 관찰하게 될 것이다. 그 상태에서 온도를 더 높이면 (통상적인 화덕에서 이렇게 하면 화덕 자체가 녹아버릴 것이다) 최고 온도에서 구멍으로 찬란하고 파르스름한 빛 — 모든 색깔이 혼합된 결과인 흰색에 파란색이 약간 가미된 빛 — 이 나올 것이다. 이 온도는 핵폭발 시의 온도, 혹은 뜨겁고 밝고 푸른 별의 표면 온도와 같다. 그런 별의 예로 오리온자리의 청색초거성 리겔을 들 수 있다. 리겔은 우리 근처에서 가장 강력한 열복사 광원이다.[3]

물리학자들은 다양한 온도에서 흑체가 방출하는 복사의 세기를 정확하게 측정하는 방법을 고안했다. 또 특정 색깔의 복사만 선택적으로 측정하는 방법을 개발했다. 이 방법들을 써서 측정한 결과, 어떤 온도에서든 흑체복사는 모든 파장의 빛을 포함하지만 특정 파장들이 다른 파장들보다 더 우세하다는 것이 밝혀졌다. 이른바 '흑체복사 곡선'은 이런 정확한 측정들을 종합한 결과이다. 흑체복사 곡선은 과학자들이 고된 측정을 통해 이룩한 영웅적인 성과이다. 아래 그림은 그 유명한 흑체복사 곡선을 간략하게 표현한 것이다.

물체의 온도가 높아짐에 따라 색깔이 어떻게 변화하는지에 대한 우리의 직관이 옳음을 흑체복사 곡선에서 확인할 수 있다. 온도가 비교적 낮은 3500K('K'는 '켈빈'을 나타냄)[4]일 때, 방출되는 빛의 대부분은 파장이 아주 긴 적외선과 어두운 빨간색이다. 우리가 화덕의 온도를 높이면, 빛의 세기 분포의 정점은 차츰 짧은 파장 쪽으로, 즉 파란색 쪽으로 이동한다. 하지만

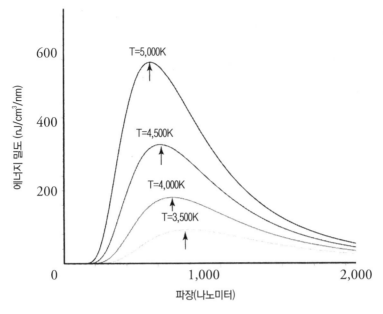

그림 13 여러 온도로 달궈진 흑체가 방출하는 빛의 스펙트럼. 화살표들은 각 곡선의 정점에 위치한 파장을 가리킨다. 비교적 '낮은' 온도인 T = 3500K에서 곡선의 정점은 800나노미터, 즉 적외선 근처에 있다. 이 온도의 흑체복사를 관찰하는 사람은 빨간색 빛을 볼 것이다. 더 높은 온도인 T = 5000K에서 곡선의 정점은 노란색 구역으로 이동하여 600나노미터 근처에 놓인다. 이보다 훨씬 더 높은 온도에서는 곡선의 정점이 파란색 구역으로 이동한다. 어떤 온도에서든 파장이 가장 짧은 구역의 에너지밀도는 0에 수렴한다는 점을 주목하라. 이 사실을 설명하기 위해 플랑크는 $E = hf$ 라는 공식을 제시했다(그래프의 세로축은 방출되는 빛의 단위 파장 당 에너지밀도[단위는 나노줄 퍼 세제곱센티미터 퍼 나노미터], 가로축은 파장[단위는 나노미터]이다).

다른 많은 파장들도 함께 방출되어 색깔들이 섞이므로, 우리는 흰색을 보게 된다. 이 상태에서 온도를 더 높이면, 색깔은 희푸르게(푸르스름하게) 바뀐다. 온도를 더욱 더 높이면, 파란색이 더 짙어지겠지만, 이제 방출되는 빛의 상당 부분은 우리 눈에 보이지 않는 자외선 영역에 속할 것이다.

열복사는 물리학의 두 분야와 관련이 있는 새롭고 풍부한 연구 주제였다. 그 분야들은 열과 열평형에 대한 연구 — 이른바 **열역학** — 와 복사에 대한 연구였다. 이 두 분야에서 나온, 얼핏 보면 대수롭지 않은 데이터에서 새로운 물리학 연구가 싹텄다. 그러나 그 데이터가 천 년에 한 번 나올까 말까 한 수수께끼의 단서, 빛과 원자의(모든 수수께끼의 원천은 결국 원자이다) 양자적 속성들을 보여 주는 단서라는 것을 알아챈 사람은 아무도 없었다.

나는 베를린 시민이다

19세기 물리학자들, 특히 베를린의 뛰어난 물리학자 집단은 가열된 흑체가 방출하는 빛의 세기가 파장에 따라 어떻게 분포하는지를 보여 주는 곡선을 정확하게 그리는 데 많은 시간을 할애했다. 그들은 대단한 창의력을 발휘하여 아주 좁은 파장 범위, 이를테면 빨간색 구역에 속하는 652나노미터에서 654나노미터까지의 빛만 선택적으로 포착하여 그 세기를 측정하는 장치들을 개발했다(3장, 주석 4, 그림 12의 빛의 파장에 관한 내용 참조). 그들은 측정 결과들을 종합해서 그린 흑체복사 그래프를 보면서 곧바로 흑체의 온도가 몇 도인지 말할 수 있었다.

흑체복사와 온도의 상관관계를 연구할 때는 실험 대상이 구체적으로 어떤 물체인지 신경을 쓸 필요가 없다. 왜냐하면 모든 흑체, 또는 근사적인 흑체가 임의의 온도에서 방출하는 복사의 곡선은 모양이 똑같기 때문이다. 그러나 1900년까지 축적된 엄청난 데이터에 근거한 흑체복사 곡선들과 관련해서 중요한 문제는 **그것들이 전부 틀린 것 같았다는 점이다.** 바꿔 말해서 그 흑체복사 곡선들의 모양을 **설명할 길이 없었다.** 계산 솜씨가 탁월한 이론물리학자 막스 플랑크가 당대의 물리학자들이 신뢰한 맥스웰 방정식과 열역학 법칙들에 기초하여 계산한 결과는 실험 데이터와 전혀 달랐다.

열과 온도를 다루는 강력한 이론은 **통계역학**이라는 이름으로 이미 19세기에 개발되어 있었다. 그 이론은 맥스웰과 미국 이론가 월러드 깁스[5]에 의해 고안되었고 (비극적으로 생을 마무리한) 위대한 오스트리아 물리학자 루트비히 볼츠만[6]의 수학적 정식화를 기초로 삼았다(깁스가 통계역학을 고안한 시기는 불분명하다). 그들의 이론은 시스템을 이루는 다양한 요소들이 어떻게 운동하는지, 더 구체적으로 말해서 시스템이 열평형 상태일 때 그 요소들의 운동이 어떻게 분포하는지 계산하는 방법을 가르쳐 주었다. 막스 플랑크는 이 방법과 맥스웰의 전자기파 이론을 결합하여 흑체복사 곡선의 모양을 계산했다.

플랑크는 계산으로 얻은 곡선과 실험에서 관찰한 곡선의 모양이 파장이 아주 긴 구역에서 정확히 일치함을 발견했다. 그러나 계산에 따르면 파장이 아주 짧은 구역(자외선 구역)에서 흑체복사 곡선은 무한대로 발산해야 했다. 다시 말해 흑체복사 곡선은 어떤 온도에서든 항상 스펙트럼의 보라색 구역(파장이 가장 짧은 구역) 쪽으로 갈수록 점점 더 가팔라져야 했다. 이 계산 결과는 실험과 영 딴판이었다.

달리 표현하자면, 플랑크의 면밀한 계산에 따르면, '소량'의 단파장(파란색-보라색) 복사는 같은 '소량'의 장파장(빨간색) 복사보다 세기(밝기)가 훨씬 더 강해야 한다. 왜냐하면 파란색 빛이 말하자면 '더 작아서'(파장이 더 짧아서) 주어진 공간에 더 많이 집어넣을 수 있기 때문이다. 그리하여 플랑크는 맥스웰의 고전적인 빛 이론에서는 모든 뜨거운 물체가 온도와 상관없이 항상 희푸르게 빛나야 한다는 결론에 도달했다. 그러나 실험에서 관찰한 낮은 온도의 흑체복사 곡선에는 파란색 빛보다 빨간색 빛이 훨씬 더 많았다. 아니, 파란색 빛은 없다시피 했다.

대체 어디에 문제가 있었던 것일까? 이 대목에서 재미있는 비유를 들면 도움이 될 듯하다. 유명 피아니스트 알프레드 브렌델이 어느 음악당에서 베토벤의 피아노 소나타 15번을 연주하는데, 입장권의 가격이 좌석의 위치와 상관없이 균일하다고 해 보자. 관객은 극단적으로 날씬하고 매우 친절하며 피아노 음악이라면 사족을 못 쓰는 아마추어 음악가 2,000명이다. 이 관객들은 음악당의 객석에 어떻게 자리를 잡을까? 똑같은 가격에 어느 좌석에나 앉을 수 있음을 상기하라. 정답을 짐작할 수 있겠는가? 아마 당신도 옳게 짐작했을 것이다. 관객들은 위대한 브렌델과 베토벤을 사랑하고 특히 소나타 15번을 사랑하므로, 2,000명 거의 모두가 연주자와 피아노 건반에서 가장 가까운 구역에 있는 좌석들에 몰려 앉고(충분히 날씬하고 친절한 관객들이므로 그렇게 할 수 있다) 음악을 더 잘 아는 (연주자를 보기보다 연주를 듣기를 원하는) 극소수만 객석의 나머지 구역에 흩어져 앉을 것이다. 아마추어들은 연주회용 스타인웨이 그랜드 피아노의 건반 위에서 현란하게 춤추는 연주자의 손을 보고 싶어 하니까 말이다. 그런데 이 비유가 물리학과 무슨 상관이 있을까? 이 시나리오는 고전적인 빛 이론과 열역학에 입각한 예측, 즉 흑체복사의 에너지가 가장 짧은 파장 쪽에, 즉 파란색 쪽에 몰릴 것이라는 예측과 맥이 닿는다. 더 작은 파장들은 말하자면 더 작기 때문에 더 많이 밀집할 수 있다.

그러나 음악의 세계에서도 흑체복사에서도 당연히 실상은 다르다. 실제 연주회에서 앞줄의 객석들은 매우 비싸고 흔히 드문드문 채워지며 (아무것도 안 보이고 안 들리는 경우가 많은) 맨 뒷줄들과 가장 높은 발코니들은 텅 빈다. 대다수 관객은 중간 줄들에 자리 잡는다. 이와 유사하게, 흑체복사의 세기 분포를 관찰해 보니, 파장이 긴 구역에서 약하게 시작하여 파장이 짧아질수록 점점 세져서 온도에 따라 달라지는 특정 파장에서 정점에 도달한 뒤에 파장이 더 짧은 구역에서 차츰 약해지는 분포가 관찰되었다. 특히 파장이 아주 짧은 구역에서 흑체복사 곡선은 급격히 0으로 수렴했다. 그러나 플랑크가 지적했듯이, 맥스웰의 이론에 입각하고 열 시스템에 관한 깁스와 볼츠만의 생각을 적용해서 예측하면, 흑체복사의 세기 분포는 파란색 구역에 몰려야 했다. 대체 어디에 문제가 있었던 것일까?

자외선 파탄

플랑크의 계산에 따르면, 고전적인 빛 이론은 파장이 짧은 쪽으로 갈수록 흑체복사의 세기가 점점 더 커질 것이라고 예측했다. 심지어 그 이론은 아주 짧은 파장 구역(이를테면 원자외선 구역)에서는 흑체복사의 세기가 무한대가 된다고 예측하여 이론가들을 당황시켰다. 누군가 — 아마도 어느 신문 기자 — 가 이 예측을 **자외선 파탄**이라고 명명했다. '파탄'이라는 표현은 예측된 자외선 구역 선호가 실험 데이터에서는 나타나지 않기 때문에 붙었다. 만약에 그 선호가 실제로 나타난다면, 비교적 온도가 낮은 장작불은 수십만 년 전부터 인류가 잘 아는 대로 빨갛게 빛나지 않고 파랗게 빛나야 할 것이다.

이 문제는 그때까지 성공적이었던 고전물리학에서 일찌감치 발견된 균열들 중 하나였다. (깁스는 약 35년 전에 또 다른 균열을 발견했다. 아마도 그것이 최초로 발견된 균열이었을 것이다. 그러나 당시에 그의 발견은 가치를 인정받지 못했다. 예외적으로 맥스웰은 그 가치를 알아보았을 가능성이 있다)[7]. 문제의 핵심은 데이터가 고전 이론과 다르다는 점이었다. 흑체복사 곡선은 온도에 따라 달라지는 특정 파장에서(낮은 온도에서는 빨간색 구역, 높은 온도에서는 보라색 구역에서) 정점에 도달한다. 그 다음에 파장이 더 짧은 자외선 구역에서 곡선은 급격하게 하강한다. 자, 가장 위대한 정신들이 창조하고 유럽의 과학 아카데미들에 소속된 권위자들이 인정한 아름답고 정교한 이론이 지저분하고 추한 현실과 충돌하면 어떤 일이 일어날까? 종교에서 교리는 영원하다. 반면에 과학에서 틀린 이론은 헌신짝처럼 버려진다.

고전 이론은 당신의 토스터 열선이 파랗게 빛나야 한다고 예측하지만, 실제로 그 열선은 빨갛게 빛난다. 요컨대 토스터 속을 들여다볼 때마다 당신은 고전물리학의 기대를 철저히 저버리는 현상을 보는 셈이다. 더 나아가, 당신은 아직 모를 수도 있겠지만, 빛이 알갱이들로 이루어졌다는 직접적인 증거를 보는 셈이다. 요컨대 당신은 양자물리학을 두 눈으로 똑똑히 보고 있는 것이다. 하지만 당신은 이렇게 묻고 싶을지도 모른다. 앞 장에서 우리는 토머스 영이라는 천재의 실험을 통해 빛이 파동임을 입증하지 않았던가? 그렇다, 우리는 빛이 파동임을 입증했고, 빛은 여전히 파동이다. 이제 우리는 이야기가 약간 기묘해지는 것을 각오해야 한다. 우리는 머나멀고 새롭고 야릇한 세계를 방문하는 여행자들임을 상기하라. 하지만 우리는 그 세계를 토스터의 열선이 내뿜는 빛에서도 발견할 수 있다.

막스 플랑크

다시 베를린으로 돌아가자. 자외선 파탄의 중심에 40세의 이론물리학자 막스 플랑크가 있었다. 베를린 대학에 근무하는 열 이론 전문가인 플랑크는 자외선 파탄을 잘 알고 있었고 그 문제의 원인을 이해하고 싶었다. 베를린 대학의 동료들이 쌓아 놓은 흑체복사 데이터를 검토하던 플랑크는 1900년에 열 물리학에 관한 맥스웰과 볼츠만과 깁스의 생각을 적용하여 개발한 수학적인 묘수를 써서 실험 데이터와 멋지게 일치하는 흑체복사 곡선의 공식을 얻었다. 플랑크의 묘수는 고전 이론과 마찬가지로 흑체가 어떤 온도에서든 파장이 긴 빨간색 빛을 풍부하게 방출하는 것을 허용했다. 그러나 플랑크의 수학적 묘수는 흑체가 짧은 파장의 빛을 방출하는 것에 대해서는 사실상 '요금'을 물리는 효과를 발휘했다. 플랑크는 그렇게 짧은 파장의 빛 방출에 불이익을 가하여 파란색('짧은 파장=높은 진동수=파란색'임을 상기하라) 빛을 억제했다. 그러면 파란색 빛이 덜 방출되는 결과가 나올 것이었다.

플랑크의 수학적 묘수는 효과가 있는 듯했다. 플랑크가 물린 '요금' 때문에 높은 진동수의 빛을 방출하려면 낮은 진동수의 빛을 방출할 때보다 훨씬 더 많은 에너지가 들게 되었다. 이어서 플랑크는 특정 온도에서는 에너지가 부족해서 짧은 파장의 빛이 방출되지 않을 것이라고 옳게 추론했다. 우리의 음악당 비유에 빗대자면, 플랑크는 앞줄에 몰린 관객을 뒷줄과 발코니로 분산시키는 방법을 발견했다. 그는 간단히 앞줄의 좌석에 비싼 요금을 매기고 발코니에 싼 요금을 매겼다. 그는 평소답지 않게 폭발적인 통찰력을 발휘하여 빛의 파장(혹은 진동수)과 에너지를 연관지었다. 파장이 짧을수록, 즉 진동수가 높을수록, 에너지가 높다고 플랑크는 말했다.

이 생각은 단순하게 보일 수 있고, 실제로 여러 모로 단순하다. 그러나 고전적인 빛 이론은 이런 예측을 전혀 내놓지 못했다. 맥스웰의 고전 이론에서 빛의 에너지 보유량은 색깔이나 진동수와는 무관하고 오직 빛의 **세기**에 좌우되었다. 어떻게 플랑크는 흑체복사 스펙트럼에 속한 빛의 에너지가 진동수에 의존한다는 새로운 생각을 납득시킬 수 있었을까? 빛의 에너지가 빛의 세기뿐 아니라 진동수에도 의존한다는 생각을 그는 어떻게 뒷받침할 수 있었을까? 새로운 생각을 납득시키고 뒷받침하려면, 진동수가 높아지면 더 많은 에너지를 보유하게 되는 당사자가 정확히 '무엇'인지 분명하게 밝힐 필요가 있다.

이 문제를 해결하기 위해 플랑크는 흑체복사 곡선에 포함된 임의 파장의 빛을 '뭉치들' 혹은 '양자들'로 분할하고 양자 각각에 진동수에 비례하는 에너지를 할당했다. 플랑크가 영감으로 얻은 공식은 정말로 더할 나위 없이 단순하다.

$$E = hf$$

말로 풀면, 빛 양자의 에너지는 빛 양자의 진동수에 정비례한다는 것이다. 이 공식은, 전자기복사가 덩어리들로 방출되며 '덩어리' 각각이 지닌 에너지는 진동수에 어떤 상수 h를 곱한 값과 같다는 뜻이다. 특정 진동수의 빛 전체의 세기는 그 진동수에서 탐지된 **양자의 개수** 곱하기 그 양자의 에너지이다(진동수와 파장은 반비례 관계임을 상기하라). 흑체가 높은 진동수의 빛을 방출하려면 더 많은 에너지가 필요하다고 플랑크는 주장했다. 플랑크의 공식들이 예측하는 흑체복사 곡선은 데이터와 정확하게 일치했다.

놀랍게도 플랑크는 자신이 맥스웰 이론에 가한 변형이 곧바로 빛과 관련됨을 알아채지 못했다. 오히려 그는 그 변형이 흑체의 벽에 있는 원자들과 관련된다고, 즉 빛이 어떻게 방출되는가와 관련된다고 생각했다. 파란색 빛이 빨간색 빛보다 방출되기 어려운 것은 파란색 빛과 빨간색 빛의 본래 속성 때문이 아니라 원자들이 춤추듯 운동하면서 빛을 방출하는 방식 때문이라고 그는 생각했다. 이런 식으로 플랑크는 다른 방면에서 완벽하게 작동하는 맥스웰 이론과 자신의 생각이 충돌할 가능성을 제거하려 했다. 맥스웰 이론은 빛이 전기 및 자기와 직접 연결된다는 사실을 밝혀낸 위대한 이론이었다. 게다가 전동기는 유럽 곳곳에서 전차를 움직이고 있었고, 이미 마르코니가 무선 전신을 발명한 뒤였고, 사람들은 정교한 안테나를 설계하고 있었다. 맥스웰 이론에는 명백한 문제가 없었다. 그러므로 플랑크는 그 이론을 수정하기를 원치 않았다. 차라리 그는 더 난해한 열 물리학 이론을 수정하는 쪽을 선택했다.

그러나 플랑크는 두 가지 점에서 고전 이론과(적어도 열복사 이론과) 극적으로 결별했다. 첫 번째 결별은 복사의 세기(에너지 보유량)와 진동수를 연결한 것(맥스웰 이론에는 이 연결이 전혀 없다)이고, 두 번째 결별은 덩어리(또는 이산성) 즉 '양자'를 도입한 것이었다. 이것들은 논리적으로 엮여 있다. 맥스웰 이론에서 빛의 세기는 연속적으로 변하며 전자기 파동의 진폭에만 의존한다. 반면에 플랑크의 이론에서 특정 진동수의 빛의 세기는 양자의 개수이고 양자 각각이 보유한 에너지는 공식 $E = hf$에 따라서 진동수에 비례한다. 양자 덩어리라는 새로운 관념은 입자 개념을 연상시킨다. 비록 빛은 모든 회절 및 간섭 실험에서 알 수 있듯이 여전히 파동인 듯하지만 말이다.

그러나 플랑크 자신을 비롯해서 어느 누구도 이 획기적인 진보의 의미를 제대로 알아채지 못했다. 플랑크는 hf만큼의 에너지 할당량을 보유한 양자 각각이 짧은 복사 펄스이며 흑체의 벽에 있는 원자의 열운동에서 아직 자세히 밝혀지지 않은 과정을 거쳐 유래한다고 생각했다. 자신의 상수 h — 오늘날 '플랑크상수'라고 불린다 — 가 임박한 혁명의 주춧돌이 되고 양자이론과 새 시대의 탄생을 알릴 것임을 플랑크는 예견하지 못했다. 플랑크의 위대한 발견은 그의 나이 42세에 이루어졌다. 그는 '에너지 양자'를 발견한 공로로 1918년에 노벨상을 받았다.

아인슈타인

플랑크의 양자가 지닌 엄청난 의미를 가장 먼저 알아챈 인물은 다름 아니라 알베르트 아인슈타인이었다. 아직 젊고 무명이었던 그는 1900년에 플랑크의 논문을 읽고 탄성을 내질렀다. "내 발 밑의 땅이 꺼지는 듯했다."[8] 핵심 문제는 양자 덩어리들이 빛을 산출하는 과정의 산물이냐 아니면 빛 자체의 본질적인 속성이냐 하는 것이었다. 아인슈타인은 플랑크가 뜨거운 물질에서 빛이 만들어지는 과정과 관련해서 이산성, 즉 입자성을 지닌 무언가를 도입했음을 간파했다. 그러나 처음에 아인슈타인은 그 입자성이 빛 자체의 근본 속성이라는 견해를 밝히기를 꺼렸다.

아인슈타인에 대해서 몇 마디 언급할 필요가 있다. 어린 시절에 조숙하지 않았고 학교를 싫어했던 아인슈타인을 '성공할 가능성이 매우 높은' 아이로 점친 사람은 아무도 없었을 것이다. 그러나 그는 네 살 때부터 과학에 매료되었다. 그때 그의 아버지가 나침반을 보여 주었고, 그는 쇠바늘을 항상 어김없이 북쪽으로 돌려놓는 보이지 않는 힘에 마치 최면에 걸리듯 사로잡혔다. 훗날 70대의 아인슈타인은 이렇게 쓰게 된다. "그 경험이 나에게 깊고

영속적인 인상을 남긴 것을 지금도 기억한다. 혹은 적어도 기억한다고 믿는다.” 몇 년 뒤에 어린 아인슈타인은 삼촌에게서 배운 대수학에 빠져들었고 12세에 기하학 책을 읽고 크게 감동했다. 그는 16세에 첫 과학 논문을 썼다. 자기장 안의 에테르를 다루는 논문이었다.

우리가 논하려는 시기에 아인슈타인은 아직 무명이었다. 대학을 졸업한 후에 학자로서 정규직 일자리를 구하는 데 실패한 그는 이따금씩 강사와 기간제 교사로 일하다가 결국 스위스 베른에 위치한 스위스 특허청에 심사관으로 취직했다. 이후 7년 동안 그는 주말에만 자신의 연구를 할 수 있었음에도 불구하고 20세기 물리학의 토대를 마련했다. 그가 이룬 업적들은 원자들의 개수를 세는 법(아보가드로수를 측정하는 법)을 제시한 것, 특수상대성이론과 거기에서 귀결되는 공간과 시간에 대한 새로운 이해와 $E=mc^2$을 만들어낸 것, 양자이론에 기여한 것 등이었다. 아인슈타인은 여러 재능의 소유자였지만 특히 공감각 능력을 갖고 있었다. 공감각 능력이란 한 감각을 토대로 다른 감각을(이를테면 시각을 토대로 청각을) 불러일으키는 능력이다. 그가 문제를 연구할 때, 그의 정신 과정들은 시각 이미지를 동반했고, 그는 자신이 옳은 방향으로 나아가고 있음을 손끝이 저리는 느낌을 통해 항상 자각했다. 아인슈타인이라는 이름은 일식과 관련이 있는 어떤 현상에 의해 그의 일반상대성이론이 입증된 1919년부터 일반인에게 널리 알려졌다. 그러나 그는 (일반상대성이론이나 특수상대성이론 때문이 아니라) 1905년에 광전효과를 설명해낸 공로로 노벨상을 받았다.

1900년에 닥친 문화 충격을 상상해 보자. 당신은 19세기 중반부터 축적된 데이터 — 뜨거운 물체가 방출하는 연속 스펙트럼에 관한 자료 — 를 차분하게 검토한다. 그것은 전자기복사에 관한 실험 결과들이고, 전자기복사가 파동이라는 사실은 맥스웰 덕분에 1860년대 이래로 잘 알려져 있다. 그런데 데이터를 살펴보니, 본질적으로 파동인 전자기복사가 특수한 조건에서는 마치 에너지 뭉치들인 것처럼, 다시 말해 '입자들'인 것처럼 행동한다. 이 발견은 고전물리학계를 대혼란으로 몰아넣었다. 그러나 플랑크를 비롯한 물리학자들의 대부분은 고전물리학에 입각한 설명이 곧 나오리라고 예상했다. 따지고 보면, 흑체복사는 날씨처럼 복잡한 현상이고, 간단히 이해할 수 있는 것들이 복합되어 겉보기에 불가사의한 현상이 생겨나는 일은 흔히 있으니까 말이다. 하지만 정말 불가사의한 것은 아마도 그때 자연이 참을성 있는 관찰자들에게 자신의 가장 내밀한 비밀들을 내보였다는 점인 성싶다.

광전효과

고전물리학의 토대가 허물어지는 소리가 은은하게 들리기 시작했을 때, 광전효과라는 쓰나미가 갈릴레오와 뉴턴과 맥스웰의 자식이라 할 만한 고전물리학을 덮쳤다. **광전효과**는 당신이 휴대전화로 사진을 찍을 때에도 (광전지의 형태로) 이용된다. 광전효과의 기본 원리는 '빛이 들어가면, 전기가 나온다.'로 요약할 수 있다.

독일 물리학자 하인리히 헤르츠는 1887년에 광전효과를 최초로 관찰했다. 그는 광택이 나는 금속 표면에 빛을 쬐면 전하가 방출된다는 것, 즉 전자들이 튀어나온다는 것을 깨달았다. 하지만 모든 빛이 그런 결과를 빚어내는 것은 아니다. 전자들이 튀어나오려면, 빛의 파장이 짧아야(진동수가 높아야) 한다. 예컨대 빨간색 (파장이 긴, 즉 진동수가 낮은) 빛은 광전효과를 일으키지 못하고 보라색 빛만 일으킨다. 많이 들어본 이야기인가? 양자와 광전효과가 무언가 관련이 있을까?

아인슈타인이 광전효과와 관련해서 무엇을 했는지 논하기 전에 배경지식을 보충하기 위해 전자에 초점을 맞추자. 전자는 유명한 케임브리지 대학 캐번디시 연구소의 J. J. 톰슨이 1897년에 발견했다. 전자는 전하 '알갱이', 점처럼 내부 구조가 없지만 질량이 있는 입자이다. 전자의 질량은 양성자 또는 중성자 질량의 약 2,000분의 1에 해당한다(20세기에 '원자파괴장치'(입자가속기)를 이용하여 전자를 타격하는 실험이 출력을 점점 더 높여 가면서 거듭 이루어졌지만, 전자는 더 작은 부분들로 쪼개지지 않았다. 그리하여 이 글을 쓰는 현재, 과학자들이 내린 결론은 전자가 더 쪼갤 수 없고 내부 구조가 없는 참된 기본입자라는 것이다).

19세기에서 20세기로 넘어가던 시기에 과학자들은 원자의 구조에서 전자들이 결정적인 구실을 한다는 것은 알았지만 정확히 어떤 구실을 하는지는 몰랐다. 또 우리의 논의와 관련해서 꼭 알아야 할 것은, 금속 표면에 빛을 쪼이면 — 전기전도성이 좋은 금속의 광택이 나는 표면이 특히 적합하다(금속 표면의 윤활유나 오물이나 산화물은 광전효과를 가로막는다) — 전자들이 튀어나온다는 점이다. 이것이 광전효과이다. 빛이 들어가면, 전자들이 나온다.

광전효과를 구체적으로 살펴보자. 우리에게 세기(밝기)와 색깔(파장 또는 진동수)을 변화시킬 수 있는 광선이 있다고 해 보자. 우리는 그 광선을 깨끗한 금속 표면에 쪼인다. 빨간색 빛을 약하게 쪼이니, 아무 일도 일어나지 않는다. 빨간색 빛을 더 세게 쪼이자, 금속의 온도가 약간 올라갈 뿐, 특별한 일은 생기지 않는다. 이제 우리는 빛의 세기를 다시 줄이고 색깔을 파란색이나 보라색으로 바꾼다(빛의 파장을 줄인다, 즉 진동수를 높인다). 파란색 빛을 금속에 쪼이자, 금속 표면에서 소수의 전자들이 튀어나오는 것이 관찰된다. 곧이어 빛의 세기(밝기)를 증가시키니, 이번에는 많은 전자들이 빠른 속도로 튀어나온다.

참으로 놀라운 결과이다. 전자 방출 여부는 빛의 밝기가 아니라 빛의 색깔에 좌우된다. 빛의 진동수가 어느 한계(**문턱 진동수**) 아래이면, 전자가 방

흐릿하고 파장이 긴(빨간색) 빛. 금속 표면에서 전자가 튀어나오지 않는다.

환하고 파장이 긴 빛. 금속은 데워지고, 전자는 튀어나오지 않는다.

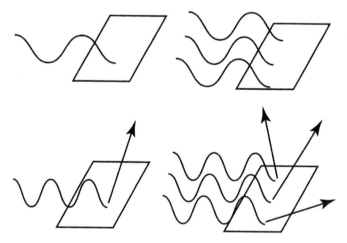

세기가 약하고 파장이 짧은(파란색) 빛. 소수의 전자들이 튀어나온다.

세기가 강하고 파장이 짧은(파란색) 빛. 많은 전자들이 튀어나온다.

그림 14 광전효과. 아인슈타인이 설명했듯이, 흐릿한 빨간색 빛은 광자 하나 당 에너지가 전자를 방출시킬 만큼 크지 않다. 밝은 빨간색 빛도 광자 하나 당 에너지가 전자를 방출시키기에 부족하기 때문에 단지 금속의 온도만 높인다. 파장이 충분히 짧은(파란색) 빛을, 다시 말해 에너지가 큰 광자들을 발사하면, 전자들이 튀어나온다. 파란색 빛을 강하게 쪼이면, 많은 전자들이 튀어나온다. 이 결과들에서 광선이 보유한 에너지가 $E = Nhf$임을 곧바로 알 수 있다. 이때 N은 광자의 개수, f는 광자의 진동수(따라서 hf는 광자 하나의 에너지)이다.

출되지 않는다(문턱 진동수에 대응하는 파장보다 더 짧은 파장의 빛을 쪼여야만 전자가 방출된다). 진동수가 문턱 진동수보다 낮은 (빨간색) 빛을 쪼이면, 전자가 아예 안 나온다. 빨간색 빛을 아주 강하게 쪼이거나 오랫동안 쪼여도 소용이 없다. 전자는 튀어나오지 않는다. 왜 이것이 아주 이상한 결과이냐 하면, 맥스웰의 고전적인 빛 파동이론에 따르면, 빛이 강하다는 것, 즉 밝다는 것은 많은 에너지를 보유했다는 것을 의미하기 때문이다. 그런데 광전효과를 일으키는 능력, 즉 금속에서 전자들을 떼어 내는 능력은 빛의 진동수에 좌우된다. 오직 문턱 진동수보다 높은 진동수의(문턱 파장보다 짧은 파장의) 빛을 쪼일 때만 맥스웰 이론의 예측대로 빛의 밝기가 증가할수록 더 많은 전자들이 튀어나온다.

금속 표면의 전자는 일반적으로 원자들의 배열 안에 붙들려 있다. 그런 전자를 '떼어 내려면' 전자에 충분히 큰 에너지를 제공해야 한다(또 전자가 쉽게 튀어나오도록 표면을 깨끗하게 청소해야 한다). 우리가 쪼이는 빛의 진동수가 문턱 진동수보다 낮으면, 빛의 세기를 두세 배 증가시켜도 전자는 튀어나오지 않는다. 하지만 빛의 진동수를 문턱 진동수보다 조금이라도 더 높이면, 놀랍게도 빛의 세기가 약하더라도 전자들이 튀어나온다. 1,000와트짜리 전구 대신에 10와트짜리 전구를 써도 된다는 말이다. 더구나 전자들은 빛을 쪼이자마자 튀어나온다.

금속에서 튀어나오는 전자의 에너지를 측정하는 작업은 다행히 아주 쉽다. 시설이 잘 갖춰진 고등학교 물리 실험실에서라면 헤르츠의 최초 발견 이후 밀라노, 베를린, 스톡홀름에서 이루어진 역사적인 광전효과 실험들을 재현할 수 있다. 과학 실험은 (이른바 기적과 달리) 언제라도 재현할 수 있고 언제 어디에서나 동일한 결과를 산출해야 한다. 실제로 실험해 보면, 방출되는 전자의 에너지는 항상 빛의 세기와 무관하고 오로지 진동수에 따라서 결정된다. 일단 금속에서 전자들이 튀어나오는 경우에 빛의 세기를 증가시키면 1초 동안 튀어나오는 전자의 개수는 변하지만 전자 각각의 에너지는 변함이 없다. 반면에 빛의 진동수를 높이면(파장을 줄이면), 예컨대 파장이 4,500Å인 남보라색 빛을 파장이 3,500Å인 보라색 빛으로 바꾸면, 전자 각각의 에너지가 커진다. 19세기 말에 유럽 곳곳에서 수행된 광전효과 실험들에서 불가사의한 주파수 문턱이 똑같이 측정되었다. 그 실험 결과들은 자연의 참모습을, 적어도 빛과 금속의 표면과 전자에 관한 진실을 보여 주는 것이 분명했다.

광전효과를 어떻게 설명해야 할까? 설명의 기초는 전자가 금속 표면에서 튀어나오려면 일정한 에너지를 요금으로 지불해야 한다는 생각이다. 만일 전자가 가진 '돈'(에너지)이 충분하지 않으면, 전자는 요금을 지불할 수 없어서 요금소를 통과하지 못할 것이다. 19세기 초부터 정설로 군림해 온 고전적인 빛 파동이론으로는 실험 데이터를 전혀 설명할 수 없었다. 그 이론에서 전자기파의 에너지는 파동의 진폭에 의해 결정된다. 그러나 데이터는 아무리 강한(진폭이 큰) 파동이라도 진동수가 문턱보다 낮으면 전자를 떼어낼 수 없다고 단언한다. 게다가 고전적인 파동이론이 옳다면, 진동수가 문턱보다 높은 빛도 어차피 파동이어서 넓게 퍼져 무수한 원자들에 작용할 것이다. 따라서 그런 빛 파동이 자기가 보유한 에너지 전체를 아주 짧은 시간 동안 단 하나의 전자에 집중하여 그것을 '떼어 낸다'는 것은 불가능하지는 않더라도 지극히 어려운 일일 것이다. 마지막으로, 튀어나오는 전자의 에너지가 빛의 진동수에 따라 결정되는 이유는 대체 무엇일까? 고전적인 빛 이론은 이 연관성을 설명하지 못한다.

어떻게 하면 증거들을 종합하여 그럴 듯한 설명을 구성할 수 있을까?(잠시 독서를 멈추고 지금까지 읽은 내용을 되새겨 보면, 당신 스스로 대답을 내놓을 수 있을지도 모른다.) 1905년에 알베르트 아인슈타인이 정답을 제시했다. 당시에 그는 박사 학위 시험의 충격에서 갓 벗어나 스위스 특허청의 작고 청결한 사무실에서 심사관으로 일하면서 틈틈이 물리학을 연구했다. 그는 흑체복사에 관한 플랑크의 논문을 기억해 내고 이렇게 자문했다. 빛의 방출과 관련해서 빛 덩어리들, 혹은 양자들이 등장할 수 있다면, 빛의 흡수와 관련해서도 그럴 수 있지 않을까? 빛의 에너지가 낱낱의 덩어리들에 집중되고 덩어리 각각이 진동수에 비례하는 에너지를 보유한다면 어떻게 될까? 흑체복사에서 방출되는 양자들에 관한 플랑크의 공식 $E=hf$를 상기하라. 이 공식은 에너지(E)가 진동수(f)에 상수(h)를 곱한 값과 같다는 뜻이다. 아인슈타인은 이 공식이 열역학 분야의 복잡한 방출 문제를 기술하는 정도에 그치지 않고 빛의 본성을 기술한다고 가정해 보았다. 만일 이것(덩어리들, 즉 양자들로 등장하는 것)이 빛이 등장하는 유일한 방식이라면, 빛의 에너지는 전자 하나와 빛 양자 하나의 직접 충돌을 통해 전부 아니면 전무의 방식으로 전자에 전달될 수 있다. 충돌이 일어나면서 전자는 빛 양자를 삼킨다. 이때 삼켜진 빛 양자의 에너지가 특정한 문턱 값 ― W라고 하자 ― 보다 더 크면, 전자는 충분히 큰 에너지를 보유하게 되어 탈출 요금을 지불하고 금속의 표면을 벗어난다. 바꿔 말해서 광전효과를 일으키려면 빛 양자의 진동수 ― F라고 하자 ― 가 충분히 높아서 hF가 W와 같거나 더 커야 한다.

전자가 금속 탈출에 필요한 만큼의 에너지를 보유하게 되려면, 빛의 진동수가 특정한 값(문턱 진동수)보다 커야한다. 이 결론은 데이터와 일치한다. 예컨대 파란색 빛은 광전효과를 일으킬 수 있지만, 빨간색 빛은 그럴 수 없다. 아인슈타인은 이 같은 단순하고 우아한 발상으로 광전효과에 관한 실험 데이터 전체를 남김없이 설명했다.

알베르트 아인슈타인은 광전효과를 설명한 공로로 1922년에 그가 평생 받은 단 하나의 노벨상을 받았다. 아인슈타인은 빛의 양자성에 대한 플랑크의 생각을 새롭게 해석했다. 빛 양자는 플랑크가 생각한 것처럼 뜨거운 흑체의 빛 방출이나 흡수와 관련한 어떤 복잡한 메커니즘에 불과하지 않다. 오히려 양자성은 빛 자체에 내재한다. 아인슈타인의 설명이 나온 지 얼마 지나지 않아 빛 양자는 **광자**로 불리기 시작했다. 실제로 빛은 광자들로 이루어졌으며, 광자는 실험실에서 여느 입자와 다름없이 취급된다. 광자의 에너지는 진동수에 비례하며 플랑크의 공식대로 $E=hf$이다. 아인슈타인의 해석에 따르면, 금속 표면에서 많은 전자들을 떼어 내는 강한 빛은 많은 광자들로 이루어진 빛이다. 그러나 애당초 금속에서 전자를 떼어 내려면, 광자 각각의 에너지 hf가 문턱 에너지 W보다 더 커야 한다. 광자의 에너지가 W보다 작으면, 단 하나의 전자도 금속 표면을 벗어나지 못한다.[9]

이 이론은 이후 여러 해에 걸쳐 실험 과학자 수십 명에 의해 면밀하게 검증되었다. 아무튼 이 이론에 기초한 텔레비전이 잘 작동하는 것을 보면, 이 이론은 옳음이 틀림없다. 현재의 물리학 참고 문헌들에는 전자가 각종 금속에서 튀어나올 때 지불해야 하는 에너지 요금이 표의 형태로 제시되어 있다. 그 요금은 W로 표기되며 '금속의 일함수'라고 불린다. W는 금속의 원자구조에 의해 결정된다. W가 낮은 금속은 전자의 탈출을 쉽게 허용하므로 광전지 표면의 재료로 쓰인다. 표면이 그런 금속으로 덮인 광전지는 효율이 높다. 광전지(태양전지라고도 한다)는 오늘날 가정과 공장에서 전력을 다량으로 생산한다. 태양 빛은 쉽게 전류로 변환되므로, 태양전지는 우리가 직면한 에너지 위기를 극복할 주요 수단이 될 것이다. 현재 '나노기술'의 상당 부분은 '양자점(量子點)'이라는 광전소자를 만드는 작업을 기초로 삼는다. 양자점은 광자를 받아먹고 우리가 원하는 만큼의 에너지를 지닌 전자를 뱉어낼 수 있고 그 반대의 기능도 할 수 있다. 양자점은 효율이 더 향상된 태양전지와 함께 의학을 획기적으로 발전시킬 가능성이 있다. 예컨대 고에너지 전자로 암세포를 공격하는 치료법에 양자점을 이용할 수 있다.[10]

아인슈타인이 광전효과를 설명한 이후의 상황을 이렇게 요약할 수 있다. 전자기 에너지가 연속적인 파동의 형태로 공간 전체로 퍼져 나간다고 생각하면, 빛의 반사, 굴절, 회절, 간섭 등 다양한 현상들을 설명할 수 있다. 그러나 흑체복사와 광전효과는 파동이론으로 설명할 수 없고 입자/양자 모형으로 설명할 수 있다. 입자 모형에서 입자(광자) 각각은 정해진 만큼의 에너지를 지니며, 플랑크의 공식 $E = hf$는 그 에너지의 양을 알려 준다.[11]

아서 콤프턴

1923년, 프린스턴 대학에서 박사 학위를 받은 아서 콤프턴은 X선(파장이 매우 짧은 빛)이 전자와 충돌할 때 어떻게 행동하는가를 연구하기 시작했다. 이를 계기로 광자 개념은 더욱 더 중요해지기 시작했다. 콤프턴이 얻은 결론은 명확했다. 광자는 전자와 충돌할 때 입자와 똑같이 행동한다. 광자와 전자는 마치 당구공들처럼 충돌한다.[12] 충돌이 일어나면, 원래 멈춰 있던 전자가 튕겨 나갈 뿐 아니라 광자도 튕겨 나간다. 이렇게 고에너지 광자와 전자가 충돌하여 양쪽 다 튕겨 나가는 과정을 일컬어 '콤프턴 산란'이라고 한다.

물리학에서 모든 충돌이 그러하듯, 콤프턴 산란에서도 전자와 광자가 지닌 에너지의 총합과 운동량의 총합은 보존된다. 그러나 이 산란 과정을 이해하려면 광자에 확실한 입자성을 부여해야만 한다. 콤프턴은 다른 시도들이 모두 수포로 돌아간 뒤에 비로소 급진적인 설명을 채택했다. 1923년까지 존재했던 최초의 양자이론, 즉 닐스 보어의 '옛 양자이론'으로는 콤프턴 산란 과정을 설명할 수 없었다. 그 과정을 설명하려면 새로운 양자역학이 필요했다. 콤프턴이 미국 물리학회에서 자신의 발견을 보고했을 때, 많은 과학자들은 노골적으로 반감을 표했다.

오하이오 주 우스터의 근면한 메노나이트교도 집안에서 태어난 콤프턴은 자신의 실험과 해석을 끈질기게 다듬었다. 1924년 토론토에서 영국과학진흥협회 모임을 계기로 마지막 공개 논쟁이 벌어졌다. 콤프턴은 특별히 소집된 회의에서 설득력 있는 연설을 했다. 그 후 콤프턴을 압도하는 적수였던 하버드 대학의 윌리엄 두에인은 자신의 실험실에서 콤프턴의 X선 실험을 ─ 과거에 해 보았을 때는 콤프턴이 얻은 결과를 얻을 수 없었지만 ─ 다시해 보았다. 결과는 콤프턴의 데이터와 일치했고, 두에인은 '콤프턴 효과'가 옳음을 인정했다. 아서 콤프턴은 1927년에 노벨상을 받았고 20세기 미국 물리학의 발전에 중요한 역할을 했다. 그는 1936년 1월 13일자 『타임』지의 표지에 등장하기도 했다.[13]

지금까지의 이야기를 정리해 보자. 우리는 무엇을 알게 되었을까? 우리는 빛이 입자들의 흐름, 즉 광자라는 빛 양자들의 흐름임을 알려 주는 여러 현상들을 살펴보았다. (뉴턴 씨, 빛이 입자라는 것을 그 옛날에 어찌 아셨나요?) 그러나 영의 이중슬릿 실험(또한 전 세계 고등학교와 대학교의 실험실에서 수백만 번 이루어진 재현 실험들)은 빛 파동이론이 옳음을 증명한다. 요컨대 300년 된 수수께끼는 아직 풀리지 않았다. 물리학은 결국 역설에 봉착한 것일까? 어떻게 무언가가 입자이면서 또한 파동일 수 있을까? 우리는 물리학을 아예 포기하고 『선과 모터사이클 관리술』을 읽어야 할까?

이중슬릿 실험의 반격

어떻게 현상들이 상반된 두 가지 빛 이론을 뒷받침할 수 있을까? 혹시 빛 자체가 두 가지일까? 혹시 파동성과 입자성이 상반된다는 생각이 그릇된 것일까? 한번 따져 보자. 빛 파동은 공간 전체에 있을 수 있다. 반면에 입자는 항상 특정 위치에 있다. 파동은 둘로 나뉠 수 있다. 예컨대 물체의 표면에서 80퍼센트는 반사되고 20퍼센트는 흡수될 수 있다. 반면에 입자는 둘로 나뉠 수 없다. 입자는 특정 위치에 있든지 아니면 없든지 둘 중 하나이다. 그러나 파동과 입자의 차이를 극명하게 보여 주는 것은 역시 영 박사가 발명한 이중슬릿 실험이다.

빛의 수수께끼를 더 깊이 탐구하기 위해서 비슷한 실험들을 연이어 살펴보자. 이 실험들은 모두 지금까지 무수히 반복된 것들이다. 맨 먼저 단색광 — 이를테면 특정 파장의 파란색 빛 — 을 좁은 수평 슬릿 두 개가 뚫린 차단벽에 비추는 영의 실험을 살펴보자. 차단벽 너머에는 사진필름으로 덮인 영사막, 즉 '탐지막'이 놓여 있다. 광원을 켜서 이삼 분 동안 빛을 비춘 다음에 필름을 현상한다고 해 보자. 현상된 필름에서 우리는 수평 줄무늬 형태의 '간섭무늬'를 보게 될 것이다(그림 8 참조).

하지만 필름을 현상하려면 시간이 지체되므로, 현대 기술을 동원하여 필름 대신에 빛을 즉시 탐지하는 광전지 수천 개를 사용한다고 해 보자. 광전지 각각은 표면에 파란색 빛이 닿으면 (광전효과를 통해) 전류를 산출하고, 그 전류는 전류계에 기록된다. 광전지들은 욕실 벽에 붙은 타일들처럼 배열되어 탐지막 전체를 뒤덮는다.

이제 광원을 켜서 슬릿 두 개가 뚫린 차단벽에 빛을 비추자. 그러면 일부 수평 줄에 속한 전류계들의 바늘은 높은 값을, 다른 수평 줄에 속한 전류계

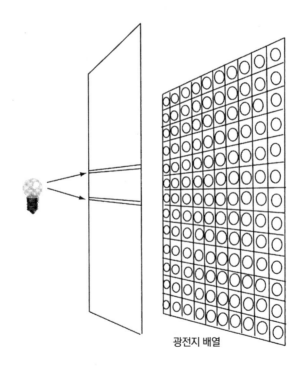

광전지 배열

그림 15 광전지 배열로 광자 하나하나를 탐지하도록 설계된 영의 간섭 실험

들의 바늘은 0을, 그 사이의 수평 줄에 속한 전류계들의 바늘은 중간 값들을 가리킨다. 강한 전류가 탐지된 줄들은 사진 필름에 나타난 밝은 띠들과 정확히 일치한다. 결론적으로 광전지들도 간섭무늬를 훌륭하게 보여 준다. 시간을 들여 지저분한 화학물질을 묻혀 가면서 필름을 현상할 이유가 없다. 이미 짐작했겠지만, 광전지들이 포착한 빛은 파동처럼 간섭을 일으킨다. 두 슬릿 각각을 통과한 파동들은 어떤 위치에서는 서로 보강하고 어떤 위치에서는 서로를 없앤다. 우리가 슬릿 하나를 막으면, 간섭무늬는 고분고분 사라지고, 열린 슬릿과 같은 높이에 있는 전류계들을 중심으로 널찍한 띠 모양으로 배열된 전류계들만 전류를 포착하는데, 그 전류의 세기는 띠의 중심에서 가장자리로 갈수록 점점 약해진다. 요컨대 영이 보여 주었듯이 보강과 상쇄가 교대하는 간섭무늬를 얻으려면 두 슬릿을 모두 열어야 한다.

이제 영이 하지 않은 조작을 해 보자. 즉, 빛을 아주 어둡게 만들자. 광원이 전구라면, 간단히 전압을 낮추면 된다. 이 상태에서 다시 실험하면, 광전지에서 발생하는 전류는 불연속적이게 되고, 전류계의 바늘은 발작하듯이 올라갔다가 0으로 떨어지고 잠시 뒤에 다시 그러기를 반복한다. 우리는 광전지를 사용한 경험이 있으므로 이 행동을 이해한다. 빛의 세기를 줄이고 나니, 광전지에 **낱낱의 빛 입자들**이 탐지되는 것이다. 실제로 우리는 광전지 각각에 도달하는 광자의 개수를 셀 수 있다. 더 나아가 광전지들과 컴퓨터를 연결하면 광자의 개수를 더 쉽게 자동으로 셀 수 있다. 이제 아주 약한 빛과 광자의 개수를 세는 컴퓨터를 사용해서 처음부터 다시 실험해 보자. 광전지 각각에 도달하는 광자의 개수를 컴퓨터가 세서 모니터에 표시하도록 만들자.

일부 광전지들에 도달한 광자의 개수가 100개를 넘을 때까지 참을성을 갖고 기다린 다음에 모든 광전지들에 도달한 광자의 개수를 세자. 가장 많은 광자가 도달한 광전지들이 있는 줄들은 앞선 실험에서 강한 전류가 발생했던 줄들, 더 거슬러 올라가 사진 필름에 나타났던 밝은 띠들과 당연히 일치할 것이다. 또 광자의 개수가 0인 줄들도 있을 것이다. 그것들은 간섭무늬의 어두운 띠들, 즉 상쇄간섭이 일어나는 곳들과 일치한다. 요컨대 빛을 아주 어둡게 만들고 낱낱의 광자를 광전지로 '세면서' 실험을 해도 파동현상인 간섭무늬가 나타난다. 이것은 놀라운 결과이다. 개별 광자들이 서로 간섭한다는 말인가?

만일 광원, 즉 광자의 원천을 극도로 어둡게 만들어서 매순간 실험 장치 안에서 오직 하나의 광자만 움직이도록 만들면 어떻게 될까? 그렇게 하면 광자들이 상호작용하지 못할 테니까 간섭무늬는 나타나지 않을 것이라는 추론이 가능하다. 이 추론이 맞는지 알아보기 위해 광원의 밝기를 극도로 낮춰서 1초 동안 광전지들 전체에 탐지되는 광자가 대략 한 개가 되도록 만들자(광원을 더 어둡게 해서, 광자가 1분에 한 개, 1주일에 한 개, 심지어 1년에 한 개만 탐지되도록 만들 수도 있다). 우리는 개별 광자들이 이중슬릿을 통과하여 광전지에 탐지되고 컴퓨터에 의해 세어지면서 내는 '딸깍, 딸깍, 딸깍……' 소리를 한 시간 동안 들은 다음에 데이터를 검토한다. 그동안 탐지된 광자들은 그리 많지 않다. 우리가 보니, 1,000여 개의 광전지에 도달한 광자의 개수 분포는 무작위한 듯하다(그림 16). 통계적인 특징이 나타나기에는 데이터가 부족하다. 그러니 실험을 더 오래 지속하자.

실험을 두세 시간 더 지속하자 차츰 데이터에서 패턴이 드러난다. 우리

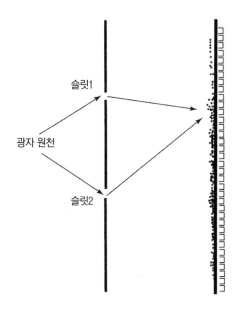

슬릿1

광자 원천

슬릿2

그림 16 소수의 광자들을 자동으로 세어 그 결과를 그림으로 나타냈다. 아직 데이터가 부족해서 통계적인 패턴이 식별되지 않는다.

는 도달한 광자의 개수가 예컨대 67, 75, 71, 62, 68 등인 줄 ― 6번 줄이라고 하자 ― 을 주목한다. 그 근처 8번 줄의 광전지들에 도달한 광자의 개수는 33, 31, 26, 31, 28, 28, 27 등이고, 더 멀리 떨어진 12번 줄의 광자 개수는 0, 0, 1, 0, 0, 0, 2, 0이다. 6번 줄은 간섭무늬의 밝은 띠에 해당한다. 12번 줄은 상쇄간섭이 일어나는 어두운 띠에, 8번 줄은 간섭무늬의 밝은 띠와 어두운 띠 사이에 해당한다. 간단히 말해서 우리는 간섭무늬를 얻었다. 그런데 이번에 우리가 목격하는 것은 연속적인 파동들의 간섭 결과가 아니라 개별 입자들, 1초에 하나씩 탐지막에 도달한 개별 광자들의 간섭 결과이다. 광자들은 충분한 시간 간격을 두고 발사되므로, 광자들이 서로 간섭하는 것은 불가능하다. 그러므로 광자들은 입자임에도 불구하고 모종의 방식으로 자기 자신과 간섭한다는 결론을 내릴 수밖에 없다!

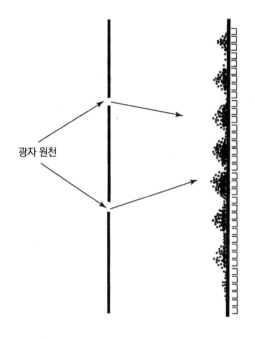

그림 17 다수의 광자들을 한 번에 하나씩 오랫동안 세면 익숙한 패턴이 나타난다. 광자들은 영의 간섭무늬에서 '밝은 띠'가 있는 위치에 집중되고, '어두운 띠'가 있는 위치에서는 광자가 거의 탐지되지 않는다. 이 결과는 빛의 세기가 광자의 개수에 의해 결정된다는 것을 입증함과 동시에 새로운 수수께끼를 안겨 준다. 어떻게 개별 광자들이 서로 간섭하는 것일까? 간섭무늬는 광원을 아주 어둡게 해서 광자들이 이를테면 한 시간에 하나 정도만 세어지도록 만들고 실험을 해도 나타난다. 그러므로 다수의 광자들이 서로 간섭하는 것이 아니다. 심지어 1년에 광자 하나가 세어지도록 만들더라도 충분히 오랫동안 실험을 한다면 간섭무늬가 나타날 것이다.

하지만 어쩌면 우리의 실험 장치에 문제가 있을지도 모른다. 실재하지 않는 신호가 포착되는 경우가 있듯이, 실험 장치 때문에 간섭무늬가 생겨나는지도 모른다. 그러니 간섭무늬를 '없애는' 조작을 하면 그 무늬가 정말로 없어지는지 확인해 보기로 하자.

우리는 흥분하여 떨리는 손으로 슬릿 하나를 막고 계수 장치를 처음 상태로 되돌린 다음, 매우 어두운 광원을 켠다. 탐지된 광자들의 분포 패턴이 차츰 드러난다. 열린 슬릿과 높이가 같은 줄에 가장 많은 광자가 탐지되고 거기에서 위아래로 멀어질수록 광자의 개수가 줄어들어서 전체적으로 넓은 띠 모양의 패턴이 만들어진다. 특히 12번 줄을 보니, 세어진 광자의 개수가 21, 20, 17, 18, 20, 19, 15,……이다. 앞서 슬릿 두 개를 다 열고 실험했을 때

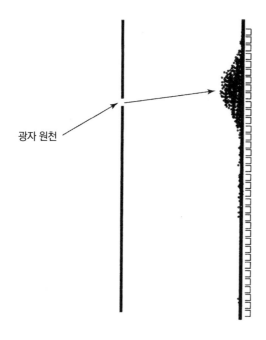

광자 원천

그림 18 슬릿 2를 막고 실험한 결과. 간섭무늬가 나타나지 않는다. 개별 광자들이 간섭무늬를 산출하는 것은 이중슬릿 때문이다.

그 줄의 광자 개수는 0, 0, 1, 0, 0, 2, 0,……이었다. 슬릿 하나를 막으니, 간섭 효과가 성공적으로 사라진 것이다. 이 결과는 어떤 의미일까? 우리는 낱낱의 입자들을 세었을 뿐인데, 토머스 영이 연속적인 파동에서 관찰한 결과가 완벽하게 재현되었다. 이 결과 앞에서 당신은 소름이 돋고 머리카락이 곤두서야 마땅하다.

개별 광자는 슬릿 두 개가 열렸는지 아니면 한 개만 열렸는지 '알고' 거기에 맞게 행동하는 듯하다!

개별 광자 하나, 빛 미립자 하나는 무엇과 간섭하는 것일까? 탐지막에 도달한 광자 하나는 열린 두 슬릿 중에서 어디를 통과했을까? 개별 광자 하나는 자신이 선택하지 않은 또 다른 경로가 가용하다는 것을 어떻게 알까? 존경하는 독자여, 이 기이한 현상은 정말로 일어난다. 이 실험들은 다양한 형태로 무수히 반복되었다. 광자나 그와 유사한 입자의 운동과 관련이 있는 실험의 결과는 입자가 실제로 선택한 경로뿐 아니라 선택할 수 있었던 모든 경로들에 의해 결정된다. 아마도 이것은 실재에서 우리가 직접 관찰할 수 있는 가장 해괴한 면모일 것이다. 우리가 거주하는 물리적 우주, 곧 자연은 틀림없이 유령의 집이다.

슬릿에 덫을 놓기

우리는 방금 파동과 입자의 극적인 대면을 목격했다. 광자(빛 에너지 양자) 하나가 슬릿 1을 통과하는데, 만일 슬릿 2도 열렸으면, 광자는 파동을 대상으로 삼은 토머스 영의 실험에서와 마찬가지로 '간섭'을 경험한다. 반면에 슬릿 2가 막혔으면, 역시 영의 실험에서와 마찬가지로 '간섭'은 일어나지 않는다.

그러나 광자는 **입자**이다. 입자는 틀림없이 슬릿 1을 통과하거나 아니면 슬릿 2를 통과한다. 슬릿 1을 통과한다면, 광자는 슬릿 2가 열렸음을 어떻게 '알고' 간섭을 겪을 수 있을까? 오로지 다음과 같은 부조리한 설명만 가능하다. 슬릿 1을 통과하는 광자는 슬릿 2가 열렸는지 여부를 어떤 식으로든 '알며' 슬릿 2가 열렸을 경우에 자신의 궤적을 수정하여 상쇄간섭 지점의 광전지에 도달하는 것을 피한다. 다시 말해 이 도깨비 같은 빛 입자는 두 슬릿의 상태를 타진하여 슬릿 몇 개가 열렸는지 알아낸 다음에 자신이 도착할 지점을 '결정'한다. 이것은 참으로 부조리한 설명이다. 그렇지 않은가?

이것이 아주 기괴한 설명이라는 점은 두 말 하면 잔소리다. 그러나 우리는 이 설명을 검증할 수 있다. 우리는 두 슬릿 중 하나 너머에 광자 탐지기를 설치함으로써 교활한 광자들이 어느 슬릿을 통과하는지 확인할 수 있다. 이를테면 슬릿 1 너머에 탐지기를 설치한다고 해 보자. 이 탐지기는 고속도로변 광고판 뒤에 숨어 있는 교통경찰관과 같다. 그것의 역할은 단지 광자가 지나가면 그 사실을 우리에게 알리는 것이다. 그 외톨이 탐지기 하나만 있으면 특정 광자가 슬릿 1을 통과했는지 아니면 슬릿 2를 통과했는지 알아낼 수 있다(탐지기에 포착되지 않은 광자는 슬릿 2를 통과한 것이다).

이제 우리는 실험을 다시 한다. 빛은 어두워도 좋고 밝아도 좋다. 새로 설치한 탐지기는 광자가 슬릿 1을 통과할 때마다 그 사실을 알려 줄 것이다. 우리는 광자 각각이 어느 슬릿을 통과하는지 알아낼 뿐이다. 얼마 후에 결과를 확인해 보니, 간섭무늬는 나타나지 않았다(그림 19). 그래서 이번에는 탐지

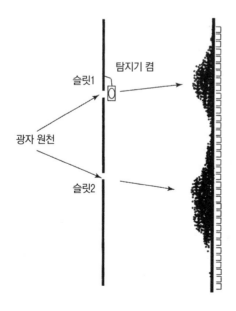

그림 19 이제 우리는 광자들 몰래 '덫'을 놓는다. 슬릿 1에 탐지기를 설치하여 광자가 그 슬릿을 통과하는지 여부를 기록하는 것이다. 우리는 탐지기를 '켜고' 실험을 다시 한다. 그 결과, 간섭무늬는 나타나지 않고, 광자들은 두 슬릿 너머에 무리 지어 모인다.

기를 꺼서 광자가 어느 슬릿을 통과하는지를 측정하지 않으면서 다시 실험한다. 그러자 간섭무늬가 다시 나타난다(그림 20). 우리는 탐지기를 켠 상태에서의 실험과 끈 상태에서의 실험을 여러 번 반복한다. 심지어 탐지기를 슬릿 1이 아니라 슬릿 2에 설치해 보기도 한다. 결과를 살펴보니, 우리가 슬릿들을 관찰하여 광자 각각이 어느 슬릿을 통과했는지 알아낼 때는 간섭무늬가 어김없이 사라진다. 반대로 광자가 어느 슬릿을 통과했는지를 우리가 관찰하지 않으면, 놀랍게도 간섭무늬가 나타난다. 이것은 우연일까? 실험을 칠칠치 못하게 해서 나온 결과일까? 아니면 정말로 기괴하고 섬뜩한 일이 벌어지는 것일까? 어쩌면 슬릿 너머의 탐지기를 통한 관찰이 광자의 경로에 영향을 끼쳐서 간섭무늬가 뭉개지는 것일 수도 있다. 이것은 터무니없는 생각이 아니다. 광자는 살짝만 건드려도 원래 경로를 벗어날 테니까 말이다. 마치 어떻게 입자들이 간섭무늬를 만들어내는지를 이해하려는 우리의 노력을 자연이 고의로 좌절시키는 듯하다.

마지막으로 우리는 슬릿 1뿐 아니라 슬릿 2에도 탐지기를 설치한다. 이번에도 우리가 광자가 어느 슬릿을 통과했는지 확인하면, 간섭무늬는 파괴된다. 반대로 우리가 관찰하지 않으면, 간섭무늬가 나타난다. 이 실험에서 우리는 새로운 사실도 알게 된다. 슬릿 1에 설치한 탐지기와 슬릿 2에 설치한 탐지기가 동시에 '딸깍' 소리를 내는 경우는 없다. 따라서 광자가 둘로 쪼개져서 한 조각은 슬릿 1을 통과하고 다른 조각은 슬릿 2를 통과한다는 기묘한 생각은 배제해야 한다. 또한 광자가 슬릿 2가 열렸음을 확인하고 어떤 식으로든 되돌아가서 슬릿 1을 통과한다는 생각도 배제해야 한다. 하지만 우리는 여전히 매우 혼란스럽다. 광자가 어느 슬릿을 통과하는지 엿보기만 해

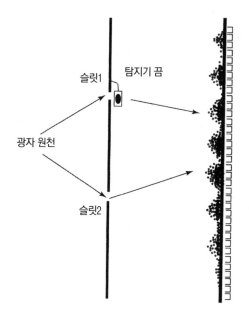

슬릿1 탐지기 끔

광자 원천

슬릿2

그림 20 탐지기를 끄고 다시 실험한다. 이번에는 어떤 사람이나 장치도 광자가 어느 슬릿을 통과하는지 관찰하지 않는다. 실험 결과, 간섭무늬가 나타난다. 그저 광자가 어느 슬릿을 지나는지 관찰하기만 해도 간섭무늬가 파괴되고 그림 19와 같은 결과가 나온다. 반대로 아무도(또는 어떤 장치도) 관찰하지 않으면, 간섭무늬가 나타난다. 광자가 아니라 전자(또는 다른 모든 기본입자와 심지어 원자)를 가지고 실험해도 마찬가지 결과가 나온다.

도 간섭무늬가 파괴된다는 것, 반대로 엿보지 않으면, 간섭무늬가 나타난다는 것을 우리는 안다.

이제 마지막으로 하나 더 점검해 보자. 광자가 어느 슬릿을 통과하는지 알아내려고 측정하거나 탐지하거나 엿보는 누군가 혹은 무언가가 품은 '편견'이 어떤 식으로든 영향력을 발휘해서 광자가 탐지막에 도달하는 위치가 달라지는 것일지도 모른다. 간섭무늬가 사라지는 것은 이런 '편견' 때문이 아님을 확실히 해 둘 필요가 있다. 이를 위해 우리는 실험이 진행되는 동안 실험실 밖에 머물고, 실험실 안에서 일어나는 사건들은 거기에 있는 컴퓨터의 저장장치에만 기록되게 할 수 있다. 요컨대 인간의 편견을 배제하기 위해 일종의 '이중은폐' 실험을 하는 것이다.

실험을 여러 번 반복하고 탐지기의 상태에 따른 결과들을 비교해 보면 알 수 있듯이, 탐지기가 **켜져 있고** 광자가 어느 슬릿을 통과했는지에 대한 기록이 우주 어딘가에 있으면, 간섭무늬는 어김없이 사라진다. 반대로 탐지기가 **꺼져 있고** 광자가 어느 슬릿을 통과했는지에 대한 기록이 없으면, 간섭무늬는 어김없이 나타난다. 이것은 더욱 섬뜩한 결과이다. 왜냐하면 하찮은 광자가 자신을 누군가 혹은 무언가가 지켜보는지 여부를 아는 듯하니까 말이다. 어느 슬릿을 통과하는지 관찰 당할 때, 광자들은 입자처럼 행동한다. 즉, 입자처럼 한 슬릿만 통과한다. 그러나 광자들이 어느 슬릿을 통과하는지를 아무도 혹은 어떤 것도 지켜보지 않을 때, 광자들은 파동처럼 행동한다. 즉, 마치 두 슬릿을 한꺼번에 통과하기라도 한듯이 간섭무늬를 만들어낸다. 이쯤 되면, 우리 모두 논의를 잠시 중단하고 독한 술이라도 한 잔 마셔야 할 듯도 하다.

이중슬릿 실험은 빛에 관한 입자 이론과 파동이론의 최후 대결인 듯하다. 그 실험은 입자들의 충격적인 행동을 드러냈고 우리의 관찰 여부에 따라 실험 결과가 달라진다는 것을 보여 주었다. 광자는 정말로 기이한 녀석이다. 그러나 나중에 나올, 전자를 이용한 이중슬릿 실험은 더 기이하다. 곧 보겠지만, 전자들도 광자들과 **똑같이 행동한다!**

영의 실험에서 우리는 간섭무늬의 어두운 띠들을 슬릿 1을 통과한 파동과 슬릿 2를 통과한 파동이 탐지막에 이르러 상쇄된 결과로 이해했다. 이런 상쇄간섭이 일어나는 지점은 슬릿 1에서 떨어진 거리와 슬릿 2에서 떨어진 거리가 딱 적당해서 한 파동의 마루와 다른 파동의 골이 겹치는 곳이었다. 그러나 방금 우리는 개별 광자들을 한 번에 하나씩 발사하면서 실험을 하여 똑같은 결과를 얻었다. 그러므로 우리는 영 박사와 그의 추종자들이 발견한 빛 파동이 실재하지만, 그 파동은 광자라는 입자들의 흐름이기도 하다는 결론을 내릴 수밖에 없다. 뒤집어 말해서, 빛은 정말로 뉴턴이 상상한 미립자들로 이루어졌지만, 그 미립자(광자)들은 실제로 파동처럼 행동한다고 결론지어야 한다. 빛은 입자도 아니고, 파동도 아니다. 빛은 입자이기도 하고, 파동이기도 하다. 양자물리학은 정신적인 고문이다.[14]

유리에 비친 내 모습

한마디로 말해서 광자는 입자로서 '존재'한다. 광자는 탐지기를 통해 '딸깍' 소리를 내며 어딘가에 충돌하기도 한다. 광자는 흑체복사의 색깔을 설명해 주며 광전효과와 콤프턴효과도 설명해 준다. 광자는 존재한다! 그러나 광자로 간섭무늬를 설명할 수는 없다. 그 외에도 광자로 설명할 수 없는 것들이 있다.

1장에서 언급했던, 빅토리아 가의 어느 상점 쇼윈도를 구경하는 실험을 떠올려 보자. 당신은 거리를 어슬렁거리다가 옷가게 앞에 멈춰서 커다란 쇼윈도에 진열된 봄옷들을 구경한다. 상점의 조명과 밝은 햇빛이 쇼윈도에 드리웠다. 당신은 화려한 옷을 입은 마네킹들을 보지만 당신 자신을 포함한 바깥 거리의 풍경도 유리에 희미하게 비친다. 쇼윈도 안에 거울도 있다고 해보자. 당신의 모습은 거울에 아주 선명하게 비침과 동시에 그보다 훨씬 더 희미하게 쇼윈도 유리에도 비친다.

그러므로 이런 추론을 할 수 있다. 당신의 몸에서 반사된 햇빛은 쇼윈도 유리를 통과하고 거울에서 반사되어 다시 당신의 눈에 도달한다. 그러나 약간의 빛은 쇼윈도 유리에서도 반사된다. 이런 당연한 상황을 왜 이야기하느냐고 묻고 싶은 독자도 있을 것이다. 당신이 어떤 관점을 채택하든, 이 상황은 쉽게 이해된다. 빛이 파동이라면, 아무 문제도 생기지 않는다. 파동의 일부가 유리를 통과하고 나머지는 반사되는 것은 늘 일어나는 일이다. 또 만일 빛이 입자들의 흐름이라면, 일부 입자들, 이를테면 전체의 96퍼센트가 유리를 통과하고 나머지 4퍼센트가 되튀는 상황은 얼마든지 가능하다. 그러나 이 경우에, 즉 빛이 ― 무수히 많고 다 똑같은 ― 광자들의 흐름일 경우에, 특정 광자('베르니'라고 부르자)가 유리를 통과할지 아니면 되튈지는 어떻게 결정될까?

상상해 보자. 똑같은 광자들이 무수히 유리를 향해 날아간다. 대부분은 유리를 통과하지만, 이따금씩 되튀는 광자가 있다. 광자는 ― 쪼개거나 나누거나 축소할 수 없는 ― 입자라는 점을 상기하라. 96퍼센트짜리 광자나 4퍼센트짜리 광자를 본 사람은 아무도 없다. 베르니는 유리를 온전히 통과하든지 아니면 온전히 반사되어야 한다. 그러므로 베르니를 유리를 향해 발사하기를 무수히 반복한다면, 베르니는 96퍼센트의 경우에 온전히 통과하고 나머지 4퍼센트의 경우에 온전히 반사되어야 한다. 우리의 모습이 유리에 비치는 것은 전형적인 파동 현상이다. 그러나 그 현상은 개별 광자들에서도 일어나는 듯하다. 따라서 우리는 개별 입자들의 부분적 반사라는 문제에 직면한다. 보아하니, 광자들이 반사한 파동에 속할 확률이 4퍼센트, 유리를 통과한 파동에 속할 확률이 96퍼센트인 듯하다. 아인슈타인은 플랑크의 광자 모형이 이런 확률적 요소를 물리학에 들여오리라는 것을 이미 1901년에 간파했다. 그는 그것이 싫었다. 아인슈타인의 반감은 시간이 지날수록 커져만 갔다.

바다코끼리와 건포도 푸딩

다른 한편, 플랑크의 자외선 파탄 해결과 아인슈타인의 양자효과 설명으로는 부족하다는 듯이, 고전물리학은 20세기 초에 세 번째 충격을 받았다. 우리는 그 충격을 '건포도 푸딩 모형의 실패'라고 부르려 한다.

이미 방사능에 대한 연구로 노벨상을 받았으며 덩치가 크고 우락부락해서 바다코끼리를 닮은 어니스트 러더퍼드(1871~1937)는 당시에 잉글랜드 케임브리지에 위치한 유명한 캐번디시 연구소의 소장이었다.[15] 그는 뉴질랜드의 가난한 농부 집안에서 12형제 중 하나로 성장했기 때문에 고된 노동과 절약과 기술적 혁신에 익숙했다. 어린 시절에 그는 시계를 고치며 놀았고 아버지의 수차(水車)를 축소한 모형을 만들었다. 그는 대학원생 시절에 전자기를 연구하면서 무선 전파 신호를 탐지하는 장치를 개발하는 데 성공했다. 그때는 구글리엘모 마르코니가 유명한 실험들을 시작하기 전이었다. 러더퍼드는 장학금을 받고 캐번디시 연구소에 입성하면서 그 장치를 잉글랜드로 가져왔고 얼마 지나지 않아 800미터 가량 떨어진 곳에서 나오는 전파 신호를 수신하는 데 성공했다. 이 성과는 당시에 캐번디시 연구소의 소장이었던 J. J. 톰슨을 비롯한 케임브리지의 여러 거물들에게 깊은 인상을 남겼다.

X선(당시에는 '베크렐선'이라고 불렸다)이 발견된 후, 톰슨은 러더퍼드에게 그 '광선'이 기체 방전에 미치는 영향을 케임브리지에서 함께 연구하자고 제안했다. 러더퍼드는 조국 뉴질랜드에 강한 애착이 있었지만, 그것은 도저히 거절할 수 없는 제안이었다. 두 사람의 공동 연구는 이온화에 관한 유명한 공동 논문으로 결실을 맺었다. 그 논문의 기본 발상은 X선이 물질과 충돌하면 양전하 운반자들과 음전하 운반자들(즉, '이온들')이 똑같은 개수로

생겨나는 듯하다는 것이었다. 훗날 톰슨은 이렇게 선언하게 된다. "나는 독창적인 연구를 위한 열정이나 능력을 러더퍼드 군보다 더 많이 지닌 학생을 지도해 본 적이 없다."

1909년경, 러더퍼드가 지도하는 박사후연구원들은 이른바 알파입자들을 얇은 금박을 향해 발사하고 그 입자들이 금박 속의 무거운 금 원자들에 부딪혀서 어떻게 튕겨지는지 관찰하는 실험을 하고 있었다. 그런데 전혀 예상하지 못한 일이 일어났다. 대부분의 알파입자들은 멀리 떨어진 탐지막을 향해 날아가는 도중에 금박을 통과하면서 튕겨져 원래 경로를 조금만 벗어난 반면, 알파입자 8,000개 중 하나는 방향을 정반대로 바꿔서 입자 발사 장치 쪽으로 되돌아왔다. 러더퍼드가 나중에 회고하면서 표현한 대로, "당신이 15인치 포탄을 종이를 향해 발사했는데, 포탄이 되돌아와서 당신을 타격한 것과 같은 상황이었다." 왜 이런 일이 일어났을까? 원자 내부에 무엇이 있기에 무겁고 양전하를 띤 알파입자가 되튀는 것일까?

일찍이 J. J. 톰슨이 이룬 연구 업적 덕분에, 원자 내부에 아주 가볍고, 음전하를 띤 전자들이 들어 있다는 사실은 알려져 있었다. 그러므로 원자가 안정적이려면 원자 내부에 전자들의 음전하와 균형을 이룰 양전하도 당연히 있어야 했다. 그러나 그 양전하가 정확히 어디에 있는지는 수수께끼로 남아 있었다. 러더퍼드 이전의 어느 누구도 원자의 구조를 알아낼 재간이 없었다.

이미 1905년에 톰슨은 공 모양의 원자 내부에 양전하가 골고루 퍼져 있고 전자들이 마치 푸딩 속의 건포도처럼 박혀 있는 모형을 내놓은 바 있었다. 물리학계는 이 모형을 '건포도 푸딩 모형'으로 명명했다. 이 모형이 옳다면, 러더퍼드가 발사한 알파입자들은 항상 금박을 돌파해야 한다. 항상, 어김없이 그래야 한다. 원자는 커다란 거품 덩어리와 같고 알파입자는 총알과 같으니까 말이다. 총알들은 거품 덩어리를 관통하여 곧장 날아가야 마땅하다. 거품 덩어리와 충돌한 총알이 이따금씩 튕겨 나와 되돌아온다고 상상해보라. 러더퍼드가 관찰한 것이 바로 그런 장면이었다.

러더퍼드의 계산에 따르면, 오직 한 가지 경우에만 알파입자들이 되튀는 것이 가능했다. 즉, 원자의 질량과 양전하 전체가 부피가 작으며 원자의 중심에 있는 '핵'에 집중되어 있을 경우에만, 그런 놀라운 일이 일어날 수 있었다. 큰 질량과 전하량을 지닌 핵은 양전하를 띠고 접근하는 알파입자를 거세게 튕겨낼 수 있을 것이었다. 마치 거품 덩어리 속에 있는 단단하고 밀도가 높은 베어링이 날아오는 총알과 충돌하여 총알을 튕겨내는 것처럼 말이다. 전자들은 원자의 중심에 밀집된 그 양전하 주위를 돈다고 러더퍼드는 주장했다. 그리하여 원자를 건포도 푸딩에 빗댄 J. J. 톰슨의 모형은 폐기되었다. 러더퍼드의 모형에서 원자는 태양계와 유사했다. 원자의 중심에 어두운 별처럼 핵이 있고 그 주위를 전자들이 아주 작은 행성들처럼 돌고 핵과 전자들은 전자기력에 의해 묶여 있었다.

계속된 실험들에서 원자핵은 정말 작은데도(원자핵의 부피는 원자 부피의 1조 분의 1 정도이다) 원자 질량의 99.98퍼센트 이상이 원자핵에 몰려 있음이 드러났다. 알고 보니 원자에서 원자핵을 제외한 나머지 부분은 그저 **빈 공간**일 뿐이었고, 전자들은 그 공간에 여기저기 흩어져서 **빠르게** 움직이고 있었다. 참으로 놀랍게도 **물질은 거의 전부 빈 공간, 허공**이었다(지금 당신이 앉아 있는 '단단한' 의자는 거의 전부 무(無)로 이루어졌다). 이 발견이 이루어졌을 때, 사람들은 태양계를 닮은 원자의 내부에서도 뉴턴과 맥스웰의 모든 법칙들(예컨대 $F=ma$)이 태양과 행성들로 이루어진 거시적인 태양계에서와 마찬가지로 굳건히 지켜진다고 믿었다. 여느 곳과 다를 바 없이 원자에서도 똑같은 고전물리학 법칙들이 성립한다고 말이다. 닐스 보어가 등장할 때까지, 과학자들은 편안한 마음으로 잠자리에 들었다.

우수에 잠긴 덴마크 사내

덴마크 사람이며 캐번디시 연구소에서 공부하던 젊은 이론물리학자 닐스 보어는 러더퍼드의 강의를 듣고 그의 원자 이론에 매료되어 1912년에 4개월 동안 그 위대한 실험물리학자의 곁에 머물렀다.[16] 당시에 러더퍼드는 맨체스터 대학에서 일하고 있었다.

보어는 새로운 데이터에 대해서 숙고하다가 러더퍼드의 모형이 지닌 중요한 문제를 간파했다. 그것은 치명적인 문제였다. 보어는 핵 주위의 원형 궤도를 도는 전자에 맥스웰 방정식들을 적용했고, 빠르게 원운동을 하는 전자는 자신의 에너지 전부를 전자기파의 형태로 매우 신속하게 방출해야 함을 깨달았다. 따라서 전자의 궤도는 신속하게, 10^{-16}초 이내에 점으로 축소되고, 전자는 나선을 그리면서 핵으로 떨어질 것이었다. 그러므로 원자(따라서 모든 물질)는 불안정하고 우리가 아는 물리적 세계는 불가능할 것이었다. 요컨대 맥스웰 방정식들이 고전적인(뉴턴적인) 원자에 재앙을 내린 꼴이었다. 러더퍼드의 모형이 틀렸거나 고전물리학의 존엄한 법칙들이 틀렸거나 둘 중 하나였다.

보어는 가장 단순한 원자인 수소 원자를 집중적으로 연구했다. 러더퍼드에 따르면, 수소 원자는 양전하를 띤 핵 주위를 전자 하나가 도는 구조로 되어 있다. 보어는 파동 대 입자의 문제, 플랑크와 아인슈타인의 생각, 원자 궤도에 가둬질 수 있는 입자와 파동의 유사성 등을 숙고한 끝에 고전적인 견해에 정면으로 반하는 (또한 엉뚱한!) 발상에 이르렀다. 원자 궤도에서 전자의 운동은 파동의 운동과 유사하므로, 특수한 조건을 갖춘 궤도들만 존재할 수 있다고 주장했다. 그 특수한 궤도들 중 하나는 에너지가 가장 낮고 핵에서 떨어진 거리가 가장 작은 궤도이다. 이 궤도에 있는 전자는 에너지를 방출할 수 없다. 왜냐하면 이 궤도에 있다는 것은 가능한 최저 에너지 상태에 있다는 뜻이기 때문이다. 이 궤도에 있는 전자가 옮겨갈 수 있는 더 낮은 에너지 상태는 존재하지 않는다. 이 특별한 궤도를 일컬어 '바닥상태'라고 한다.

보어가 설명하고자 한 주요 사실들 중 하나는 원자가 방출하고 흡수하는 빛의 이산적인 스펙트럼선들이었다. 우리는 이 주제를 앞에서 다룬 바 있다. 기억하겠지만, 다양한 원소들을 가열하여 빛을 내게 만들고 원소 각각이 내는 빛을 분광계로 관찰하면, 덜 밝은 연속 스펙트럼을 배경으로 밝은 선들이 또렷하게 보인다. 다른 한편, 햇빛 스펙트럼의 특정 위치들에서는 검은 선들이 발견되었다. 알고 보니 밝은 선들은 빛 방출, 검은 선들은 빛 흡수의 결과였다. 다른 원소들과 마찬가지로 수소는 여러 스펙트럼선들을 방출한다. 그것들은 수소의 지문과 같다. 바로 그 스펙트럼선들이 보어가 자신의 모형으로 설명하려 애쓴 실험 데이터였다.

1913년에 출판된 논문 세 편에서 보어는 수소 원자에 관한 대담한 양자 이론을 구체적으로 제시했다. 수소 원자의 궤도 각각은 일정한 양의 에너지로 특징지어진다. 전자는 에너지가 높은(이를테면 E_3인) 궤도에서 에너지가 낮은(E_2인) 궤도로 '건너뛸 때' 복사를 방출한다. 바꿔 말해서 광자 하나를 방출하는데, 그 광자의 에너지($E=hf$)는 두 궤도의 에너지 차이와 같다 ($E_3-E_2=hf$). 원자 수십억 개에서 동시에 광자 방출이 일어나면, 우리는 밝은 스펙트럼선을 보게 된다. 보어는 뉴턴 역학을 부분적으로만 수용하고 정답을 산출하지 못하는 내용은 배제하면서 만든 모형에 의거하여 수소가 내는 빛에 포함된 모든 스펙트럼선들의 파장을 보란 듯이 계산해냈다. 그가 세운 공식들은 전자의 전하량과 질량 등의 알려진 양들(그밖에 2, π, 그리고 당연히 양자이론의 상징 격인 플랑크상수 h)에 기초하여 수소 스펙트럼선들의 파장을 계산할 수 있게 해 준다.

이처럼 보어의 양자이론에서 전자는 특별한(어찌 보면 '마술적인') 궤도들에만 머물러야 하고, 그 궤도들은 원자의 에너지 상태들에 대응하며, 이 에너지 상태들 혹은 준위들은 낱낱으로 잘 분리되어 있다. 에너지 준위들에는 1, 2, 3, 4 등의 번호가 매겨지며, 각 준위의 에너지는 E_1, E_2, E_3, E_4 등으로 표기된다. 전자는 에너지를 '꾸러미' 단위로만, 즉 양자 단위로만 흡수할 수 있다. 전자가 적절한 양자들을 삼키면, 전자는 더 높은 에너지 준위로, 이를테면 E_2에서 E_3로 '건너뛸' 수 있다. 또 높은 에너지 준위에 있는 전자는 자발적으로 낮은 에너지 준위로(예컨대 E_3에서 다시 E_2로) 뛰어 내리면서 광자를 방출한다. 이런 광자들이 스펙트럼선으로 관찰되는데, 보어의 모형은 수소의 스펙트럼선들을 정확하게 예측한다.

원자의 성격

보어와 러더퍼드가 없었다면 미국 원자력위원회를 상징하는 원자 도안은 만들어질 수 없었을 것이다. 그 도안에서 전자들은 작은 행성들처럼 타원 궤도를 따라 움직인다. 아마 지금도 많은 사람들은 그것이 원자의 참모습이라고 믿을 것이다. 하지만 안타깝게도 그 믿음은 틀렸다. 보어의 모형은 대단한 영감의 산물이지만 완벽하게 옳지는 않다. 곧 드러났지만, 그의 눈부신 성취는 약간 급조된 면이 있었다. 보어는 수소 원자의 몇몇 특징을 설명할 수 있었지만, 그 다음으로 단순한 (전자를 두 개 지닌) 헬륨 원자를 설명할 수 없었다. 1910년대가 저물어 가고 있었지만, 제대로 된 양자역학 이론은 아직 없었다. 당시에 있었던 것은 '보어의 옛 양자이론'이라는 초보적인 모형뿐이었다.

양자이론의 아버지들(플랑크, 아인슈타인, 러더퍼드, 보어)이 시작한 혁명이 결실에 이르려면 아직 갈 길이 멀었다. 과학자들은 이상한 나라에 떨어진 앨리스와 같은 처지였다. 이제 그들은 도약하는 양자들, 한 궤도에서 다른 궤도로 중간 단계를 거치지 않고 신비롭게 건너뛰는 전자들, 파동인 동시에 입자이거나 파동도 아니고 입자도 아닌 광자들을 다루고 있었다. 아직 알아야 할 것들이 많았다.

숲 가운데 어스름에서
초원의 여명을 향해,
상아빛 팔다리 갈색 눈으로
번득이는 나의 파우누스!

그이는 빽빽한 나무들 건너뛰며 노래하고
그의 그림자 함께 춤추고

나는 무엇을 따라야 할지 모르겠네,
그림자를 따라야 할지, 노래를 따라야 할지!

사냥꾼아, 나를 위해 덫을 놓아 그이의 그림자를 잡아 다오!
나이팅게일아, 나를 위해 그이의 노래를 잡아 다오!
안 그러면 나 음악과 광기에 흠뻑 취해
부질없이 그이를 뒤쫓을 테니.

오스카 와일드, 「숲 속에서」[17]

5장 하이젠베르크의 불확정성

이제 당신이 기다려 온 때가 되었다. 이제 우리는 양자역학의 정수를 향해 곧장 나아가서 종잡을 수 없고 때로는 기괴하기까지 한 땅을 탐험할 것이다. 1925년에 이 땅은 가장 빛나는 물리학자의 한 명인 볼프강 파울리로 하여금 물리학을 그만두는 것을 심각하게 고려하게 만들기도 했다. "나에게" 파울리는 화를 내며 한 동료에게 이렇게 썼다. "물리학은 너무 어렵다. 나는 차라리 코미디 영화배우나 뭐 그런 사람이었으면 좋겠다. 물리학이라는 단어를 들어 본 적도 없었으면 좋겠다." 만약에 그 대단한 파울리가 물리학을 때려치우고 당대의 제리 루이스(미국 코미디언 – 옮긴이)가 되었다면, '파울리의 배타원리'는 밝혀지지 않았을 테고, 과학의 역사는 상당히 다르게 흘러갔을 것이다.[1] 그러나 다행히 그는 물리학을 고수했고, 우리 저자들은 당신도 그러기를 바란다. 물론 심장이 약한 사람에게는 이 탐험이 어울릴 성싶지 않다. 그러나 이 탐험의 보람은 어마어마할 것이다.

자연은 덩어리져 있다

러더퍼드의 실험 결과를 설명하기 위해 닐스 보어가 원래 구성한 양자이론을 출발점으로 삼자. 러더퍼드의 실험은 원자가 건포도 푸딩을 닮은 것이 아니라 중심에 조밀한 핵이 있고 그 주위를 전자들이 도는 구조라는 것, 그러니까 중심에 있는 태양의 주위를 행성들이 도는 태양계를 닮았다는 것을 보여 주었다. 이미 언급했듯이, 보어가 처음에 내놓은 '옛 양자이론'은 결국 생명을 잃고 이론들의 천국으로 갔다. 양자이론이 발전함에 따라, 고전역학과 땜질식 양자 규칙들을 뒤섞어서 만든 보어의 옛 양자이론은 퇴출되었다. 그러나 보어가 양자적인 원자를 세상에 소개했다는 것만큼은 분명한 사실이다. 게다가 그의 이론에서 도출되는 몇몇 귀결들은 어느 멋진 실험 덕분에 신뢰를 얻었다.

고전물리학의 법칙들에 따르면, 전자가 원자핵 주위의 궤도를 도는 것은 불가능하다. 궤도운동을 하는 전자는 가속해야 한다. 일반적으로 모든 원운동은 속도의 방향이 끊임없이 바뀌는 운동이므로 가속도 운동이다. 그리고 맥스웰의 전자기이론에 따르면, 가속하는 전하는 전자기복사, 곧 빛의 형태로 에너지를 방출해야 한다. 따라서 구체적으로 계산해 보면, **궤도운동을 하는 전자는 모든 에너지를 순식간에 방출**하고 마치 날개를 다친 새처럼 나선을 그리면서 떨어져 핵에 부딪힌다는 결론이 나온다. 요컨대 전자들의 궤도와 원자 자체가 붕괴할 것이며, 그렇게 붕괴한 원자는 화학적으로 생명도 효용도 없는 존재일 것이다. 이처럼 고전 이론에 입각하면, 전자의 에너지, 원자, 원자핵에 관한 모든 이야기가 터무니없게 들리므로, 새로운 이론, 즉 양자이론을 발명할 필요가 있었다.

더구나 19세기 후반의 과학자들은 원자가 특정 색깔들에 국한된, 즉 파장(혹은 진동수)이 이산적인(혹은 **양자화**된) 스펙트럼선들을 방출한다는 사실을 알고 있었다. 이 사실을 바탕에 깔고 생각하면, 원자 내부에는 몇몇 특별한 전자 궤도들만 존재하고, 전자는 빛을 방출하거나 흡수하면서 한 궤도에서 다른 궤도로 건너뛰는 듯했다. 전자의 궤도가 행성의 궤도와 다를 바 없다면, 원자가 방출하는 빛의 스펙트럼은 연속적일 것이었다. 왜냐하면 가능한 행성 궤도들은 연속적으로 분포하니까 말이다. 그러나 원자의 세계는 연속적으로 변화하는 뉴턴 물리학의 세계와 거리가 먼 '디지털' 세계인 듯했다.

보어는 가장 단순한 원자인 수소 원자에 초점을 맞췄다. 수소 원자는 무거운 핵(양성자)과 음전하를 띠고 핵 주위를 도는 전자 하나로 이루어졌다. 보어는 플랑크와 아인슈타인의 양자이론에 대한 생각들을 이리저리 궁리한 끝에, 파장(또는 진동수)과 운동량(또는 에너지)을 연결한다는 플랑크의 발상을 전자에 적용하면 몇몇 특별한 궤도들만 존재한다는 결론이 나온다는 것을 깨달았고, 결국 전자 궤도의 에너지를 구하는 공식을 알아냈다. 보어의 특별 궤도들은 원이고 각각의 둘레(궤도를 한 바퀴 도는 거리)가 특정한 값으로 정해져 있다. 보어는 그 둘레가 플랑크의 공식에서 도출한 전자의 양자적 파장의 정수배와 항상 일치해야 한다고 주장했다.[2] 그 특별한 마법의 궤도 각각은 특정한 에너지에 대응했고 따라서 원자의 에너지 상태들은 띄엄띄엄 떨어져 있다.

보어는 가장 작은 전자 궤도가 존재함을 즉시 깨달았다. 그 궤도는 모든 가능한 궤도들 가운데 핵에 가장 가까이 있으며 둘레가 가장 짧다. 그 궤도에 진입한 전자는 더 이상 핵을 향해 떨어지지 않는다. 이 최소 궤도를 일컬어 '바닥상태'라고 한다. 바닥상태란 최저 에너지 상태이다. 전자가 바닥상태에 이르면 더 낮은 상태로 옮겨갈 수 없으므로 원자는 안정된다. 바닥상태는 모든 양자 시스템이 지닌 특징이다. 진공은 온 우주의 바닥상태이다.

새로운 발상들은 아주 잘 먹혀들어 갔다. 수소를 대상으로 삼은 실험들에서 관찰된 복사 패턴들을 특징짓는 중요한 수들이 계산을 통해 산출되었다. 원자 속의 모든 전자는 이른바 '바닥상태'에 있다. 추가 에너지가 없으면, 전자는 항상 자신의 궤도에 머물면서 원자핵 주위를 돈다. 전자를 원자에서 떼어 내어 자유롭게 만들기 위해 투입해야 하는 에너지를 일컬어 '결합에너지'라고 한다. 결합에너지는 전자가 어느 궤도에 있느냐에 따라 달라진다. 일반적으로 우리는 자유롭고(원자에 속박되지 않았고) 속도가 0인 전자의 에너지를 0으로 정의한다(원한다면 아무 값으로나 정의할 수 있으므로, 이것은 자의적인 정의이다. 그러나 이렇게 정의하는 것이 편리하다). 그러면 속박된 전자의 에너지는 음수가 된다. 속박된 상태는 자유로운 상태보다 에너지가 낮으니까 말이다. 자유로운 전자가 원자 내부의 궤도에 포획될 경우, 전자는 빛의 형태로 에너지를 방출하는데, 그 에너지는 해당 궤도의 결합에너지와 같다.

보어 궤도들의 결합에너지는 '전자볼트(eV)' 단위로 측정된다.[3] 핵에 가장 가까이 있는 궤도, 즉 바닥상태의 결합에너지는 13.6eV이다(수소 원자의 바닥상태에 있는 전자 하나를 **떼어 내려면** 13.6전자볼트의 에너지가 필요하다). 이 특별한 에너지양은 스웨덴 물리학자 요하네스 뤼드베리의 이름을 따서 '뤼드베리'라고도 불린다. 일찍이 1888년에 뤼드베리는 (요한 발머 등과 더불어) 수소를 비롯한 여러 원자의 스펙트럼선들을 계산하는 공식을 추측해서 내놓았다. 이처럼 결합에너지들을 예측하는 공식과 13.6eV라는 특별한 양은 보어 이전에도 꽤 오랫동안 잘 알려져 있었다. 그러나 사태의 본질을 논리적으로 설명하는 공식은 보어가 처음으로 내놓았다.

수소 원자 속 전자의 양자 상태들(보어의 궤도들에 대응함)을 잇따른 자연수들(n=1, 2, 3,……)로 나타낼 수 있다. 결합에너지가 가장 큰 상태(바닥상태)는 n=1에 대응하고, 첫 번째 들뜬상태는 n=2에 해당한다. 원자에게 이런 식으로 띄엄띄엄 떨어진 상태들만 허용된다는 것이 양자역학의 핵심이다. 그래서 이 자연수 n은 '주(主)양자수'라는 명예로운 이름으로 불린다. 각각의 상태(또는 주양자수)는 에너지양(단위는 eV)에 의해 특징지어지며, 그 에너지양은 E_1, E_2, E_3 등으로 표기된다(주3 참조).

구식이 되었지만 잊혀지지 않은 이 이론에서 원자는 높은 에너지 상태에서 낮은 에너지 상태로 뛰어내리면서 광자를 방출할 수 있음을 상기하라. 당연한 말이지만, 이 규칙은 E_1 에너지 준위의 전자, 즉 n=1 전자(바닥상태의 전자)에게는 적용되지 않는다. 왜냐하면 바닥상태의 전자는 뛰어내릴 곳이 없기 때문이다. 이런 상태 변화(이른바 '전이')는 예측 가능하고 수학적인 방식으로 일어난다. 예컨대 n=3 전자는 n=2 상태로 뛰어내리고, n=2 전자는 n=1 상태로 뛰어내린다. 이런 식으로 뛰어내릴 때마다 전자는 두 상태 사이의 에너지 차이(E_3-E_2, 또는 E_2-E_1)만큼의 에너지를 지닌 광자 하나를 방출해야 한다. 즉, 전자가 방출하는 광자의 에너지는 10.5eV−9.2eV=1.3eV, 13.6eV−10.5eV=3.1eV 등일 수 있는데, 이 값들은 실제로 관찰된 광자의 에너지 값들과 일치한다. 광자의 에너지와 파장('λ'로 표기하고

'람다'라고 읽는다)은 플랑크의 공식 $E=hf=hc/\lambda$를 만족시키므로, 원자가 방출하는 빛의 파장들을 분광계로 측정하면 전자 상태들의 에너지를 알아낼 수 있다. 실제로 보어는 단순한 (전자 하나가 원자핵 주위를 도는 구조인) 수소 원자가 방출하는 스펙트럼선들을 멋지게 설명해 냈다. 그러나 그 다음으로 단순한 헬륨 원자를 설명할 길은 막막했다.

보어는 전자의 운동 상태를 전혀 다른 방법으로도 측정할 수 있다고 주장했다. 즉, 원자로 하여금 에너지를 흡수하게 하는 방법으로도 측정할 수 있다고 말이다. 만일 양자 상태들이 정말로 존재한다면, 원자는 이산적으로 분포하는 특정양의 에너지들만, 즉 전자가 E_1에서 E_2, E_2에서 E_3 등으로 건너뛰는 데 필요한 만큼의 에너지들만 흡수할 수 있을 것이었다. 이 생각을 검증하는 결정적인 실험은 1914년에 베를린에서 제임스 프랑크와 구스타프 헤르츠에 의해 이루어졌다. 아마도 그것은 제1차 세계 대전 이전의 독일에서 마지막으로 이루어진 중요한 실험이었을 것이다. 그들의 데이터는 보어의 분석과 완벽하게 일치했다. 그러나 독일의 실험물리학자인 그들은 위대한 덴마크 사람 보어를 훨씬 더 나중에야 알게 되었다.

프랑크-헤르츠 실험

프랑크와 헤르츠의 실험을 자세히 살펴보기 전에, 매우 대략적이고 고전적인 비유를 생각해 보자. 언덕 위에서 아래로 작은 쇠구슬들을 굴리는 상황을 상상해 보라. 언덕 아래에는 낮은 오르막이 있어서 구슬은 충분한 에너지를 지녀야만 그 오르막을 넘어 바구니에 들어갈 수 있다. 이제 언덕 여기저기에 무작위로 쇠말뚝을 박는다고 해 보자. 그러면 언덕은 핀볼 기계와 비슷해질 것이다. 쇠구슬은 굴러 내려오면서 쇠말뚝들에 충돌하겠지만, 쇠구슬과 쇠말뚝의 충돌은 탄성충돌이므로(충돌 과정에서 에너지 손실이 일어나지 않으므로) 쇠구슬은 여전히 충분한 에너지를 유지한 채로 언덕 아래에 이르고 오르막을 넘어서 바구니에 들어갈 수 있다. 그러나 우리가 쇠말뚝 대신에 진흙말뚝을 박는다면, **비탄성충돌**이 일어날(충돌 과정에서 진흙이 에너지를 흡수할) 것이고 에너지가 대폭 줄어든 구슬은 언덕 아래의 오르막을 넘지 못할 것이다. 이제 우리가 언덕의 높이를 조절함으로써 언덕 아래에 도달한 구슬의 에너지를 조절할 수 있다고 해 보자.

이 구슬 굴리기는 프랑크와 헤르츠가 수행한 실험과 유사하다. 다만 그들은 쇠구슬 대신에 가열된 필라멘트에서 방출되는 전자들을 사용했다. 그 전자들은 관 속에서 철망을 향해 끌려가면서 저압 수은 증기를 통과한다. 이 증기의 구실은 위의 비유에서 쇠말뚝들의 구실과 같다. 철망에는 0부터 30볼트까지 조절 가능한 전압이 걸리는데, 이 전압은 언덕과 같다. 다시 말해 전압이 걸린 철망은 마치 언덕이 쇠구슬에 에너지를 제공하듯이 전자를 끌어당기면서 에너지를 제공한다. 전자들은 수은 원자들과 충돌하면서 철망에 도달한 다음에 1볼트의 '방해 전압'에 직면한다. 이 방해 전압은 우리의 비유에서 언덕 아래의 작은 오르막과 구실이 같다. 전자들이 방해 전압을 극복하면(낮은 오르막을 넘으면) 수집판(바구니)에 도달하고, 거기에서 전자들의 흐름, 즉 전류가 기록된다. 실험의 요점은 철망의 전압을 서서히 올려가면서 그 전류를 측정하는 것이다. 전압이 높아지면 전자들과 수은 원자들은 더 강하게 충돌하게 된다.

이 실험의 핵심 데이터는 전류 I와 전압 V 사이의 관계를 나타내는 그래프이며 근본 발상은 이것이다. 만일 전자와 수은 원자가 충돌할 때 에너지 손실이 발생하면(즉, 비탄성충돌이 일어나면), 전자는 방해 전압을 극복하지 못할 테고 따라서 수집되지 않을 것이다. 반대로 충돌로 에너지 손실이 발생하지 않으면(탄성충돌이 일어나면), 전자는 (전압 V에 의해 결정되는) 에너지를 온전히 보유한 채로 철망에 도달하여 방해 전압을 극복하고서 전류에 가담할 것이다.

그래프에서 보듯이, 처음에는 전압 V가 방해 전압보다 커지자마자 전류가 증가한다. 이 증가는 전자들과 수은 원자들 사이의 충돌이 전자의 에너지 손실로 이어지지 않음을 알려 준다. 그러나 전압이 임계값인 4.9볼트에 이르

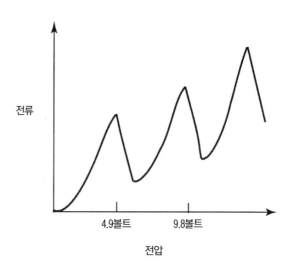

그림 21 프랑크-헤르츠 실험. 관 속에 수은 증기를 채우고 철망의 전압을 차츰 높이면(전류를 이룰 전자들에 점점 더 많은 에너지를 공급하면), 전자의 에너지가 수은 원자를 들뜨게 할 만큼이 될 때까지, 즉 철망의 전압이 4.9볼트가 될 때까지는 전류가 증가한다. 하지만 4.9볼트에 도달하면, 수은 원자들이 전자들과 충돌하면서 에너지를 흡수하여 들뜬상태로 도약하고, 전류는 돌연 감소한다. 이때 들뜬 수은 원자들이 다시 바닥상태로 떨어지면서 방출하는 빛도 관찰할 수 있다. 철망의 전압이 9.8볼트에 이르러 전자의 에너지가 두 번째 전이 에너지와 같아지면, 다시 한번 수은 원자들이 에너지를 흡수하여 전류가 감소한다. 프랑크-헤르츠 실험은 보어가 자신의 원자이론에 기초하여 내놓은 예측을 입증한다.

면, 기이하게도 전류가 갑자기 줄어든다. 이는 전자의 에너지가 4.9eV에 도달하면 전자와 수은 원자 사이의 충돌이 전자의 에너지 손실로 이어진다는 뜻이다. 전자들이 에너지를 잃었기 때문에 방해 전압을 극복하고서 수집판에 도달하지 못하는 것이다.[4]

보어는 기뻐하면서 모든 것을 설명했다. 원자들은 허용된 에너지 상태들에 대응하는 에너지양의 정수배만 흡수할 수 있다. 수은의 바닥상태 E_1과 첫 번째 들뜬상태 E_2 사이의 에너지 차이는 4.9eV이다. 이만큼의 에너지를 지닌 전자는 충돌하면서 자신의 에너지 전부를 수은 원자에게 넘겨줄 수 있다. 그러면 전자는 방해 전압을 극복하지 못하게 된다. 다른 한편 4.6eV, 4.7eV, 4.8eV 등의 에너지를 지닌 전자는 기준에 못 미치기 때문에 수은 원자에게 에너지를 넘겨주지 못한다. 바꿔 말해서 탄성충돌을 한다. 따라서 그런 원자들은 방해 전압을 극복하고 수집판에 도달하여 전류에 가담한다. 그러나 전압 V가 더 높아지면, 철망에 이르기 전에 임계 에너지 4.9eV에 도달하여 비탄성충돌을 한 전자도 그 다음에 철망에 이를 때까지 에너지를 보충하여 방해 전압을 극복하고 전류에 가담할 수 있다. 따라서 전류는 다시 상승한다. 그럼, 전압이 9.8볼트에 이르면 어떻게 될까? 전자가 철망에 도달할 때까지 비탄성충돌을 두 번 겪을 수 있으므로, 다시 말해 수은 원자 두 개를 E_2 상태로 들뜨게 만들면서 자신의 에너지를 몽땅 잃을 수 있으므로, 전류는 다시 급격하게 감소한다.

참 멋진 설명이지만, 이로써 보어의 가설이 증명된 것일까? 곰곰이 따져보자. 들뜬 수은 원자는 들뜬상태에 머물지 않는다. 들뜬 수은 원자는 아주 짧은 시간 뒤에 바닥상태로 '떨어지면서' 광자를 방출한다. 이 광자의 파장은 들뜬상태와 바닥상태 사이의 에너지 차이, 즉 4.9eV에 의해 결정된다. 이 파장은 가시광선의 자주색 구역에 속한다. 실제로 수은등은 자주색 빛을 낸다. 프랑크와 헤르츠는 수은 증기를 분광계로 관찰하면서 자주색 선을 찾았다. 전압이 4.9볼트보다 낮을 때는 어떤 빛도 관찰되지 않았다. 그러나 전압이 정확히 4.9볼트가 되자, 자주색 선이 나타났다! 그들은 전자와 충돌하면서 전자의 에너지를 몽땅 넘겨받아 들떴던 수은 원자들이 바닥상태로 떨어지는 것을 목격한 것이었다.

결론적으로 원자 내부의 불연속적 에너지 준위들은 실재한다. 이제 자연이 본래 연속적이라는 고전적인 믿음은 폐기되어야 한다. 이 실험은 '프랑크-헤르츠 실험'이라는 명칭으로 과학사에 길이 남았다.

끔찍한 20년대

끔찍한 20년대, 정확히 1920년에서 1925년까지의 기간이 시작되던 시기에 세계의 선도적인 물리학자들을 휩싼 공황은 제대로 이해하기 어려운 수준이었다. 자연이 고전적이고 합리적인 계획을 따른다는 믿음을 400년 동안 유지해 온 과학자들은 갑자기 그 핵심적인 믿음을 재고할 것을 강요당했다. 안락한 옛 세계관을 박살낸 것은 무엇보다도 양자 세계의 불온한 이중성이었다. 한편으로, 여러 번 반복된 일련의 실험들은 빛이 전형적인 파동현상인 간섭과 회절을 일으키는 파동임을 보여 주었다. 이미 자세히 언급했듯이, 빛이 입자들로 이루어졌다면 이중슬릿 실험은 설명하기가 불가능하다.

다른 한편으로, 그에 못지않게 확실한 다른 데이터들은 빛이 입자들로 이루어졌다고 외쳤다. 4장에서 보았듯이, 흑체복사와 광전효과에 대한 연구, 전자와 광자의 충돌에 관한 콤프턴의 실험은 모두 빛이 지닌 명백한 '입자성'을 드러냈다. 이쪽 실험들의 논리적 귀결은, 특정 색깔(파장)의 빛은 입자들의 흐름이라는 것일 수밖에 없었다. 그 입자들 각각은 속도 c로 움직이고 일정한 운동량을 지니는데, 운동량(뉴턴 역학에서 운동량은 속도 곱하기 질량이다)은 운동하는 물질에 귀속하는 주요 특징이다. 하지만 광자의 운동량은 에너지 나누기 빛의 속도(c)이다. 운동량은 중요한 개념이다. 왜냐하면 충돌 과정에서 물체들의 총 운동량은 보존되기 때문이다. 즉, 총 운동량은 충돌 전후에 변함이 없다. 예를 들어 당구공 두 개가 충돌하면, 당구공들의 질량 곱하기 속도의 충돌 전 총합과 충돌 후 총합은 같다.[5] 콤프턴의 실험은 자동차나 기타 거시적인 물체들과 마찬가지로 광자들이 충돌할 때에도 총 운동량이 보존됨을 보여 주었다.

이제 잠시 멈춰서 입자와 파동의 차이를 명확히 해 보자. 첫째, 입자는 이산성을 지녔다. 컵에 담긴 물과 고운 모래를 생각해 보자. 물이나 모래나 다 쏟아 부을 수 있고 휘저을 수 있기는 마찬가지이다. (세밀하게 따지지 않고 대충 보면) 물과 모래는 꽤 비슷하다. 그러나 액체인 물은 겉보기에 연속적인 반면, 모래는 셀 수 있는, 이산적인 낱알들로 이루어졌다. 작은 숟가락으로 물과 모래를 뜨면, 물은 항상 연속적인 양이 떠지는 반면, 모래는 셀 수 있는 개수의 낱알들이 떠진다. 양자이론에서는 초보적인 정수들이 매우 중요하다. 이 대목은 고대 그리스의 수학자 피타고라스를 연상시킨다. 입자는 매 순간 잘 정의된 위치에 있으며, 공간 전체로 퍼져 나가는 파동과 달리, 궤적을 그리며 움직인다. 또한 입자는 에너지와 운동량을 지녔고 충돌 과정에서 그것들을 다른 입자에게 넘겨줄 수 있다. 정의상, 무언가가 입자라면 그것은 파동이 아니고, 그 역도 마찬가지이다.

다시 본론으로 돌아가자. 물리학자들은 이국적인 괴물 앞에서 당황하고 있었다. 그 괴물은 이를테면 '파동입자'였다. 그것을 '파자(波子)'라고 부르는 사람까지 있었다. 빛이 파동으로 이루어졌다는 것은 잘 알려진 사실이었는데도, 잇따른 실험들은 광자의 존재를 드러냈다. 광자는 전자와 충돌하여 전자를 튕겨낼 수 있는 작은 덩어리였다. 광자는 물질에 흡수될 수 있었고, 반쯤만 흡수되는 일 없이 온전히 흡수되거나 아니면 아예 흡수되지 않았다. 들뜬 원자는 광자를 방출하면서 에너지를 잃을 수 있었고, 그 에너지는 정확히 광자가 지닌 에너지 $E = hf$와 일치했다. 이 사실들은 프랑스의 물리학도이자 젊은 귀족인 루이-세자르-모리스 드브로이의 놀라운 박사 논문을 계기로 새로운 차원의 의미를 획득했다.[6]

드브로이의 가족은 그가 군인이나 외교관이나 정치인이 아니라 물리학자가 될 생각을 품었음을 알고 아연실색하며 반대했다. 공작인 할아버지는 "과학은 매력에 있어서 늙은 남자와 다를 바 없는 늙은 귀부인에게나 어울린다."라고 조롱했다. 그리하여 젊은 드브로이는 어쩔 수 없이 타협하여 (한동안) 해군에 복무하면서 남는 시간에 가족의 저택에 차린 실험실에서 실험을 했다. 그는 해군에서 무선통신 관련 연구로 명성을 얻었지만 늙은 공작이 세상을 뜨자 퇴역하여 자신이 정말로 원하는 일에 전념했다.

드브로이는 광전효과와 관련한 아인슈타인의 염려와 빛의 입자성에 대한 그의 증명에 대해서, 그리고 빛의 입자성과 이미 확립된 파동성이 양립 불가능하다는 점에 대해서 오래 숙고했다. 그는 아인슈타인의 논문을 다시 읽다가 매우 이단적인 생각에 사로잡혔다. 빛 파동이 입자성을 지녔다면, 그 역도 참일 것이라고 그는 추론했다. 즉, 입자들 — 모든 입자들 — 도 파동성을 나타낼 것이라고 말이다. 드브로이는 보어의 원자이론을 언급하면서 이렇게 썼다. "이 사실은 나로 하여금 전자도 단순히 입자로 여겨져서는 안 되며 진동수(파동성)를 부여받아야 한다는 생각을 갖게 만들었다."[7]

일반적으로 이렇게 과감한 주제로 박사 논문을 쓰려는 학생은 전공을 신학으로 바꾸든지 아니면 이름도 낯선 시골 대학으로 가야 할 테지만, 때는 1924년이었고 드브로이에게는 영향력이 막강한 응원군이 있었다. 드브로이의 논문을 본 파리 대학의 심사관들은 위대한 알베르트 아인슈타인에게 난감함을 고백하면서 심사를 의뢰했고, 아인슈타인은 드브로이의 생각에 큰 관심을 표하면서(아인슈타인은 '이것을 내가 생각했어야 했는데…….'라면서 탄식했을지도 모른다) 그것을 양자에 대한 자신의 연구와 연결했다. 파리 대학의 논문 심사위원회에 보낸 답장에서 거장 아인슈타인은 이렇게 썼다. "드브로이는 거대한 베일의 한 자락을 들췄습니다." 드브로이는 그 논문으로 박사 학위를 받았을 뿐 아니라 얼마 후에 노벨상까지 받았다. 핵심만 말하자면, 그는 뉴턴 역학에 따른 전자의 운동량(질량 곱하기 속도)과 '전자 파동'의 파장을 플랑크의 공식을 통해 정확하게 연결했다.[8] 그런데 전자 파동이라니? 전자는 입자이다. 난데없이 웬 파동이란 말인가? 드브로이는 입자의 내부에서 일어나는 '어떤 신비롭고 내재적이며 주기적인 과정'을 운운하며 말끝을 흐렸다. 그것은 모호한 표현이었다. 그러나 드브로이가 의도한 것이 바로 그런 모호함이었다. 그는 무언가 어마어마한 것을 비록 모호하게나마 포착했다.

거의 같은 때인 1927년에 미국 물리학자 두 명이 뉴저지 주의 유명한 벨 연구소에서 다양한 산화물로 덮인 금속 표면에 전자들을 발사함으로써 진공관의 속성을 연구했다. 전자들은 그 결정들(금속 표면들)에서 튀어나와 이상한 무늬를 형성했다. 일부 방향으로는 많은 전자들이 튀어나왔고, 다른 방향에서는 전자가 하나도 탐지되지 않았다. 벨 연구소의 물리학자들은 드브로이의 전자 파동을 알게 된 후에 비로소 이 수수께끼 같은 결과를 이해했다. 결정은 토머스 영의 실험에서 이중슬릿의 구실과 같았고, 전자들의 행동은 평범한 파동현상인 회절, 혹은 간섭이었다. 전자들의 운동량과 전자 파동의 파장이 드브로이가 예측한 관계를 맺는다고 전제하면, 전자들이 형성한 무늬를 이해할 수 있었다. 결정에서 원자들 사이의 규칙적인 간격은 약 200년 전에 토머스 영이 수행한 유명한 이중슬릿 실험에서 '슬릿들'이 담당한 역할을 했다. 이 결정적인 '전자 회절' 실험은 드브로이가 주장한, 전자의 운동량과 파장 사이의 연관성을 입증했다. 전자는 입자이지만 파동처럼 행동하며, 우리는 그런 행동을 손쉽게 관찰할 수 있다.

우리는 회절을 잠시 후에 다시 다룰 것이다. 정확히 말해서 이중슬릿을 향해 전자들을 발사하는 실험을 다룰 텐데, 그때는 더욱 더 충격적인 결과를 접하게 될 것이다. 결정 안에서 일어나는 전자들의 회절은 다양한 물질이 훌륭한 전기전도체나 부도체나 반도체가 되는 원인이기도 하다. 또한 트랜지스터를 비롯한 전자부품들도 전자 회절을 이용한 결실이다. 하지만 이런 이야기들에 앞서 양자혁명의 영웅(슈퍼영웅이라고 해도 좋을 성싶다)을 한 명더 만나야 한다.

이상한 수학

베르너 하이젠베르크(1901~1976)는 이론가 중의 이론가였다. 그는 전지가 어떻게 작동하는지를 전혀 몰라서 뮌헨 대학교 입학을 위한 구두시험에 낙방할 뻔했지만 훗날의 양자물리학을 위해서는 다행스럽게도 간신히 통과했다. 하지만 그에게는 다른 많은 재능이 있었다. 제1차 세계 대전 중에 그의 아버지는 예비 보병으로 참전하여 집을 떠났고, 대학은 식량과 연료의 부족으로 자주 휴교했다.

1918년 여름, 굶주리고 허약한 소년 베르너는 한동안 독학하면서 바이에른의 어느 농장에서 지역 학생들과 함께 일해야 했다. 1920년대에 그는 23세의 신동, 전문 연주자 수준의 피아니스트, 능숙한 도보 여행가이자 스키 애호가, 고전학자, 수학자였다가 전향한 물리학자였다. 그는 저명한 물리학자 아르놀트 좀머펠트의 제자로서 같은 처지의 볼프강 파울리를 만났다. 훗날 파울리는 하이젠베르크의 가장 가까운 조력자 겸 가장 날카로운 비판자가 되었다. 1922년에 좀머펠트는 젊은 하이젠베르크를 데리고 당대 유럽의 지성적 중심지였던 괴팅겐을 방문했다. 신생 양자 원자물리학에 관한 닐스 보어의 강연을 듣기 위해서였다. 대담한 젊은이 하이젠베르크는 그 강연에서 위대한 강연자의 몇몇 주장을 비판하고 그가 제시한 이론적 원자모형의 핵심을 문제 삼았다. 그럼에도 이 만남은 하이젠베르크와 보어의 평생에 걸친 협력과 상호 존중의 출발점이 되었다.[9]

그때 이후 하이젠베르크는 양자 딜레마에 깊이 빠져들었다. 그는 1924년에 한 학기 동안 코펜하겐에 머물며 복사의 흡수 및 방출에 관한 문제들을 보어와 함께 연구했다. 그러면서 보어의 (파울리의 표현에 따르면) '철학적 사유'를 존중하게 되었다.[10] 파울리는 행성 궤도를 닮은 전자 궤도들을 지닌 보어 원자의 실상을 가시화하려 애쓰는 과정에서 그 모형에 무언가 문제가 있다는 확신에 이르렀다. 그 실상을 고민하면 할수록, 깔끔하고 거의 원형인 보어 궤도들은 단지 지성의 구성물이요 첨가물이라는 의심이 깊어졌고, 결국 파울리는 전자들이 궤도를 점유한다는 생각 자체가 고전적인 세계관의 잔재라는 견해를 내놓았다.

젊은 베르너도 고전적인 사유에 기초한 모형, 즉 태양계를 닮은 원자를 가차 없이 거부했다. 구원에 이르는 길은 멋들어진 그림이 아니라 예리한 수학적 추론이라는 것이 그의 신념이었다. 더 나아가 그는 직접 측정할 수 없는 개념(예컨대 전자 궤도)은 무자비하게 제거해야 한다고 주장했다.

원자와 관련해서 측정할 수 있는 것은 이산적인 스펙트럼선들, 원자 속 전자들이 '양자뜀'을 통해 궤도를 바꿀 때 전자가 방출하거나 흡수하는 빛이었다. 따라서 하이젠베르크는 (미지의 전자 운동에 관한 검증 가능한 단서인) 스펙트럼선들에 관심을 집중했다. 스펙트럼선들을 이해하는 것은 엄청나게 어려운 과제였다. 1925년, 건초열에 걸린 하이젠베르크는 그 과제를 짊어지고 북해의 헬골란트 섬에 요양하러 갔다.[11]

하이젠베르크는 보어의 '대응원리'를 생각의 지침으로 삼았다. 그 원리에 따르면, 기술되는 시스템들이 충분히 커지면, 양자법칙들과 고전법칙들은 일치해야 한다. 하지만 시스템들이 정확히 얼마만큼 커지면 그래야 할까? 대답은, 관련 방정식들에서 플랑크상수 h가 무시할 수 있을 정도로 작아지면 그래야 한다는 것이다(예컨대 우주 로켓 발사에 관한 방정식들에는 h가 등장하지 않는다. 왜냐하면 로켓 엔진, 연료, 우주인 등의 모든 요소들이 거시적이기 때문이다). 원자 규모의 대상은 질량이 이를테면 10^{-27}킬로그램인 반면, 보일락 말락 한 먼지의 질량은 10^{-7}킬로그램 정도이다. 먼지의 질량은 정말 미미하지만 원자의 질량보다는 무려 100,000,000,000,000,000,000(간단히, 10^{20})배 크다. 그러므로 먼지는 확실히 고전적인 세계에 속한다. 먼지는 거시 대상이며 먼지의 물리적 행동은 플랑크상수의 영향을 받지 않는다. 고전법칙보다 더 근본적인 양자법칙은 당연히 원자 규모의 현상들을 설명하지만, 더 크고 집단적이고 거시적인 현상에 양자법칙을 적용하면, 세세한 양자효과들은 제거되고 뉴턴의 법칙들과 맥스웰의 방정식들을 적용할 때와 같은 결과가 나온다. (여기 말고 다른 대목에서도 강조될) '대응'이라는 표현의 핵심 의미는, 대상들이 점점 더 커지면, 완전히 새롭고 야릇하고 낯선 양자 개념들이 거시 세계의 고전적 개념들에 직접 '대응해야' 한다는 것이다.

보어의 대응원리를 지침으로 삼은 하이젠베르크는 익숙하고 평범한 고전적 양인 위치, 속도, 가속도 등을 도입하여 전자를 기술했다. 목표는 어떤 식으로든 전자를 뉴턴적인 세계에 대응시키는 것이었다. 그러나 그는 양자 영역과 고전 영역을 조화시키려면 새롭고 이상한 '대수학'을 물리학에 도입해야 한다는 것을 발견했다.

학교에서 누구나 배우듯이, 두 수의 곱셈에서 예컨대 a에 b를 곱한 결과와 b에 a를 곱한 결과는 같다. 즉, $a \times b = b \times a$이다. 이를테면 $3 \times 4 = 4 \times 3 = 12$이다. 이 과정을 **곱셈의 교환법칙**이라고 한다. 그러나 이미 당시에 수학자들의 정신과 문헌에는 교환법칙이 성립하지 않는(비가환적인) 수 시스템들이 존재했다. 그 시스템들에서 $a \times b$와 $b \times a$는 달랐다. 조금만 생각해 보면 자연에도 이런 비가환성이 존재함을 알 수 있다(책을 연달아 두 번 회전시킬 때, 회전들의 순서는 비가환적이다).[12]

하이젠베르크는 당대의 순수 수학에 조예가 깊지 않았지만, 수학을 더 잘 아는 동료들은 하이젠베르크의 이상한 대수학이 복소수 행렬을 다루는 잘 알려진 대수학, 즉 '행렬대수학'임을 금세 알아챘다. 60년 전에 개발된 행렬대수학은 수들의 배열(행렬)을 서로 곱하고 더하는 절차를 알려 주는 특이한 체계였다. 하이젠베르크는 행렬대수학에 기초하여 새로운 이론을 구성했다. 그 행렬역학은 양자물리학이 무엇인지에 대한 최초의 구체적 제안이었다. 하이젠베르크는 자신의 이론을 가지고 원자 상태들의 에너지, 그리고 전자가 한 상태에서 다른 상태로 건너뛸 때 원자가 방출하는 빛의 에너지를 계산하여 그럴 듯한 실수 값들을 얻었다.

뿐만 아니라 새로운 행렬역학을 수소 원자(양성자 하나와 그 주위에서 '궤도운동'을 하는 전자 하나)와 기타 단순한 원자적 시스템들에 적용하니 멋진 결과가 나왔다. 계산으로 얻은 해들은 실험 결과들과 일치했다. 그러나 그때 행렬역학의 야릇한 공식들에서 또 하나의 근본적인 통찰이 튀어나왔다.

불확정성원리의 시초

위치 x와 운동량 p가 **비가환적**이라는 말의 요지는 입자의 위치(이를테면 x좌표)와 운동량(운동량의 x방향 성분)을 **둘 다 정확하게 측정할 수는 없다**는 것이다. 다시 말해 당신이 위치를 정확하게 측정하면, 당신은 운동량을 알 수 없게 교란하기 마련이고, 그 역도 마찬가지이다. 이것은 측정 장치나 측정하는 사람의 문제 때문이 아니라 자연의 기본적인 본성이 양자물리학적이기 때문이다.

이 사실을 행렬역학은 다음과 같이 진술했다. 철학자들은 그때 이후 지금까지 이 진술에 분개해 왔다. '입자의 위치 불확정성(Δx(델타 엑스))과 운동량 불확정성(Δp(델타 피))은 부등식 $\Delta x \Delta p \geq \hbar/2$를 만족시키며, 이때 $\hbar = h/2\pi$이다.' 다시 말해, 위치 불확정성에 운동량 불확정성을 곱한 값은 항상 플랑크상수를 4π로 나눈 값보다 크거나 같다. 우리가 측정 과정에서 위치 불확정성 Δx를 최대한 줄이면, 운동량 불확정성 Δp는 무한정 커진다. 또한 그 역도 마찬가지이다. 간단히 말해서, 둘 다 가질 수는 없다. 당신은 위치를 정확하게 측정하고 운동량에 대한 앎을 포기하든지, 아니면 운동량(속도)을 정확히 측정하고 위치에 대한 앎을 포기해야 한다.

이 같은 불확정성원리를 바탕에 깔면, 왜 보어의 원자가 붕괴하지 않는지, 바꿔 말해서 왜 뉴턴 물리학의 예측과 달리 원자가 취할 수 있는 최저 에너지 상태인 바닥상태가 있는지 이해할 길이 열린다. 원자가 붕괴하려면, 전자는 나선을 그리면서 원자핵에 접근해야 하고 따라서 위치가 점점 더 확정되어야 한다. 즉, 전자의 위치 불확정성 Δx가 거의 0이 되어야 한다. 그러나 하이젠베르크의 불확정성원리에 따라서, 위치 불확정성이 0에 가까워지면, 운동량 불확정성 Δp는 무한정 커져야 하고, 더불어 전자의 에너지도 무한정 커져야 할 텐데, 이것은 불가능하다.[13] 그러므로 전자의 위치가 '어느 정도' 확정되고(Δx가 0이 아니고) 운동량 불확정성 Δp를 감안할 때 에너지가 가능한 최저가 되는 균형 상태가 존재한다.

우리가 슈뢰딩거의 뒤를 따라 한 걸음 더 나아가면, 불확정성원리의 물리적 기원을 더 쉽게 이해할 수 있다. 불확정성원리는 통신 기술자들이 잘 아는 평범하고 비양자적인 파동의 속성에서 기원한다. 위의 모든 내용은 양자물리학에서 우리가 다루는 것이 모종의 파동이라는 사실을 귀띔해 준다. 처음에는 '하이젠베르크의 행렬역학'이 원자의 세계를 이해하는 유일한 길인 것처럼 보였다. 그러나 1926년, 모든 물리학자들이 행렬을 다루는 기술을 연마할 때, 다행스럽게도 더 직관적인 또 하나의 해법이 등장했다.

역사를 통틀어 가장 사랑스러운 방정식

우리는 1장에서 에르빈 슈뢰딩거와 그의 유명한 휴가를 언급했다. 그 휴가 중에 슈뢰딩거가 한 여러 일 가운데 가장 중요한 것은 양자이론이 무엇인지를 명확히 하는 데 중요하게 기여한 방정식(슈뢰딩거 방정식)을 개발한 것이다.

방정식이라는 것이 대체 무엇이기에 이리 주목을 받는 것일까? 먼저 뉴턴의 '운동방정식' $F=ma$를 생각해 보자. 이 방정식은 힘의 영향 하에서 움직이는 야구공과 기타 모든 거시적 물체들의 운동을 지배한다. 이 방정식의 의미는, 힘 F가 가해지면, 질량이 m인 물체는 $F=ma$를 만족시키는 가속도 a로 가속한다(속도 변화를 겪는다)는 것이다. 이 방정식을 풀면 임의의 시점에 야구공의 위치와 속도를 알아낼 수 있다. 자세히 말하자면, 우선 F를 알아내기 위해 많은 작업을 해야 하고, 그 다음에 가속도 a를 계산해서 특정 시점 t에 야구공의 위치 x와 속도 v를 계산해야 한다. 위치와 속도와 가속도 사이의 관계는 뉴턴의 미분학에 의해 정의되는데 경우에 따라 계산하기 어려울 수 있다(예컨대 아주 많은 입자들 각각의 위치를 한꺼번에 계산하기는 어렵다). 뉴턴의 운동방정식은 겉보기에 간단하지만 실제로 적용하기는 그리 간단하지 않으며 항상 간단한 해를 갖는 것도 아니다.

뉴턴은 (자신의 보편중력법칙에 의해 정의되는) 중력과 자신의 운동방정식으로부터 케플러가 발견한 타원 궤도와 행성 운동 법칙들을 도출할 수 있음을 보여 주어 세상을 놀라게 했다. 동일한 방정식이 달과 떨어지는 사과와 태양계 바깥으로 나아가는 우주선의 운동을 모두 기술한다. 그러나 중력을 주고받으면서 운동하는 입자가 4개 이상 있는 경우에는, 컴퓨터를 사용하고(사용하거나) 근사계산을 하지 않는 한, 이 방정식을 풀 수 없다. 요컨대 뉴턴의 운동방정식은 자연의 중심에 있으며, 간단하지만 우리가 사는 세계의 믿기 어려운 복잡성을 반영한다. 슈뢰딩거 방정식은 이를테면 $F=ma$의 양자 버전이다. 하지만 슈뢰딩거 방정식을 풀어서 얻을 수 있는 것은 입자의 위치와 속도가 아니다.

슈뢰딩거는 1925년 12월에 고분고분한 애인과 함께 입자와 파동에 관한 드브로이의 박사 논문을 지참하고 휴가를 떠났다. 드브로이의 생각을 주목한 사람은 그때까지 거의 없었지만, 슈뢰딩거로 인해 상황은 달라진다. 나이가 마흔 안팎으로 당대의 기준에서 이론물리학자로서는 늙은 편이고 무명인 취리히 대학 물리학교수 슈뢰딩거는 1926년 3월경에 전자의 행동을 드브로이의 파동을 통해(따라서 추상적인 행렬역학보다 훨씬 더 상상하기 좋게) 설명하는 방정식 하나를 발표했다. 슈뢰딩거 방정식의 주인공은 그리스어 철자 Ψ('프사이')로 표기되는 이른바 '파동함수'이다. 다시 말해 슈뢰딩거 방정식이 내놓는 해가 바로 파동함수이다.[14]

연속적인 매질 안에서 일어나는 (고전적인) 파동, 예컨대 (수많은 입자들을 아우른) 공기 중의 소리를 기술하는 방법은 양자이론이 등장하기 오래 전에도 잘 알려져 있었다. 소리파동의 경우를 살펴보자. 우리는 공기의 압력을 나타내는 수학적 양 Ψ를 가지고 소리파동을 기술할 수 있다. 수학적으로, $\Psi(x, t)$는 '함수'이다. 즉, 임의의 장소 x와 시간 t에서 공기의 압력을 정상적이고 일정한 실내 압력을 기준으로 할 때의 상대적 변이로 명시한다. '진행파'는 자연적으로 발생한다. 실제로 진행파는 교란된 공기(또는 물, 전자기장 등)의 운동을 기술하는 방정식의 해이다. 쇄파, 쓰나미, 기타 다양한 형태의 물결파도 마찬가지이다. 이 모든 파동들은 '미분방정식'에 의해 기술된다. 미분방정식이란 미적분학과 관련된 방정식이며 대개는 다양한 대상들이 시간과 공간 안에서 어떻게 진화하는지를 통일된 방식으로 결정한다. 이른바 '파동방정식'은 미분방정식의 한 유형인데, 이 방정식은 교란의 '파동 함수' $\Psi(x, t)$를 기술한다. 예컨대 임의의 장소 x와 시간 t에서 공기의 압력을 명시함으로써 소리파동을 기술한다.

슈뢰딩거는 하이젠베르크의 위압적인 수식들을 파동을 기술하는 익숙한 물리학 방정식들과 아주 유사한 형태로 바꿔 쓸 수 있음을 드브로이의 논문을 읽으면서 매우 신속하게 깨달았다. 그러므로 양자적인 입자를 올바로 기술하려면 새로운 수학적 함수 $\Psi(x, t)$를 동원해야 한다는 말을 적어도 형식적으로 할 수 있었다. 슈뢰딩거는 그 새로운 함수 $\Psi(x, t)$를 '파동함수'라고 불렀다. 슈뢰딩거가 해석한 양자이론을 이용하면, 다시 말해 슈뢰딩거 방정식을 이용하면, 입자에 대응하는 파동함수를 원리적으로 입자가 처한 조건에 거의 구애됨 없이 계산할 수 있다. 그러나 당시에는 양자이론에 등장하는 파동함수가 무엇을 나타내는지 아무도 몰랐다.

그러므로 양자역학에서는 '입자가 특정한 시점 t에 장소 x에 있다.'라는 말을 할 수 없다. 대신에 우리는 '입자 운동의 양자 상태가 파동함수 $\Psi(x, t)$이다.'라고 말한다. 입자의 정확한 위치는 알 수 없다. 오로지 우리가 파동의 진폭을 알고, 그 진폭이 특정 위치 x에서 크고 다른 모든 곳에서 거의 0일 때만, 우리는 입자가 '그 위치 근처에 있다.'라고 말할 수 있다. 일반적으로 파동함수는 진행파처럼 넓은 공간에 퍼질 수도 있는데, 이 경우에 우리는 입자의 정확한 위치를 원리적으로도 전혀 알 수 없다. 명심해야 할 것은 이 시절에 양자이론의 수준이다. 당시에 슈뢰딩거를 비롯한 물리학자들은 파동함수가 무엇인지에 대해서 입장이 매우 불명확했다.

이 대목에서 양자역학의 수학이 지닌 놀라운 면모를 주목해야 한다. 슈뢰딩거는 주어진 입자를 기술하는 파동함수가, 무릇 파동을 기술하는 함수와 마찬가지로 공간과 시간의 연속함수이지만, **평범한 실수가 아닌** 함숫값들을 가져야 함을 발견했다. 이런 점에서 양자역학의 파동함수는 물결파나 전자기파를 기술하는 함수와 사뭇 다르다. 후자는 공간과 시간상의 각 점에서 항상 **실수**를 값으로 갖는다. 예컨대 물결파의 경우, 우리는 '파동의 골에서 마루까지 높이가 3미터, 따라서 파동의 진폭은 1.5미터입니다. 소형 선박들은 주의하십시오.'라고 말할 수 있다. 또는 '해안으로 접근하는 쓰나미의 진폭이 15미터에 달합니다. 거대한 파도입니다. 대피하십시오!'라고 말할 수 있다. 이때 등장하는 수들은 다양한 도구로 측정할 수 있는 실수이며, 우리는 누구나 그 수들의 의미를 안다.

반면에 양자 파동함수는 이른바 **복소수**를 값으로 갖는다.[15] 그러므로 양자 파동에 대해서 말할 때 우리는 이를테면 '이 위치에서 양자 파동의 진폭은 $0.3+0.5i$이다.'라고 말한다. 이때 $i=\sqrt{-1}$이다. 다시 말해 i는 제곱하면 -1이 되는 수이다. 복소수란 '실수 더하기 실수 곱하기 i' 형태로 된 수를 말한다. 실제로 슈뢰딩거의 파동방정식은 항상 근본적인 방식으로 $i=\sqrt{-1}$을 포함한다. 그래서 파동함수는 복소수를 값으로 가질 수밖에 없다.[16]

양자역학의 수학이 복소수를 요구하는 것은 불가피하다. 이 요구는 **우리가 양자역학적 입자의 파동함수를 직접 측정하는 것은 절대로 불가능함**을 강하게 시사한다. 왜냐하면 우리는 실험에서 항상 실수만 측정할 수 있으니까 말이다. 슈뢰딩거가 보기에 전자는 정말로 음파나 물결파와 다를 바 없는 파동(물질파)이었다. 하지만 어떻게 그럴 수 있을까? 입자(예컨대 전자)는 잘 정의된 위치에 있다. 입자는 공간 전체에 퍼져 있지 않다. 그러나 수많은 파동들을 포갠 결과는 공간상의 한 위치에만 확실하게 있고 나머지 모든 위치에는 사실상 없는 파동일 수 있다. 이처럼 교묘하게 포개진 파동들은 공간상에서 아주 잘 국소화된 어떤 것을 나타낼 수 있고, 우리는 그것을 입자라고 부르고 싶을 만하다. 이런 식이라면, 수많은 파동들을 포갠 결과로 커다란 덩어리가 나올 때마다 입자가 발생한다고 말할 수 있을 것이다. 이런 의미의 입자는 큰 바다의 '이상파랑'과 유사하다. 이상파랑이란 수많은 작은 파도들이 한 자리에 포개져서 만들어지는 거대한 파도이며 배를 전복시킬 수도 있다.

푸리에 수프('우리가 다시 캔자스에 온 것 같아')

해로 파동을 산출하는 슈뢰딩거 방정식이 국소화된 입자를 흉내 낼 수 있다는 생각을 좀 더 검토할 필요가 있다. 파동은 위아래로 흔들리는 교란이다. 파동성 교란은 일반적으로 넓은 공간에 펼쳐진다. 반면에 입자는 정의상 어딘가에 국소화된 존재이다. 어떻게 펼쳐진 파동이 국소화된 입자와 같을 수 있을까?

18세기 말에서 19세기 초에 활동한 프랑스 수학자 장 바티스트 조제프 푸리에는 아주 많은 파동들을 교묘하게 합해서(포개서) (입자와 매우 유사하게) 작은 공간 구역에 국소화된 결과를 얻는 수학적 방법을 개발했다.

예컨대 파장이 제각각인 조화 소리파동 수천 개가 있다고 해 보자. 그 많은 파동들 각각은 파동방정식의 해이다. 파장이 제각각인 그 수많은 파동들을 합한 결과도 파동방정식의 해이다. 이제 파장이 다양한 여러 소리파동들을 포개는 과정을 자세히 생각해 보자. 소리파동 각각은 로스앤젤레스 서쪽 어딘가에서 시작해서 캔자스시티를 지나 뉴저지 주 호보켄 동쪽 어딘가로 진행하면서 제 파장에 맞게 앞뒤로 진동한다. 그런데 공교롭게도 이런 상황이 발생한다고 해 보자. 즉, 모든 파동 각각의 마루가 캔자스시티 중심에 위치한 어느 식당 안의 동일 지점에 위치한다고 말이다. 그 파동들은 모두 작은 소리이지만 바로 그 지점에서 우연히 합해져 서로를 보강한다. 이럴 경우, 그 지점에서 어마어마한 '폭음'이 발생하여 식당의 지붕이 날아가 버릴 것이다.

푸리에 해석이란 이런 식으로 아주 많은 파동들이 포개져서 새로운 파동을 형성하는 과정을 다루는 수학 기법이다. 이 기법이 알려 주듯이, 만일 우리가 충분히 많은 파동들을 적당하게 조합하면, 그 총합은 캔자스시티 중심과 같은 특정 장소에 국소화된 거대한 덩어리일 수 있다. 이 경우에 그 장소 이외의 다른 곳들에서는 파동들의 마루와 골이 포개져서 서로를 완전히

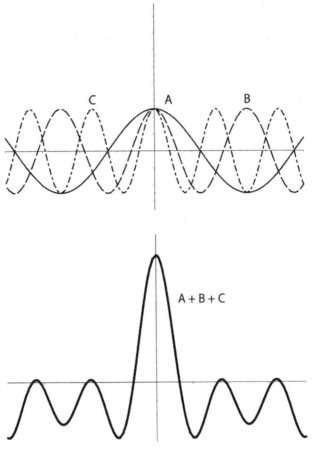

그림 22 평범한 진행파들, 예컨대 (A=cos(x)), (B=cos($2x$)), (C=cos($3x$))를 합해서 국소화된 봉우리를 지닌 파동 (A+B+C)를 만들 수 있다. 봉우리는 성분 파동 3개의 위상이 정확히 맞는 곳에서 발생하는데, 이 경우에는 그곳이 원점이다. 성분 파동들의 위상이 어긋나는 곳에서는 최종 파동의 진폭이 작다. 슈뢰딩거는 국소화된 '입자'를 이런 식으로 설명하려 했지만, 실제로 입자는 곳에 따라 다른 확률로 어디에나 있다. 그 확률은 파동(의 제곱)이 가장 큰 곳에서 가장 높다.

없앤다. 요컨대 파동들 각각은 계속 진행하지만, 그것들을 모두 합한 결과
는 공간상의 좁은 구역인 캔자스시티 중심의 식당에서만 의미 있는 값을 갖
고 나머지 모든 곳에서 0이다(캔자스시티 중심에 거대한 '이상파랑'이 발생

한 것과 같은 상황이다). 또한 우리가 합한 파동들 모두가 물결파처럼 예컨 대 서쪽에서 동쪽으로 진행한다면, 그것들이 합해져 덩어리가 생기는 지점 도 서쪽에서 동쪽으로 진행한다. 그런데 진행파들을 모두 합하는 것과 관련 한 수학을 좀 더 자세히 검토하면 파동이 제각각인 성분 파동들이 기이하게 도 저마다 약간씩 다른 속도로 진행한다는 결론이 나온다. 그러므로 파동들 을 합한 결과로 한 장소에 잘 국소화된 덩어리가 산출되는 것은 파동들이 절 묘한 배열을 이룬 덕분인데, 성분 파동들의 속도 차이 때문에 그 배열이 금 세 망가진다. 결과적으로, 잘 국소화된 입자를 기술하는 좁은 펄스는 시간이 흐름에 따라 펑퍼짐하게 퍼지고, 입자의 국소화된 위치에 대한 우리의 앎은 차츰 질이 떨어진다. 입자 덩어리가 사라져 가는 것이다.

이 모든 문제가 슈뢰딩거의 파동함수에서도 발생한다. 우리가 입자를 시 간과 공간상의 한 점, 예컨대 $x=0$, $t=0$에 국소화한다면, 이것은 연못에 돌 을 던지는 것과 마찬가지이다. 그 시간과 공간상의 점에서는 돌이 물을 교란 하여 큰 물결이 일어난다. 우리는 그 특별한 점($x=0$, $t=0$)에서 커다란 덩어 리를 이루는 $\Psi(x, t)$를 수많은 파동들의 푸리에 합으로 얻을 수 있다. 그러 나 시간이 흐르면 그 덩어리가 흩어지기 시작한다. 이를테면 덩어리가 수많 은 파동들로 분산되어 공간 속으로 퍼져 나가는 것처럼 보인다. '입자'는 어 디로 간 것일까?

슈뢰딩거 방정식은 등장하자마자 거의 즉시 원자의 에너지 준위에 대해 서 보어와 하이젠베르크의 연구와 일치하는 결과들을 산출하는 성과를 거 뒀다. 뿐만 아니라 슈뢰딩거 방정식은 원자의 에너지 상태들이 실제로 어 떤 모습인지 가시화할 수 있게 해 준다는 또 다른 장점을 가지고 있었다. 보어가 생각했던 원형 궤도들은 이제 흐릿하게 번진 '궤도함수(궤도상태)', Ψ $(x,\ t)$가 되었다. 전자는 궤도함수 안에 속박되고, 궤도함수는 공간 속으로 흩어지지 않는다. 속박된 전자의 파동함수는 현의 진동 모드들과 유사하다. 한 가지 알아 두어야 할 것은, 국소화된, 즉 결합력에 의해 속박된 **임의의 입자**의 운동은 현악기에서 일어나는 파동과 유사하며, **양자화된** 에너지 준위들을 가진다는 점이다. 이때 그 에너지 준위들은 이산적인 특정 값들만 취한다.[17] 원자 내부에 속박된 전자뿐 아니라 원자핵 내부에 속박된 양성자와 중성자, 양성자와 중성자 내부에 속박된 쿼크도 그렇게 결합력에 의해 속박된 입자이다. 핵입자 내부에 속박된 쿼크들의 경우, 쿼크들의 들뜬 운동 상태를 나타내는 에너지준위들은 우리에게 새로운 무거운 입자들로 나타난다. 마지막으로 **끈이론**은 상대성이론으로 치장한 기타 현이라고 할 수 있다. 끈이론의 목표는 쿼크들(또한 참으로 근본적인 다른 모든 입자들) 자체를 현의 양자적 진동으로 설명하는 것이다. 연습만 열심히 하면, 낡은 기타로도 아주 멋진 음악을 연주할 수 있다.

슈뢰딩거의 이론은 '파동역학'으로 명명되었다. 맨해튼 프로젝트를 지휘한 로버트 오펜하이머는 파동역학을 "인간이 발견한 가장 완벽하고 정확하고 사랑스러운 이론들 중 하나"라고 칭했다.[18] 하이젠베르크의 행렬역학과 달리 파동역학은 더 친숙한(당대의 물리학자 대부분에게 미분방정식만큼 친숙한) 수학을 취급했다. 슈뢰딩거는 자신이 원자에 대한 이해와 신생 양자이론을 건전하게 만들었다고 생각했다. 이제 양자이론은 고전물리학을 닮게 되었다. 입자는 없어지고 파동만 남았으며, 파동들이 포개지면 국소화된 입자처럼 보일 수 있었다.

그러나 안타깝게도 이것은 양자 세계를 생각하는 올바른 방식이 아니었다. 슈뢰딩거와 하이젠베르크는 양자역학이라는 코끼리를 더듬는 장님과 같았다. 하이젠베르크는 상아를 기술한 반면, 슈뢰딩거는 코를 기술한 셈이었다. 알다시피 온전한 코끼리는 코끼리의 부분들보다 훨씬 더 크다.

확률파동

이제 파동역학의 문제점을 살펴보자. 파동함수 $\Psi(x, t)$가 파동들의 집합을 나타내고, 그 파동들을 전부 합한 결과는 덩어리, 정확히 말해서 작은 공간 안에 국소화되어 특정 속도로 운동하는 전자라고 해 보자. 이 파동함수(파동들의 푸리에 합)가 장벽에 부딪히면, 일부는 반사되고 일부는 통과할 것이다. 이와 관련한 수학은 명확하다. 원래 단일한 덩어리였던 파동함수가 두 덩어리로 나뉘어 한 덩어리는 장벽에서 반사되고 나머지 한 덩어리는 장벽을 통과한다. 그러나 전자는 두 부분으로 쪼개지지 않는다!

전자는 온전히 반사되거나 아니면 온전히 통과한다. 이것은 엄연한 사실이며 실험을 통해 검증할 수 있다. 전자 하나의 10퍼센트가 통과하고 90퍼센트가 반사되는 경우는 결코 없다.

슈뢰딩거와 같은 시대에 활동한 물리학자 막스 보른은 1920년대에 볼프강 파울리, 베르너 하이젠베르크와 함께 괴팅겐 대학에서 연구했다. 그는 '물질파'가 입자의 모양을 흉내 낼 수 있다는 어설픈 생각은 슈뢰딩거의 파동함수에 대한 해석으로 부적합함을 깨달았다.[19] 입자는 '디지털'이다. 즉, 온전한 입자가 탐지되든지, 아니면 입자가 전혀 탐지되지 않든지, 둘 중 하나이다. 반면에 파동은 윤곽이 불분명하다. 그래서 일부 물리학자들은 파동처럼 공간 속에 퍼져 있는 입자의 부분들을 측정하려는 어수룩한 생각을 품었지만, 그것은 실제와 동떨어진 생각이었다. 보른은 파동함수에 물리적 해석을 부여했다. 그때 이래로 그 해석은 양자역학에 힘을 불어넣음과 동시에 괴로움을 안겨 준다. 하이젠베르크의 불확정성원리의 영향을 강하게 받은 보른은, 파동함수의 제곱(항상 양의 실수이다)은 시간, 공간상의 임의의 점에서 **입자를 발견할 확률**이라고 주장했다.[20]

$$\Psi(x, t)^2 = 시간 \ t에 \ 위치 \ x에서 \ 입자를 \ 발견할 \ 확률$$

이처럼 슈뢰딩거의 파동함수에 대한 보른의 해석은 입자 개념과 파동 개념을 떼려야 뗄 수 없게 연결한다. 또한 그 해석은 관점에 따라 끔찍하거나 굴욕적이다. 이제 물리학은 **확률을 물리이론의 근본 요소로 취급**해야 하니까 말이다. 이제 우리는 물체의 위치와 운동에 대해서 정확한 진술을 할 수 없다. 다름 아니라 물리학의 법칙들에 따르면, 우리는 물리학 실험의 결과에 관한 정보, 더 제한적인 그 정보를 얻고 진술하는 것으로 만족해야 한다.

뉴턴이나 아인슈타인의 언어에서와 다르게, 우리는 시간 t에서 입자의 정확한 위치 $x(t)$를 거론할 수 없다. 대신에 우리에게 가용한 모든 정보는 이제 $\Psi(x, t)$(위치 x와 시간 t에서 양자 파동함수의 값)에 들어 있고, 측정 가능한 것은 오로지 $\Psi(x, t)$의 절댓값의 제곱뿐이다.

'양자역학'이라는 단어를 만든 장본인이기도 한[21] 막스 보른은 슈뢰딩거 방정식과 $\Psi(x, t)$가 무엇을 기술하느냐는 질문에 명확한 대답을 내놓았다. 입자들이 파동처럼 행동한다는 것은 의심의 여지가 없는 사실이었다. 벨 연구소의 과학자들은 전자를 대상으로 한 실험에서 그런 행동을 관찰했다. 보른이 보기에 파동함수 $\Psi(x,\ t)$는 확률파동(의 제곱근)을 나타냈다. $\Psi(x,\ t)^2$이 큰 곳은 전자를 발견할 확률이 높은 곳이고, $\Psi(x,\ t)^2 = 0$인 곳에서는 전자가 절대로 나타나지 않는다. 파동함수 $\Psi(x,\ t)$는 시간, 공간상의 어느 점에서나 임의의 (복소수)[22] 값을 가질 수 있지만, '확률'은 0과 1 사이의 실수 값만 가질 수 있다. 따라서 보른은 $\Psi(x,\ t)^2$이 확률이라고 해석했고, 임의의 시점에 공간상의 어딘가에서 전자를 발견할 확률들의 총합은 항상 1이 되어야 한다는 조건을 슈뢰딩거 방정식에 부가했다.[23] 확률분포 $\Psi(x,\ t)^2$은 파동성을 띨 수 있지만, 전자 자체는 명실상부한 입자이다. 이렇게 해석하면, 장벽 문제(유리에 비친 내 모습에 관한 문제)는 통계의 문제가 된다. 만일 슈뢰딩거 방정식이 파동의 90퍼센트가 반사되고 10퍼센트가 통과한다고 예측한다면, 이 예측의 의미는 전자 1,000개 가운데 900개는 반사되고 100개는 통과한다는 것이다. 그러나 전자가 달랑 하나만 있는 경우에 이 예측은 무슨 의미일까? 우리가 단 하나뿐인 전자의 운명을 알아내려면 주사위(면이 총 10개 있는데 아홉 면에는 '반사'를 뜻하는 R이 적혀 있고 한 면에는 '통과'를 뜻하는 T가 적혀 있는 주사위)를 던져야 한다. 적어도 자연은 그렇게 하는 것으로 보인다. **자연은 주사위를 던지고**, 양자 수준의 실험 결과에 대해서는 인간에게 확률 예측만 허용한다.

슈뢰딩거의 파동함수에 대한 보른의 해석은 사실 아인슈타인이 1911년에 발표한 논문에서 얻은 영감의 산물이었다. 그러나 1926년에 그 해석은 지적인 아마겟돈이라 할 만한 과학적이고 철학적 격변을 대표했다. 절대적 확실성이 지배하는 오래된 뉴턴적 세계관을 버리고 우리가 측정하거나 예측하고자 하는 모든 것(입자의 위치, 속도, 에너지 등)에 대해서 단지 확률만을 제공하는 어머니 자연을 받아들이는 것은 쉬운 일이 아니었다. 슈뢰딩거는 보른의 해석에 격렬하게 반발하면서 그 해석을 초래한 방정식을 자신이 고안한 것을 후회했다.

안타까운 일이다. 아무튼 지금은 모든 논란이 확실히 정리되었을 법한데, 정말 그럴까? 당신도 짐작하겠지만, 양자물리학과 관련해서는 확실성에 도달하기가 쉽지 않다. 잇따른 관찰들이 우리를 터무니없는 모순에 직면하게 했음을 상기하라. 실제로 1925년에서 1927년 사이에 대담한 양자 탐험가들의 집단이 이룬 놀라운 지적 혁신들 덕분에 중요한 결정이 내려졌다. 그 집단에는 앞서 언급한 에르빈 슈뢰딩거, 베르너 하이젠베르크, 막스 보른, 그리고 생각이 깊은 덴마크인 닐스 보어가 속해 있었을 뿐 아니라, 지독하게 수줍음 많은 폴 디랙, 성미 급한 비판자 볼프강 파울리, 박식한 수학자 파스쿠알 요르단도 속해 있었다. 또 아인슈타인, 플랑크, 드브로이의 기여도 잊지 말아야 한다. 과학사에 별들의 집단이 있었다면, 그것은 바로 이 집단이었다.

불확정성의 승리

일반인들이 하이젠베르크라는 이름을 아는 것은 아래와 같은 '불확정성 관계' 때문이다.

$$\Delta x \, \Delta p > \hbar/2$$

이 부등식은 우리가 점 A에서 점 B까지 이동하는 전자의 정확한 경로를 영원히 알 수 없는 이유를 알려 준다. Δx는 우리가 전자의 x좌표를 측정할 때 발생하는 오차의 최솟값을 나타낸다.[24] 마찬가지로 Δp는 입자의 x방향 운동량이 얼마나 불확정적인지를 나타낸다.

하이젠베르크는, 작은 Δx를 산출하는(입자의 위치를 상당히 정확하게 알아내는) 측정 행위는 안타깝게도 큰 Δp(운동량 불확정성)를 산출한다는 것을 발견했다. 만일 우리가 Δx를 0으로 줄이는(위치 불확정성을 없애는) 데 성공한다면, Δp는 (따라서 속도 불확정성도) 무한대가 될 것이다. 왜냐하면 Δx와 Δp의 곱이 '플랑크상수 나누기 4π'보다 커야하니까 말이다. 요컨대 이 두 양 — 특정 방향의 위치 불확정성과 그 방향의 운동량 불확정성 — 은 영원히 반비례 관계로 맞물려 있다.

하이젠베르크의 발견을 '불가지성 관계'라고 부르는 편이 더 나을 수도 있다. 왜냐하면 그 발견은 원리적으로 알 수 없는 것들이 있음을 일깨워 주기 때문이다. 위 부등식이 말하는 바는, 위치에 대한 앎의 최소 오차에 운동량에 대한 앎의 최소 오차를 곱한 값이 플랑크상수 나누기 4π보다 크거나 같아야 한다는 것이다(양자 세계의 상징이며 우리가 유명한 플랑크의 공식 $E=hf$에서 처음 만난 'h'가 또 등장한 것을 눈여겨 보라. 한 마디 보태자면, $\hbar$는 $h/2\pi$를 나타내며 '에이치 바'라고 읽는다. 양자역학에서 $h/2\pi$가 워낙 자주 등장하기 때문에 그 양을 나타내는 고유한 기호까지 만들어진 것이다. 물리학자들은 종종 $\hbar$를 '플랑크상수'라고 부르기도 한다). 거듭되는 설명이지만, 이 말의 요지는 우리가 입자의 위치를 더 정확하게 알수록, 우리는 입자의 운동량을 더 부정확하게 알고, 그 역도 마찬가지라는 것이다. 우리의 측정 장치가 얼마나 좋은지와 상관없이, 어머니 자연이 빚어 놓은 미시 세계에서 위치 불확정성과 운동량 불확정성의 곱이 플랑크상수 나누기 4π보다 크기 마련이라고 하이젠베르크는 말한다(고전적인 세계의 물체들은 h보다 수십억 배 크므로, 고전적인 세계에서는 성가신 h를 무시할 수 있다. 요컨대 우리는 야구공, 행성, 포르쉐 자동차의 궤적을 정확하게 측정할 수 있다).

1905년에 아인슈타인이 보여 주었듯이, 시간은 공간좌표 x, y, z와 함께 4차원 '시공'을 이룬다. 하이젠베르크는 자연의 또 다른 불확정성 관계를 부등식 $\Delta E \Delta t > h/2$로 표현할 수 있음을 발견했다. 이 부등식의 의미는, 양자 세계에서는 에너지와 시간도 동시에 확정되기를 거부한다는 것이다. 예컨대 입자가 언제 슬릿을 통과하는지를 정확하게 알수록, 입자의 에너지에 대한 앎은 더 부정확해지고, 그 역도 마찬가지이다.

보른, 푸리에, 슈뢰딩거

$\Psi(x, t)$에 대한 막스 보른의 확률적 해석은 하이젠베르크의 불확정성 관계와 파동함수를 본질적으로 연결했다. 가장 간단한 형태의 슈뢰딩거 방정식, 즉 일정한 속도로 운동하는 단일 입자(예컨대 전자)를 기술하는 슈뢰딩거 방정식을 생각해 보자. 이 방정식의 해는 공간 전체에 펼쳐져 있고 파장이 일정한(루이 드브로이에 의해 운동량 나누기 플랑크상수로 정해진) 단일 파동이다. 요컨대 우리는 이 전자의 파장(또는 운동량)에 대해서는 모든 것을 알지만 위치에 대해서는 아무것도 모른다. 이 전자가 x축 방향으로 이동 중이라면, 전자의 위치는 음의 무한대부터 양의 무한대까지 x축 상의 어떤 점이라도 될 수 있다. 이것이 양자 과학이다. 우리가 운동(량)을 정확하게 알면 위치는 전혀 모른다.

그럼 위치가 더 정확하게 알려진 전자에 대해서는 슈뢰딩거 방정식이 무엇을 알려 줄까? 이 대목에서 수학자 푸리에의 발상에 담긴 아름다움이 드러난다. 앞에서 언급했던 캔자스시티의 입자를 기억하는가? 국소화된 교란을 무한정 펼쳐진 (파장은 제각각 다른) 파동들의 합으로 표현할 수 있고, 이 표현 방법을 일컬어 푸리에 해석이라고 한다. 이것은 순수한 수학적 사실이므로 어떤 유형의 교란에 대해서도 타당하다. 예컨대 소리 펄스(음파), 긴 밧줄에 생긴 혹 모양의 진행파, 긴 전선에 걸린 전압 펄스, 이상파랑 등에 푸리에 해석을 적용할 수 있다. 각각의 경우에 합해야 할 파동들의 개수와 파장은 우리가 기술하고자 하는 국소화된 교란의 세부 모양에 의해 결정된다.

푸리에는 펄스가 더 국소적일수록 필요한 파장들의 범위가 더 넓어진다는 것을 증명했다. 현대적인 예로 고충실도(하이파이) 음향시스템을 들 수 있다. 이 시스템은 아주 짧은 소리 펄스를 충실하게 전달하기 위해 넓은 범위의 주파수들을 수용한다. 짧은 소리 펄스를 기술하려면 넓은 범위의 파장들이 필요하기 때문이다. 이런 이야기가 슈뢰딩거 방정식과 무슨 상관일까? 슈뢰딩거의 파동함수가 막스 보른에 의해 확률파동으로 해석됐다는 것을 상기하라. 우리가 전자의 위치를 안다면, 우리는 푸리에 해석을 통해 그 전자를 '확률 펄스'로 간주할 수 있다.

이제 핵심적인 대목이다. 전자의 위치가 알려졌다는 것은 위치 불확정성이 작다는 뜻이다. 그런데 그 전자, 즉 좁은 확률 펄스를 푸리에 해석을 통해 파동들의 합으로 기술하려면, 파장의 범위가 넓은 파동들이 필요하다. 요컨대 200년 전에 나온 푸리에의 방정식들은 하이젠베르크의 불확정성 관계를 뒷받침한다. 우리가 전자의 위치를 '꽤 정확하게' 알면 운동량에 대해서는 거의 아무것도 모른다고 하이젠베르크는 말한다. 다른 한편, 우리는 위치가 꽤 정확하게 확정된 전자를 좁은 '확률 펄스'로 기술할 수 있는데, 그러려면 다양한 파장의 파동들이 필요하다고 푸리에는 말한다. 이 말은 전자의 운동량 불확정성이 커진다는 것을 의미한다. 푸리에는 하이젠베르크보다 한 세기 이상 앞서서 불확정성원리를 뒷받침하는 수학을 제시한 셈이다.

코펜하겐 해석

2000년 초에 브로드웨이에서 「코펜하겐」이라는 연극이 공연되었다. 원작자가 마이클 프레인이고 영국에서 수입된 그 연극에는 닐스 보어, 보어의 부인 마그레테, 베르너 하이젠베르크, 그렇게 단 세 명만 등장한다. 연극은 제2차 세계 대전 중에 독일이 덴마크를 점령했을 때 하이젠베르크가 코펜하겐에 있는 보어의 연구실을 방문했던 일을 소재로 삼는다. 이 방문은 실제로 있었던 역사적 사실이다. 당시에 독일의 선도적인 과학자였던 하이젠베르크는 나치 독일의 전쟁 활동에 가담하고 있었다. 두 사람의 만남에서 무슨 이야기가 오갔는지는 알려져 있지 않지만, 극작가는 정치와 과학이 환상적으로 어우러진 이야기를 펼쳐 놓는다.

하이젠베르크가 원자폭탄 제조 노력과 관련해서 실제로 무슨 역할을 했는지는 불분명하다. 일부 역사가들은 그가 핵폭탄 제조의 성공을 의도적으로 방해했다고 추측하는 반면, 다른 역사가들은 그가 핵폭탄의 기술적 측면들을 이해하는 데 실패했다고 주장한다. 얄궂게도 하이젠베르크의 역할은 하이젠베르크의 불확정성원리처럼 알쏭달쏭하다. 그가 제시한 유명한 불확정성원리 혹은 불확정성 관계는 새로운 양자 과학의 토대가 되었다.

그런데 왜 불확정성 관계는 특정한 두 가지 양 사이에서 성립할까? 왜 우리가 입자의 위치를 더 잘 알수록 입자가 어디로 가는지(입자의 운동량)에 대해서는 더 모르게 되고, 에너지와 시간 사이에서도 마찬가지 관계가 성립할까? 보어는 위치와 운동량, 에너지와 시간처럼 서로 불확실성 관계를 맺은 두 양을, 한 양에 대한 앎이 다른 양에 대한 앎을 제한한다는 의미에서, 상보적인 변수라고 불렀다. 양탄자의 세부적인 짜임새와 전체적인 무늬 사이에서도 비슷한 관계가 성립한다고 할 수 있다. 짜임새를 분석하려면 바투 다가가서 보아야 하는데, 그러면 전체적인 무늬는 보이지 않게 된다. 전체적인 무늬를 보려면 한 걸음 물러나야 하는데, 그러면 짜임새는 보이지 않게 된다.

이미 언급했듯이 하이젠베르크는 보어와 마찬가지로 실험을 통해 검증할 수 없는 진술을 모조리 배척했다. 그러므로 Δx에 대해서 진술할 때 그는 전자의 위치 x를 측정하는 다양한 장치들을 상상했다. 이런 상상을 '사고실험'이라고 하는데, 정확히 말해서 사고실험이란 허구이지만 그럴 듯한 실험을 뜻한다. 예나 지금이나 이론물리학자들은 사고실험을 이용한다. 사고실험을 하느라 손이 더러워지는 경우는 없지만 사고실험의 결과를 이론적으로 계산하느라고 밤을 꼬박 새우는 경우는 있다.

하이젠베르크가 한 사고실험들 중 하나는 확립된 광학 원리들에 기초한 '감마선 현미경'이었다. 하이젠베르크는 전자의 위치를 현미경으로 측정하는 것을 상상했다. 그는 높은 정확도(작은 Δx)를 원했으므로, 현미경이 이용하는 빛의 파장을 최대한 줄이기로 했다. 그리하여 파장이 가장 짧은 전자기파인 감마선을 이용하는 감마선 현미경으로 전자의 위치를 측정하기로 했다. 그러나 그런 식으로 전자의 x좌표를 정확하게 측정하면, 고에너지 감마선이 전자를 심하게 뒤흔들어서 전자의 운동량 p가 알 수 없는 방식으로 크게 변화할 것이었다. 다른 사고실험들에서도 불확정성 관계가 일관되게 입증되었고 운동량과 파장 사이에 성립하는 드브로이의 관계식 때문에 양자 세계의 상징인 h가 등장했다. 가능한 최소 위치 불확정성과 가능한 최소 운동량 불확정성의 곱은 대충 h보다 클 수밖에 없었다.

그러므로 우리는 마음을 단단히 먹고, 양자 영역에서 실재는 확률적이라는 사실을 받아들여야 한다. 확률은 고전물리학에서 각각의 위치와 운동량을 일일이 기록할 수 없을 정도로 많은 입자들을 다룰 때에도 등장한다. 그러나 이 경우의 불확정성은 미시적인 실험들에서 미미한 수준으로 감소시킬 수 있으므로, 우리는 미래에 대해서 사실상 확실한 예측을 할 수 있다. 우리는 다음 주에 목성이 토성과 충돌하지 않을 것임을 확실히 예측할 수 있다. 그러나 양자물리학에서의 불확정성은 항상 존재하며 자연법칙들에 '내장되어' 있다.

보어는 한 걸음 더 나아가 이른바 양자역학에 대한 '코펜하겐 해석'을 내놓았다. 전자의 궤적을 상상하는 것은 부질없는 짓이라고, 측정할 수 없는 것은 존재하지 않는 것이라고 그는 말했다. 안개상자에서 전자의 궤적과 비슷한 것이 관찰되는 것은 맞지만, 실은 입자들이 확정된 경로로 이동한다는 생각 자체가 틀렸다는 것이 진실이라면서, 보어는 알 수 있는 것은 오로지 확률뿐이라고 단언했다.

이것은 충격적인 주장이다. 자연은 인간의 뇌를 양자적인 실재에 맞게 설계하지 않았다. 따라서 이 메스꺼운 불확정성에서 벗어날 길을 모색하는 것은 자연스러운 반응이다. 오랜 시간 동안 수많은 위대한 물리학자들이 하이젠베르크와 보어에 맞서 싸웠다. 자연의 확률적 성격을 혐오한 아인슈타인은 이 '불가피한 뒤흔듦'을 우회하기 위해 교묘한 사고실험을 여러 건 고안했다. 아인슈타인과 보어의 대결은 양자이론의 역사에서 흥미로운 한 챕터로 남았다. 아니, 보어에게는 흥미로웠겠지만 아인슈타인에게는 그렇지 않았을 수도 있겠다. 나중에 보겠지만, 불확정성은 원자 영역의 내재적 속성이라는 최종 결론에 맞선 거장 아인슈타인의 저항은 결국 좌초했다.

그럼 코펜하겐 해석은 이중슬릿 실험의 수수께끼에 대해서 우리에게 무슨 말을 해줄까? '전자가 어느 경로를 거쳤는가?'라는 질문에 어떻게 대답할까? 그 해석에 따르면, 아무 문제도 없다. 확률파동들은 간섭하고, 전자들은 확률이 큰 곳에서 나타난다.

긴 세월이 흘렀지만 여전히 알쏭달쏭한

정리해 보자. 우리는 하이젠베르크, 슈뢰딩거, 보어, 보른 등을 거쳐서 지금 어디에 도달했을까? 우리는 확률파동을 알고 불확정성 관계를 안다. 불확정성 관계는 입자 관점을 유지하는 한 방법이다. '때로는 파동, 때로는 입자'라는 말로 대변되는 위기는 해소되었다. 전자와 광자는 입자이다. 이들의 행동을 기술하려면 파동함수를 언급해야 한다. 파동함수들은 간섭할 수 있고, 입자들은 확률파동함수에 맞게 나타날 자리에서 고분고분 나타난다. 그들이 어떻게 거기까지 가느냐는 허용되지 않는 질문이다. 이것이 코펜하겐 해석이다. 코펜하겐 해석의 성취는 확률과 양자적인 기괴함을 받아들인 대가이다.

아인슈타인, 슈뢰딩거, 드브로이, 플랑크 등은 자연(또는 신)이 원자 규모의 대상들을 가지고 주사위 놀이를 한다는 생각을 끝내 받아들이지 않았다. 아인슈타인은 양자이론이 미봉책에 불과하며 결국 결정론적이고 인과적인 이론에 의해 대체될 것이라는 믿음을 고수했다. 그는 불확정성 관계를 우회할 수 있음을 보여 주기 위해 오랫동안 여러 시도를 했다. 그러나 보어는 그 시도들을 하나씩 차례로, 즐겁게, 반박했다.

그러므로 우리는 아직 가시지 않은 실존적 불안과 성취감이 뒤섞인 묘한 감정으로 이 장을 마무리한다. 1920년대가 끝날 즈음, 양자역학은 이미 성숙해 있었다. 그러나 새로운 성취들과 개량들로 인해 양자역학은 1940년대까지도 뜨거운 논쟁거리로 남게 된다.

6장 현장의 양자 과학

하이젠베르크와 슈뢰딩거의 양자이론은 얼핏 비현실적인 듯하지만 현실에서 기적들을 이뤄냈다. 이제 수소 원자 모형에는 정신적인 목발과도 같은 행성 궤도들 대신에 슈뢰딩거가 고안한 새로운 파동함수들이 전자 '궤도함수'라는 명칭으로 들어가게 되었다. 새로운 양자역학은 막강한 도구가 되었고 물리학자들은 다양한 분야와 점점 더 복잡한 원자 및 아원자 시스템에 슈뢰딩거 방정식을 적용하는 것에 차츰 익숙해졌다. 미국 물리학자 하인즈 페이겔스는 이렇게 썼다. "양자이론은 산업화된 국가들의 젊은 과학자 수천 명의 정신적 에너지를 해방시켰다. 양자이론은 역사를 통틀어 어느 이론보다 더 큰 영향을 기술에 미쳤고, 양자이론의 실용적 함의들은 앞으로도 우리 문명의 사회적, 정치적 운명을 좌우할 것이다."[1]

하지만 우리가 과학이론이나 모형에 대해서 '그것이 유효하다.'라고 말할 때, 그 말의 정확한 뜻은 무엇일까? 이론이 수학적 논증을 통해서 내놓는 자연에 관한 진술들이 우리의 축적된 경험과 일치한다는 뜻이다. 이럴 경우 이론은 이른바 '사후 설명' 모드에서, 즉 우리가 이미 알지만 이해하지 못한 것을 설명하는 방면에서 유효하다.

예컨대 피사의 사탑에서 질량이 서로 다른 두 물체를 떨어뜨리는 실험을 생각해 보자. 갈릴레오의 실험과 뒤이어 우리가 한 모든 실험들은, 물체들을 똑같은 높이에서 떨어뜨리고 공기 저항의 효과를 조금 보정하면, 두 물체가 동시에 바닥에 떨어진다는 것을 보여 주었다. 달의 표면처럼 공기 저항이 없는 곳에서는 실제로 정확히 동시에 두 물체가 바닥에 도달한다. 이 사실은 텔레비전 방송에서도 극적으로 증명되었다. 그 방송에 출현한 우주인은 달의 표면에서 깃털과 망치를 동시에 떨어뜨렸는데 그 두 물체는 똑같은 순간에 달의 토양에 도달했다.[2] 이 예에서 검증되는 이론은 뉴턴의 운동법칙, 즉 물체가 받는 힘은 물체의 질량 곱하기 가속도와 같다는 법칙이다. 뉴턴의 명성은 운동법칙 외에 보편중력법칙에서도 유래한다. 이 두 법칙을 조합하면, 낙하하는 물체의 운동을 예측할 수 있고, 똑같은 높이에서 떨어뜨린 두 물체가 바닥에 닿는 데 걸리는 시간을 예측할 수 있다. 뉴턴의 이론은 물체들이 (공기 저항의 효과를 무시할 경우) 동시에 바닥에 도달한다는 사실을 깔끔하게 설명한다.[3]

그러나 좋은 이론은 우리가 이제껏 해 보지 않은 일을 하면 무슨 결과가 나올지 **예측**할 수도 있어야 한다. 1958년에 에코 위성이 우주로 발사되었을 때, 뉴턴의 이론은 발사체의 추진력과 중력과 기타 주요 조건들 ― 바람의 속도, 지구의 자전 등 ― 을 토대로 위성의 궤적을 예측하는 데 쓰였다. 당연한 말이지만 뉴턴 방정식들의 예측력은 우리가 모든 조건들을 얼마나 잘 통제하느냐에 달려 있다. 이 사례에서도 우리는 뉴턴 이론의 대성공을 목격했다. 요컨대 뉴턴의 이론은 세계를 옳게 사후 설명했을 뿐 아니라 아주 넓은 속도 및 거리 범위에 걸친 (그러나 광속보다 훨씬 느리고 원자보다 훨씬 큰) 세계를 옳게 예측했다.

그러나 아이작 뉴턴은 우리에게 이메일을 보내지 않았다!

이런 질문들을 던져 보자. 양자이론은 우리가 사는 세계를 설명('사후 설명')할까? 양자이론은 이제껏 관찰되지 않은 현상을 예측하는 데 쓰이고 새롭고 유용한 장치를 발명하는 데 쓰일 수 있을까? 이 질문들에 대한 대답은 단연코 '그렇다!'이다. 양자이론은 예측 모드와 사후 설명 모드의 무수한 검증을 확실히 성공적으로 통과했다. 양자이론은 방정식들에 등장하는 '양자 상징' ― 아주 작고 유명한 플랑크상수 h(또는 $\hbar$) ― 을 무시할 수 없는 상황에서는 어김없이 뉴턴 역학과 맥스웰의 전자기이론을 제치고 독자적인 예측과 사후 설명을 내놓는다. 그런 상황이란 질량, 크기, 시간 규모에서 원자와 비슷한 대상을 다루는 상황을 말한다. 그리고 만물은 원자들로 이루어졌으므로, 인간과 인간의 측정 장치들이 속한 거시 세계에서 원자 규모의 현상들이 가끔 고개를 들 수 있다는 것은 놀라운 일이 아니다.

이 장에서 우리는 도깨비 같은 양자이론을 탐험할 것이다. 당신은 이 이론이 얼마나 기괴하고 섬뜩한지를 금세 더 분명하게 깨달을 것이다. 우리는 양자이론으로 원소주기율표부터 분자를 이룬 원자들 사이의 힘들까지 화학 전체를 설명할 것이다(화학자들은 분자를 '화합물'이라고 부르는데, 존재하는 화합물은 수십억 가지에 달한다). 이어서 어떻게 양자물리학이 우리 삶의 거의 모든 구석에 영향을 미치는지 살펴볼 것이다. 신은 우주를 가지고 주사위 놀이를 하는지 몰라도, 인간은 양자 영역을 충분히 잘 통제해서 온갖 유용한 것들을 만들어냈다. 몇 가지만 꼽아 보자면, 트랜지스터, 꿰뚫음 다이오드, 레이저, X선 기기, 싱크로트론 광원, 방사성 표지물질, 훑기꿰뚫기현미경, 초전도 자석, 양전자방출단층촬영, 초유동성 액체, 원자로와 핵폭탄, MRI 장치, 그리고 마이크로칩이 있다. 당신의 집에 초전도 자석이나 훑기꿰뚫기현미경은 아마 없겠지만 트랜지스터는 1억 개쯤 있을 것이다. 더 나아가 당신은 양자물리학 덕분에 생겨난 온갖 것들을 일상에서 매일 만난다. 우리가 순전히 뉴턴적인 우주에 머물렀다면, 인터넷 검색, 소프트웨어 전쟁, 컴퓨터업계의 영웅 스티브 잡스와 빌 게이츠는 없을 것이다(물론 이들이 철도 사업가가 되었을 수는 있겠지만). 더 나아가 우리가 직면한 현대적인 문제 몇 가지는 등장하지 않았을 수도 있겠지만, 지금 우리 앞에 놓인 수많은 문제들을 해결할 수단은 확실히 없을 것이다.

양자이론은 물리학의 울타리를 넘어 과학 전체에도 근본적인 영향을 미쳤다. 양자 영역 전체를 지배하는 우아한 방정식을 고안한 에르빈 슈뢰딩거는 1944년에 『생명이란 무엇인가? 정신과 물질』이라는 예지력이 빛나는 책을 썼다.[4] 그 책에서 슈뢰딩거는 유전 정보의 작동 방식을 추측했는데, 제임스 왓슨은 젊은 시절에 이 비범한 책을 읽고 DNA에 관심을 갖게 되었다. 그 다음은 역사이다. 왓슨은 프랜시스 크릭과 더불어 DNA 분자의 이중나선구조를 밝혀냄으로써 1950년대의 분자생물학 혁명을 촉발했고 그 뒤를 이어 지금까지 계속되는 대담한 유전공학의 시대를 정초했다. 양자 혁명이 없었다면, 우리는 DNA 분자는 말할 것도 없고 어떤 분자의 구조도 이해하지 못했을 것이다. DNA 분자는 분자생물학뿐 아니라 생명 자체의 토대이다.[5] 과 감하게 인지과학에 뛰어든 몇몇 이론물리학자들은 정신과 인간의 자기의식과 의식에 대한 급진적이고 사변적인 연구에서도 양자 과학의 풍부한 발상들이 필요할 수 있다고 주장한다.[6]

화학 연구에 대한 양자역학의 기여는 지금도 계속되고 있다. 예컨대 1998년 노벨화학상은 물리학자들인 월터 콘과 존 포플에게 수여되었다. 이들은 분자들의 모양과 상호작용을 결정하는 양자역학 방정식들을 푸는 강력한 계산법을 개발했다. 화학, 생물학, 생화학뿐 아니라 천체물리학, 핵 과학, 암호학, 재료과학, 전자공학 등도 양자 혁명이 없었다면 지금처럼 발전하지 못했을 것이다. 양자물리학이 없었다면, 정보기술은 종이 서류 보관용 장을 설계하는 기술 정도에 머물렀을 것이다. 베르너 하이젠베르크의 불확정성원리와 막스 보른의 확률 해석이 없었다면, 정보기술이라는 것이 과연 생겨나기나 했을까?

양자이론이 없었다면, 우리는 화학 원소들의 속성들과 패턴을 결코 완전히 이해하지 못했을 것이다. 양자이론보다 반세기 먼저 등장한 원소주기율표에 정리되어 있는 원소들의 속성과 패턴은 모든 화학 반응과 구조를 지배하고 우리의 생명뿐 아니라 생명 일반에 관여하는 모든 것들을 발생시킨다.

드미트리 멘델레예프의 카드 맞추기

물리학과 마찬가지로 화학은 양자이론이 등장하기 훨씬 전에도 이미 상당한 수준에 올라서 더 발전하는 중인 과학이었다. 실제로 1803년에 존 돌턴이 원자의 실재성을 확립한 것은 화학을 통해서였고, 원자의 전기적 속성의 핵심도 마이클 패러데이의 전기화학 연구를 통해 밝혀졌다. 그러나 화학자들은 원자의 구조를 전혀 몰랐다. 그런 상황에서 양자물리학이 원자의 세부 구조와 행동에 대한 심오하고 합리적인 설명을 내놓았고, 더 나아가 분자의 형성과 속성들을 이해하고 실제로 예측하기 위한 수학적 이론도 제시했다. 이런 성과들을 가능하게 한 것은 다름 아니라 양자이론의 확률적 성격이었다.

화학은 현대 기술의 대부분을 지배하지만, 솔직히 모든 사람이 좋아하는 과목은 아니다. 여러분 중에는 고등학교 화학시험 답안지에 H_2O는 뜨거운 물, CO_2는 차가운 물이라고 쓴 사람도 아마 있을 성싶다. 그러나 우리 저자들은 누구나 우리와 함께 화학의 바탕에 깔린 논리를 공부하면 화학에 매료될 것이라고 믿는다. 독자들은 원자에 대한 탐구가 인류 역사에서 가장 위대한 법정추리소설의 하나로 꼽힐 만함을 알게 될 것이다.

화학의 출발점은 확실히 그 유명한, 전 세계의 화학 강의실 수십만 곳의 벽에 우아하게 걸린 원소주기율표이다. 그 표는 놀랄 만큼 많은 업적을 남긴 러시아 화학자 드미트리 이바노비치 멘델레예프(1834~1907)가 발견한 법칙에 기초하여 이룬 참으로 대단한 성과였다. 멘델레예프는 차르 치하의 러시아에서 성공 가도를 달렸다. 생산적인 학자로서 400편 넘는 책과 논문을 썼을 뿐 아니라, 비료, 협동조합의 치즈 생산, 저울과 측정단위, 러시아의 무역과 관세, 선박 제작 등의 다양한 분야에 기여한 '실용적인' 화학자이기도 했다. 다른 한편으로 그는 급진적인 학생운동을 지원했고 이혼한 뒤에 젊은 미술학도와 재혼했으며 그의 사진에서 짐작할 수 있듯이 이발을 일년에 한 번만 했다.[7]

멘델레예프의 원소주기율표는 원자들을 원자량이 커지는 순서로 배열하는 것을 기본으로 삼는다. '원소'란 특정 원자를 뜻하거나 한 가지 원자들만으로 이루어진 물질을 뜻한다. 예컨대 탄소 원소 덩어리는 흑연 덩어리나 다이아몬드 덩어리일 수 있다. 흑연과 다이아몬드는 둘 다 오로지 탄소 원자들로만 이루어졌지만, 원자들의 배열이 달라서 흑연은 검고 연필에 쓰이는 반면, 다이아몬드는 단단하고 여성에게 감동을 주고 단단한 금속을 뚫을 때 쓰인다. 대조적으로 물은 원소가 아니다. 왜냐하면 두 가지 원소, 즉 수소와 산소로 이루어졌기 때문이다. 수소와 산소는 전기력에 의해 결합하여 물을 이루는데, 슈뢰딩거 방정식은 이 결합도 지배한다. 이처럼 물은 결합의 산물이어서 '화합물'이라고 불린다.

원자의 '원자량'은 간단히 원자의 질량이다. 모든 원자 각각은 고유한 질량을 지녔다. 모든 산소 원자들은 질량이 같다. 모든 질소 원자들도 마찬가지이다. 그러나 질소 원자와 산소 원자의 질량은 다르다(질소 원자가 산소 원자보다 약간 가볍다). 어떤 원자들은 아주 가볍고(가장 가벼운 원자는 수소이다) 우라늄 원자 등은 그보다 수백 배 무겁다. 원자들의 질량은 몇 가지 특수한 단위로 측정하는 것이 가장 편리하지만[8], 정확한 측정값들은 지금 우리의 논의에서 중요하지 않다. 우리는 다만 원자들을 원자량이 커지는 순서로 늘어놓는 작업에 관심이 있다. 멘델레예프는 그 서열에서 원자의 위치와 원소의 화학적 속성들 사이에 분명한 관련이 있음을 발견했다. 이 발견은 화학을 해방시키는 열쇠였다.

늘어선 원소들

경찰이 용의자들을 일렬횡대로 세워 놓은 상황을 상상해 보자. 용의자들은 맨 왼쪽에 가장 왜소하고 가벼운 악당부터 몸무게가 커지는 순서로 늘어섰다. 용의자들은 저마다 이름이 있는데, 우리는 그 이름을 기호로 나타내자. 수소는 'H', 산소는 'O', 철은 'Fe'(철을 뜻하는 라틴어 'fer'에서 유래한 기호이다), 헬륨은 'He' 등으로 말이다. 거듭 말하지만, 용의자가 왼쪽부터 오른쪽으로 늘어선 순서는 알파벳순이 아니라 몸무게가 커지는 순서이다.

왼쪽에는 라이트급 용의자들이 서 있고, 그 다음에 미들급, 더 오른쪽에는 가장 무거운 헤비급 용의자들이 서 있다. 원자들을 원자량이 커지는 순서로 배열한 '서열'도 이 용의자 서열과 다를 바 없다. 원자들의 서열에서 특정 원자의 위치를 일컬어 '원자번호'라고 한다. 원자번호를 나타내는 기호는 'Z'이다.

따라서 가장 가벼운 용의자, 즉 가장 가벼운 원자인 수소 원자(원자량이 모든 원자 중에서 가장 작으며 특정 단위로 따지면 대략 1이다)[9]는 서열의 맨 처음 위치에 놓이므로 원자번호 $Z=1$을 부여 받는다. 헬륨 원자는 두 번째로 가볍고(원자량이 대략 4로, 수소 원자보다 거의 4배 무겁다) 서열에서 두 번째로 등장하므로 원자번호는 $Z=2$이다. 그 다음에 나오는 리튬(원자량은 약 7)은 $Z=3$, 베릴륨은 $Z=4$ 등이다('질량수'는 원자핵에 들어 있는 핵입자의 개수를 뜻하는데 그 값은 원자량과 거의 같다. 예컨대 리튬의 원자량은 약 7이고 질량수는 정확히 7이다. 질량수를 나타내는 기호는 'A'이다). 그림 23은 가장 가벼운 원자 몇 개의 순서를 보여 준다. 오늘날 원자들의 서열 전체는 100개를 훌쩍 넘는 원자들을 아우른다.

그림 23 증인 펜스터 부인이 형사 오리어든과 함께 옆으로 나란히 늘어선 용의자들(총 118명)을 살펴본다. 용의자들은 왼쪽부터 몸무게가 커지는 순서로 늘어섰다. 그런데 Li과 Na이 똑같이 별무늬 재킷을 입은 것을 주목하라. 이 공통점은 그들이 공범임을 강력하게 시사한다. (일제 런드 그림)

원자번호 Z는 원자를 식별할 때 가장 중요한 기준이다. Z는 해당 용의자(원자)가 서열의 어느 위치에 있는지 알려 준다. '용의자 번호 Z=13이 누구냐?'라고 물으면 '알루미늄(Al)이다.'라고 대답하면 된다. 용의자 번호 Z=26은 누구일까? '철(Fe)이다.' 잠시 용의자들을 훑어보면서 누구에게 어떤 번호가 매겨졌는지 보면 쉽게 대답할 수 있다. 잊지 말아야 할 것은 Z가 원자량이 아니라는 점이다. Z는 단지 원자량이 커지는 순서로 늘어선 서열상의 위치를 나타내는 번호이다.

Z는 원자물리학에서 가장 중요하다. 나중에 다룰 내용을 간단히 언급하자면, 양자이론은 Z가 **원자핵 주위를 도는 전자의 개수**라는 것을 알려 준다. 예컨대 나트륨(Na)은 원자번호가 11이므로 원자핵 주위를 도는 전자를 11개 지녔다. 모든 원자는 전기적으로 중성이다. 따라서 원자핵의 전하량은 전자들의 전하량 총합과 크기가 같고 부호가 반대여야 한다. 그러므로 원자핵의 전하량도 (특정 단위로 따지면) Z와 같아야 한다.

요컨대 나트륨 원자는 양자적인 방식으로 궤도운동을 하는 전자 11개와 조밀한(어니스트 러더퍼드의 실험을 상기하라) 원자핵 내부에 깊숙이 숨어 있는 양전하 11개를 지녔다. 오늘날 우리는 그 양전하들이 양성자라는 것을 안다. 결론적으로 나트륨 원자는 Z=11이고, 원자들의 서열에서 11번째 위치에 있으며, 원자핵 주위를 도는 전자 11개와 원자핵 내부의 양성자 11개를 지녀서 다른 모든 원자와 마찬가지로 전기적으로 중성이다. 이토록 많은 정보가 Z에 들어 있다. 그러나 아마 예상 밖이겠지만 멘델레예프는 이런 자세한 원자구조를 전혀 몰랐다. 그는 이런 내부 사정을 몰랐지만 마치 유능한 수사관처럼 용의자들을 배열하기 시작했다.

그리고 그는 원소들이 다양한 화학반응에 참여할 때 보이는 행동과 원자 번호 Z 사이에 두드러진 연관성이 있음을 발견했다. 원자들의 화학적 행동은 **주기적으로** 반복된다. 다시 말해, 우리가 특정 원자를 출발점으로 삼고 Z가 커지는 방향으로 이동하면서 원자들의 화학적 행동을 살펴보면, 출발점의 원자와 거의 똑같이 행동하는 훨씬 더 무거운 원자를 조만간 발견하게 된다. 비유하자면, 복수의 용의자가 똑같이 행동한다. 늘어선 용의자들 사이에 은밀한 공범 관계가 있는 것이다. 이런 공범 관계의 정확한 패턴은 더 많은 원자들이 발견되어 서열에 추가됨에 따라 차츰 분명하게 드러났다. 뿐만 아니라 원자들의 주기적 행동에 대한 지식은 서열을 완성하기 위해 필요한 '빠진' 원소들이 다수 발견되는 데 기여했다(멘델레예프는 많은 원자들을 몰랐지만, 우리는 그의 방식에 따라 논의를 진행할 것이다).[10]

우선 '화학적 행동'에 대해서 이야기하자. 화학적 행동, 혹은 화학적 속성이란 무엇일까? 누구나 알다시피, 소금은 물에 잘 녹지만 기름은 그렇지 않다. 또 물은 불에 타지 않는(오히려 대부분의 불을 끄는) 반면, 석탄의 주성분인 탄소(Z=6)는 쉽게 불타고, 철(Z=26)은 녹스는데, 녹스는 과정은 느린 연소 과정이라고 할 수 있다. 산소(Z=8)가 없으면, 탄소와 철은 불타거나 녹슬지 않는다. 사실 연소와 녹슬기는 단지 산소가 다른 원소와 화학적으로 결합하는 과정, 즉 **산화**이다. 우리 주변에는 산소와 쉽게 결합하는 원소들도 있고 그렇지 않은 원소들도 있다. 이 차이는 에너지와 관련이 있지만(산소 원자 두 개와 탄소 원자 하나가 결합하면 이산화탄소[CO_2]가 형성되면서 일정한 양의 에너지가 방출된다) 원소들의 화학적 속성과도 관련이 있다. 우리는 산소를 호흡한다. 우리가 생명을 유지하는 것은 우리 몸의 모든 세포에서 일어나는 산화반응 덕분이다(이런 의미에서 우리는 불타고 있는 셈이다). 그러나 우리는 질소(Z=7)를 호흡할 수 없다. 질소는 원자들의 서열에서 산소 바로 옆에 있는데도 말이다. 이 모든 것들은 기본적이고 잘 알려져 있는 화학적 행동이다. 그런데 왜 산소는 산화를 일으키고 질소는 그렇지 않을까?

화학적 속성들에 대해서 좀 더 자세히 이야기하기 위해 원자번호가 Z=3인 원소 리튬을 예로 들자. 순수한 리튬(Li)은 부드럽고 광택이 있는 금속이지만, 리튬이 공기 중의 수증기에 노출되면 신속하게 반응이 일어나 리튬 표면에 수산화리튬(LiOH) 층이 형성된다. 그래서 리튬을 저장할 때는 공기 중의 수증기와 닿지 않게 하려고 대개 기름에 담근 상태로 저장한다(리튬은 원자량이 아주 작고 밀도도 낮아서 물에 뜬다). 금속 리튬 덩어리를 물(H_2O)속에 빠뜨리면 격렬한 화학반응이 일어나면서 수소와 다량의 에너지가 방출되고 그 결과로 물 위에서 수소가 불탄다(폭발한다). 유튜브에서 리튬-물 반응과 나트륨-물 반응을 촬영한 동영상을 여러 편 볼 수 있다.[11] 이처럼 물과 리튬의 신속한 반응으로 수산화리튬과 함께 생성되는 수소 기체가 수면에서 공기 중의 산소와 만나 폭발하는 일이 잦기 때문에, 금속 리튬을 물속에 던져 넣는 것은 금물이다.

이제 멘델레예프가 원소들을 늘어놓고 나서 간파한 공범 관계를 거론할 차례이다. Z순으로 늘어선 원소들의 서열에서 Z=3인 리튬으로부터 8단계 위로 올라가면, Z=3+8=11인 나트륨(기호 Na는 독일어 '나트륨Natrium'에서 유래했다)이 나온다. 리튬과 마찬가지로 나트륨도 광택이 있는 금속이며 공기에 노출되면 금세 표면이 회색으로 변한다(공기 중의 수증기와 나트륨의 표면이 반응하여 수산화나트륨[NaOH] 층이 형성된다). 나트륨을 물속에 던져 넣으면 어떻게 될까? 격렬한 반응이 일어나면서 수소가 방출되고, 대개의 경우 그 수소와 공기가 만나서 인상적인 폭발이 일어난다. 아까 들었던 이야기 같지 않은가? 나트륨은 리튬보다 훨씬 더 무겁지만 화학적으로 리튬과 다름없이 행동한다. 어떻게 이럴 수 있을까? 리튬과 나트륨은 원소들의 서열에서 8단계 떨어져 있지만 공범인 듯하다. 이 경우에는 음모론을 제기하는 것이 바람직하다. 특정 용의자들의 공통 행동은 그들의 공범 관계를 알려 주는 명백한 증거이니까 말이다.

자연에서 일어나는 방대한 화학반응들을 살펴보면, 리튬과 나트륨이 상당히 유사함을 알 수 있다. 이들은 약간 다르게 반응한다. 예컨대, 나트륨 원자가 리튬 원자보다 더 무거우므로, 예상대로 이들은 반응속도가 약간 다르다. 그러나 리튬을 포함한 화합물(분자)은 거의 예외 없이 리튬 대신에 나트륨을 포함한 화합물로 변형할 수 있고 그 역도 마찬가지이다.

원소들의 서열에서 다시 한번 8단계 위로 올라가면 칼륨(K)이 나온다. 다음 얘기는 여러분도 짐작하시리라 믿는다. 칼륨은 나트륨, 리튬과 다름없이 행동한다. 심지어 평범한 온도와 압력에서 기체인 수소조차도 이들 원소와 아주 비슷하게 행동한다. 수소 분자(H_2)에 포함된 수소 원자 하나를 이들 원자로 바꾸면, 쉽게 수소화리튬(LiH), 수소화나트륨(NaH), 수소화칼륨(KH)이 만들어지고, 물(H_2O＝HOH)을 변형하면, 수산화리튬(LiOH), 수산화나트륨(NaOH), 수산화칼륨(KOH)을 만들 수 있다. 수소, 리튬, 나트륨, 칼륨은 확실히 공범들이다.

그 옛날의 멘델레예프와 마찬가지로 우리는 경찰 기록(화학반응에 관한 자료)을 조회하여 특정 용의자들(원자들) 사이에 두드러진 유사성이 있음을 발견했다. 하지만 그런 유사성이 존재하는 이유는 아직 모른다. 왜 하필이면 8이 특별한 구실을 하는 것일까? 신기하고 때로는 격렬한 화학반응들을 무엇이 통제하는지도 우리는 모른다.

과학자들은 갈피를 못 잡는 상황에 처하면 우선 분류하고 명명하는 작업을 한다. 그러니 우리도 공범 집단들 각각에 특별한 이름을 붙이기로 하자. 수소, 리튬, 나트륨, 칼륨을 아우르는 집단의 이름은 '알칼리금속'이다(수소는 금속이 아니지만 알칼리금속 집단에 속한다). 멘델레예프의 배열 방식대로, 또한 경찰이 흔히 채택하는 방식대로, 알칼리금속들을 세로로 나열하기로 하자(그림 24).

이 세로 열이 원소주기율표의 첫 번째 열이다. 원소주기율표의 열들 각각에는 화학적 속성들이 유사한 원자들의 집단이 질량이 커지는 순서로 나열되어 있다.

칼륨을 떠나 원자번호가 더 높은 쪽으로 이동하면, 패턴이 확 바뀐다. 그 다음 알칼리금속(다른 알칼리금속들과 다름없이 행동하는 원자)인 루비듐(Rb)에 도달하려면 8+10=18단계 이동해야 한다. 그 다음에 세슘(Cs)에 이르려면 또 한번 18단계 이동해야 하고, 거기에서 다시 8+10+14=32단계 이동하면 마지막 알칼리금속인 프란슘(Fr)에 이르게 된다. 이 헤비급 원자들도 '알칼리금속' 일당에 속한다. 알칼리금속들을 프란슘까지 세로로 나열하면 원소주기율표의 첫 열이 완전

1
H
3
Li
11
Na
19
K
37
Rb
55
Cs
87
Fr

그림 24 '알칼리금속'은 유사한 화학적 속성들을 지닌 원자들(원소들)로 구성된 가족이다.

214

히 채워진다. 그런데 왜 주기적 패턴을 대변하는 마법의 수가 8에서 18로 바뀌고 다시 32로 바뀔까? 대체 무슨 변화가 일어나는 것일까? 또 왜 프란슘이 마지막일까?

마지막 질문은 원자의 안정성, 특히 아주 무거운 원자핵의 안정성과 관련이 있다. 프란슘처럼 무거운 원자들은 원자핵이 불안정해서 방사성을 띤다. 가장 무거운 원자들은 핵이 몹시 불안정하기 때문에 실험실에서 아주 짧은 시간 동안만 존재할 수 있다(이런 이야기는 화학이 아니라 핵물리학에 속한다). 지구에서 프란슘은 오로지 더 무거운 원자들(예컨대 우라늄)의 방사성 붕괴에 의해서 만들어졌다가 곧바로 그 자신의 방사성으로 인해 붕괴한다. 프란슘은 자연적인 원소 중에서 가장 희귀하다. 매순간 지구 전체에 존재하는 프란슘은 약 30그램에 불과하다고 추정된다. 그러나 그 정도면 프란슘의 화학적 속성들을 알아내고 알칼리금속으로 분류하기에 충분하다. 지금까지 우리는 원소주기율표의 첫 열(그림 24)을 구성했고 멘델레예프가 처음 발견한 공범 관계, 혹은 화학적 주기성의 패턴을 확인했다. 참으로 묘한 패턴이다. 왜 이런 패턴이 존재할까? 조금만 기다려라. 양자이론이 모든 것을 설명해 줄 것이다.

실제로 양자물리학은 왜 모든 화학원소들이 저마다 특정 집단에 속해 있는지 설명해 준다. 그 집단들 각각은 원소주기율표의 열 하나를 차지한다. 헬륨을 예로 들어 보자. 헬륨은 멘델레예프의 시대에 알려져 있지 않았다. 왜냐하면 헬륨은 어떤 물질과도 화학적으로 반응하지 않기 때문이다. 헬륨은 원자가 아주 가볍고 원자번호는 $Z=2$이며 오직 기체 상태로만 출현한다. 산소(O_2)나 질소(N_2)보다 가볍기 때문에 대기 중에서 떠오르고 결국 지구를 벗어나 우주로 나간다. 게다가 불에 타지 않기 때문에 헬륨은 기구와 비행선에 사용하기에 아주 적합하다. 태양(을 비롯한 별들)은 거의 온통 수소와 헬륨으로 이루어졌다. 헬륨은 공기보다 가볍기 때문에, 헬륨을 들이마시고 목소리를 내면, 도널드 덕의 목소리가 난다. 헬륨은 어떤 것과도 화학 반응을 할 수 없으므로, 건강한 성인은 헬륨을 들이마시고 말하는 장난을 쳐도 문제될 것이 거의 없다(하지만 수소를 들이마시는 장난은 삼가는 편이 좋다. 특히 담배를 피우면서 그러면 큰일 난다. 수소가 당신의 폐 속에서 폭발하는 수가 있다.) 헬륨은 화학 반응을 하지 않기 때문에, 다시 말해 다른 원소와 결합하여 화합물을 형성하지 않기 때문에 '불활성' 기체라고 불린다.

이번에도 헬륨(He)에서 위로 여덟 걸음 올라가 보자. 그러면 네온(Ne)이 나온다. 네온 역시 기체로만 출현하며 화학적으로 불활성이다. 네온에서 다시 여덟 걸음 올라가면 나오는 아르곤(Ar)도 불활성기체이다. 보다시피 여기에서도 마법의 수 8이 등장한다. 그러나 그 다음에는 10걸음을 더 보태서 총 18걸음 올라가야 불활성기체 크립톤(Kr)이 나오고, 다시 18걸음 올라가면 다음 번 불활성기체 크세논(Xe)을 만나게 된다. 여러분도 짐작하겠지만, 그 다음에는 라돈(Rn)까지 32걸음 올라가야 한다. 무거운 방사성 기체인 라돈은 더 깊은 땅속에서 우리 주택의 지하실로 스며들 수 있으며 사람이 들이마실 경우 암을 유발한다. 지금까지 언급한 원소들도 화학적 행동이 유사한 공범들이다. 우리는 이들을 원소주기율표의 한 열에 배치하고 '불활성기체'라고 부른다. 이 원소들은 화학적으로 불활성이어서 암석 속의 원자들과 결합할 수 없기 때문에 기체일 수밖에 없다. 라돈은 깊은 지하에서 (주로 토륨[Th]의) 방사성 붕괴의 부산물로 생성되고 지표면을 향해 느리게 확산되어

건물의 지하실로 스며든다.[12]

이처럼 우리는 옆으로 나란히 늘어선 용의자들을 여러 세로 열들로 이루어진 표의 형태로 재배열할 수 있다. 이때 각 열은 '공범 집단'이다. 이런 표를 **분류표**라고 하는데, 분류표 작성하기는 모든 과학에서 가장 먼저 하는 일이다. 과학자는 우선 대상들을 속성에 따라 분류해야 한다. 대상이 새든 지렁이든 곤충이든 단백질 분자이든 별이든 은하이든 기본입자이든 간에 분류부터 먼저 해야 한다. 자연에서 발견되는 모든 원자들을 다양한 화학적 속성들에 따라 분류하면 원소주기율표가 만들어진다(그림 25).

화학적 속성들을 공유한 원자들은 한 열에 속한다. 예를 들어 반응성과 독성이 아주 강하며 물에 녹으면 강한 산성 용액을 이루는 원소들은 한 열에 속하며 '할로겐족'이라고 불린다. 구체적으로 불소(F), 염소(Cl), 브롬(Br), 요오드(I), 아스타틴(At)이 할로겐족이다. '알칼리토금속'은 반응성이 매우 강하며 알칼리금속과 어느 정도 유사한(그러나 예컨대 물과의 반응이 폭발적이지 않은) 금속들이다. 이 집단에는 베릴륨(Be), 마그네슘(Mg), 칼슘(Ca), 스트론튬(Sr), 바륨(Ba), 라듐(Ra)이 속한다. 이미 언급했지만, 헬륨(He), 네온(Ne), 아르곤(Ar), 크립톤(Kr), 크세논(Xe), 라돈(Rn)은 불활성기체이다. 이런 식으로 여러 집단들이 있고, 원소들은 저마다 특정 집단에 속한다.

알칼리토금속들을 간단히 살펴보면서 그것들의 속성이 정말로 유사한지 확인하자. 우유에 들어 있는 칼슘은 우리 몸의 물질대사를 통해 쉽게 흡수되어 뼈의 주요 재료로 쓰인다. 칼슘 섭취가 너무 적으면, 우리는 병에 걸린다. 예컨대 골다공증에 걸려 뼈가 쉽게 부서지게 된다. 그런데 원소주기율표를 보면, 위험한 방사성 원소인 스트론튬(Sr)이 칼슘 바로 아래에 있다. 스

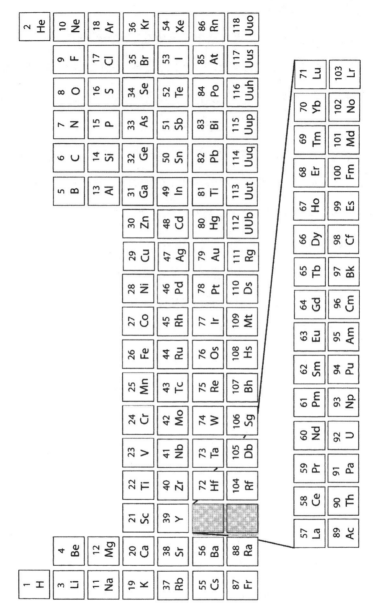

그림 25 원소주기율표. 이 표의 구조와 주기성은 양자이론에 의해 설명되었다(그림 27 설명 참조). 무거운 원자들은 원자핵이 불안정하다. 우라늄(U) 너머의 원소들은 인간이 만든 것들이며, 그중 일부는 수명이 극단적으로 짧다.

트론튬과 칼슘이 화학적으로 비슷하다는 뜻이다. 실제로 방사성 스트론튬 (질량수 90)은 핵폭발의 부산물이며 방사성낙진에 많이 들어 있는데, 화학적으로 칼슘과 구분되지 않아서 쉽게 우리의 뼈 속에 흡수된다. 흡수된 방사성 스트론튬이 뼈 속에서 긴 세월에 걸쳐 붕괴하면, 골수에 들어 있는 조혈 세포들이 죽어서 백혈병이 발생한다. 알칼리토금속 열에서 더 아래로 내려가면 바륨이 나오는데, 여러분 중에 바륨을 함유한 밀크셰이크를 좋아하는 분은 설마 없으리라 믿는다.

우리는 원소주기율표에서 엄청나게 많은 정보를 얻을 수 있다. 원소주기율표를 꼼꼼히 들여다보면서 여러 원자들의 속성과 우리가 사는 세계의 모습에 대하여 생각하는 것은 일부러 짬을 내서 할 만한 가치가 있는 행동이다. 원소주기율표에서 드러나는 화학적 주기성은 화학반응들을 이해하는 데 필요한 첫 번째 열쇠이다. 방금 전에 우리는 화학적 주기성이 우리 몸의 물질대사에서 중요한 역할을 한다는 것을 보여 주는 예로 칼슘과 스트론튬을 언급했다. 원소주기율표에 등재된 나머지 원소들의 속성은 좋은 화학책들에서 쉽게 찾아볼 수 있으므로 여기에서 언급하지 않겠다. 아무튼 원소들의 주기성은 화학 전체에서 충실하게 지켜진다. 대부분의 경우에 만일 원자 X, a, b, c로 이루어진 분자 Xabc가 존재하고 X와 Y가 주기율표의 같은 열에 속한 두 원소라면, 당신은 분자 Yabc를 만들 수 있다. 왜냐하면 X와 Y는 화학적 속성이 거의 같기 때문이다.

원소들의 화학적 속성에서 이렇게 두드러진 반복(주기적) 패턴이 나타나는 것은 무엇 때문일까? 어떤 내부 구조 때문에 거의 동일한 화학적 속성이 8단계나 18단계, 또는 32단계 간격으로 다시 등장하는 것일까? 화학자들은 원소들의 다양한 속성들을 기술하는 경험적 규칙들을 개발했지만, 19세기에는 그 규칙들의 바탕에 깔린 실재의 참모습을 아무도 몰랐다. 돌이켜 보건대 원소주기율표는 원자의 구조를 알려 주는 중요한 단서였다.

원자 제작법

원자의 화학적 속성은 원자의 최외각 전자들에 의해 결정된다. 그 전자들은 원자들 사이에서 자유롭게 뛰어다닐 수 있고 두 개 이상의 원자들이 결합하여 분자를 이루게 만들 수 있다. 이것은 양자이론이 등장하기 이전에는 '항간에 떠도는' 애매한 생각에 불과했다. 물리학자들이 화학의 물리적 기원을 본격적으로 탐구할 수 있게 된 것은 러더퍼드와 보어 등의 공로로 수소원자를 더 자세히 알게 되고 슈뢰딩거 방정식이 등장한 이후였다.

양자이론은 원소주기율표에서 드러나는 화학적 패턴을 성공적으로 설명한다. 그 패턴을 해명하는 과정에서 양자이론이 지닌 새롭고 근본적인 여러 면모들이 드러났다. 슈뢰딩거 방정식은 원자핵 주위를 도는 전자의 운동을 기술하는 데 적용할 수 있었다. 슈뢰딩거는 '속박상태'를 기술하는 해에 관심을 집중했다. 속박상태란 전자가 원자핵의 인력에 붙들려서 원자핵과 함께 원자를 형성한 상태를 뜻한다. 속박상태는 물리학의 전 분야에서 엄청나게 중요하며, 우리가 보어와 하이젠베르크의 예에서 보았듯이, 속박상태의 본성은 양자이론의 새로운 법칙들을 이해하기 위한 열쇠였다.

속박상태를 이해하는 가장 쉬운 방법은 가장 단순한 예를 고찰하는 것이다. 즉, 기다란 분자에 속박된 전자 하나를 고찰하는 것이다. 기다란 분자에 붙들린 전자를 기술하는 파동함수의 모양은 현악기의 현, 예컨대 기타의 현이 진동할 때의 모양과 똑같다. 실제로 기타 현의 진동들을 연상함으로써 그 속박된 전자의 양자 에너지준위들을 쉽게 계산할 수 있다.

주변에 기타(또는 다른 현악기)가 있다면 가져다가 직접 현을 튕기면서 다음 대목을 읽기를 바란다. 그러면 이해하기가 훨씬 더 수월할 것이다.

당신이 현을 튕기면, 현은 진동하면서 아름다운 음을 낸다.

현의 한가운데를 살짝 튕겨 보라(뾰족한 피크를 쓰지 말고 엄지손가락으로 튕기는 것이 좋다). 그러면 **최저 진동 모드**가 활성화된다(뾰족한 피크로 튕기면 더 높은 모드들도 활성화되는 경향이 있다). 이 모드는 기다랗고 곧은 분자에 속박된 전자의 최저 양자 에너지 상태에 대응한다. 이것이 시스템의 **최저 모드**, 또는 **최저 에너지준위**, 또는 **바닥상태**이다. 이 모드에서 현은 가장 낮은 음을 내는데, 이때 현에서 일어나는 파동의 모양은 그림 26에서 볼

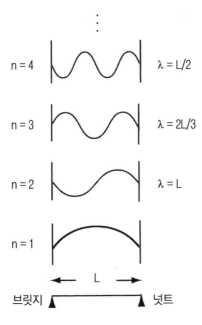

그림 26 기타를 비롯한 현악기에서 일어나는 파동들은 (베타카로틴 분자에 속박된 전자처럼) '1차원 에너지 우물' 안에 있는 전자의 상태를 기술하는 파동함수들과 동일하다. 최저 모드 n=1은 전자의 바닥상태에 해당한다. n=2, 3, 4,……는 들뜬 모드들이며, 전자는 적절한(두 상태의 에너지 차이와 같은) 에너지의 광자를 방출하거나 흡수하면서 다른 모드로 건너뛸 수 있다. 각각의 모드는 스핀이 '위'인 전자 하나와 스핀이 '아래'인 전자 하나를 수용할 수 있다.

수 있다.

기타 현의 두 번째 진동 모드는 최저 모드에 비해 파장이 정확히 절반이다. 실제 기타 현에서 두 번째 진동 모드를 활성화하려면 약간 번거로운 절차를 거쳐야 한다. 왼손 손가락 끝을 현의 한가운데에 살짝 대고 오른손으로 현의 1/4지점을 튕김과 동시에 왼손 손가락을 현에서 재빨리 떼라. 왼손 손가락의 역할은 튕겨진 현의 한가운데가 움직이지 못하게 하는 것이다. 그림 26에서 두 번째 진동 모드의 모양을 볼 수 있다. 이 모드에서 현의 한가운데처럼 움직이지 않는 특별한 지점을 일컬어 '마디'라고 한다. 두 번째 진동 모드에서 현은 하프 소리처럼 경쾌하며 최저 모드의 음보다 한 옥타브 높은 음을 낸다. 이 모드는 최저 모드보다 파장이 짧으므로 이 모드에 대응하는 입자는 운동량과 에너지가 더 높다.[13]

그 다음으로 높은 에너지준위는 기타 현의 세 번째 진동 모드이며, 이 모드에서 파동의 파장 λ는 현의 길이 L의 2/3배와 같다($\lambda = 2L/3$). 이 모드를 활성화하려면, 왼손 손가락을 너트(기타의 목 끝부분에서 현을 받쳐 주는 부품. 브릿지는 기타의 몸통에서 현을 받쳐 주는 부품 - 옮긴이)에서 L/3만큼 떨어진 지점에 대고 현의 한가운데를 튕김과 동시에 재빨리 왼손 손가락을 떼야 한다. 그러면 5도음(현이 C로 조율되어 있다면, 한 옥타브 위의 G음)이 아주 약하게 난다. 이 모드는 양자이론에서 파장이 더 짧은 전자 파동함수에 대응하고 따라서 더 큰 운동량과 에너지에 대응한다.

실제로 정확히 이런 식으로 행동하는 물리적 시스템들이 존재한다. 베타 카로틴(당근의 색깔을 만들어내는 분자)처럼 긴 유기 분자들 내부의 전자들은 몇몇 탄소 원자의 외각 궤도들에서 풀려나서 긴 분자의 끝까지 이동한다.

마치 긴 도랑에 갇힌 분자들처럼 말이다. 베타카로틴 분자의 길이는 원자 지름의 여러 배에 달하지만 폭은 원자의 지름과 같다. 따라서 기타 현의 진동 모드들과 매우 유사한 전자 파동함수가 만들어진다. 전자들이 한 양자상태에서 다른 양자상태로 건너뛸 때 베타카로틴 분자가 방출하는 광자들은 두 에너지준위의 차이에 대응하는 이산적인 에너지들을 갖는다.

전자는 바닥상태에서도 멈춰 있지 않다. 그 상태에서도 전자는 유한한 파장을 가지므로 유한한 운동량과 에너지를 가진다. 이 같은 바닥상태 운동을 일컬어 **영점운동**이라고 한다. 영점운동은 모든 양자 시스템에서 일어난다. 수소 원자 내부의 전자는 최저 에너지 상태에서도 여전히 운동한다. 그렇게 멈추지 않기 때문에, 전자는 그 최저 에너지보다 더 낮은 에너지 상태는 절대로 취할 수 없다. 이것이 모든 원자에게 안정성을 부여하는 양자물리학의 가르침이다.

원자 궤도

슈뢰딩거는 수학적 솜씨와 대단한 노력으로 자신의 방정식을 풀어냄으로써 모든 원자 가운데 가장 단순한 수소 원자 내부의 전자가 취할 수 있는 운동 모드들에 대응하는 일련의 해들을 발견했다. 그 해들은 현악기의 진동 모드들과 유사한 모드들이다. 모드 각각에 파동함수 Ψ가 대응하고, Ψ의 확률 Ψ^2은 독특하고 경계가 흐리며 구름과 비슷한 확률분포인데, 정확히 말해서 전자를 발견할 확률의 분포이다. 모드 각각의 에너지는 보어가 '옛 양자 이론'으로 훌륭하게 예측한 값과 정확하게 일치한다.

이 모드들, 곧 원자핵의 전기적 인력에 묶인 전자를 기술하는 독특한 파동함수들을 일컬어 '궤도함수'라고 한다. 궤도함수들은 어느 원자에서나 모양이 거의 같다. 원자 내부의 전자 각각은 특정 궤도함수 안에서 운동한다. 궤도함수의 모양 또는 분포(Ψ^2)는 임의의 시점에 어디에서 전자가 발견될 수 있는지를 (여러분도 짐작하시겠지만) 확률적으로만 알려 준다.

그림 27은 수소 원자의 궤도함수들을 보여 준다.[14] 맨 처음은 최저에너지 모드, 곧 바닥상태 궤도함수인데, 이 상태를 일컬어 '1S'라고 한다. 기호 'S'는 '구형spherical'을 뜻할 법하지만, 실은 분광학 용어에서 유래한 기호로 '선명함sharp'을 뜻한다. '1'은 이른바 '주양자수'이다. 1S 상태는 완벽한 구형이다. 이 상태에 있는 전자는 구의 중심 근처에서, 사실상 원자핵의 표면에서 발견될 확률이 가장 높다. 심지어 1S 상태에서는 전자가 원자핵 속으로 침투하기도 한다.

그러나 전자는 다른 궤도함수들에 있을 수도 있다. 바닥상태 다음으로 에너지가 낮은 상태는 2S와 2P다. 2S는 구형이라는 점에서는 1S와 같지만 방사형 파동 패턴을 가지고 있어서 안쪽 구역과 바깥쪽 구역이 마디에 의해 나뉜다는 점에서는 1S와 다르다. 그 마디에서 전자가 발견될 확률은 0이지만, 안쪽 구역이나 바깥쪽 구역에서는 전자가 얼마든지 발견될 수 있다. 2P 상태도 있다('P' 역시 옛 분광학 용어에서 나온 기호로 '주요함principal'을 뜻한다). 이 상태의 전자는 원자핵 주위를 돈다고 할 수 있다(반면에 S 준위의 전자는 원자핵 주위에서 '호흡'한다). 2P 상태는 세 가지($2P_x$, $2P_y$, $2P_z$)이며, 이것들 각각을 세 공간축(x, y, z)에 투영하면 아령 모양으로 보인다. 2P 상태들은 에너지가 같으며(또 공교롭게도 2S와도 에너지가 같다) 대개 혼합 양자 상태로 존재한다. 우리가 간단히 원자를 회전시키면, 전자는 한 2P 상태에서 다른 2P 상태로 옮겨 간다.

요컨대 들뜨지 않은 바닥상태에서 수소 원자는 원자핵과 1S 궤도함수에서 운동하는 전자 하나로 이루어진다. 그 전자는 들떠서 더 높은 에너지 상태로 뛰어오를 수 있다. 예컨대 바닥상태와 가장 가까운 '2P'로 뛰어오르거나 더 높은 '3D'로 뛰어오를 수 있다.

그렇게 만들려면 적당한 에너지를 지닌 광자를 원자에 쪼여서 전자로 하여금 그 광자를 흡수하여 뛰어오르기에 필요한 에너지를 얻게 해야 한다. 뛰

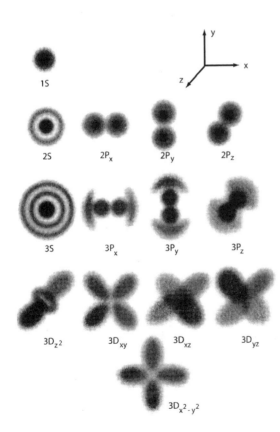

그림 27 가장 낮은 원자 궤도함수들. 수소 원자의 바닥상태는 전자 하나가 1S에 있는 것인 반면, 헬륨 원자의 바닥상태는 스핀이 반대인 전자 두 개가 1S에 있는 것이다. 원소주기율표(그림 25)의 그 다음 행에서는 2S, 2P$_x$, 2P$_y$, 2P$_z$가 차례로 채워진다. 이때 각 궤도함수에는 최대 두 개의 전자(스핀이 위인 전자와 스핀이 아래인 전자)가 채워질 수 있다. 그러므로 총 8개의 전자가 채워질 수 있고, 따라서 이 둘째 행에 원자 8개가 등장한다. 원소주기율표의 셋째 행에서는 3S, 3P$_x$, 3P$_y$, 3P$_z$가 채워지므로 역시 원자 8개가 등장한다. 넷째 행에서는 4S, 4P$_x$, 4P$_y$, 4P$_z$, 그리고 '3D' 궤도함수 5개가 채워지므로 총 8+10=18개의 원자가 등장한다. 다섯째 행에서는 5S, 5P$_x$, 5P$_y$, 5P$_z$, 그리고 '4D' 궤도함수 5개가 채워지므로 역시 8+10=18개의 원자가 등장한다. 여섯째 행에서는 Z=57부터 71까지의 란탄족 원자들에서 4F 상태들이 등장하고, 일곱째 행에서는 Z=89부터 103까지의 악티늄족 원자들에서 5F 상태들이 등장한다. 가장 높은 궤도함수들은 복잡도와 혼합도가 높다.

어오른 전자는 그 높은 모드에 잠시 머물다가 다시 바닥상태로 뛰어내리면서 광자를 방출할 텐데, 그 광자의 에너지는 무수한 실험에서 관찰된 값과 정확히 일치할 것이다. (앞에서 설명했듯이) 양자이론은 그 광자의 에너지를 설명하려는 노력의 와중에 개발되었다. 수소 원자 내부의 전자를 기술하는 슈뢰딩거 방정식을 푸는 일은 태양 주위를 행성 하나가 도는 상황에 관한 문제를 푸는 (일찍이 뉴턴이 해낸) 일과 아주 흡사하다. 이 문제를 **2체 문제**라고 하는데, 2체 문제는 복잡한 요소가 별로 없기 때문에 언제나 꽤 간단한 수학으로 풀 수 있다. 단지 원자핵(태양)과 전자(행성) 사이에 작용하는 힘만 고려하면 되니까 말이다. 그러나 태양 주위를 여러 행성이(목성, 토성, 금성, 화성 등이) 도는 경우라면, 행성이 하나 늘어날 때마다 수학이 급격하게 난해해져서 문제를 정확하게 푸는 것은 불가능해진다. 이 사정은 전자를 여러 개 지닌 원자에서도 마찬가지이다.

그렇다면 전자를 두 개 이상 지닌 원자는 어떻게 다뤄야 할까? 우리는 우선 전자들 사이의 힘은 무시하고 전자와 원자핵 사이의 힘에만 초점을 맞춘다. 헬륨은 원자번호가 Z=2이므로(즉 원자핵의 전하량이 2이므로) 전자 두 개를 지녀야 한다. 그 전자들이 둘 다 바닥상태, 즉 1S 궤도함수에서 운동할 수도 있을 것이다. 실제로 이 가정은 헬륨의 스펙트럼과 맞아떨어진다. 그러나 그 다음이 문제이다. 왜 헬륨은 화학적으로 수소와 영 딴판일까(헬륨은 화학적으로 불활성인 반면, 수소는 반응성이 매우 강하다)? 왜 헬륨은 수소보다 두 배 많은 전자를 지녔는데도 반응성은 두 배가 아닐까? 왜 헬륨은 도리어 화학적으로 활성이 없을까?

그 다음 순서는 리튬이다. 리튬 원자 내부의 전자 3개는 1S 궤도함수에 모여 있을까? 실제로 리튬의 행동은 수소와 유사한데, 헬륨은 수소와도 다르고 리튬과도 다르게 행동한다. 그 다음 순서인 베릴륨은 어떨까? 베릴륨 원자 내부의 전자 4개는 모두 바닥상태 1S에 있지만, 베릴륨의 화학적 행동은 또 다를까? 만일 모든 원자 내부의 전자 Z개가 모두 1S 궤도함수에 모여 있다면, 멘델레예프가 발견한 기이한 주기성을 어떻게 설명할 수 있을까?

모든 원자 내부의 전자 Z개가 바닥상태 궤도함수(1S 파동함수)에 모여 있다면, 화학을 설명할 길이 없다. 모든 원자가 사실상 동일한 화학적 속성을 지녀야 할 테니까 말이다. 그러나 우리가 원소주기율표에서 관찰하는 바는 전혀 다르다. 게다가 모든 전자들이 한 궤도함수에 모여 있다면, 우리가 원자들 사이의 묘한 공범 관계에서 발견한 마법의 수 8이나 10은 존재하지 않을 것이다. 무언가 더 흥미롭고 미묘한 사정이 숨어 있는 것이 분명하다.

파울리 씨의 등장

시스템들은 가능한 최저 에너지 상태를 취하려고 한다. 원자의 경우에는 (예컨대 슈뢰딩거 방정식이 함축하는) 양자 규칙들에 의해 전자가 들어가서 운동할 수 있는 궤도함수들(허용되는 운동 상태들)이 규정되고, 각 궤도함수는 고유한 에너지를 갖는다. 원자를 이해하기 위한 마지막 주요 발걸음은 궤도함수 각각에 오직 전자 두 개만 들어갈 여유가 있다는 또 하나의 놀라운 깨달음이다. 만약에 궤도함수 각각에 세 개 이상의 전자가 들어갈 수 있다면, 우리 세계는 지금과 전혀 다를 것이다.

이 대목에서 위대한 천재 볼프강 파울리가 등장한다. 화를 잘 내기로 유명한 파울리는 주변 사람들을 공포에 떨게 한 당대의 양심이었다. 그는 때때로 편지에 '신의 분노'라고 서명했다. 우리는 그에 대해서 많은 이야기를 하게 될 것이다(5장, 주 1 참조).

전자들이 오로지 1S 궤도함수에만 몰리는 것을 막기 위해 파울리는 1925년에 '배타원리'를 제안했다. 배타원리에 따르면, **원자 내부에서 두 전자가 동시에 동일한 양자상태를 취할 수는 없다.** 배타원리는 무거운 원자들에서 전자 궤도함수들이 채워지는 방식을 통제하며, 우스갯소리 같지만 우리가 벽을 통과할 수 없게 만든다. 왜 그럴까? 여러분의 몸 속에 있는 전자들은 벽 속에 있는 전자들과 동일한 상태를 취할 수 없다. 앞의 전자들과 뒤의 전자들은 아주 큰 공간을 사이에 두고 떨어져 있어야 한다.

볼프강 파울리 교수는 키가 작고 통통하고 창조적이고 비판적이었으며 냉소적인 위트가 있었는데, 그 위트는 동료들에게 기쁨을 줄 때도 있었고 공포를 줄 때도 있었다. 그는 10대 시절에 주제넘게도 상대성이론을 물리학자들에게 설명하는, 그 분야에서 가장 훌륭한 논문을 썼다. 또한 과학자 경력 내내, 한 번 들으면 잊을 수 없는 농담을 던지곤 했는데, 그것들은 지금도 물리학계에서 회자된다. 예컨대 이런 농담이 있다. "아하, 당신은 이토록 젊은데 벌써 무명이시군요." 또 이런 농담들도 있었다. "그 논문에는…… 틀린 내용조차 없어요." 그리고 "당신이 제시한 첫째 공식은 틀렸어요. 그런데도, 둘째 공식은 첫째 공식에서 도출되지 않아요." "나는 당신이 느리게 생각한다는 사실에 분개하지 않아요. 다만, 당신이 생각하는 것보다 더 빠르게 논문을 출판한다는 사실에 분개할 뿐이오." 이런 농담들을 듣는 상대방은 기가 죽었을 것이 분명하다.

파울리에 관한 시 한 편을 소개하겠다. 저자는 알려지지 않았는데, 조지

가모브의 책『물리학을 뒤흔든 30년』에 수록되어 있다.

> 그가 동료들과 논쟁할 때
>
> 그의 온몸 떨리고
>
> 그가 논제를 방어할 때
>
> 그 진동 끝없어라
>
> 그가 내놓는 빛나는 이론은
>
> 그의 손톱에서 물어뜯겨 나오지

익명의 저자[15]

파울리의 배타원리는 그의 최대 업적 중 하나였다. 그 원리는 원소주기율표가 왜 그런 모습인지 설명함으로써 우리에게 화학을 선사했다. 파울리 배타원리는 주어진 원자 내부에서 두 전자가 정확히 똑같은 양자상태에 있을 수 없다는 간단한 명제이다. 두 전자가 정확히 똑같은 상태에 있는 것은 금지된다! 이 간단한 규칙 덕분에 우리는 원소주기율표에 등재된 원자들의 구조와 화학적 성질을 이해할 수 있다. 원자들의 구조는 파울리가 제시한 두 가지 규칙에 따라 결정된다. (1)전자들의 양자상태는 다 달라야 한다(배타원리). (2)배열은 에너지가 최대한 낮아지도록 이루어져야 한다. 두 번째 규칙은 왜 중력이 작용하면 물체들이 떨어지는지도 설명해 준다. 땅 위의 물체는 14층의 물체보다 에너지가 적으니까 말이다. 그런데 헬륨을 만들려면 1S 궤도함수에 전자 2개가 들어가야 한다. 이것은 한 양자상태에 전자 하나만 있어야 한다는 파울리 배타원리에 대한 위반이 아닐까? 이 질문에 대한 답은 파울리의 또 다른 위대한 업적(아마도 가장 위대한 업적)에 들어 있다. 그것은 '전자스핀' 개념이다(전자스핀에 대한 상세한 논의는 부록 참조).

전자들은 작은 팽이처럼 회전한다. 영원히 멈추지 않고 회전한다. 그런데 전자 각각은 두 가지 스핀 양자상태를 취할 수 있다. 우리는 그 상태들을 '위'와 '아래'라고 부른다. 그러므로 동일한 궤도함수에서 두 전자가 운동할 수 있다. 그러면서도 '두 원자가 동일한 양자상태에 있을 수 없다'는 파울리의 규칙을 위반하지 않을 수 있다. 왜냐하면 전자스핀이 있기 때문이다. 두 전자가 똑같이 1S 궤도함수에 있더라도 한 전자는 위 스핀 상태이고 다른 원자는 아래 스핀 상태이면, 두 전자의 양자상태는 동일하지 않으니까 말이다. 하지만 그렇게 전자 두 개가 채워지면, 1S에 전자 채워 넣기는 끝난다. 1S에 세 번째 전자를 집어넣을 수는 없다.

이제 우리는 헬륨 원자를 설명할 수 있다. 헬륨 원자는 1S 궤도함수가 전자 한 쌍으로 완전히 채워져 있다. 헬륨 1S 궤도함수에는 또 다른 전자가 들어갈 틈이 없다. 이미 두 전자가 양탄자 속의 벌레 한 쌍처럼 편안히 자리 잡았기 때문이다. 그래서 헬륨은 다른 원자들과 화학적으로 반응하지 않는다. 즉, 헬륨은 불활성이다! 다른 한편, 수소는 1S 궤도함수에 전자 하나만 가지고 있기 때문에 스핀이 반대인 또 하나의 전자가 그 궤도함수에 들어 오는 것을 환영한다(곧 보겠지만, 다른 원자에서 전자가 넘어와서 1S 궤도함수를 채우는 것은 수소가 다른 원자와 결합하는 것과 같다).[16] 화학자들의 용어로 말하면, 수소는 '채워지지 않은 껍질'(전자 하나만 들어 있는 1S 궤도함수)을 지닌 반면, 헬륨은 '채워진 껍질'(스핀이 반대인 전자 한 쌍이 들어 있는 1S

궤도함수)을 지녔다('껍질'은 간단히 '궤도함수'를 뜻하지만 더 오래된 용어이다. 여러분은 화학자들이 '껍질'이라는 용어를 쓰는 것을 자주 듣게 될 것이다). 그러므로 수소의 화학적 성질과 헬륨의 화학적 성질은 밤과 낮처럼 다르다.

이제 전자 3개를 지닌 리튬을 다룰 준비가 되었다. 우리는 전자 3개를 어떻게 배열해야 할까? 스핀이 각각 위와 아래인 전자 두 개는 헬륨에서처럼 1S 궤도함수에 들어가서 그 궤도함수를 채울 것이다. 이제 1S 궤도함수는 채워졌으니, 세 번째 전자는 그 다음으로 에너지가 낮은 궤도함수에 들어갈 수밖에 없다. 그런데 그림 27에서 보듯이 4개의 궤도함수 2S, $2P_x$, $2P_y$, $2P_z$가 가용하다. 리튬의 화학적 속성은 이 마지막 전자에만 좌우된다. 왜냐하면 1S는 이미 채워져서 활성을 잃었기 때문이다. 2S 궤도함수는 2P 궤도함수들보다 에너지가 아주 조금 낮다. 따라서 세 번째 전자는 2S 궤도함수로 들어간다. 그러므로 리튬은 화학적으로 수소와 사실상 같다. 수소는 1S 궤도함수에 전자 하나를 지녔고 리튬은 2S 궤도함수에 전자 하나를 지녔으니까 말이다. 우리는 지금 원소주기율표의 비밀을 순조롭게 파헤치는 중이다.

이제 2S 궤도함수와 2P 궤도함수들을 채워 감으로써 더 무거운 원자들을 만들 수 있다. 베릴륨에서 네 번째 전자는 (2S에 이미 들어 있는 전자가 약하게 밀어내기 때문에) 2P 궤도함수들 중 하나로 들어간다. 2P 궤도함수들은 아령 모양의 파동함수들이며 에너지는 모두 같다. 전자는 이 상태들의 양자 혼합 상태를 취할 수 있다. 2S와 2P 궤도함수 각각은 스핀이 위인 전자와 스핀이 아래인 전자, 그렇게 2개의 전자를 수용할 수 있다. 그러므로 2S와 2P 궤도함수들에 전자를 하나씩 추가해 가면서 원자핵과의 전하량 균형을 맞추기만 하면 점점 더 무거운 원자들을 만들 수 있다. 즉, 베릴륨(Z=4), 붕소(Z=5), 탄소(Z=6), 질소(Z=7), 산소(Z=8), 불소(Z=9), 네온(Z=10)을 만들 수 있다. 헬륨에서 8단계 올라가면 네온에 도달한다. 네온에 이르면 2S와 2P 각각이 완전히 채워진다. 즉, 각 궤도함수에 전자 2개(스핀이 위인 전자와 아래인 전자)가 들어간다. 헬륨에서 1S 궤도함수가 완전히 채워졌던 것과 마찬가지로, 네온에서는 안쪽의 1S 궤도함수뿐 아니라 2S, $2P_x$, $2P_y$, $2P_z$까지 완전히 채워지는 것이다. 이로써 우리는 멘델레예프가 발견한 주기성과 마법의 수 8의 기원을 이해했다.

수소와 리튬은 화학적으로 동일하다. 왜냐하면 수소 원자는 1S 궤도함수에 전자 하나를 지녔고, 리튬 원자는 2S 궤도함수에 전자 하나를 지녔기 때문이다. 헬륨과 네온도 서로 유사하다. 왜냐하면 헬륨에서는 1S 궤도함수가 전자 2개로 완전히 채워지고, 네온에서는 안쪽의 1S 궤도함수뿐 아니라 2S, $2P_x$, $2P_y$, $2P_z$까지 완전히 채워지기 때문이다. 궤도함수들이 완전히 채워지면 안정성과 화학적 불활성이 생긴다. 반면에 궤도함수들이 덜 채워지면 화학적 활성이 생긴다. 멘델레예프가 처음 발견한 (우리가 원자들을 마치 용의 자들처럼 늘어놓았을 때에도 발견된) 화학적 속성들의 공범관계는 이제 거의 완전히 이해되었다.

그러나 그 다음에는 원자핵의 전하량이 11인(Z=11) 나트륨이 등장한다. 나트륨 원자가 지닌 전자 11개는 어디로 가야 할까? 이제 우리는 3S 궤도함수에 전자 하나를 배정해야 한다. 그러고 보니 나트륨과 리튬과 수소는 화학적으로 유사해야 한다. 모두 바깥쪽 S 궤도함수에 짝 없는 전자 하나를 지녔으니까 말이다. 그 다음에는 $3P_x$, $3P_y$, $3P_z$의 양자 혼합 상태에 전자 하나를 지닌 마그네슘이 등장한다. 우리가 계속 위로 올라가면, 2S와 2P들이 채워질 때와 마찬가지 방식으로 3S와 3P들이 채워지고, 이번에도 8단계 올라갔을 때 궤도함수들이 완전히 채워진 불활성기체 아르곤에 도달한다. 아르곤은 네온, 헬륨과 마찬가지로 모든 궤도함수들이 완전히 채워져 있다. 즉, 1S, 2S, 2P, 3S, 3P 각각에 전자 2개가 들어 있다. 원소주기율표의 셋째 행을 만드는 방법은 둘째 행을 만드는 방법과 똑같다. 똑같은 방식으로 S와 P 궤도함수들을 채워 나가면 된다.

그러나 넷째 행에서는 이야기가 달라진다. 우리는 우선 둘째 행과 셋째 행을 만들 때처럼 4S와 4P(이 궤도함수들은 그림 27에 없다)를 채워야 한다. 그러나 그 다음에 3D 궤도함수들(그림 27 참조)이 등장한다. 이것들은 슈뢰딩거 방정식의 더 복잡한 해들이다. 이 궤도함수들이 채워지는 방식은 관련 원자들이 아주 많기 때문에 발생하는 세부 사항들과 관련이 있다. 전자들이 전기력을 통해 자기들끼리 상호작용하기 때문에 우리가 이제껏 완전히 무시해 온 복잡한 문제들이 발생한다. 그 문제들을 해결하는 것은 서로 유사한 다수의 행성들이 꽤 근접한 위치에서 궤도운동을 하는 태양계를 기술하는 뉴턴 방정식을 푸는 것과 유사하다. 이 모든 효과들을 고려하는 것은 어렵고 우리 논의의 범위를 벗어난다. 그러니 그것이 가능하다고 단언하는 것으로 만족하기로 하자. 3D 준위들은 4P 준위들과 혼합될 수 있고, 이런 혼합은 다른 방식으로도 가능하다. 결국 3D 준위들은 총 10개의 전자를 수용하면 완전히 채워진다. 따라서 '8'에 기초한 패턴은 '8+10' 등에 기초한 패턴으로 바뀐다. 이로써 모든 물질의 기초, 화학의 기초, 따라서 생물학에서 다루는 모든 대상이 만들어지는 방식의 기초가 확립되었다. 멘델레예프의 수수께끼가 풀린 것이다.

분자

이제 더 큰 대상인 분자를 제작할 준비가 되었다. 파울리의 배타원리, 슈뢰딩거 방정식, 그리고 사물들은 에너지가 가장 낮은 배열을 이룬다는 법칙은 분자의 형성과도 관련이 있다.

분자는 두 개 이상의 원자들이 모여서 이룬 더 복잡한 결합 상태이다. 우리는 원소들(원자들)이 결합하여 '화합물'(분자)을 이룬다고 말한다. 이때 결합하는 원자의 외각 전자들은 새로운 대상인 분자를 이루기 위해 새로운 춤을 춘다(안쪽의 채워진 궤도함수들에 있는 전자들은 아무 역할도 하지 않는다). 이번에도 생각할 수 있는 가장 단순한 물리적 시스템을 분석의 출발점으로 삼자.

우리는 수소 원자 2개가 수소 분자 하나를 이루는 것을 안다. 수소 분자는 H_2로 표기된다. 우리가 수소 원자 2개를 서로 접근시키면, 각 수소 원자의 1S 궤도함수들은 점차 융합하여 새 궤도함수들을 형성하고 두 원자핵들(양성자들)은 전기적 척력에 의해 분리된다. 이 새로운 분자 구조는, 두 원자핵들에 속박된 전자 파동함수를 분석할 때 등장하는 슈뢰딩거 방정식의 새로운 해들에 대응한다. 새로운 바닥상태 궤도함수는 σ(시그마)결합이라고 불리며 1S 궤도함수와 유사하다. 그림 28에서 σ결합을 볼 수 있다. 원자핵들은 전자구름 내부의 작은 점 2개로 표현했다. 또 에너지가 더 높은 π(파이)결합도 볼 수 있는데, 이 결합은 그림 27의 2P 궤도함수와 유사하다. σ결합은 원래의 1S 궤도함수와 마찬가지로 전자를 2개만 수용할 수 있고, 그 전자들은 스핀이 서로 반대여야 한다. 여기에서도 파울리의 배타원리가 작동하는 것이다.

두 전자의 운동(또한 σ결합의 모양과 분자 내부에서 두 원자핵의 위치)은 총 에너지를 최소화하는 원리에 의해 결정된다. 이로써 가장 단순한 분자인 H₂(표준적인 실내 온도와 압력에서 수소 기체)가 설명되었다. 우리는 전자 2개가 채워진 σ결합을 흔히 **공유결합**이라고 부른다. 이 결합에서 원래 원자들의 1S 상태들은 대칭적으로 융합하고 전자들은 두 원자에 의해 사실상 공유된다. 두 원자들이 점점 더 접근하고 그것들의 외각 원자들이 적절한 궤도함수들에 있으면, 두 원자들은 분자를 형성할 수 있다고 봐도 무방하다. 이처럼 전자 공유에 의해 촉진되는 분자 형성은 궤도함수들이 더 완전하게 채워지는 결과를 낳는다.

더 극단적인 또 하나의 화학결합은 외각 S 궤도함수에 전자를 하나 지닌 알칼리금속(수소, 나트륨 등)과 할로겐족 원소(예컨대 염소) 사이에서 일어난다. 할로겐족 원자는 외각 궤도함수들에 전자가 하나만 더 채워지면 불활성 상태가 된다. 이 결합에서는 알칼리금속 원자가 할로겐족 원자에게 증여한 전자를 기술하는 파동함수가 그림 28에서 보듯이 매우 비대칭적이게 된다. 즉 알칼리금속이 증여한 전자가 사실상 알칼리금속(예컨대 나트륨)을 완전히 떠나서 할로겐족 원자(예컨대 염소)의 전자들에 가세하게 된다. 그리하여 나트륨은 전자를 잃어 전체적으로 양전하를 띠게 되고 염소는 전자를 더 얻어 전체적으로 음전하를 띠게 되어, 두 원자는 전기력에 의해 느슨하게 결합하게 된다. 이런 결합, 곧 외각 전자 하나가 한 원자에서 다른 원자로 넘어가서 두 원자가 전기력에 의해 붙는 결합을 일컬어 **이온결합**이라고 한다. 염화나트륨(NaCl), 즉 평범한 소금은 이온결합의 산물이다. 일반적으로 이온결합이 일어날 때는 공유결합이 일어날 때보다 에너지가 조금 방출된다(이온결합이 공유결합보다 결합 에너지가 작다). 따라서 소금은 물에 쉽게 녹고, 그러면 물속에서 나트륨 원자(이온)들과 염소 원자들이 분리되어 따로 떠다니는 상태가 된다. 전지는 이 같은 이온들의 자유로운 운동성에 기반을 두고 작동한다(이온결합에서 전자를 잃거나 얻는 원자들을 이온이라고 한다). 신경세포들은 신호를 주고받아서 감각과 생각을 산출하는데, 이 신호 전달에 관여하는 '이온 펌프'라는 것이 있다. 나트륨 이온 펌프는 심경섬유의 벽을 통해 나트륨 원자들을 방출하고 칼륨 원자들을 흡수하는데, 신경세포의 막을 이루는 지방 세포들 내부의 원자들과 그들의 궤도함수들 사이에서 일어나는 전자들의 복잡한 운동이 나트륨 이온 펌프의 작동을 통제한다. 생명은 이온결합과 공유결합의 미묘한 균형인 셈이다.

원자번호가 $Z=6$인 탄소 원자를 생각해 보자. 이 원자는 1S 껍질에 전자 2개, 2S, $2P_x$, $2P_y$, $2P_z$ 껍질에 전자 4개를 지녔다. 그러므로 근처의 원자들로부터 전자 4개를 '꾸어다가' 외각 껍질들을 채울 여지가 충분히 있다. 그렇게 하면 모든 껍질들이 같은 수의 스핀-위 전자들과 스핀-아래 전자들로 채워질 것이다. 이 때문에 탄소는 다른 원자들과 낭만적인 고에너지 공유결합을 이루는 능력이 아주 뛰어난(가장 뛰어나다고는 못해도) 원자이다. 예컨대 탄소 원자는 쉽게 수소 원자 4개와 결합하여 분자를 이룰 수 있다. 이때 탄소의 외각 전자 4개는 각각 수소의 전자 하나와 짝을 이뤄 σ결합을 형성하고, 그 결과로 정사면체 모양의 분자가 만들어진다. 이 중요한 분자 CH_4는 유기화학(탄소의 화학)의 기초 분자이며 '메탄'이라고 부른다. 메탄 기체에는 엄

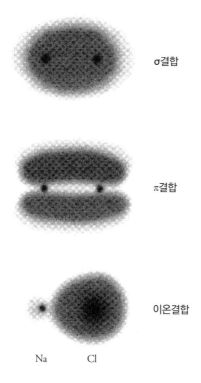

σ결합

π결합

이온결합

Na   Cl

그림 28 가장 단순한 분자 궤도함수들. σ결합은 예컨대 H_2 분자에서 보는 공유결합이며 1S 상태 두 개가 융합할 때 일어난다. π결합은 2P 궤도함수들의 융합이다. 이온결합은 NaCl(소금)에서처럼 전자들이 거의 완전히 한 원자에 속박될 때 일어난다. NaCl에서 Na 원자의 외각 전자는 Na 원자를 벗어나서 Cl 원자의 외각 껍질을 채운다. 그러면 Na 원자는 사실상 양전하를 띤 이온이 되어 음전하를 띤 Cl 이온에 끌리게 된다.

청나게 많은 화학에너지가 저장되어 있다. 메탄이 산화(연소)하면, 그 에너 지가 방출된다.

이제 우리는 메탄에서 수소 원자 하나를 떼어 내고 CH_3만 남길 수 있다. '메틸기'라고 불리는 이 원자 집단은 공유결합을 갈망하는 전자 하나를 지녔 다. 우리는 메틸기 두 개를 붙여서 C_2H_6를 만들 수 있는데, 이 흥미로운 구조 (그림 29 참조)를 '에탄'이라고 한다. 에탄에서 수소 하나를 제거하고 그 나머지('에틸기')를 메틸기와 결합하면 프로판이 만들어진다. 다시 한번 프로판에서 수소 하나를 제거하고 그 나머지를 메틸기와 결합하면 부탄이 만들어지고, 같은 작업을 반복하면, 펜탄, 헥산, 헵탄, 옥탄 등이 만들어진다. 이것은 '지방족 탄화수소'(이 명칭의 의미는 탄소 원자들과 수소 원자들이 '한 줄로 길게' 이어졌다는 것이다)라는 '거대분자들'의 대가족을 만들어내는 수많은 방법들 중 하나에 불과하다. 당연한 말이지만, 원자 100개 정도만 있으면 이런 식으로 사실상 무한히 다양한 분자들을 만들 수 있고, 그중 다수는 실제로 유용하다.

위에서 우리는 메탄이 신속한 산화, 즉 '연소'라는 화학반응을 일으킨다는 것을 언급했다. 그 반응을 나타내는 식은 이것이다.

$$CH_4 + 2O_2 \rightarrow CO_2 + 2H_2O$$

말로 풀면, 메탄 분자 하나가 산소 분자 둘과 만나고, 에너지 스파크(광자)가 주어지면, 메탄과 산소가 신속하게 불타서 이산화탄소 분자 하나와 물 분자 두 개가 된다는 것이다. 다량의 에너지를 방출하는 이 반응은 모든 탄소연료 연소의 기초이다. 모든 탄화수소가 불타면 부산물로 이산화탄소가 나온다는 점을 주목하라.

요약

우리가 보았듯이, 원소주기율표의 첫째 열(세로줄)에 등장하는 모든 원소들, 즉 알칼리금속들은 최외각 S 껍질에 외로운 전자 하나를 지녔다. 그 원소들, 즉 수소(H), 리튬(Li), 나트륨(Na) 등이 분자를 형성할 때 하는 활동은 다른 원자와 전자를 공유하는 것(공유결합)이거나 그 외각 전자를 완전히 떼어 내어 다른 원자에 증여하는 것(이온결합)이다. 예컨대 수소 원자 두 개가 만나면, 그 원자들은 전자 하나씩을 내놓아서 단일 공유결합(σ결합)을 이뤄 H_2가 된다. H_2는 분리된 H 원자 두 개보다 에너지가 낮다. 다른 한편, 염소(Cl)를 비롯한 할로겐족 원소는 전자 하나만 더 있으면 외각 껍질을 완전히 채울 수 있다. 염소와 나트륨이 만나면 (첫눈에 사랑에 빠져서) 염소가 나트륨의 전자를 잡아채어 자신의 껍질을 채우고, 그로 인해 음전하를 띠게 된 염소와 전자를 증여하여 양전하를 띠게 된 나트륨은 느슨한 결합(이온결합)을 유지한다. 그 결과는 염화나트륨(NaCl), 즉 소금이다.

또한 우리가 확실히 알듯이, 헬륨 원자 두 개는 서로 결합하지 않는다. 더

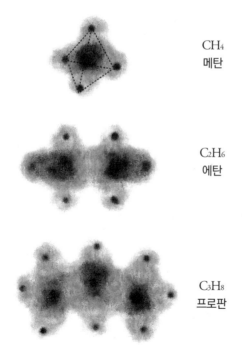

CH_4
메탄

C_2H_6
에탄

C_3H_8
프로판

그림 29 화학결합의 예. 이것들은 가장 단순한 탄화수소 가족인 '지방족 탄화수소'에 속한 가장 작은 세 구성원, 메탄, 에탄, 프로판이다(탄소 원자를 계속 추가하면, 부탄, 펜탄, 헥산, 헵탄, 옥탄, 노난, 데칸 등이 만들어진다).

나아가 헬륨을 무언가와 반응시키기는 아주 어렵다. 왜 그럴까? 헬륨은 껍질이 완전히 채워져 있어서 불친절하고 화학반응을 하지 않는 것이다. 분자 형성은 '껍질 채우기' 혹은 '껍질 완성하기' 과정이다. 껍질을 이웃의 전자로라도 채우면, 일반적으로 안정되고 에너지가 낮은 시스템이 만들어진다. 당신이 이웃의 전자를 빌린다면, 당연히 당신은 이웃을 붙잡게 된다. 수소 원자 두 개가 결합하면, (각 원자의 1S 궤도함수에 있던) 전자 두 개가 공유 결합을 채우고, 그 결과로 수소 분자가 만들어진다. 산소는 껍질을 채울 전자가 2개 모자라기 때문에 수소 원자 2개와 결합하여 우리가 양치질을 하고 목욕을 할 때 쓰는 물질을 형성한다. 무슨 물질인지 알겠는가? 여러분은 어느새 신진 화학자들이 되었다.

우리가 예상하기에 저 바깥의 수많은 사람들은 화학결합이라는 말만 들어도 고등학교 화학 수업을 떠올리고, 강렬한 기쁨과 절망이 번갈아 닥치던 시절, 그 후 다시는 경험하지 못한 시절, 양자이론에 대해서는 들어 보지도 못한 시절을 떠올릴 것이다. 다행히 이제 여러분은 그 시절을 담담하게 회상할 수 있다.

화학반응은 결합한 시스템의 에너지가 최소화되는 방향으로 일어난다. 양자이론에서 에너지는 양자화되어 있고 전자들은 최저 에너지 상태를 점유하도록 배열된다. 배타원리는 최저 에너지 상태 추구에 선행한다. 따라서 전자는 다른 전자들의 공간을 침해하지 않는 한에서 에너지가 최저인 상태에 '머문다'.

파울리의 새로운 힘

두 전자가 정확히 동일한 양자상태에 있는 것에 대한 엄격한 금지는 궁극적으로 임의의 두 전자가 서로에게 너무 바투 접근하는 것에 대한 금지로 이어진다. 만일 두 전자가(스핀은 둘 다 위라고 하자) 접근하다 못해 완전히 겹쳐진다면, 그것들은 자연의 뜻을 거슬러 동일한 양자상태에(공간상의 동일 지점에) 이르는 셈이다. 요컨대 파울리의 규칙은 이런 식의 겹침을 막는다. 다시 말해 전자들을 떼어 놓는 척력의 구실을 한다(이 척력은 부호가 동일한 전하들 사이에서 작용하는 전기력과는 다르다. 이 전기력도 척력이지만, 이것은 전기장에서 유래한다). 파울리의 배타원리가 산출하는 이 척력 효과를 일컬어 '교환력'이라고 한다. 교환력의 귀결들은 화학에 국한되지 않는다.

교환력은 양자이론의 확률적 본성의 불가피한 귀결이라고 파울리는 지적했다. 교환력의 존재 증명은 아름다운 논증이며 두 번 읽을 가치가 있다(우리는 스핀을 다루는 부록에서 그 '증명'을 제시할 것이다. 하지만 그 증명을 이해하려면 더 세부적인 수학 지식이 필요하다). 이 문제와 관련해서 지적하는데, 파울리 배타원리는 원자 규모의 세계에 대한 경험의 귀결로 등장했다. 그 경험에 따르면, 우주에 있는 모든 전자들은 정확히 똑같다. 매우 비슷한 정도가 아니라 정말로 동일하다.

볼 베어링, 양, 대법원 등이 속한 복잡한 거시 세계에는 그런 정확한 동일성이 존재하지 않는다. 볼 베어링 공장에서 갓 생산된 볼 베어링 세트를 생각해 보자. 그 베어링들은 확실히 비슷하게 생겼지만 과연 동일할까? 정밀하게 조사하면 미세한 흠집이나 굴곡이 틀림없이 드러날 테고, 그것들 때문에 베어링들을 확대해서 보면 모양이 제각각 다를 것이다. 베어링 네 개의 무게를 정확하게 측정한 결과는 이를테면 2.3297, 2.3295, 2.3299, 2.3296그램일 수 있다. 이 결과 역시 아주 미세한 차이를 드러낸다. 복제양 두 마리나 일란성쌍둥이 두 사람도 충분히 정밀하게 조사하면 차이들을 드러낼 것이다. 그 차이들은 양이나 사람이 지닌 어마어마한 분자적 복잡성을 반영한다. 그러나 전자들은 그렇지 않다.

모든 전자들은 내재적 속성들이 동일하다. 이 말은 무슨 뜻일까? 만일 우리가 원자 내부의 두 전자를 맞바꾸면, 그 결과는 원래와 동일한 원자일 것이다. 맞바꾸기가 이루어졌음을 탐지할 길이 실험적으로도 없고 심지어 원리적으로도 없다. 이것은 **교환 대칭**의 한 예이다. 그러나 원자 내부의 전자를 기술하는 파동함수에 대해서 말하자면, 우리가 임의의 두 전자를 그런 식으로 맞바꾸면, 그 결과로 우리는 두 전자의 위치만 바꾸었을 뿐이지 전체적으로 원래와 동일한 파동함수를 얻는데, 정확히 말해서 원래 파동함수에 −1을 곱한 파동함수를 얻는다. 전자의 입장에서 보면, 이것은 전자들이 동시에 동일한 상태에 있을 확률이 0임을 뜻한다. 예컨대 두 전자가 공간상의 동일 지점에 있고 스핀이 동일할 경우, 만일 우리가 두 전자를 맞바꾸면, 우리는 자기 자신에 −1을 곱하면 자기 자신과 같은 그런 파동함수를 얻게 된다. 그리고 그런 파동함수는 0밖에 없다(우리는 스핀에 관한 부록에서 이 이야기를 수학적으로 더 자세하게 펼칠 것이다).

교환력은 강한 척력이다. 그러나 교환력은 전기력이나 중력처럼 실재하는 힘은 아니다. 다시 말해 교환력은 '장'과 무관하다. 교환력은 두 전자가 동시에 동일 장소에 있을 통계적 확률이 0이라는 사실의 귀결이다. 어떤 상황이 일어날 확률이 높으면, 그 상황이 일어나도록 만드는 '인력'이 존재하는 것처럼 보일 것이다. 거꾸로 어떤 상황이 일어날 확률이 낮으면, 그 상황이 일어나는 것을 막는 '척력'이 존재하는 것처럼 보일 것이다. 이런 식의 이른 바 교환력들은 단지 착각에 불과하지만 실제 효과에 대한 우리의 직관을 돕는다.

다시 파울리 배타원리에 대한 논의로 돌아가면, 동일한 양자상태에 있는 동일한 두 전자를 기술하는 파동함수는 0이다. 이 사실 때문에 척력 효과가 발생한다. 동일한 두 전자가 동일한 양자상태에 있는 상황은 배제된다. 마치 강력한 척력이 있기라도 한 것처럼 말이다. 이로써 우리는 물질(원자 궤도함수)의 약 99퍼센트가 빈 공간인데도 왜 우리의 손이 테이블을 관통할 수 없는지, 왜 우리가 벽을 통과할 수 없는지 이해할 수 있게 되었다. 당신의 몸속에 있는 전자들은 '벽' 원자들을 관통할 수 없다. 왜냐하면 그것들은 파울리 배타원리의 지배를 받기 때문이다. 즉, 전자들이 서로 너무 접근하는 것은 금지되어 있기 때문이다.

세세한 화학반응들과 그 결과로 형성되는 복잡한 분자들을 비롯한 화학의 세부 내용은 훨씬 더 방대하고 환상적이다. 그중 일부는 슈뢰딩거 방정식으로 직접 분석할 수 있지만, 대다수는 너무 복잡해서 명시적인 계산을 할 수 없다. 연구할 주제들이 아주 많이 남아 있다. 양자물리학은 화학의 토대이다. 복잡성의 한계는 오늘날 현대물리학의 주요 관심사이다. 복잡한 시스템들을 어떻게 기술할 것인가? 단순한 통계적 모형들은 어디에서 무력해질까? 우리는 양자물리학이 모든 것을 설명한다는 것을 믿어 의심치 않는다. 비록 그 설명이 원리적인 수준에 머물지라도 말이다. 악마는 세부에 들어 있다.

7장 논쟁: 아인슈타인 대 보어, …… 그리고 벨

　　우리는 난해한 6장을 용케 넘기면서, 왜 화학이(따라서 생물학이) 존재하는지, 왜 부엌 조리대의 내부에는 빈 공간이 충분히 많은데도 여러분의 손은 조리대를 관통하지 않는지 마침내 볼프강 파울리 덕분에 이해했다. 이제 우리는 한 걸음 크게 내디뎌 더 깊은 양자 수수께끼들에 뛰어들고 닐스 보어와 알베르트 아인슈타인의 위대한 논쟁을 살펴볼 것이다. 어리둥절해질 각오를 하기 바란다. 우선 우화 한 편을 소개하겠다.

　　타고난 논쟁꾼 네 명이 여행을 떠났다. 모두 MIT 출신인 그들은 1~2년 차이로 은퇴한 후에 함께 도보 여행에 나서서 직업 생활 내내 이어 온 대화를 계속했다. 그들은 논쟁을 종결하려면 투표를 하는 수밖에 없음을 깨달았지만 여전히 우정을 유지했다. 그런데 이상하게도 만물의 이론, 양자기술, 대형 입자가속기를 신설할 장소 등에 관한 그들의 열띤 논쟁들을 끝내기 위한 투표의 결과는 항상 3 대 1이었다. 알베르트는 늘 용감하게 소수 의견을 옹호하는 외톨이였다. 옐로스톤 국립공원을 지날 때에도 알베르트가 외톨이가 되었다. 이번에 그는 수리논리학이 항상 완전하며 충분히 노력하기만 하면 어떤 수학 정리이든 증명하거나 반증할 수 있다는 주장을 옹호했다.

열렬하고 감동적인 설명을 했음에도 그는 늘 그랬듯이 이번에도 투표에서 졌다. 결과는 3 대 1. 그러나 이번만큼은 확신이 워낙 강했기 때문에 그는 평소와 다르게 반응했다. 그는 전능하고 자비로운 신 '헤어 리프팅'에게 호소하기로 결심하고 눈을 들어 하늘을 보면서 이렇게 읊조렸다. "오, 주여, 당신은 제가 옳음을 아시나이다. 이들에게 증표를 내리소서!" 그 순간, 맑은 하늘이 어두워지면서 네 명의 신(新)철학자들 위로 어두운 자주색 구름이 내려왔다.

"봐." 알베르트가 말했다. "헤어께서 내가 옳다는 표적을 내리시는 거야!"

"이런 젠장!" 베르너가 받아쳤다. "안개는 자연현상이라는 거, 우리 다 알잖아."

알베르트가 다시 나섰다. "주여, 제가 옳다는 증표를 더 선명하게 내려 주옵소서!"

구름이 소용돌이로 돌변하여 여행자들 위에서 빠르게 회전했다.

"이것도 증표야. 내가 옳아! 주께서 아시고 우리에게 말씀하시잖아." 알베르트가 흥분해서 외쳤다.

"글쎄……." 닐스가 말했다. "난 덴마크에서 이런 회전 구름을 본 적이 있어. 이건 대기권 상층에서 발생하는 난류거든."

막스가 고개를 끄덕여 동의를 표했다. "확실히, 별 것 아냐."

알베르트는 고집을 꺾지 않았다. "주여, 더욱 더 선명한 증표를!"

갑자기 귀를 찢는 천둥소리가 여행자들을 흔들고, 무시무시하게 울리는 여성의 목소리가 높은 하늘에서 내려오며 날카롭게 외쳤다.

"알베르트가 옳다!!!"

베르너, 닐스, 막스는 충격을 받고 잠시 자기들끼리 몸짓, 고갯짓을 하며 의논했다. 마침내 결단을 내린 듯한 표정으로 닐스가 알베르트를 바라보며 말했다. "좋아, 우리도 인정할게. 그녀도 투표했어. 그러니까 이번엔 투표 결과가 3 대 2야."

이상적일 경우, 과학적 창조성은 직관력과 반박 불가능한 증명의 욕구 사이의 끊임없는 싸움이다. 오늘날 우리는 양자 과학이 자연 세계의 엄청나게 넓은 영역에서 유효함을 안다. 우리는 양자 과학을 응용하는 방법들까지 발견했고, 그것들은 경제를 급성장시켰다. 또 우리는 미시 세계 — 양자 세계 — 가 이상하고, 야릇하고, 기묘하다는 것을 깨달았다. 그 세계를 다루는 과학은 16세기부터 1900년대까지 진화한 과학과 전혀 다르다. 양자 과학의 등장은 진정한 혁명인 것이다.

때때로 과학자들은 자신이 발견한 바를 대중에게 전달하면서 우리 저자들처럼 비유를 동원한다. 그런 비유는 우리가 본 것을, 심지어 우리도 일상에서 직접 경험하지 못한 영역을 파악하기 위한 우리 자신의 생각을 어느 정도 조절하는 한이 있더라도, '와 닿게' 기술하려는 필사적인 노력의 산물이다. 당연히 우리에게는 그런 영역을 기술할 언어가 없다. 우리의 언어는 다른 과제들을 해결하기 위해 진화했다. 행성 'Zyzzx'에 사는 외계인 관찰자가 대규모 인간 집단들의 행동에 관한 데이터만 입수했다면, 그 관찰자는 대규모 행렬, 월드 시리즈와 슈퍼볼, 자동차 경주와 경마, 한 해의 마지막 날 타임스퀘어를 메운 군중, 행진하는 군대, 가끔 (당연히 원시적인 국가들에서) 관공소를 습격하다가 경찰의 대응으로 공황에 휩싸여 흩어지는 폭도를 알 것이다. 그런 데이터를 100년 동안 축적했다면, Zyzzx인들은 인간의 집단행동을 열거한 방대한 목록을 가지고 있을 것이다. 그러나 그들은 개별 인간의 능력과 동기에 대해서는 전혀 모를 것이다. 개별 인간의 합리적 사고 능력, 음악과 미술을 사랑하는 능력, 섹스 능력, 창조적 통찰력, 유머의 능력 등은 전혀 모를 것이다. 집단행동에서는 이 모든 개별 속성들이 평균되어 깨끗이 지워질 것이다.

미시 세계의 사정도 마찬가지이다. 벼룩의 속눈썹에 원자가 십억 곱하기 일조 개쯤 들어 있음을 상기하면, 왜 거시적인 물체들 — 인간이 경험하는 대상들 — 은 양자 세계의 작동 방식에 접근하는 데 아무 도움이 안 되는지 알 수 있다. 분명하게 말하는데, 거시적인 자연은 개별 양자 대상의 속성을 흐릿하게 만든다. 그러나 나중에 보겠지만, 개별 양자 대상의 속성이 완전히 흐려지는 것은 아니다. 요컨대 우리 앞에 두 세계가 있다. 하나는 뉴턴과 맥스웰이 아름답게 기술한 고전 세계, 다른 하나는 양자 세계이다. 당연한 말이지만, 최종 분석에서는 양자 세계 하나만 존재한다. 그리고 양자이론은 모든 양자현상을 성공적으로 설명하고 고전 이론의 성취들도 재현할 것이다. 뉴턴과 맥스웰의 방정식들은 양자 과학 방정식들의 근사식으로 밝혀질 것이다. 이제부터 양자 세계의 가장 충격적인 면모들에 익숙해지기 위해 노력해 보자.

네 번의 충격

1. 우리는 예컨대 방사성 붕괴 같은 현상들에서 첫 번째 도전에 직면했다. 우리가 좋아하는 입자인 뮤온을 생각해 보자. 뮤온은 질량이 전자의 200배 정도이며 전하량은 전자와 같은데 크기는 없는 듯하다. 즉, 전자와 마찬가지로 반지름이 0인(물질 점인) 듯하다. 또 뮤온은 전자와 마찬가지로 한 축을 중심으로 회전한다(스핀이 있다). 처음 관찰되었을 때 뮤온은 정말이지 설명할 수 없이 무거운 전자의 복사본이었다. 그래서 I. I. 라비는 "저걸 대체 누가 주문한 거야?"[1]라는 유명한 탄식을 내뱉었다. 그러나 전자와 달리 뮤온은 불안정하다. 즉, 뮤온은 방사성 붕괴를 하며 수명은 약 2마이크로초에 불과하다. 더 정확히 말해서, 반감기가 2.2마이크로초이다(2.2마이크로초가 지나면 원래 있었던 뮤온들의 절반만 남는다). 그러나 우리는 특정

한 뮤온이 ('힐다', '모에', '베니토', '줄리아'라는 뮤온이 있다면, 이들 중 어느 하나가) 언제 붕괴할지 정확하게 예측할 수 없다. 그 사건 — 모에 뮤온의 사망 — 은 주사위 두 개를 던졌을 때 양쪽 다 1이 나오는 사건과 마찬가지로 불확정적이다(무작위하다). 우리는 고전적인 결정론적 메커니즘을 포기하고 그 대신에 확률을 근본적인 물리학의 토대로 삼아야 한다.

2. 또한 3장에서 보았던 부분 반사의 수수께끼가 있다. 플랑크와 아인슈타인이 '양자'를 발견하기 전까지 빛은 (물결파와 마찬가지로 퍼져 나가고 반사되고 회절하고 간섭하는) 파동이라고 알려져 있었다. 양자는 입자이지만 파동처럼 행동한다. 빛 양자, 즉 '광자'가 쇼윈도 유리를 향해 날아간다고 해 보자. 광자는 반사되거나 아니면 유리를 통과하여, 멋지게 차려입은 마네킹을 환히 비추거나 거리에서 마네킹을 바라보는 사내의 희미한 상이 유리에 비치게 만들 것이다. 우리는 이 현상을 파동처럼 부분적으로 유리를 통과하고 부분적으로 반사되는 파동함수로 기술해야 한다. 그러나 입자는 낱개로 존재한다. 입자는 온전히 통과하거나 온전히 반사돼야 한다. 그러므로 우리의 파동함수는 광자의 반사나 통과에 관한 확률만 기술한다. 구체적으로, 태양에서 나와서 유리로 나아가는 빛 파동 $\Psi_{\text{태양}}$을 출발점으로 삼아 보자. $\Psi_{\text{태양}}$은 유리에 닿아서 파동처럼 반사되거나 통과한다. 즉, $\Psi_{\text{통과}} + \Psi_{\text{반사}}$가 된다. 양자가 반사될 확률은 $(\Psi_{\text{반사}})^2$, 통과할 확률은 $(\Psi_{\text{통과}})^2$이다. 이 양들은 1보다 작다. 이것들은 입자 전체가 통과하거나 반사될 확률을 나타낼 뿐이다.

3. 다음은 앞에서 우리가 '이중슬릿 실험'이라고 불렀던 (일찍이 토머스 영이 뉴턴의 빛 '미립자' 이론을 반박하고 빛이 파동임을 증명하기 위해서

했던 실험과 관련이 있는) 그것이다. 전자, 뮤온, 쿼크, W 보손 등은 광자와 마찬가지로 모두 파동함수로 기술된다. 따라서 토머스 영이 빛을 가지고 했던 실험을 이 입자들을 가지고도 할 수 있다.

우리는 전자 하나가 원천에서 나와서 슬릿 두 개가 뚫린 차단벽을 향해 날아가도록 만들 수 있다. 그런 식으로 영의 실험을 광자 대신에 전자를 가지고 할 수 있다. 전자는 슬릿을 통과하고 결국 멀리 떨어진 탐지막에서 탐지된다. 탐지막에는 광전지들 대신에 전자 탐지기들을 설치해야 한다. 우리는 한 시간에 전자 하나가 탐지될 정도로 전자 원천의 출력을 낮춘다. 그래야 전자가 한 번에 하나씩 슬릿을 통과한다는 것을(따라서 전자들끼리 '간섭하지' 않는다는 것을) 확실히 알 수 있기 때문이다. 4장에서 보았듯이, 우리가 이 실험을 오랫동안 계속하면서 개별 전자들이 도달한 위치에 관한 데이터를 모두 종합하면, 파동에서 나타나는 것과 유사한 '간섭' 무늬가 나타난다. 외톨이 전자는 두 슬릿이 모두 열려 있는지 여부를 아는 듯하다. 그러나 우리는 외톨이 전자가 어느 슬릿을 통과했는지 모른다. 이 불명확성에서 간섭무늬가 비롯된다. 만일 슬릿 하나가 막히면, 간섭무늬는 완전히 달라진다. 심지어 우리가 작은 탐지기로 전자들이 어느 슬릿을 통과하는지 측정하기만 해도, 간섭무늬는 달라진다. 간섭무늬는 낱낱의 전자가 어느 슬릿을 통과했는지를 우리가 전혀 모를 때만 나타난다(잠시 멈춰서 생각해 보라. 이 대목에서 으스스한 느낌이 들지 않는가? 안 든다면 다시 읽어라).

원천에서 임의의 단일 전자는 하나의 '양자 파동'(파동함수)에 대응한다. 그 양자 파동은 파동의 수학을 따르며 평범한 파동처럼 두 슬릿 모두를 통과하고 간섭한다. 그러므로 슬릿 두 개가 다 열렸을 경우, 탐지막에서의 파동함수는 두 성분의 합, $\Psi_{슬릿1} + \Psi_{슬릿2}$가 된다. $\Psi_{슬릿1}$은 슬릿1을 통과하는 전자에 대응하는 파동함수, $\Psi_{슬릿2}$는 슬릿2를 통과하는 전자에 대응하는 파동함수이다. 탐지막 상의 특정 지점 P에서 전자를 탐지할 확률은 위 파동함수의 수학적 제곱이다. 고등학교 1학년 수준의 대수학으로 계산해 보면, 그 확률은 다음과 같다.

$$\Psi_{슬릿1}{}^2 + \Psi_{슬릿2}{}^2 + 2\Psi_{슬릿1}\Psi_{슬릿2}$$

이 식은 탐지막에서 관찰되는 무늬를 기술한다. (수많은 전자들이 탐지될 때까지 오랫동안 실험했을 때) 탐지막에서 나타나는 것은 그림 17과 같은 전형적인 간섭무늬이다. 탐지막에는 전자들이 많이 도달하는(도달할 확률이 높은) 구역과 전자가 거의 도달하지 않는(도달할 확률이 거의 0인) 구역이 교대로 배열된다. 이 흥미로운 결과는 위의 식에 들어 있는 '간섭 항' $2\Psi_{슬릿1}\Psi_{슬릿2}$에서 비롯된다. 확률 식의 나머지 부분 $\Psi_{슬릿1}{}^2 + \Psi_{슬릿2}{}^2$은 항상 양수이며 단조롭고 지루하다. 이 부분이 자아내는 결과는 간섭이 전혀 없을 때 관찰되는 결과와 같다. 예를 들어 우리가 슬릿1만 열어 놓고 전자 5천 개가 탐지될 때까지 실험을 한다면, 우리는 그림 18과 같은 결과를 얻을 것이다. 즉, 패턴 없는 전자 무더기를 얻을 텐데, $\Psi_{슬릿1}{}^2$은 그 무더기 분포를 기술한다(마찬가지로, 슬릿2만 열어 놓고 실험을 하면, $\Psi_{슬릿2}{}^2$이 기술하는 무더기를 얻게 된다). 반면에 줄무늬, 즉 간섭무늬는 $2\Psi_{슬릿1}\Psi_{슬릿2}$에서 유래한다. 이 항은 항상 양수가 아니라 탐지막 상의 위치에 따라서 양수일 수도 있고 음수일 수도 있다. 그래서 탐지막에 밝은 띠와 어두운 띠가 교대하는 줄무늬가 생기는 것이다. 양자이론의 괴기스러운 본질은, 외톨이 전자(입자 하나)가 슬릿들을 통과하면서 간섭한다는 사실에 있다. 이 사실은 '양자상태'라는 개념과 상통한다. 이 개념에 따르면, 외톨이 전자는 이 상태에 있는 것도 아니고 저 상태에 있는 것도 아니라 정말로 정신 분열적인 혼합 상태 Ψ슬릿1+Ψ슬릿2에 있다.

4. 세 번의 충격으로는 부족하다는 것인지, 우리는 입자들이 지닌 다른 괴기스러운 속성들도 다뤄야 한다. 예컨대 '스핀'이라는 양자 속성이 있다. 스핀이 지닌 가장 괴상한 면모는 아마도 '분수 스핀'일 것이다. 우리는 전자가 '스핀 1/2 입자'라고 말한다. 이 말은 전자의 '각운동량'이 $\hbar/2$라는 뜻이다(부록 참조). 더 나아가 우리가 측정 방향을 어떻게 선택하든 간에, 전자는 항상 그 방향에 맞는 스핀을 가지며 스핀의 값은 $+\hbar/2$ 또는 $-\hbar/2$, 전문용어로는 '위' 또는 '아래'이다.[2] 여기에서 아마도 가장 이상한 것은, 만일 우리가 전자를, 즉 전자의 파동함수 Ψ전자를 공간상에서 360도 회전시키면, 그 결과로 나오는 파동함수는 $-\Psi$전자라는 점이다. 쉽게 말해서, 무언가를 360도 회전시키면 그것에 마이너스 부호를 붙인 것이 산출된다는 이야기이다(우리는 부록에서 절 하나를 통째로 할애하여 이 대목을 설명할 것이다). 이런 일은 우리가 보아 온 고전적 대상들에서는 절대로 일어나지 않는다.

예를 들어 군악대장이나 축구장의 치어리더가 가지고 있는 지휘봉을 생각해 보자. 지휘봉은 특정 방향을 가리킨다. 치어리더가 지휘봉을 360도 회전시키면, 지휘봉이 가리키는 방향은 원래 가리켰던 방향과 정확히 일치한다. 그러나 전자 파동함수는 그렇지 않다. 전자 파동함수를 360도 회전시키면, 전자 파동함수는 자기 자신에 음의 부호를 붙인 함수가 된다. 도로시가 돌아온 곳이 캔자스가 아닌 셈인데, 혹시 이것은 수학적 말장난에 불과하지 않을까? 우리가 측정할 수 있는 것은 확률(파동함수의 수학적 제곱)뿐이다. 그렇다면 음의 부호가 붙었는지 여부를 우리가 과연 식별할 수 있을까? 음의 부호는 실재와 무슨 상관이 있을까? 이런 이야기는 공적인 자금을 연구비로 쓰면서 외곬의 생각에 빠져 자기 배꼽이나 들여다보는 철학자들에게나 어울리지 않을까?

그렇지 않다. 360도 회전으로 음의 부호가 추가된다는 사실은, 동일한 전자 두 개의 공동 양자상태를 기술하는 파동함수 $\Psi(x, y)$에서 전자들을 맞바꾸면 파동함수의 부호가 뒤집힌다는 것, 즉 $\Psi(x, y) = -\Psi(y, x)$를 의미한다(부록 참조). 이 사실에서 파울리 배타원리, '교환력', 원소주기율표와 화학 전체의 기초인(산소는 화학적 활성이 높은 반면, 헬륨은 화학적으로 불활성인 이유 등을 알려 주는) 전자들의 궤도함수 채우기 규칙들이 도출된다. 이 단순한 사실에서 안정된 물질의 존재, 물질들의 전기전도성, 중성자별의 존재, 반물질의 존재, 미국 GDP 14조 달러의 절반가량이 비롯된다. 또한 광자와 같은 입자들(스핀 1 입자)의 경우에는 두 입자를 맞바꾸면 $\Psi(x, y) = +\Psi(y, x)$가 성립한다. 이 등식 덕분에 레이저, 초전도체, 초유체 등이 가능하다. 이 모든 경이로운 것들이 초현실적이고 기괴한 양자 세계에서, 똑같은 광자들과 전자들에 관한 신기한 사실들에서 유래한다.

어쩜 이렇게 기묘할 수 있을까?

앞에서 열거한 네 번의 충격 중 첫 번째로, 우리의 오랜 친구 뮤온으로 돌아가자. 뮤온은 전자보다 200배 무거운 기본입자이며 태어나서 평균 100만

분의 2초가 지나면 전자 하나와 중성미자 몇 개로 붕괴한다. 뮤온은 이처럼 덧없이 사라지는 입자이지만, 우리 저자들은 뮤온을 가속시킬 수 있는 입자 가속기가 언젠가 페르미 연구소에 건설되기를 바란다.

뮤온의 방사성 붕괴는 근본적으로 양자 확률에 의해 결정된다. 이 현상과 관련해서 뉴턴의 고전적 결정론은 확실히 길거리에 버려져 쓰레기차를 기다리는 신세이다. 그러나 '고전적 결정론'처럼 아름다운 것을, 고전물리학에서 말하는 물리적 과정의 결과에 대한 엄밀한 예측 가능성을 누구나 기꺼이 포기하지는 않았다. 고전적 결정론을 구제하기 위한 여러 노력들 중 하나는 '숨은 변수'라는 개념이다.

뮤온 속에 일종의 시한폭탄이 숨어 있다고 해 보자. 아주 작은 태엽 시계와 다이너마이트로 구성되어 뮤온을 무작위하게 폭파할 수 있는 장치가 숨어 있다고 말이다. 당연한 말이지만, 그 장치는 아주 작은 뉴턴 역학적 장치여야 할 것이다. 현재 가용한 최고의 탐지 장치를 동원해도 포착되지 않을 정도로 작지만 뮤온의 폭발, 즉 방사성 붕괴를 유발하는 그런 장치여야 할 것이다. 그 장치에 속한 시계가 12시를 가리키면, 뮤온이 붕괴한다고 가정해 보자. 만일 뮤온이 ― 대개 다른 입자들의 충돌을 통해 ― 생겨날 때 뮤온 내부의 시계가 무작위하게 (어쩌면 뮤온 생성 과정에 숨어 있는 세부 메커니즘들과 관련된 방식으로) 설정된다면, 뮤온들은 지금 우리가 보는 것과 똑같이 무작위하게 붕괴할 것이다. '숨은 변수'란 그런 작은 장치를 가리키는 이름이다. 숨은 변수는 양자이론을 수정하려는 모든 노력에서, 즉 확률이라는 '허튼 소리'를 제거하기 위한 노력에서 중요한 역할을 할 수 있다. 그러나 곧 보겠지만, 숨은 변수 옹호자들은 80년 동안 이어진 논쟁에서 패배했다. 대부분의 과학자들은 양자이론의 기괴한 논리를 받아들였다.

혼합 상태를 둘러싼 논쟁의 역사

가능한 모든 스핀 방향을 가질 수 있는 무작위한 전자들로 이루어진 빔에서, 우리가 선택한 임의의 방향에 대하여 위-스핀인 전자를 발견할 확률과 아래-스핀인 전자를 발견할 확률은 항상 같다. 스핀이 '위'냐 '아래'냐는 전자들로 하여금 강력한 자석이 만들어내는 특정한 불균일 자기장을 통과하도록 만들면 알 수 있다(슈테른-게를라흐 실험 참조).[3] 자석에 의해 편향된 전자들을 영사막에서 탐지해 보면, 전자들의 무더기가 두 개 나타나는데, 한 무더기는 위로 편향된 위-스핀 전자들이고 다른 무더기는 아래로 편향된 아래-스핀 전자들이다. 우리가 슈테른-게를라흐 자석을 45도 회전시키면, 역시 두 무더기가 나타나는데, 이번 무더기들은 45도 대각선을 기준으로 위와 아래에 놓인다. 요컨대 자석의 방향을 어떻게 선택하든 간에, 측정은 전자로 하여금 위-스핀이나 아래-스핀 중 하나를 취하도록 강제하는 듯하다. 그러나 특정 전자가 어떤 스핀을 취할지는 확률적으로만 말할 수 있다.

이것을 비롯한 많은 예들은 양자 과학자들로 하여금 원자 규모의 입자들은 측정되기 전에는 확정된 양자 속성들을 가질 필요가 없다는 결론을 내리게 만들었다. 보어 연구팀의 일원인 파스쿠알 요르단은 측정 행위가 입자를 방해할 뿐 아니라 다양한 가능성들 중 하나를 취하도록 강제한다고 주장했다. "우리 자신이 측정 결과를 산출한다."라고 그는 단언했다.[4] 하이젠베르크도 양자 영역은 사실들의 세계가 아니라 가능성들의 세계라고 주장했다. 이 모든 주장들이 응축된 산물인 양자 파동함수는 주어진 입자에 대해서 우리가 말할 수 있는 모든 것을 기술한다. 파동함수에서 우리는 주어진 장소에서 입자를 발견할 확률을 얻을 수 있다. '코펜하겐'(보어) 정설에 따르면, 입자는 정말로 여러 장소에 여러 상태로 존재한다. 다시 말해 입자는 혼합 양자 상태로 존재하고, 관찰 가능한 가능성들 각각이 관찰될 확률은 정해져 있다. 그 확률들을 전부 다 더하면 결과는 100퍼센트이다. 쉽게 말해서, 입자를 어딘가에서 발견할 확률은 100퍼센트이다.

요컨대 측정 행위는 시스템이 특정 시점에 확정된 장소와 상태를 취하도록 강제한다. 수학적으로 말하자면, 애초의 혼합 파동함수가 '붕괴하여' 정확한 상태가 되도록 강제한다. 다시 한번, 쇼윈도 유리에서 반사되거나 유리를 통과하는 광자를 생각해 보자. 이제 우리는 그 광자의 상태가 혼합 상태 $\Psi_{통과} + \Psi_{반사}$라고 말할 수 있다. 우리가 그 광자를 탐지해서 그 광자가 반사됐다는 것을 알았다면, 우리는 그 광자의 상태를 교란한 것이고, 그 광자의 파동함수는 '붕괴하여' 새로운 상태 $\Psi_{반사}$가 된 것이다. 우리는 이 상태를 '순수 상태'라고 부른다. 우리는 측정 행위를 통해 혼합 상태의 모호성을 해소하고 파동함수를 재구성한 것이다.

이 같은 이른바 코펜하겐 해석은 거센 비판을 불러왔다(지금도 많은 비판이 쏟아진다). 비판자들은 관찰자가 잘 정의되지 않은 듯하며 자연의 과정들에 너무 많이 끼어든다고 지적했다. 코펜하겐 해석은, 전자가 누군가(무언가)에 의해 관찰되기 전에도 잘 정의된 방식으로 존재한다고 간주할 필요가 없다는 입장을 (가까스로) 허용한다. 이쯤 되면 고전 세계와 양자 세계의 대비가 (특히 고전적 실재를 믿는 사람들에게는) 견딜 수 없을 만큼 심해진다. 1935년에 알베르트 아인슈타인이 반격에 나섰다. 그것은 역사상 가장 주목할 만한 양자 과학에 대한 공격이었다. 우리는 잠시 후에 그 공격을 다룰 것이다.

그전에 꼭 명심해야 할 것은 양자이론이 실제로 유효하다는 사실이다. 양자이론은 예측들을 내놓고 다른 방식으로는 이해할 수 없는 현상들을 설명한다. 하이젠베르크의 말마따나 양자역학은 측정 가능한 모든 것을 말해주는 일관된 수학적 절차를 제공한다. 그렇다면 무엇이 문제일까? 아인슈타인을 비롯한 일부 과학자들은 확률 해석과 불확정성관계를 싫어했고 특히 (예컨대) 전자가 전자총에서 나와 영사막에 도달할 때까지 잘 정의된 경로를 거친다는 주장을 원리적으로도 할 수 없다는 생각을 싫어했다. 그들이 보기에 전자가 마치 정신 분열병 환자처럼 분열하여 서로 독립적인 두 경로 모두를 어떤 혼란스러운 혼합의 방식으로 거친다는 것은 말이 되지 않았다. 보어의 변론은, 만일 당신이 전자를 측정할 수 없다면, 전자가 확정된 경로를 거친다는 전제는 무의미하다는 것이었다. 다른 일부는 파동-입자 이분법을 싫어했다. 하이젠베르크는 "그것들은 모두 입자이다. 슈뢰딩거 파동방정식은 계산 도구일 뿐이다. 그 파동과 그것이 기술하는 입자를 혼동하지 마라. 본질적으로 우리는 인간의 사고와 의식의 역사에서 전례가 없는 무언가를 다루는 중이다……. 입자도 아니고 파동도 아니지만 또한 입자인 동시에 파동인 무언가를. 우리는 '양자상태'를 다루는 중이다."라는 취지의 말을 했다.[5] 자연은 자신에 관해서 무언가 심오하고 근본적인 것을, 20세기 이전에는 아무도 생각하지 못했던 것을 누설했다.

호레이쇼:

오 낮과 밤이여, 이건 너무나 기이하군!

햄릿:

그러니 그 낯선 것을 환영하게나.

호레이쇼, 하늘과 땅에는 자네의 철학이 꿈꾸는 것보다 더 많은 것들이 있네.

—윌리엄 셰익스피어, 「햄릿」의 일부[6]

양자역학이 성과들을 — 처음엔 원자 과학 분야에서, 그 다음에 1925년부터 1950년까지는 핵 과학과 고체상태 물리학에서 — 쌓아가는 동안, 양자역학에 대한 해석은 점차 두 가지로 정리되었고 양자 과학의 여러 함의도 온전히 드러났다. 한쪽에는 보어가 이끌고 베르너 하이젠베르크, 볼프강 파울리, 막스 보른 등이 대표했으며 코펜하겐에 살거나 그곳을 거쳐 간 거의 모든 과학자들이 참여한 양자역학 옹호자들의 해석이 있었다. 링의 반대편에는 아인슈타인과 슈뢰딩거가 이끌고 드브로이와 플랑크를 비롯한 나머지 양자역학 창시자들이 지지한 회의주의자들과 불신자들이 있었다.[7]

양자이론의 성취를 의심하는 사람은 없었다. 그 성취가 너무나 컸기에 일부 물리학자들은 화학과 생물학이 가장 깊은 수준에서는 '한갓' 물리학 분야들일 뿐이라고 말하기 시작했다. 문제는 확률 해석, '고전적 실재론'과의 결별, 즉 원자 수준에서도 대상들은, 관찰되든 안 되든 상관없이, 잘 정의되어 있고 실재하는 속성들을 지니고 존재해야 한다는 믿음과의 결별이었다.

흔히 양자물리학의 영혼을 놓고 벌인 전투로 묘사되는 보어 - 아인슈타인 논쟁은 1925년경에 시작되어 두 인물이 죽을 때가지 30년 넘게 지속되었다. 그 후 논쟁은 신세대 물리학자들에게 전승되어 지금도 벌어지고 있다. 그러나 대부분의 현직 물리학자들은 이 논쟁에 아랑곳없이 슈뢰딩거 방정식과 확률적인 파동함수를 온갖 문제들에 왕성하게 적용하면서 제 갈 길을 갔다.

리언: 이 대목에서 나는 양자역학으로 일용할 양식을 버는 노동자의 한 명으로서 개인적인 경험을 이야기하지 않을 수 없다. 일반적으로 우리 실험물리학자들은 실제로 슈뢰딩거 방정식을 이용해서 무언가를 계산할 기회가 그리 많지 않다. 왜냐하면 전자회로를 제작하고 섬광계수기를 설계하고 우리에게 *#$@`^&*$#%가속기 사용을 허가해달라고 각종 위원들을 설득하느라 너무 바쁘기 때문이다. 그러나 내가 이끈 페르미 연구소 연구팀은 1977년에 그때까지 포착된 적이 없는 대상을 발견함으로써 유일무이한 기회를 잡았다. (우리가 추측하기에) 우리의 영사막에 나타난 그 새로운 대상은 각각의 질량이 양성자의 다섯 배인 양전하를 띤 물체와 음전하를 띤 물체로 이루어진 일종의 '원자'라고 해석할 수밖에 없었다. (우리는 그 대상을 '윕실론', 즉 그리스어 철자 'ϒ'으로 명명했다.) 1970년대의 풍요로운 지적 분위기 속에서 우리는 그 미확인 대상이 새로운 반쿼크와 짝을 이루는 새로운 쿼크의 새로운 속박상태라고 추정했다.

　당시에는 '위' 쿼크와 '아래' 쿼크, '맵시' 쿼크와 '야릇한' 쿼크가 알려져 있었고, 더 무거운 쿼크들이 존재한다는 이야기가 학술 논문에서도 회자되고 있었다. 우리가 발견한 새 쿼크는 '바닥' 쿼크로 명명되었다(바닥 쿼크의 짝은 '꼭대기' 쿼크로 명명된 후 25년이 지나서 관찰되었다). 바닥 쿼크는 때때로 '아름다움beauty' 쿼크, 또는 간단히 'b쿼크'로 불린다. b쿼크의 속성들을 알아내려면 b쿼크와 그것의 반입자가 윕실론 안에서 어떻게 행동하는지를, b쿼크와 b반쿼크 쌍의 속박상태를 연구해야 한다. 이 연구에 슈뢰딩거 방정식 풀이가 포함된다(b쿼크와 b반쿼크 사이의 힘에 관한 세부 사항은 당시에 아직 확인되지 않은 상태였다. b쿼크와 b반쿼크는 새롭게 제안된 '글루온들'이 발휘하는 힘에 의해 뭉쳐 있다고 여겨졌다). 우리의 아름다운 데이터를 의심하는 사람들은 웁실론을 '웁슬리언Oops Leon'('아이코, 리언'이라는 뜻 - 옮긴이)이라고 부르며 빈정거렸지만, 결국 우리의 발견이 옳다는 것이 입증되었다. 우리는 전 세계의 이론물리학자들과 경쟁하고 있었다. 그들은 새롭고 계산하기 쉬운 것을 필사적으로 찾기 일쑤였다(그들은 자기 턱수염을 꼬는 것만큼이나 쉽게 슈뢰딩거 방정식을 풀 수 있었다). 우리는 합당한 답을 최초로 내놓았지만, 곧 어마어마한 이론물리학자들의 군단이 우리의 계산보다 더 나은 결과를 내놓았다. 그러나 우리는 웁실론의 행동을 예측하기 위해 양자물리학을 사용하는 우리의 작업이 옳다면 어떻게 될까를 계속해서 숙고했다. 당시에 우리의 작업은 당연히 옳았다!

숨은 것들

다시 1930년대로, 아무도 쿼크를 모르던 때로 거슬러 올라가자. 당시에 아인슈타인은 양자이론에 대한 보어의 해석이 몹시 못마땅했다. 그리하여 그는 양자이론을 오래되고 분별 있고 좋은, 뉴턴과 맥스웰의 고전물리학과 더 유사하게 만드는 작업에 착수했다. 1935년, 아인슈타인은 젊은 이론가들인 보리스 포돌스키와 나탄 로젠의 도움을 받으며 공격에 나섰다. 앞에서도 언급했지만, 그는 가능성들로 구성된 양자 세계와 실재하는 속성들을 지닌 실재하는 대상들로 구성된 고전 세계를 극적으로 충돌시키고 어느 쪽이 옳은지 최종적으로 판정하는 사고실험 하나를 제안했다.

제안자들의 이름의 첫 철자를 따서 'EPR역설'로 명명된 이 사고실험의 목적은 양자 과학이 불완전함을 보이는 것이었다. 그들은 양자 과학보다 더 완전한 이론이 존재하고 언젠가 발견되기를 바랐다.

이론에 대해서 '완전하다' 또는 '불완전하다'라고 말하는 것은 무슨 뜻일까? 앞에서 언급한 '숨은 변수들'이 등장하는 이론을 '더 완전한 이론'의 한 유형으로 볼 수 있다. 숨은 변수란, 말 그대로 관찰되지 않았지만 더 깊은 수준에서 드러날(또는 드러나지 않을) 수도 있는, (방사성 입자를 붕괴시키는, 입자 내부의 시한폭탄처럼) 결과에 영향을 끼치는 요인이다. 실제로 일상생활에서 숨은 변수는 흔히 존재한다. 동전 던지기의 결과는 똑같은 확률로 앞면이거나 뒷면이다. 동전 던지기는 역사가 기록된 이래로 족히 10조 번은 실행되었을 것이다. 동전이 발명된 이후 줄곧 실행되었을 것이 틀림없지만, 브루투스가 케사르를 살해할지 여부를 동전 던지기로 결정했을 때부터는 확실히 실행되었다고 단언할 수 있다. 우리 모두는 동전 던지기 결과가 예측불가능하다는 것에, 무작위한 과정의 결과라는 것에 동의한다. 그렇지만 그 결과는 정말로 무작위할까? 이 대목에서 숨은 변수들이 등장한다.

숨은 변수들 중 하나는 동전을 튕겨 올리는 힘이다. 그 힘의 얼마만큼이 동전을 띄워 올리는 데 쓰이고 얼마만큼이 동전을 회전시키는 데 쓰일까? 또 동전의 무게와 크기, 동전을 밀고 당기는 미세한 공기 흐름, 동전이 바닥에 닿을 때 바닥과 동전 사이의 정확한 각도, 바닥이 단단한 정도(돌바닥이냐 아니면 카펫이 깔린 바닥이냐)도 숨은 변수들이다. 한 마디로 온갖 숨은 변수들이 동전 던지기 결과에 영향을 끼친다.

이제 우리가 매번 정확히 동일한 방식으로 동전을 튕겨 올리는 기계를 만든다고 해 보자. 우리는 매번 동일한 동전을 사용하고 (이를테면 기계를 진공 용기 안에 넣어서) 공기 흐름을 차단하며 동전이 항상 테이블의 중앙 근처에 떨어지도록 만든다. 그 낙하지점에서 동전의 되튐을 통제하는 탄성은 정확히 동일하게 유지된다. 이 모든 조건을 갖추는 데 약 17,963.47달러가 소비된다. 우리는 그렇게 준비를 마치고 동전 던지기를 반복한다. 그러자 매번 앞면이 나온다! 동전 던지기를 500번 반복한다. 결과는 500번 모두 앞면이다! 우리는 모든 숨은 변수들을 통제하여 그것들이 숨어 있지 못하게 하고 변수도 되지 못하게 하는 데 성공한 것이다. 한 마디로 우연을 정복한 것이다. 이제 결정론이 지배한다! 뉴턴적인 결정론은 동전, 화살, 포탄, 야구 공, 행성에 적용된다. 동전 던지기는 불완전한 이론으로 기술하면 무작위한 듯하지만, 그 외견상의 무작위성은 수많은 숨은 변수들의 결과이고, 원리적으로 우리는 그 변수들을 들춰내고 경우에 따라서는 통제할 수도 있다.

우리 일상 세계의 어느 곳에 무작위성이 있는가? 보험회사의 통계자료들은 사람(또는 말이나 개)의 수명을 대충 예측하지만, 동물의 수명에 관한 이론은 확실히 불완전하다. 왜냐하면 복잡한 변수들이 아직 많이 숨어 있기 때문이다. 그 변수들은 유전적 발병 성향, 환경의 질, 영양 섭취, 소행성 따위에 얻어맞을 확률 등이다. 미래에 우리는 우연적인 사건들을 없앰으로써 우리의 할머니나 사촌 밥이 얼마나 오래 살지에 관한 불확실성을 대폭 줄일 수 있을지도 모른다.

물리학은 숨은 변수 이론으로 성공을 거두기도 했다. 완벽한 기체가 따르는 법칙, 즉 '이상' 기체 법칙을 생각해 보라. 그 법칙은 그릇에 담긴 저압 기체의 압력과 온도와 부피 사이의 관계를 기술한다. 온도가 높아지면, 압력은 높아진다. 부피가 커지면, 압력은 낮아진다. 이 모든 관계는 $PV = nRT$('압력 곱하기 부피는 기체 분자의 개수 곱하기 상수 R 곱하기 온도와 같다.')라는 공식에 의해 깔끔하게 기술된다. 그러나 현실에는 엄청나게 많은 '숨은 변수들'이 존재한다. 즉, 기체는 엄청나게 많은 분자들로 이루어졌다. 이 사실을 감안하여 우리는 온도를 통계적으로, 낱낱의 분자가 지닌 에너지의 평균으로, 압력을 분자들이 그릇의 벽에 충돌할 때 단위 면적에 가하는 충격의 평균으로, n을 그릇에 들어 있는 분자의 총수로 정의할 수 있다. 그러면 원래 '기체 매질'에 대한 불완전한 기술이었던 기체 법칙을 '숨은' 분자들과 그것들의 평균적인 운동을 통해 완전하고도 정확하게 설명할 수 있다. 1905년에 아인슈타인은 물 위에 뜬 미세한 알갱이들의 돌발적인 운동을 이와 유사한 방식으로 설명했다. 수면에 뜬 가루 알갱이가 나타내는 그런 '무작위 걷기' 현상은 설명할 수 없는 수수께끼였지만, 아인슈타인은 알갱이 주변의 물 분자들이 알갱이에 충격을 가하는 (당시까지 숨어 있던) 과정을 지적함으로써 그 수수께끼를 풀었다.

그러므로 아인슈타인으로서는 양자물리학 이론이 불완전하다고 생각하는 것이 자연스러웠을 것이다. 양자물리학의 외견상의 확률적 성격은 실은 아직 발견되지 않은 내적인 복잡성이 평균된 결과라는 생각이 아인슈타인에게는 자연스러웠을 것이다. 그 감춰진 복잡성을 들춰낼 수만 있다면, 우리는 양자물리학에도 뉴턴물리학의 결정론을 적용하고 모든 현상의 바탕에 깔린 고전적 실재를 복구할 수 있을 것이다. 예컨대 광자들이 숨어 있는 내적인 메커니즘에 의해 반사나 통과를 선택한다면, 쇼윈도 유리에 닿은 광자들의 행동은 겉보기에만 무작위할 것이다. 우리가 그 메커니즘을 안다면, 우리는 특정 원자의 반사 여부를 정확하게 예측할 수 있을 것이다.

하지만 지체 없이 단언하건대 그런 숨은 속성은 지금까지 하나도 발견되지 않았다. 아인슈타인을 비롯한 물리학자들은 기본적이고 근본적이며 예측 불가능한 무작위성이 세계를 지배한다는 생각에 철학적으로 반감을 느껐고 뉴턴적인 결정론을 복원할 수 있기를 바랐다. 우리가 모든 변수들을 알고 통제할 수 있다면, 우리는 정해진 결과가 나오도록 실험을 설계할 수 있다. 이것이 고전적 결정론의 기본 전제이다.

반면에 보어와 하이젠베르크의 해석에 따르면, 양자이론은 내적인 변수들을 허용하지 않고 불확정성원리가 기술하는 무작위성과 불확정성은 자연에 근본적이고 본래적이며 미시 세계에서 드러난다. 결과를 정확하게 예측할 수 없는 실험이 하나라도 있다면, 미래 사건들을 예측하는 것은 불가능하다. 철학으로서 결정론은 틀렸다.

이제 결정적인 질문은 이것이다. 숨은 변수들이 존재하는지 여부를 우리가 알 수 있을까? 우선 도전자들의 공격부터 살펴보자.

EPR의 도전: 얽힘

아인슈타인, 포돌스키, 로젠은 자신들이 무엇을 해야 하는지 잘 알았다. 그들은 양자 과학의 불완전성을 보여 주어야 했다. 그러니 우선 이론이 완전하다는 것이 무슨 뜻인지를 명확하게 정의할 필요가 있었다. 이들 도전자는, 완전한 이론은 '물리적 실재'의 모든 요소들을 포함해야 한다고 말했다. 그러나 양자역학은 본래 '불명확'하므로, 예컨대 양자역학에서는 대상이 여러 가능성들의 '혼합 상태'에 있을 수 있으므로, 도전자들은 실재를 면밀하게 정의해야 했다. 그들은 다음과 같은 납득할 만한 조건을 내놓았다. 만일 우리가 시스템을 어떤 식으로도 방해하지 않으면서 어떤 물리량의 값을 확실하게(확률 1로) 예측할 수 있다면, 그 물리량에 대응하는 물리적 실재의 요소가 존재한다.

양자이론처럼 유용한 이론을 무너뜨리려면, 공격의 전제들을 꼼꼼하게 명시해야 한다. 따라서 EPR은 '국소성 원리'를 두 번째 전제로 제시했다. 이 원리에 따르면, 만일 두 시스템이 유한한 시간 안에 서로 소통할 수 없을 정도로(신호들이 자연의 한계속도인 광속보다 훨씬 더 빨리 이동해야 소통이 가능할 정도로) 멀리 떨어져 있다면, 한 시스템에 대한 측정은 멀리 떨어진 다른 시스템의 변화를 유발할 수 없다. 아마 여러분은 이 원리가 당연한 상식이라고 생각할 것이다.

EPR은 한 원천에서 나온 입자 두 개를 서로 멀리 떨어진 두 탐지기로 보내는 실험을 생각해냈다. 한 탐지기에서 한 입자의 속성을 측정하더라도, 다른 측정기에서 다른 입자를 측정한 결과는 변할 리 없다. 만일 변한다면, 국소성 원리가 지켜지지 않는 것이다.

이 대목에서 분명히 해 두어야 할 핵심 사항이 있다. 머나먼 별 아르크투루스의 네 번째 행성에 있는 우리의 친구가 입자들의 원천이라고 해 보자. 그 친구는 빨간 당구공과 파란 당구공을 가지고 있는데, 당구공 하나는 우리에게 보내고 다른 하나는 리겔의 세 번째 행성에 있는 또 다른 친구에게 보낸다. 우리가 소포를 받아서 열어 보니 빨간 당구공이 들어 있다. 그 순간 우리는 리겔에 있는 친구는 파란 당구공을 받으리라는 것을 곧바로 알게 된다. 이 상황이 국소성 원리를 위반할까? 천만의 말씀이다. 우리는 리겔에서 발생할 측정 결과에 어떤 식으로도 영향을 끼치지 않았다. 우리가 받은 소포를 열어 내용물을 보는 순간, 아무런 변화도 일어나지 않는다. 왜냐하면 고전적인 상태들은 절대로 혼합되지 않기 때문이다. 당구공들을 보낸 친구는 누가 어떤 당구공을 받을지 안다. 그리고 우리는 소포 안에 색깔이 확정된 당구공

하나가 들어 있고, 그 당구공의 색깔은 그것을 보낸 친구에 의해 확정되었음을 안다.

그러나 양자이론은 더 기괴하다. 양자이론은 얽힌 상태를 허용한다. 즉, 원천인 친구가 자신이 무엇을 보냈는지 모르고 따라서 우리가 특정한 확률로 빨간 공을 받을 수도 있고 파란 공을 받을 수도 있는 상황이 가능하다. 이두 가능성 중에서 어느 것이 실현될지는 친구의 통제 범위 바깥에 있다. 보어와 하이젠베르크에 따르면, 어느 가능성이 실현될지는 우주 전체에 퍼져있는 파동함수에 의해 결정되며 측정이 이루어질 때까지 알 수 없다. 측정이이루어지면, 파동함수는 두 가능성 중 하나로 붕괴한다. 예컨대 우리가 소포를 열고 그 안에서 파란 공을 발견한다면, 우리는 머나먼 리겔에서 빨간 공이 발견될 확률을 100퍼센트로 바꿔 놓은 것이다. 우리가 소포를 아직 열지않았다면, 리겔에서 빨간 공이 발견될 확률과 파란 공이 발견될 확률은 각각 50퍼센트이다. 그러므로 우리가 관찰자로 끼어들어서 까마득히 멀리 떨어진 어떤 것을 즉각 변화시킨 듯하다!

EPR은 이 상황이 국소성 원리를 위반함을 보여 주는 사고실험을 제안했다. 그 실험에서는 장치의 중앙에 멈춰 있는 방사성 입자 하나가 질량이 같은 두 입자로 붕괴한다. 그러면 두 입자는 각각 동쪽과 서쪽으로 똑같은 속력으로 날아간다. 원천 입자의 스핀은 0이다. 따라서 그 입자가 붕괴하면 각운동량의 총합이 0인 상태가 산출되어야 한다. EPR은 그 입자가 스핀이 1/2인 입자 두 개로 붕괴한다고 가정한다. 새로 산출된 이 입자들은 서로 반대방향으로 날아가며 점점 더 멀어진다. 이때 날아가는 두 입자 중 하나는 (Z방향, 즉 입자의 운동 방향에 수직인 방향을 기준으로 삼을 때) 위−스핀을 지녔고, 다른 하나는 (똑같은 방향을 기준으로 삼을 때) 아래-스핀을 지녔다. 왜냐하면 그래야만 각운동량의 총합이 0으로 보존되기 때문이다. 각운동량의 총합은 다른 심층적인 이유 때문에 (양자이론을 비롯한) 물리학의 전 영역에서 보존되어야 함을 우리는 안다.

그러나 이 양자상태는 얽힌 상태이다. 즉, 동쪽으로 날아가는 입자가 위-스핀이고 서쪽으로 날아가는 입자가 아래-스핀일 확률이 50퍼센트, 거꾸로 동쪽으로 날아가는 입자가 아래-스핀이고 서쪽으로 날아가는 입자가 위-스핀일 확률이 50퍼센트이다. 이 특수한 상태를 기술하는 아래의 파동함수를 일컬어 두 부분을 지닌 **얽힌 파동함수**라고 한다.

$$\Psi^{위}_{동} \; \Psi^{아래}_{서} \; - \; \Psi^{아래}_{동} \; \Psi^{위}_{서}$$

만일 우리가 서쪽의 시카고에서 위-스핀 입자(또는 아래-스핀 입자)를 받는다면, 동쪽의 베이징으로 날아가는 입자는 아래-스핀(또는 위-스핀)일 수밖에 없다. 그러나 입자들의 원천은 우리에게 혼합 양자상태를 보냈다는 것만 알 뿐, 두 가능성 중 어느 것이 실현될지 모른다.

코펜하겐 해석에 따르면, 우리가 시카고에서 입자의 스핀을 측정하면, 결과는 각각 50퍼센트의 확률로 '위'이거나 '아래'일 것이다. 측정 결과가 위-스핀이라면, 위의 얽힌 파동함수는 온 우주에서 붕괴하고 대신에 아래의 파동함수가 생겨난다.

$$\Psi^{아래}_{동} \; \Psi^{위}_{서}$$

(음의 부호는 일단 무시해도 된다.) 거꾸로 시카고에서의 측정 결과가 아래-스핀이라면, 얽힌 파동함수가 온 우주에서 붕괴하고 그 결과로 아래의 파동함수가 생겨난다.

$$\Psi_{동}^{위} \; \Psi_{서}^{아래}$$

요컨대 우리는 시카고에서 스핀을 측정함으로써 파동함수가 멀리 베이징에서도 즉시 변화하게 만든다. 심지어 원천 입자를 아르크투루스에 놓고 실험을 해도, 우리가 지구로 날아오는 입자의 스핀을 측정하면, 리겔에서의 파동함수가 즉시 바뀐다. 이것은 EPR이 요구하는 국소성 원리에 대한 명백한 위반이다.

우리는 고립된 두 입자 중 하나의 스핀을 측정함으로써, 멀리 떨어진 다른 입자를 건드리지 않으면서도 그 입자의 스핀에 명백히 '영향을 끼친다'. 우리는 다가가서 측정하지 않고도 두 번째 입자의 속성을 알아낸다. 그런데

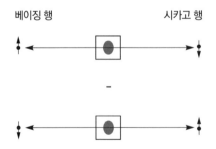

그림 30 아인슈타인-포돌스키-로젠은 방사성 물질이 붕괴하면서 전자 한 쌍을 방출할 때 산출되는 아래와 같은 형태의 얽힌 상태를 고찰했다.

(위-스핀 베이징 행, 아래-스핀 시카고 행) − (아래-스핀 베이징 행, 위-스핀 시카고 행)
(음의 부호는 중요하지 않다. 양의 부호로 바꿔도 무방하다.) 시카고에서 위-스핀 전자를 탐지하면, 위 상태가 온 우주에서 즉시 붕괴하여 아래와 같이 된다.
(아래-스핀 베이징 행, 위-스핀 시카고 행)
아인슈타인은 이것이 순간적인 신호 전달을 함축하고 따라서 양자이론의 결함을 함축한다고 생각했다.

양자이론은 우리가 고립된 입자를 직접 측정하지 않고도 그 입자에 대해서 무언가 알아낼 가능성을 부정한다. 따라서 양자이론은 불완전하다고 EPR은 결론지었다(보어와 그의 동료들에 따르면, 양자 과학은 측정되지 않은 입자가 실재하는 물리적 속성을 가지는 것을 허용하지 않는다. 이처럼 관찰이 없으면 실재도 없다는 입장은 아인슈타인이 양자 과학에서 못마땅하게 여긴 점들 중 하나였다.)

우리의 언어를 좀 더 자세히 들여다보자. 멈춰 있으며 각운동량이 0인 방사성 물체 하나가 붕괴하여 두 입자 A와 B로 된다. 서로 반대 방향으로 날아가는 A와 B는 정반대의 운동량을 가져야 하며 각운동량보존법칙에 따라서 정반대의 스핀을 가져야 한다. 그러나 양자이론은 A가 특정 스핀을 가질 것을 요구하지 않는다. 오히려 양자이론은 A의 스핀이 측정될 때까지 확정되지 않는 것을 허용한다. 우리가 입자 A의 스핀을 정확하게 측정하면, A는 정해진 스핀을 갖게 되고, A로부터 몇 광년 떨어진 입자 B는 각운동량보존법칙에 따라서 반대 방향의 스핀을 갖게 된다. A를 측정하면, 몇 광년 떨어진 B의 스핀이 결정된다. 그러나 A에 대한 측정이 몇 광년 떨어진 B에 즉시 영향을 끼칠 길은 없다.

아인슈타인은 일종의 귀류법을 구사하면서, A에 대한 측정과 방해의 결과로 B가 특정 속성을 얻으려면 우리가 B가 있는 장소로 어떤 식으로든 메시지를(이를테면 '우리가 A를 측정하는 중이다. 결과는 위-스핀이다. 당신은 B에서 아래-스핀을 발견하는 것이 좋겠다.'라는 메시지를) 보내야 한다고 주장했다. 그러나 A와 B는 아주 멀리 떨어져 있으므로(사고실험에서 A와 B 사이의 거리는 몇 메가파섹에 달할 수도 있다) 그 메시지는 광속보다 훨씬 빠른 속도로 보내져야 한다. 아인슈타인은 "물리학자로서 나의 본능이 격노한다."라면서 그런 '도깨비 같은 원격작용'을 배제했다.[9] EPR의 결론은 간단히 말해서 B의 속성들이 A에 대한 측정에 의해 변화할 수 없다는 것이고 ─ 이른바 '국소성 원리' ─ 따라서 B는 A에 대한 측정 이전에도 확정된 속성을 가져야 한다는 것이었다. 그런데 양자역학은 입자의 운동량이나 전하량 등의 속성들이 측정 이전에 불확정 상태로 머무는 것을 허용하므로, 그리고 우리는 A를 측정함으로써 B의 속성을 알게 되므로, 아인슈타인은 양자역학은 불완전하다고 결론짓는다. 더 심층적인 숨은 변수들이 있는 것이 틀림없다고 말이다.

이번에는 (계속되는 EPR의 논증대로) 우리가 A의 스핀 대신에 위치를 정확하게 측정했다고 가정해 보자. 우리가 A의 위치를 측정할 때까지 A의 위치는 불확정적이다. 왜냐하면 그 위치는 슈뢰딩거의 파동함수에 의해 기술되기 때문이다. 그런데 운동량보존법칙에 따라서 두 입자는 크기는 같고 방향은 반대인 속도로 날아가므로, 임의의 순간에 두 입자가 원천에서 떨어진 거리는 같다. 그러므로 우리가 A의 위치를 측정하면 곧바로 B의 위치를 정확하게 알아낼 수 있다. 그런데 (반복되는 논증이지만) A에 대한 측정이 B에 영향을 끼칠 수는 없으므로(국소성 원리) B의 위치는 우리가 A의 위치를 측정하기 전에도 정확하게 정해져 있어야 한다. 그러므로 우리의 측정 이전에 B는 정확한 위치와 정확한 운동량을 동시에 지닌다. 여러분도 당연히 알아챘겠지만, 이것은 하이젠베르크 불확정성원리에 대한 위반, 즉 입자가 정확한 위치 값과 운동량 값을 동시에 가질 수 없다는 규칙에 대한 위반이다. 이제 논증의 요점을 파악할 수 있겠는가? EPR의 결론대로 불확정성원리를 포함한 양자역학이 불완전하거나, 아니면 A에 대한 측정이 B에 영향을 끼치거나 둘 중 하나이다. 후자가 옳다는 것은 비국소 교란이 존재한다는 것일 텐데, EPR이 보기에 그것은 불가능했다.

여러분도 기억하겠지만 하이젠베르크의 불확정성원리에 따르면, 우리가 입자의 위치를 측정하면, 우리는 불가피하게 입자의 운동량을 교란한다. 위치 측정이 정확하면 정확할수록, 운동량은 더 많이 교란된다(그 역도 마찬가지이다). 이것은 불확정성관계에 대한 매우 만족스러운 설명이다. 우리가 입자의 위치와 운동량 둘 다를 임의로 정확하게 알 수는 없다고 하이젠베르크는 가르친다. 이미 언급했듯이 보어/코펜하겐 학파의 입장은 이것이다. 입자의 위치와 운동량을 알아낼 수 없다면, 입자가 위치와 운동량을 지녔다는 믿음은 쓸모없다.

이에 아인슈타인은 이런 식으로 응수한다. '좋다, 입자의 운동량과 위치를 동시에 정확하게 알아내는 것은 절대로 불가능하다는 것에 동의한다. 하지만 입자가 일정한 운동량과 위치를 동시에 가졌다고 믿으면 안 될 이유가 무엇인가?' EPR은 교란을 제거함으로써, 즉 우리가 B를 건드리지 않고도 B의 운동량을 알아낼 수 있음을 보임으로써, 양자물리학에 도전한 것이었다.

EPR의 논문을 읽은 보어는 '마른하늘에 날벼락' 같은 충격을 받았다고 한다. 거장 보어가 그 논문에 대해서 고민하고 동료들과 토론하는 동안, 코펜하겐의 모든 교통이 멈춰 섰다고 한다.

결국 보어는 답변에 이르렀고, EPR의 공격은 '대수롭지 않게' 되었다.

보어가 EPR에게 한 말

보어가 EPR에게 제시한 답변의 핵심은 (동일한 방사성 붕괴에서 생성되어) 서로 멀어지는 입자 A와 B의 속성들이 **상관되어 있다**, 또는 **얽혀 있다**는 것이다. A와 B의 운동량, 위치, 스핀 등의 값은 불확정적이고 얽혀 있다. 만일 우리가 A의 속도(운동량)를 정확하게 측정하면, 우리는 B의 속도를 안다(B의 속도는 정확히 A의 속도의 반대이다). 만일 우리가 임의의 시점에 A의 위치를 측정하면, 우리는 B의 위치도 알게 된다. 만일 우리가 A의 스핀을 측정하면, 우리는 B의 스핀도 알게 된다. 측정을 함으로써 우리는 A와 B의 속성들이 모든 가능한 값을 가지는 것을 허용하는 기존의 파동함수를 변화시킨다. 이때 얽힘 때문에, 우리는 지구의 실험실에서 A의 속성을 알아냄과 동시에 몇백 광년 떨어진 리겔에 있는 B의 속성을, B를 건드리거나 관찰하거나 기타 어떤 식으로도 교란하지 않으면서 알아낸다. 까마득히 멀리 떨어진 곳에서 순간적으로 우리는 B가 취할 수 있는 무수한 가능성들을 붕괴시켜 B의 속성이 확정되도록 만드는 것이다.

이때 하이젠베르크 불확정성원리는 전혀 위반되지 않는다. 왜냐하면 우리가 A의 운동량을 측정하면, A의 위치는 통제할 수 없는 방식으로 교란되기 때문이다. EPR은 설령 우리가 B의 운동량과 위치를 측정할 수 없다 하더라도 B는 정확한 운동량 및 위치 값을 가져야 한다고 주장했다. 이에 맞서 보어는 최종적으로 어떤 판단을 내렸을까? 그는 어떻게 대응했을까?

거장 보어는 몇 주 동안 고심한 끝에 '문제 없음'이라는 결론을 내렸다. B의 속도를 (A에 대한 측정을 통해) 예측할 수 있다는 것은 B가 그 속도를 가졌다는 것을 뜻하지 않는다고 보어는 주장했다. 우리가 B를 측정할 때까지,

B가 속도를 가졌다는 생각은 무의미하다. 마찬가지로 우리가 위치 측정을 실시할 때까지, B는 위치를 갖지 않는다. 보어의 (또한 파울리 등의 양자역학자들이 뒤이어 내놓은) 답변은 말하자면 이런 식이었다. 아아, 가엾은 아인슈타인! 그는 모든 대상이 고전적인 속성을 지녀야 한다는 고전적인 강박관념을 떨쳐 내지 못했다. 현실에서 우리는 B를 측정하고 교란할 때까지 B가 특정 속성을 가졌다는 것을 알 수 없다. 우리가 그 속성을 알 수 없으므로, 그 속성은 없어도 무방하다. 우리가 핀의 머리 위에서 춤출 수 있는 천사의 수를 측정할 수 없으므로, 그런 천사들 역시 없어도 무방하다. 현실에서는 어떤 것도 국소성 원리를 위반하지 않는다. 우리는 얽힘을 이용해서 리겔에 있는 친구에게 순간적으로 생일 축하 카드를 보낼 수 없다.

보어는 아인슈타인과 논쟁하면서 양자 혁명을 아인슈타인 자신의 혁명, 즉 공간과 시간에 기이한 속성들을 새롭게 부여한 상대성이론에 빗댔다. 그러나 대부분의 물리학자들은 양자이론의 세계관이 상대성이론보다 훨씬 더 급진적이라고 여겼다. 상대성이론에서 시간은 주관적이다.

미시 세계에서 얽힌 두 입자는 서로 몇 광년 떨어지더라도 얽힌 상태를 유지한다고 보어는 거듭 강조했다. 당신이 A를 측정하면, 당신은 A와 B 모두가 속한 상태에 영향을 끼치는 것이다. B가 아주 멀리 있다 하더라도, 당신이 A의 스핀을 측정하면 B의 스핀이 확정된다. 그러나 아인슈타인은 바로 이 점을 못마땅하게 여겼다. 보어의 입장은 모호했다. 30년 뒤에 존 벨은 EPR 역설과 관련해서 몇 가지 심오한 통찰을 제시했다. 이번에 핵심어로 부상한 것은 '비국소성' 또는 아인슈타인의 멋진 표현을 빌리면 '도깨비 같은 원격작용'이었다.

뉴턴적인 고전물리학에서 A가 위-스핀이고 B가 아래-스핀인 상태는 A가 아래-스핀이고 B가 위-스핀인 상태와 전혀 별개이다. 그 상태는 소포를 보내는 친구에 의해 설정되며 원리적으로 누구라도 애초에 데이터를 보면 알 수 있다. 가능한 두 상태는 서로 별개이고 완전히 독립적이며, 우리가 소포를 열어 보면 애초에 어느 상태가 설정되었는지 드러난다. 양자이론의 관점에서 보면, A와 B를 기술하는 파동함수는 서로 얽힌 선택지들을 지녔고, 한 부분(A나 B)을 측정하는 순간 공간 전체에서 붕괴하는 것은 파동함수이다(단지 파동함수뿐이다). 그리고 그 붕괴가 일어난다 하더라도, 관찰 가능한 신호를 빛보다 빠르게 보내는 것은 불가능하다(이것이 자연의 작동 방식이다).

이렇게 권위 있게 단언하면, 대학원 신입생들은 아마 침묵하겠지만 아인슈타인을 비롯한 철학적인 영혼들도 만족할까? 보어의 '반론'은 아인슈타인과 그의 팀을 만족시키지 못했다. 논쟁하는 양측은 사실상 제대로 맞붙지 못하고 있었다. 아인슈타인은 고전적 실재를 믿었다. 즉, 전자와 광자 같은 물리적 대상들이 잘 정의된 속성들을 지녔다고 믿었다. 독립적인 실재라는 고전적 관념을 버린 보어에게 아인슈타인의 불완전성 '증명'은 말이 되지 않았다. 그는 아인슈타인이 품은 합당함의 개념 자체가 틀렸다고 여겼다. 아인슈타인은 우리의 동료인 누군가에게 이렇게 물었다고 한다. '당신은 정말로 우리가 달을 볼 때만 달이 그 자리에 있다고 믿습니까?' 만일 달이 아니라 전자에 대해서 똑같은 질문을 던진다면, 대답은 그리 간단하지 않다. 최선의 대답은 양자상태와 확률을 언급하는 것이다. '스핀이 위입니까, 아래입니까?' 뜨거운 텅스텐 선에서 방출되는 전자의 스핀은 50:50의 확률로 위이거나 아래이다. 그리고 아무도 측정하지 않는다면, 특정한 전자의 스핀이 확정적으로 위라거나 아래라는 말은 무의미하다. 그러니 전자에 대해서는 묻지 마라. 달은 전자보다 훨씬 더 크다.

더 심층적인 이론?

역사적으로 물리학에서 상충하는 두 이론이 있을 때면 언제나 결정적인 실험이 모색된다. 그러나 보어-아인슈타인 논쟁과 관련해서는 그런 실험을 생각해내기가 쉽지 않았다. 일찍이 아인슈타인은 양자물리학의 모든 성취는 그것의 근본 개념들과 무관하므로 더 심층적인 ─ '더 분별 있고 덜 기괴한' ─ 이론을 새로 세워서 슈뢰딩거 방정식과 양자물리학의 모든 성과들을 다시 산출해야 한다고 주장한 바 있었다. 아인슈타인의 팀은 입자에 관여하는 물리적 실재의 요소들이 더 있다고, 그런 요소들이 확률의 이면에 숨어 있다고, 양자역학은 불완전하다고 믿었다.

보어는 그런 심층 이론은 **존재하지 않고** 양자역학은 완전하다고, 양자역학이 기괴하다면 자연이 본래 기괴한 것이라고 주장했다. 그와 그를 둘러싼 급진적 혁명가들은 입자가 파동함수에 의해 표현되는 일련의 확률들에 의해 기술되며 입자의 물리적 실재성을 완전하게 기술하는 데 필요한 것은 그 확률들이 전부라는 생각을 매우 만족스럽게 받아들였다. 입자가 측정되면, 특정 가능성들은 다양한 확률이 결부된 확실성들로 바뀐다. 보어의 팀은 (적어도 공개적으로는) EPR의 공격을, 멀리 떨어진 입자를 교란하지 않으면서 그것의 속성을 알아내는 EPR의 교묘한 방식을 대수롭지 않게 여겼다. A-B 쌍이 함께 기원한 것에서 유래한 스핀이나 위치나 운동량의 상관은 우리가

A를 측정함으로써 B에 대해 모든 것을 알아내는 것을 허용하며, B에 대한 우리의 (간접적인) 앎은 B에 모종의 실재성을 부여한다. 아인슈타인은 그 실재성을 믿고 강력하게 주장한 반면, 보어는 그러지 않았다. 보어가 보기에 스핀, 운동량, 위치 등의 속성을 측정하지 않은 상태에서 입자에 부여하는 것은 '고전적인' 사고방식이다. 전자의 특정 속성을 측정한 결과를 확실하게 예측할 수 있다는 것은 전자가 정말로 그 속성을 지녔음을 뜻하지 않는다. 직접적인 측정 없이 그 속성을 전자에 부여해서는 안 된다고 보어는 느꼈다.

리언: 여러분이 나의 개인적인 견해를 궁금해 한다면, 말씀드리겠다. 실험물리학자로서 나는 아인슈타인의 입장과 보어의 입장을 구분 짓는 데이터가 무엇인지 알고 싶다.

아인슈타인의 입장: 우리가 전자를 측정할 수 없다는 것에 동의한다. 하지만 그렇다 하더라도 전자는 특정한 스핀이나 운동량을 갖는다.

보어의 입장: 우리가 전자를 측정할 수 없다면, 전자에 스핀이나 운동량을 부여하는 것은 무의미하다.

  (내가 보기에) 쓸모없는 이 입장 차이는 순전히 의미론적인 열정 때문에 그럴싸해진다. 아인슈타인의 주장대로 전자 B는 측정되지 않은 상태에서 독립적인 실재의 요소들을 보유할까? 아니면 보어의 주장대로 그 전자는 '오로지 측정을 통해서 특정 값을 취하도록 강제'될까? 내가 종사하는 입자물리학 분야에서는 항상 충돌 실험을 통해 입자의 속성을 알아낸다. 전형적인 실험에서 우리는 양성자를 가속시켜서 다른 입자와 충돌시킴으로써 이를테면 새로운 입자 50개가 모든 방향으로 튀어 나가게 만든다. 전하를 띤 입자들의 궤적은 탐지기에 기록되는 반면, 중성자처럼 전하를 띠지 않은 입자들은 나중에 그것들이 별도의 장치에 충돌할 때 탐지된다. 수억 마일 두께의 납을 감쪽같이 통과할 수 있는 중성미자들은 우리의 탐지기를 무사히 빠져나간다. 우리는 전하를 띠고 튀어 나가는 모든 입자들의 운동량 총합을 측정하고 원래 충돌을 유발한 입자의 운동량에서 그 총합을 뺀다. 만일 이 뺄셈의 결과가 무시할 수 없을 정도의 값이라면, 우리는 중성 입자가 상당한 운동량

을 가지고 튀어 나갔다는 결론을 내린다. 우리는 이런 식으로 중성자들에 대한 정보를 얻으면서 중성미자들에 대해서도 많은 것을 알아낸다. 이 예에서 우리는 추론된 운동량을 잘 활용하므로 아인슈타인의 입장을 지지하는 셈이다.

20세기의 위대한 이론물리학자들인 아인슈타인과 보어를 갈라놓는 더 심층적인 차이들이 아마 있었겠지만, 비극적이게도 두 사람의 논쟁은 아인슈타인이 물리학의 주류에서 밀려나 말년에 과학자로서 고립된 계기가 된 듯하다. 코펜하겐 해석을 내세운 보어는 생계형 물리학자들과 화학자들이 활용하는 우아하고 성공적인 양자역학의 궁극적인 주체였던 반면에 아인슈타인은 우리 대부분이 시간이나 역량이 부족하여 파고들지 못하는 질문들을 끊임없이 제기하는 비판자였다는 점이 문제였다. 아인슈타인의 질문들은 일부 물리학자들을 불편하게 만들었다. 양자역학에 대한 의심은 우리의 정신 건강까지는 아니더라도 우리가 종사하는 분야를 위협하는 듯했다.

물론 도저히 외면할 수 없는 수수께끼들도 있었다. 측정 장치의 문제도 그런 수수께끼의 하나였다. 측정 장치는 원자를 비롯한 양자 세계의 거주자들로 이루어지지 않았는가? 우리 세계에 전형적인 고전적 실재는 어느 단계부터 등장할까? 원자 100개가 모이면? 100만 개가 모이면? 거시적인 규모에서 양자 법칙들은 효력을 잃을까? 빌어먹을 슈뢰딩거의 고양이를 누가 또는 무엇이 죽일까? 파동함수가 온 우주에서 붕괴하도록 만드는 관찰자는 누구 또는 무엇일까?

우리 모두는 뉴턴 물리학을 배웠고 우리 세계의 실재성을 확립한 과학의 긴 여정을 배웠다. 우리 세계에 속한 야구공과 달과 행성과 교량과 고층 건물을 기술하는 물리학은 맥스웰의 방정식들에 의해 확장되었고 태양계와 광활한 우주에 적용되었다. 그런데 알고 보니 이 모든 세계를 원자 규모의 세계가 떠받치고, 원자 규모의 세계는 실재성을 아랑곳하지 않는 듯하다. 당연한 일이지만, 이론가들은 새로운 방식으로 실재성을 복구하려는 노력을 계속했다. 다중 우주, 숨은 변수, 비국소적 실재 등 그 노력의 흔적들을 과학 문헌에서 숱하게 발견할 수 있다.

존 벨

그러다가 마침내 유럽원자핵공동연구소(CERN)에서 일하는 말투가 조용한 아일랜드 이론물리학자가 일종의 마무리를 지었다.

리언: 나는 1958년부터 스위스 제네바에 위치한 그 연구소에서 실험을 하고 있었다. 그곳은 규모가 크고 음식이 매우 훌륭했으며, 인근의 스키 명소들은 일리노이주 바타비아에 있는 어떤 스키장보다도 좋았다. 나는 그 연구소에서 불꽃처럼 빨간 켈트족의 머리카락과 예리한 파란 눈동자를 지닌 그 젊은 물리학자를 만났다. 우리는 농담을 주고받았고, 나는 그가 본업인 입자가속기 연구를 제쳐 놓고 양자물리학의 토대를 연구한다는 것을 알았다. 그런 추상적인 관심은 분주하고 격식을 매우 강조하는 유럽 연구소에서 대단히 예외적이었지만, 벨은 혼자만의 생각에 골몰하는 철학자가 아니었다. 그는 예리한 관찰력의 소유자였고 확률과 통계의 애매한 측면들에 관한 전문가였으며 실험 및 이론과 관련된 매우 전문적인 계산들을 할 줄 알았다.

CERN은 컬럼비아 대학에서 나를 가르친 I. I. 라비의 제안을 부분적인 계기로 삼아 1950년대 초에 설립되었다. 라비는 제2차 세계 대전 직후에 물리학과 과학정책 분야의 실력자였다(아이젠하워 대통령에게 대통령 과학 보좌관이 필요하다고 제안한 인물이 바로 라비였다). 입자물리학에서 미국과 경쟁하려면 모든 유럽 국가들이 협력해야 할 것이라고 라비는 주장했다. 경쟁은 치열했고, CERN은 첨단 연구에 역량을 집중했다. 미국인들이 그곳의 객원연구원이었다는 사실만으로도 입자물리학 분야의 경쟁적 협력을 충분히 짐작할 수 있을 것이다.

1964년에 존 벨은 양자물리학에서 숨은 변수의 존재 여부를 실험적으로 판가름할 방법을 발견했다. 그가 제기한 질문은 구체적으로 이러했다. 양자이론은 국소적인 숨은 변수들을 사용하는 완전하고 고전적이고 결정론적인 기술을 받아들일까? 벨은 EPR 사고실험에서처럼 서로 반대 방향으로 날아가는 두 입자 사이에 직접 관찰 가능한 통계적 상관이 존재한다는 것을 발견했다. 그 상관은 원리적으로 측정 가능하고, 입자들이 실재적인 (고전적) 속성들을 지녀야 한다는 아인슈타인의 생각이 옳은지 판정하는 기준이 될 수 있다. 이 판정은 여러 방식으로 이루어질 수 있으며 그 결과는 '벨의 정리'라고 불린다.

벨의 정리

벨의 정리는 숨은 변수들을 통해 결정론을 복구하고 따라서 고전적 실재에 대한 아인슈타인의 믿음을 옹호하려는 모든 노력에 대한 검증 결과이다. 벨은 고전적 시스템에서는 '자명하게' 참이고 오직 얽힌 상태들이 도깨비 같은 원격작용과 함께 존재해야만 거짓일 수 있는 일련의 '부등식들'을 고안했다. 벨이 '벨 부등식들'을 제시한 1960년대에 그 부등식들을 검증하는 실험들은 상상하기 어려울 정도로 어려웠다. 따라서 그것들은 사고실험에 지나지 않았다. 그러나 1970년대 후반에는 기술의 향상 덕분에 여러 실험물리학 팀들이 그 실험들을 수행할 수 있었다.

결과는 간단명료했다. 입자들이 잘 정의된 고전적 속성을 지녔다고 주장하는 이론들은 틀렸다는 것이었다. 오히려 벨의 부등식은 정확히 양자이론의 예측대로 위반되었다. 이로써 양자 과학이 옳다는 것이 극적으로 밝혀졌고 고전적인 추론은 철저하게 반박되었다. 정말로 입자들은 확률적인 파동함수들에 의해 기술되었고, 파동함수들은 서로 멀리 떨어져도 상관될 수 있고 공간 전체에서 순간적으로 붕괴해야 하지만 그럼에도 궁극적인 한계속도인 광속 초월은 발생하지 않았다. 벨의 정리는 양자이론이 심오하고 반직관적이라는 것을 생생하게 보여 주고 양자이론의 본질에 대한 이해를 향상시키는 중요한 성과였다. 그 정리는 너무나도 낯선 양자 세계 앞에서 우리가 느끼는 놀라움을 심화했다.

벨의 정리에 대한 설명은 가치가 있지만 힘겨운 등산과 비슷하다(한계를 느끼는 독자는 이 절을 건너뛰어도 좋다. 반면에 더 자세한 수학적 논의를 원하는 독자는 우리의 웹사이트 http://www.emmynoether.com에서 PDF 파일로 내려받을 수 있는 'e-appendix'를 참조하라). 벨의 정리를 이해하려면 스핀을 알아야 하므로 양자이론의 수학적 측면에 어느 정도 몰두할 필요가 있다. 아주 어려운 수학은 등장하지 않지만 상당한 참을성이 요구된다. 하지만 여기에서 우리 저자들은 (거의) 온전히 일상 언어로 벨의 정리를 설명할 것이다. 기대해도 좋다.

EPR 논문에서 아인슈타인은 양자역학이 불완전하다는 결론을 내렸다. 그는 새로운 대안을 내놓지 않았지만, 잘 정의된 속성들을 지닌 입자들을 포함한 고전적 실재에 기초를 둔 완전한 이론이 언젠가 등장할 것이라는 믿음을 분명히 밝혔다. 그 이론은 두 가지 기본 원리를 따라야 할 것이었다. (1)실재성: 입자들은 존재하며, 확정된 물리적 속성들을 지녔다. (2)국소성: 만일 두 시스템이 시간 공간상에서 적당한 정도로 분리되어 있으면, 한 시스템에 대한 측정은 다른 시스템의 실재적 변화를 산출할 수 없다. EPR은 이 두 번째 원리를 필요로 했다. 왜냐하면 오직 국소성이 지켜질 때만 우리는 X에 대한 측정을 통해 Y의 속성을 알아낼 수 있기 때문이다. 만일 X에 대한 측정으로 인해 Y의 속성이 바뀐다면, EPR의 논증은 타당성을 잃는다. 당연한 말이지만, 국소성은 '도깨비 같은 원격작용'보다 직관적으로 선호된다. 양자역학은 유효하므로, 실재성 원리와 국소성 원리를 따르는 새 이론은 양자역학을 포용할 수 있어야 할 것이었다.

그런 이론을 추구하는 사람들의 일부는 숨은 변수를 거론했다. 숨은 변수란 양자 과학 실험들에서 확률적 결과가 나오도록 만드는, 입자가 지닌 미지의 속성이다. 예를 들어 모든 방사성 입자 속에 시계가 숨어 있고, 그 시계가 입자의 붕괴 시기를 정확하게 결정한다고 상상해 보자. 이 경우에 방사성 입자는 근본적으로 결정론적 시스템일 것이다. 하지만 우리는 그런 입자들의 집단을 관찰하여 입자의 평균 수명만 계산할 수 있고 특정 입자의 붕괴 시기에 대해서는 확률적으로만 알 수 있을 것이다.

존 벨은 EPR의 논증을 검토하는 과정에서 ─ 이론물리학자 데이비드 봄과 아인슈타인의 후속 논증들의 영향을 받아 ─ 실험 하나를 고안했다. 그의 실험은 한편으로 (1)고전물리학을 써서 양자역학의 결과들을 재현하려는 모든 이론과 다른 한편으로 (2)측정되지 않은 속성들의 존재를 부정하고 본래적인 불확정성을 인정하는 참된 양자역학을 구별해줄 것이었다.

벨이 제안한 실험은 EPR의 사고실험과 유사했다. 원천에서 방출된 전자 두 개가 서로 반대 방향으로 날아가 탐지기 1과 탐지기 2에 도달한다(그림 31 참조). 원천을 떠나기 전에 두 전자는 '얽힌' 상태이다. 즉, 이를테면 두 전자의 스핀을 합한 값이 0이 되어야 한다(이것은 논의를 단순화하려고 도입한 가정이다. 실은 두 전자의 스핀 총합이 어떤 값이어도 상관없다. 그러나 그 총합이 확정된 값이어야 한다는 조건은 지켜져야 한다). 그러나 개별 입자의 스핀이 특정한 값이어야 할 필요는 없다. 쉽게 말해서 한 전자의 스핀은 전자의 운동 방향에 수직인 방향을 기준으로 '위'일 수 있다. 그러면 다른 전자의 스핀은 동일한 방향을 기준으로 반드시 '아래'이다.

실험에 쓰이는 두 탐지기는 특수하게 설계된 것들이다. 다이얼을 돌려서 스핀 측정(결과는 '위' 또는 '아래')의 기준 방향을 선택할 수 있게 되어 있다. 선택지는 세 가지이다(그림 31 참조). 다이얼을 'A 위치'에 놓으면, 전자의 운동 방향에 수직인 방향($\theta = 0°$)이 선택되고, 'B 위치'에 놓으면 그 수직 방향에서 10도 기울어진 방향($\theta = 10°$), 'C 위치'에 놓으면 그 수직 방향에서 20도 기울어진 방향($\theta = 20°$)이 선택된다(θ는 전자의 운동 방향에 수직인 방향과 스핀 측정의 기준 방향 사이의 각도이다). 처음에 탐지기들의 다이얼은 적당히 맞춰진다. 이를테면 탐지기 1은 A 위치, 탐지기 2는 B 위치로 설정된다. 그 다음에 실험이 이루어진다. 이를테면 방사성 붕괴가 100만 번 일어나는 동안 실험이 지속된다고 해 보자. 우리는 예컨대 탐지기 1에 도달한 위-스핀 전자의 개수와 탐지기 2에 도달한 아래-스핀 전자의 개수를 센다. 그런 다음에 탐지기들의 다이얼 설정을 바꿔 놓고, 이를테면 탐지기 1을 B 위치로, 탐지기 2를 C 위치로 놓고 실험을 반복한다. 이런 식으로 모든 가능한 설정 각각에서 실험을 반복한다. 즉, 각각의 설정에서 방사성 붕괴 수백만 회가 일어나는 동안 탐지되는 사건들의 개수를 센다. 그 다음에 각 설정에서 얻은 결과들을 비교한다. 이보다 더 간단한 실험이 있겠는가?

존 벨은 이 실험 결과에 대한 '상식적인' 예측을 도출하는 데 성공했다. 즉, 만일 자연이 국소성 원리(이를테면 탐지기 1과 탐지기 2 사이에 어떤 신호도 오가지 않으며 탐지기 1에서 탐지되는 입자에 관한 모든 것은 멀리 떨어진 다른 대상에 의해서가 아니라 그 입자 자신에 의해서 결정된다는 원리) 를 따르는 숨은 변수 이론에 부합한다면, 어떤 실험 결과가 예상되는지 추론 하는 데 성공했다. 그가 출발점으로 삼은, '고전적인' 숨은 변수 이론에 관한 전제들은 지극히 평범해서, 양자물리학의 역설들에 익숙하지 않은 사람이 라면 누구나 그 전제들이 항상 참이라고 확신할 만하다. 그러나 양자이론의 예측은 이 상식적인 전제들에서 도출되는 예측과 분명하게 어긋난다(http:// www.emmynoether.com의 e-appendix 참조).

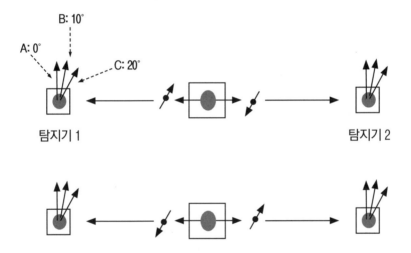

그림 31 벨 실험. 세 각도, 0°, 10°, 20°를 기준으로 전자의 스핀을 측정할 수 있는 탐지기들로 얽힌 상태를 측정한다. 상식적인(고전적인) 논리에 따르면, 우리가 탐지기 설정을 바꿔 가면서 실험을 반복하면, 〈0°로 설정된 탐지기 1에 포착되는 위-스핀 전자와 10°로 설정된 탐지기 2에 포착되는 위-스핀 전자의 개수〉 더하기 〈10°로 설정된 탐지기 1 에 포착되는 위-스핀 전자와 20°로 설정된 탐지기 2에 포착되는 위-스핀 전자의 개수〉는 〈0°로 설정된 탐지기 1에 포착되는 위-스핀 전자와 20°로 설정된 탐지기 2에 포착되는 위-스핀 전자의 개수〉보다 커야 한다. 그러나 실제로 실험 결과는 이 예측과 일치하지 않고 오히려 양자이론에 부합한다. 벨은 양자이론이 고전적이고 '상식적인' 논리 를 위반함을 보여 주었다. 이런 놀라운 결과는 온전히 얽힘에서 유래한다.

리언: 우리의 교육 시스템은 합리적인 논증을 이해하는 능력을 기르는 데 도움이 되지 않는다고들 한다. 아무튼 나는 이 장이 독자들에게 버거우리라고 확신한다. 여러 해 전에 지역 주민을 위한 일반물리학 강의에 참석한 나의 어머니에게도 그랬다. 어머니는 고등학교 졸업도 못한 노인이었지만 강의를 이해하는 능력이 탁월했고 심지어 두 번의 시험에서 1등을 했다. 어느 날 강사가 어머니를 찾아와서 이렇게 물었다. "『뉴욕타임즈』에 실린 기사를 읽었습니다. 노벨상을 받은 물리학자 리언 레더먼에 관한 기사였는데, 혹시 그 사람이 당신의 친척인가요?"

"그 사람이 내 아들이오." 어머니가 자랑스럽게 말했다.

"아, 그래서 물리학을 그렇게 잘하셨군요."

"아뇨, 틀렸어요." 어머니가 대꾸했다. "그래서 그 애가 물리학을 그렇게 잘하는 겁니다."

벨의 사고실험(거의 알아먹을 수 있게 설명함)

이제부터 벨이 1965년에 고안한 사고실험을 살펴보자.[10] 그는 이 실험을 언젠가 실행할 수 있으리라고 믿었다(실제로 1970년대 후반에 실행되었다). 본격적인 논의에 앞서 우선 열대어들이 헤엄쳐 다니는 고전적인 수족관을 생각해 보자.

우리는 다양한 종의 물고기가 많이 들어 있는 수족관을 관찰한다. 얼마 지나지 않아서 우리는 모든 물고기가 빨간색이거나 파란색이라는 것을 알아챈다. 논리적인 관점에서 보면, '이항관계'가 성립한다. 물고기는 '파란색'이거나 아니면 '비(非)-파란색'이고, '비-파란색'은 '빨간색'과 같다. 또 '비-빨간색'은 '파란색'과 같다(위-스핀과 아래-스핀의 이항관계와 유사하다). 곧이어 우리는 모든 물고기가 파란색이거나 빨간색일 뿐 아니라 크거나 작다는 것을 알아챈다. 얼마 후에는 모든 물고기가 점무늬를 가졌거나 가지지 않았다는 것을 알게 된다. 결론적으로 모든 물고기 각각은 **이항(값이 두**

가지인) 속성 세 개, 즉 (빨간색 또는 파란색), (큼 또는 작음), (점무늬 또는 점무늬-없음)을 지녔다. '큰 물고기의 반대'는 '크지 않은 물고기' 즉 '작은 물고기'이고 '점무늬 물고기'의 반대는 '점무늬 없는 물고기'이다.

이제 얼핏 보면 간단하지만 대단히 신기하게 느껴지기도 하는 정리 하나를 제시하겠다. 아래의 문장은 위의 세 가지 이항 속성을 지닌 물고기들이 임의의 마릿수만큼 들어 있는 임의의 수족관에 대해서 참이다.[11]

빨갛고 작은 물고기의 마릿수 더하기 크고 점무늬 있는 물고기의 마릿수는 빨갛고 점무늬 있는 물고기의 마릿수보다 항상 크거나 같다.

위 문장을 몇 번 반복해서 읽어라. 약간 미묘하지만 따지고 보면 아주 간단한 문장이다. 이 문장을 이용해서 친구들을 감탄시킬 수도 있을 것이다(이 문장에 대한 증명은 e-appendix에 있다. 주 8도 참조하라. 이 문장을 '셜록 홈스' 식으로 도출하는 작업은 어렵지 않다).

이제 기호 'N(X, not Y)'를 도입하자. 이 기호는 '속성 X를 지니고 Y를 지니지 않는 대상들의 개수'를 뜻한다. 그러면 위의 문장을 아래처럼 기호로 표현할 수 있다.

$$N(A, \text{not } B) + N(B, \text{not } C) \geq N(A, \text{not } C)$$

말로 풀면 이러하다. '속성 A를 지니고 B를 지니지 않은 대상들의 개수 더하기 속성 B를 지니고 C를 지니지 않은 대상들의 개수는 속성 A를 지니고

C를 지니지 않은 대상들의 개수보다 항상 크거나 같다.'

이제 존 벨의 뒤를 따라서 이 논리 문장을 '물리적으로 합당한 방식'으로 우리의 양자역학 실험에 적용해 보자. 이번에도 어떤 입자(원천)가 방사성 붕괴를 겪으면서 정반대의 운동량과 스핀을 지녔지만 나머지 면에서는 동일한 입자 두 개가 산출되는 상황을 생각해 보자(그림 31 참조). 산출되는 동일한 입자들은 서로 반대 방향으로 날아가고, 그 입자들의 스핀의 총합은 0이다. 즉, 그 입자들은 얽혀 있다. 각운동량보존법칙에 따라서, 만일 탐지기 1에 도달한 입자가 위-스핀이라면, 탐지기 2에 도달한 입자는 아래-스핀이어야 한다.

만일 산출되는 상태들(입자들)이 (고전물리학의 예측대로) '얽혀 있지 않다면', 그 상태들은 〈탐지기 1 위-스핀, 탐지기 2, 아래-스핀〉이거나 아니면 〈탐지기 2 위-스핀, 탐지기 1 아래-스핀〉일 것이다. 각운동량보존법칙 때문에 전체적인 스핀 각운동량 총합은 0이어야 한다. 따라서 양자이론은 다음과 같은 얽힌 상태를 예측한다.

〈탐지기 1 위-스핀, 탐지기 2 아래-스핀〉
− 〈탐지기 2 위-스핀, 탐지기 1 아래-스핀〉

(여기에서 음의 부호는 입자 쌍의 스핀 각운동량 총합과 관련이 있다. 우리는 그 총합이 0이 되도록 만들었다. 이것은 필수적이지 않지만 가장 간단한 전제이다.)

이제 우리의 탐지기들이 어떤 기능을 하는지 돌이켜 보자. 그것들은 (수직 방향에서 기울어진) 세 가지 각도를 기준으로 스핀을 측정할 수 있다. 'A 위치'는 $\theta=0°$(수직 방향), 'B 위치'는 $\theta=10°$, 'C 위치'는 $\theta=20°$에 해당한다. 따라서 탐지기를 가능한 세 가지 위치로 설정해 놓고 스핀을 측정할 때 나오는 결과의 논리적 가능성들은 아래와 같다.

> 'A': $\theta=0°$를 기준으로 위-스핀
>
> 'not A': $\theta=0°$를 기준으로 아래-스핀
>
> 'B': $\theta=10°$를 기준으로 위-스핀
>
> 'not B': $\theta=10°$를 기준으로 아래-스핀
>
> 'C': $\theta=20°$를 기준으로 위-스핀
>
> 'not C': $\theta=20°$를 기준으로 아래-스핀

'B'는 B 위치에서 위-스핀, 'not B'는 B 위치에서 아래-스핀을 뜻한다는 것을 주목하라.

우리가 탐지기 1을 A 위치로, 탐지기 2를 A 위치로 설정하고 실험을 실시한다고 해 보자. 많은 입자들을 탐지하면, 이를테면 아래와 같은 연쇄 데이터가 산출될 것이다.

탐지기 1(A): 1　1　−1　1　−1　−1　−1　1　1　−1　−1　−1　1　−1 ……
탐지기 2(A): −1　−1　1　−1　1　1　1　−1　−1　1　1　1　−1　1 ……

1은 위-스핀을, −1은 아래-스핀을 의미한다. 위의 데이터에서 보듯이,

두 탐지기를 똑같이 A 위치로 설정해 놓으면(두 탐지기에서 똑같이 수직 방향을 기준으로 스핀을 측정하면), 완벽한 상관이 나타남을 주목하라. 즉, 탐지기 1이 위-스핀(1)을 측정하면, 탐지기 2는 반드시 아래 스핀(−1)을 측정한다. 이것은 우리가 익히 아는 각운동량보존법칙의 예일 뿐이다. 탐지기를 둘 다 B 위치로 설정하거나 C 위치로 설정하고 실험을 해도 결과는 마찬가지이다. 이 결과는 입자들이 얽혀 있든 얽혀 있지 않든 상관없이 발생한다.

반면에 우리가 탐지기 1을 A 위치로, 탐지기 2를 B 위치로 설정하고 실험을 반복한다고 해 보자. 그러면 우리는 이를테면 아래처럼 약간 다른 연쇄 데이터를 얻게 된다.

탐지기 1(A): 1 −1 1 1 −1 1 −1 −1 1 −1 1 1 −1

탐지기 2(B): −1 1 −1 1 1 1 1 −1 −1 1 1 −1 −1

두 탐지기에서 얻은 데이터들 사이의 상관이 완벽하지 않음을 주목하라. 때때로 탐지기 1과 탐지기 2에서 모두 위-스핀이 측정된다. 이런 일은 수직 축을 기준으로 순수한 위-스핀 상태는 수직 축에서 10도 기울어진 또 다른 축을 기준으로 순수한 위-스핀 상태가 아니기 때문에 발생한다. 탐지기 2를 약간 회전시켜서 B 위치로 설정함으로써 우리는 스핀이 측정될 때 입자의 양자상태를 교란하는 것이다. 그러나 국소성 원리에 따르면, 이 교란은 탐지기 2에 도달한 입자에만 영향을 끼치고 탐지기 1에 도달한 입자와는 전혀 무관해야 한다.

우리는 방사성 붕괴가 100만 번 일어나는 동안 실험을 지속하면서 A 위치(수직 방향($\theta=0°$))로 설정된 탐지기 1에서 위-스핀 입자가 탐지되는 동시에 B 위치(수직 방향에서 기울어진 각도 $\theta=10°$)로 설정된 탐지기 2에서도 위-스핀 입자가 탐지되는 사건의 개수를 센다. 각운동량보존법칙에 따라서, 탐지기 2에서 위-스핀 입자가 탐지되는 것은 탐지기 1에서 아래-스핀 입자가 탐지되는 것과 같음을 상기하라. 그러므로 우리가 실제로 측정하는 것은 탐지기 1에서 포착되는 N(A, not B)($\theta=0°$를 기준으로 위-스핀이고 $\theta=10°$를 기준으로 아래-스핀인 입자의 개수)인 셈이다. 실제로 이 개수를 방사성 붕괴 100만 회가 일어나는 동안 세어 보면 예컨대 아래와 같은 결과가 나온다.

N(A, not B)=N(탐지기 1, $\theta=0°$, 위-스핀; 탐지기 2, $\theta=10°$, 위-스핀)=101개

이어서 우리는 다시 방사성 붕괴 100만 회가 일어나는 동안 실험을 지속하면서 $\theta=10°$(B 위치)로 설정된 탐지기 1에서 위-스핀 입자가 탐지되는 동시에 $\theta=20°$(C 위치)로 설정된 탐지기 2에서도 위-스핀 입자가 탐지되는 사건의 개수를 센다. 이번에도 우리가 세는 것은 탐지기 1에서 포착되는 N(B, not C)인 셈이다. 결과는 이를테면 아래와 같다.

N(B, not C)=N(탐지기 1, $\theta=10°$, 위-스핀; 탐지기 2, $\theta=20°$, 위-스핀)=84개

그 다음에 우리는 다시 방사성 붕괴 100만 회가 일어나는 동안 실험을 지속하면서 $\theta=0°$로 설정된 탐지기 1에서 위-스핀 입자가 탐지되는 동시에 θ

＝20°로 설정된 탐지기 2에서도 위-스핀 입자가 탐지되는 사건의 개수를 센다. 그러면 예컨대 아래의 결과가 나온다.

N(A, not C)＝N(탐지기 1, θ＝0°, 위-스핀; 탐지기 2, θ＝20°, 위-스핀)＝372개

우리의 단순한 논리적 가설('벨 부등식')은 아래와 같다.

$$N(A, \text{not } B) + N(B, \text{not } C) \geq (A, \text{not } C)$$

이 부등식을 풀어 쓰면 이러하다.

N(탐지기 1, θ＝0°, 위-스핀; 탐지기 2, θ＝10°, 위-스핀)
＋N(탐지기 1, θ＝10°, 위-스핀; 탐지기 2, θ＝20°, 위-스핀)
≥ N(탐지기 1, θ＝0°, 위-스핀; 탐지기 2, θ＝20°, 위-스핀)

이 실험에서 무엇을 알 수 있을까? 양자역학은 이 단순한 논리적 가설을 따를까?

우리가 실험에서 얻은 값들을 대입하면 위 부등식은 이렇게 된다: 101＋84＝185 ≥ 372. 이는 명백한 거짓이다. 바꿔 말해서 우리의 실험 결과는 벨 부등식을 위반한다. 통계적 오차를 감안하더라도, 부등식의 양변의 차이는

187 ± 25개

에 달한다. 이것은 우리의 실험 결과가 벨 부등식을 통계적으로 매우 유의미하게(대략 '4 시그마(σ)'만큼) 위반한다는 뜻이다. 통계학적으로 우리의 측정은 충분히 훌륭하며, 훨씬 더 많은 방사성 붕괴가 일어나는 동안 실험을 지속하면 결과를 더욱 개선할 수도 있다. 요컨대 우리는 양자이론이 벨 부등식을 위반한다고 자신 있게 말할 수 있다.

이 말은 무슨 뜻일까? 양자물리학은 고전적인 수족관이 따르는 단순한 논리인 벨 부등식을 위반한다. 이 위반은 얽힘에서 유래한다. 그러나 벨 부등식을 위반함에도 불구하고 양자이론은 관찰 자료를 옳게 예측한다(완벽한 이해를 원하는 독자들은 e-appendix에 제시된 계산과 정확한 결과들을 참조하라).

벨의 정리는 EPR 논문이 나온 지 거의 30년 뒤인 1964년에 발표되었다. 그 30년 내내 최고의 지성들이 EPR '역설'을 끊임없이 논의했지만, 벨의 발상은 정말로 새로웠다. 벨의 사고실험은 양자역학을 공격하던 아인슈타인이 고안하고 싶어 했을 만한 바로 그런 실험이었다. 당연한 말이지만 벨은 아인슈타인의 모든 글뿐 아니라 그 후에 보른과 (양자이론을 다른 방식으로 정식화한 저자들 중 한 명인) 데이비드 봄의 글도 검토할 수 있는 유리한 입장에 있었다.

벨의 논문이 나온 후 10년 동안 벨의 정리의 변형들이 다수 발표되었다. 그리고 1979년경부터 실제 실험들이 이루어졌다. 그 실험들은 양자이론의 타당성과 얽힘의 존재를 입증했다. 양자이론이 거둔 무수한 성과들을 생각할 때, 이것은 놀라운 일이 아니다. 그러나 단순한 고전 논리가 위기에 처한 듯하다는 사실은 충격적이다. 그 실험들의 결과는 많은 물리학자들(또한 철학자들!)이 보기에 비국소적인 효과들이 존재한다는 것을, 탐지기 1에서의 측정이 탐지기 2에서의 즉각적 변화를 유발한다는 것을 시사했다. 이것은 고전적 실재론의 예측들과 완전히 어긋나지만 양자역학과는 적어도 양립 가능하다. 더 나아가 양자 과학의 계산들은 관찰 결과를 산출한다. 벨은 고전적인 숨은 변수 이론으로 양자적인 행동을 설명하는 것은 원리적으로 불가능함을 증명했다.

보충 논증들에 의해 확장된 벨의 정리는 결정론적이고 고전적인 성격을 유지하면서 양자이론의 확률적 본성을 설명하는 임의의 (국소적인) 숨은 변수를 배제했다. 뒤이은 실험들은 탐지기 1과 탐지기 2 사이의 도깨비 같은 '소통'이 오로지 실제 측정이 이루어질 때만(예컨대 측정 장치가 설치되기만 했을 때는 아니고) 일어남을 입증했다.

이러한 비국소적, 순간적 소통은 특수상대성이론을 위반하지 않는다. 이 이론은 광속보다 빠른 정보 전달을 금지한다. 분석해 보면 알 수 있지만, 탐지기 1과 탐지기 2 사이의 도깨비 같은 소통은 탐지기 2에 있는 관찰자가 써먹을 수 있는 정보를 전달하지 않는다. 요컨대 벨의 부등식 실험은 양자 과학과 상대성이론의 평화로운 공존을 공고히 한다.

보어가 벨의 정리를 알았다면 기뻐했을 것이다. 일단 상호 작용한 두 시스템은 영원히 연결되어 '하나의 얽힌 시스템'을 이룬다고 보어는 생각했으니까 말이다. 설령 서로 까마득히 멀리 떨어져 있더라도 A와 B를 따로따로 존재하는 대상으로 생각하는 것은 오류라고 보어는 주장했다. 벨은 보어가 옳음을 증명한 듯하다.

비국소성과 숨은 변수

요컨대 천재적인 벨은 한편으로 양자이론의 예측들과 다른 한편으로 '고전적 결정론'을 복구하려는 이론들을 구별해 주는 결정적인 실험을 최초로 고안했다(거듭되는 말이지만, 후자의 다수는 숨은 변수들을 사용했고 그 변수들로 인한 세세한 결과들을 평균할 때만 확률적으로 보였다).

벨이 이룬 진정한 도약은 아인슈타인이 가장 염려했고 EPR 논문에서 집중적으로 비난한 개념인 '도깨비 같은 원격작용'과 관련이 있다. 만일 A와 B가 연결되어 있어서 A에 대한 측정이 B의 궤적에 영향을 끼친다면, EPR 역설은 아인슈타인(그리고 우리 대부분)이 가장 못마땅하게 여긴 방식으로 '해명'된다. 벨은 양자역학과 일치하도록 구성된 모든 숨은 변수 이론은 비국소적일 수밖에 없음을 짐작했고 나중에는 증명했다. 그리고 그는 참된 양자 과학과, 국소성 원리를 따르면서 양자 과학의 결과들을 흉내 내는 모든 숨은 변수 이론을 구별할 수 있게 해 주는 실행 가능한 실험을 고안했다. 벨의 정리는, 대상 a와 b가 아주 멀리 떨어져 있더라도 a에 대한 측정이 실제로 b에 대한 측정에 모종의 즉각적 영향을 끼침을 입증함으로써 EPR 역설에 대응한다. 이 충격적인 해석은 단지 b의 상태에 대한 우리의 앎만 바뀐다는 무난한 해석과 다르다. 이 해석은 파동함수의 의미와 직접 연관된다. 벨의 정리에서 나오는 귀결들에 따르면, 파동함수는 시스템을 완전하게 정의하고, 파동함수의 '붕괴'는 실재하는 물리적 사건이다.

우리가 상자 안에 전자 하나를 집어넣고 차단벽을 설치하여 상자를 두 부분으로 나눈다고 해 보자. 이어서 우리는 두 부분을 분리한다. 하지만 우리는 전자가 어느 부분에 들어 있는지 모른다. 이제 우리는 한 부분을 달로

운반하고, 나머지 부분을 뉴저지 주에 놔둔다. 이때 우리가 파동함수에서 알아낼 수 있는 것은 전자가 달에 있을 확률이 50퍼센트, 뉴저지 주에 있을 확률이 50퍼센트라는 것이다. 이 상황에서 우리가 뉴저지 주에 있는 상자를 열어 보고 전자를 발견하면 파동함수는 즉시 붕괴하고, 전자가 뉴저지 주에 있을 확률은 100퍼센트로 바뀐다. 우리는 달에 있는 상자를 건드리지도 않고 그것의 상태를 '전자 없음'으로 바꾸어 놓은 것이다. 벨이 실험적으로 확립하려 한 것이 바로 이런 '원격작용' 혹은 비국소성이다. 이제 관건은 파동함수가 실재적이고 물리적인 양이냐 하는 것이다. 만일 그렇다면, 아인슈타인의 믿음대로 비국소성은 양자이론의 본질적인 특징이다.

존 벨은 1990년에 사망할 때까지 겸손함을 유지했다. 그는 물리학계를 훨씬 벗어난 곳에서도, 명성이 자자해진 뒤에도 흔히 좀 구멍이 숭숭 뚫린 스웨터를 입었다.[12] 충격적인 비국소성 해석 때문에 벨은(그리고 벨의 정리는) 다양한 '뉴 에이지' 주창자들 사이에서 유명해졌다. 그들은 벨의 정리가 모든 것이 연결되어 있다는 증명이라고, "힘이 너와 함께 하기를."(영화「스타워즈」시리즈에 나오는 명대사 – 옮긴이)이라는 도시 문화의 명언을 뒷받침한다고 결론지었다. 그러나 벨 자신은 이 결론에 동의하지 않았다. 그가 확신한 것은 자신의 정리가 우리가 실재를 제대로 이해하지 못했음을 의미한다는 것뿐이었다. 벨은 아이오와 주 마하리시 국제대학의 초대로 그곳에서 유쾌한 주말을 보낸 적이 있다. 그때 그는 그를 초대한 사람들에게 그 자신의 계산이 반드시 신과 관련된 것은 아니라고 매우 정중하게 밝혔다.

그래서 이 세계는 대체 어떤 세계일까?

우리는 미시 세계라는 새로운 행성을 연구하는 양자물리학의 가장 불가사의한 측면들 중 하나에 이 장을 할애했다. 만일 미시 세계가 새로운 자연법칙들의 지배를 받는 새로운 행성이라면, 이것은 대단히 충격적인 사실일 것이다. 왜냐하면 우리에게(적어도 우리 중 일부에게) 부와 권력을 주는, 과학에 기초한 기술 전체에 대한 우리의 이해와 통제력이 위태로워질 것이기 때문이다. 그러나 더욱 이해하기 어려운 것은 대상들이 야구공과 행성의 수준으로 커지면 미시 세계의 독특한 자연법칙들이 평범한 고전적 법칙들에게 자리를 내주어야 한다는 사실이다.

우리가 아는 모든 힘들은 ─ 중력, 전자기력, 강한 핵력, 약한 핵력은 ─ 국소적인 힘이다. 그 힘들은 힘을 발휘하는 대상에서 멀리 떨어질수록 점점 더 약해지며 엄격하게 광속 이하로 한정된 속도로만 전달된다. 그런데 벨은 순간적으로 전달되며 거리가 멀어져도 전혀 줄어들지 않는 새로운 비국소적 영향을 숙고하라고 우리를 강요한다. 그는 그런 영향은 존재하지 않는다는 전제에서 출발하여 일련의 논리적 단계들을 거친 뒤에 그 전제가 실험에 의해 반박됨을 발견한다.

그렇다면 우리는 기이한 비국소적 원격작용을 받아들여야 할까? 우리는 말 그대로 철학적 수렁에 빠졌다. 세계가 우리의 경험과 얼마나 다른가를 깨달으면 우리의 생각에 미묘한 변화가 일어나기 마련이다. 지난 80년 동안 응용 양자 과학은 더 먼저 (고전 시대를 대표하는) 뉴턴과 맥스웰의 물리학이 거둔 방대한 성과들을 재현했다. 이제 우리는 확실히 더 깊은 수준에 도달했다. 양자 과학은 (고전물리학을 근사이론으로 포용하면서) 모든 과학의 바탕이 되었고, 원자, 원자핵, 아원자핵 입자(쿼크와 렙톤)의 행동뿐 아니라 분자, 고체 구조, 우리 우주의 탄생(양자우주론), 생명을 정의하는 거대분자들, 현재 활발히 연구되는 생명공학, 심지어 어쩌면 인간의 의식까지 성공적으로 기술한다. 우리는 이 모든 것을 얻었지만, 철학적이고 개념적인 문제들은 여전히 불안과 큰 기대를 뒤섞으며 우리를 괴롭힌다.

리언: 이 모든 불안과 경이감으로부터 형언할 수 없을 만큼 아름다운 무언가가 틀림없이 나올 것이다. 이제껏 늘 그래 왔으니 앞으로도 그럴 것이다(라고 나는 생각한다). 예술가들은 상상력으로 아름다움을 창조하지만, 과학의 아름다움은 자연의 우아함을 보는 것에 있다. 겨울밤에 도시의 불빛에서 멀리 떨어진 곳에서 하늘을 보거나 (이 글을 쓰는 나처럼) 아이다호 주에서 테톤 산맥의 뾰족한 봉우리들을 보면서 경이감을 느끼기 위해 양자역학자가 될 필요는 없다. 올해는 예외적으로 덥고 건조했는데도, 야생 매발톱꽃, 제비고깔, 분홍바늘꽃, 루핀은 과거 어느 때보다 만발하고 딸기들은 그 어느 때보다 실하고 달콤하다. 이런 자연의 얼굴은 우리 모두가 볼 수 있지만, 양자 과학이 지배하는 세계의 보이지 않는 질서를, 우리를 최후의 정복으로 또는 (어쩌면) 끝없이 펼쳐진 땅으로 이끄는 그 불가사의한 질서를 어렴풋하게나마 알아챈 사람은 극소수에 불과하다.

다행히 우리 물리학자들은 회복력이 강하다. 존 벨의 이상한 나라를 숙고하다가 충격에 빠져서 헤어나지 못하는 물리학자는 거의 없다.

8장 오늘날의 양자물리학

앞선 장들에서 우리는 20세기에 공동으로 양자물리학을 개량한 천재들의 노력을 살펴보았다. 그러면서 갈릴레오와 뉴턴 이후 300년 동안 이어진 물리학에 익숙한 사람들의 직관에 반하는 급진적인 개념들이 어떻게 발생했는지 추적했다. 양자이론을 접한 일부 물리학자들은 근본적인 문제들을 제기했다. 예컨대 '코펜하겐 해석'의 타당성과 한계를 문제 삼았다. 그러나 대부분의 과학자들은 원자 및 아원자 세계를 이해하기 위한 새롭고 강력한 수단을 얻었음을 깨닫고 전진했다. 그들은 새로운 물리학을 설령 그들의 철학적 취향에 맞지 않더라도 받아들이고 사용했으며 물리학의 새로운 분과들을 창조했다. 그것들은 지금까지 이어진다.

그 새로운 분과들은 우리의 생활양식과 지식을 근본적으로 바꿔 놓았고 특히 우리의 역량을 대폭 향상시켰다. 다음번에 당신이나 당신의 가족이 (물론 우리는 이런 일이 절대로 없기를 바라지만) 병원의 MRI 스캐너 안에 누워서 윙윙거리고 철컥거리고 탁탁거리고 붕붕거리는 소음들의 요란하고 이색적인 합주를 듣는 동안 당신의 내부 장기들의 상세한 모습이 제어실의 모니터에 나타난다면, 당신은 초전도체, 핵스핀, 반도체, 양자전기역학, 양자물질, 화학 등을 아우르는 응용 양자 과학의 세계에 깊숙이 들어와 있는 것이다. 당신이 MRI 스캐너 안에 있을 때, 당신은 말 그대로 EPR 실험 그 자체이다. 더 나아가 의사가 PET 스캔을 지시한다면, 당신이나 소중한 가족의 몸속에 반물질이 투입될 것이다.

코펜하겐 해석 이후의 진보는 확립된 양자이론의 규칙들을 이용하여 과거에 다룰 수 없었던 실용적 문제들을 해결하는 방식으로 이루어졌다. 과학자들은 물질의 행동을 통제하는 요인에 초점을 맞췄다. 예컨대 이런 질문들이 제기되었다. 물질이 가열되거나 냉각될 때 어떻게 고체에서 액체와 기체로의 변화가 일어나고 어떻게 자기화와 자기소거가 일어날까? 무엇이 물질의 전기적 속성을 결정할까? 바꿔 말해서 왜 일부 물질은 부도체이고 다른 물질은 훌륭한 도체일까? 이 질문들은 주로 '응집물질 물리학'에 속한다. 이런 질문들의 대부분은 슈뢰딩거 방정식을 써서 대답할 수 있다. 물론 새로 개발된 정교한 수학적 기법들도 있다. 그런 새로운 수학적, 개념적 도구들은 트랜지스터와 레이저를 비롯한 새로운 장치들의 모태가 되었고, 그 장치들에서 오늘날 우리가 거주하는 디지털 정보기술 세계가 비롯되었다.

양자 전자공학과 응집물질 물리학에서 유래했거나 이 분야들에 의해 촉진된, 규모가 수조 달러에 달하는 경제의 대부분은 아인슈타인의 특수상대성이론에 의존하지 않는다('비상대론적이다'). 즉, 광속보다 훨씬 느린 속도만 다룬다. 슈뢰딩거 방정식은 비상대론적이며, 광속에 비해 훨씬 느린 속도로 움직이는 전자들과 원자들을 근사적으로 정확하게 기술한다. 원자의 화학적 활성을 좌우하는 외각 전자들과 화학결합에 참여하는 전자들, 물질 속에서 움직이는 전자들이 광속보다 훨씬 느리게 운동한다는 전제는 근사적으로 참이다.[1]

그러나 흥미로운 질문들이 많이 남아 있다. 예컨대 무엇이 원자핵을 유지시킬까? 자연의 기초 요소인 기본입자들은 무엇일까? 어떻게 특수상대성이론과 양자이론을 통합할 수 있을까? 이런 질문들은 우리를 물질 속에서 느리게 운동하는 시스템들을 넘어선 세계로 이끈다. 원자핵에서는 이를테면 방사성 붕괴(또는 핵분열, 핵융합)가 일어날 때 질량이 에너지로 변환되기도 한다. 그런 원자핵의 물리학을 연구하려면, 속도가 광속에 접근할 때의 양자물리학을 이해할 필요가 있다. 따라서 아인슈타인의 특수상대성이론의 핵심을 알아야 한다. 또한 특수상대성이론을 이해한 다음에는 더 복잡하고 심오한 일반상대성이론(아인슈타인의 중력이론)을 고찰해야 한다. 제2차 세계 대전 직후까지 미해결로 남은 가장 근본적인 문제는 이것이었다. 상대론적인 전자와 빛의 상호작용을 어떻게 하면 세부까지 완전하게 기술할 수 있을까?

양자물리학과 특수상대성이론의 결합

아인슈타인의 특수상대성이론은 물리학에서 상대운동에 관한 옳은 기술이며 광속에 가까운 상대운동까지 포괄한다. 그 이론은 물리학 법칙들의 대칭성에 관한 기초적인 진술이다.[2] 특수상대성이론에서 도출되는 귀결 하나는 모든 입자의 동역학과 관련해서 근본적으로 중요하다. 그 귀결은 에너지와 운동량 사이의 기본적인 관계인데, 이 관계는 뉴턴이 발견한 관계와 근본적으로 다르다. 이 생각의 혁신은 양자역학을 상대론적 형태로 재구성하는 열쇠이다.[3]

이 대목에서 자연스럽게 제기되는 질문은 이것이다. 특수상대성이론과 양자이론이 결합하면 무슨 일이 일어날까? 믿기 어려운 일이 일어난다.

$$E = mc^2$$

이 유명한 등식을 처음 보는 사람은 아무도 없을 것이다. 이 등식은 티셔츠, 텔레비전, 회사의 상징도안, 각종 상품, 만화에 자주 등장한다. 현재 우리의 문화에서 $E = mc^2$은 '영리함'을 뜻하는 보편적 상징이다.

그러나 TV 출연자가 이 등식의 의미를 옳게 설명하는 경우는 드물다. 대개 '이 등식은 질량이 에너지와 같다는 뜻이다.'라는 식으로 설명하는데, 이것은 틀린 설명이다! 질량과 에너지는 **전혀 다르다**. 예컨대 광자는 질량이 없지만 에너지를 보유할 수 있고 실제로 보유한다.

실제로 $E = mc^2$의 의미는 상당히 제한적이다. 그 의미를 말로 풀면 '**멈춰 있고 질량이 m인 입자는 $E = mc^2$을 만족시키는 에너지 E도 보유한다.**'는 것이다. 따라서 원리적으로 볼 때, 무거운 입자는 자발적으로 더 가벼운 입자들로 변환(또는 '붕괴')하면서 에너지를 내놓을 수 있다.[4] 이 때문에 **핵분열** — U^{235}(우라늄235) 원자핵 같은 불안정하고 무거운 원자핵이 더 가벼운 원자핵들로 자발적으로 '깨지는' 현상 — 이 일어나면 많은 에너지가 산출된다. 이와 유사하게, 중수소 원자핵 같은 가벼운 원자핵들은 이른바 핵융합 과정을 통해 뭉쳐서 헬륨을 형성하면서 다량의 에너지를 방출할 수 있다. 이 과정은 헬륨 원자핵의 질량이 중수소 원자핵 두 개의 질량보다 작기 때문에 가능하다. 이 질량 차이 때문에 중수소 원자핵 두 개가 합쳐져 헬륨 원자핵을 이룰 때 에너지가 방출될 수 있다. 이런 에너지 변환 과정들은 아인슈타인의 상대성이론이 등장하면서 비로소 이해되었지만 태양이 빛나고 지구에 아름답고 경이로운 생명이 존재하는 원인이다.

그러나 만일 입자가 움직인다면, 유명한 공식 $E=mc^2$은 수정되어야 한다.[5] 아인슈타인은 이 사실을 알고 있었기에 생략되지 않은 완전한 공식을 제시했다(주 3 참조). 핵심만 말하자면, 아인슈타인이 실제로 한 말은 멈춘 (운동량이 0인) 입자에 대해서 $E=mc^2$이 성립한다는 것이 아니라 아래 공식이 성립한다는 것이었다.

$$E^2=m^2c^4$$

이런 구분이 바보짓처럼 보일지도 모른다. 그러나 이제 곧 보겠지만, 실제로 큰 차이가 존재한다. 입자의 에너지를 얻으려면, 우리는 위 공식의 양변의 제곱근을 취해야 한다. 그러면 확실히 $E=mc^2$이라는 해가 나온다. 그러나 이것 말고 또 하나의 해가 나온다.

다음과 같은 간단한 수학적 사실을 상기하라. **모든 수는 두 개의 제곱근을 가졌다.** 예를 들어 4는 제곱근 두 개, $\sqrt{4}=2$와 $-\sqrt{4}=-2$를 가졌다. 바꿔 말해서 $2 \times 2=4$도 맞지만, $(-2) \times (-2)=4$도 맞다는 것을 우리는 안다(음수 두 개를 곱하면 양수가 된다). 이처럼 양수의 '또 하나의' 제곱근은 음수이다. 그러므로 우리는 위 등식의 해 두 개, $E=mc^2$과 $E=-mc^2$을 고려하고 이해해야 한다.

이제 수수께끼는 이것이다. 우리는 아인슈타인의 공식에서 도출되는 에너지가 양수여야 한다는 것을 어떻게 알까? 어떤 제곱근이 옳은지 자연은 어떻게 알까?

처음에 사람들은 이 질문을 깊이 고민하지 않았다. 이 질문은 어리석거나 '공허하게' 보였다. 세련된 지식인들은 말했다. '모든 것이 지닌 에너지는 당연히 0이거나 양수이다. 우리가 이런 문제까지 숙고한다면 너무 쩨쩨하지 않겠는가?' 그들은 느리게 움직이는 전자, 원자, 분자, 물질 덩어리에만 적용되는 슈뢰딩거 방정식을 가지고 노느라 너무 바빴다. 비상대론적 슈뢰딩거 방정식에서는 음의 제곱근 문제가 결코 발생하지 않는다. 움직이는 입자의 운동에너지는 항상 양수이다. 상식적으로 생각해 봐도 물체의 총 에너지, 특히 질량을 지녔고 멈춘 입자의 에너지 mc^2은 항상 양수여야 할 듯했다. 그리하여 특수상대성이론이 등장한 직후에 물리학자들은 음의 제곱근의 가능성에 대해서 이야기하기를 아예 거부했다. 음의 제곱근은 '사이비'해이며 '물리적인 입자를 기술하지 않는다.'라고 그들은 말했다.

그러나 음의 에너지 입자들이 존재한다면 어떻게 될까? 그 입자들은 음의 정지에너지 $-mc^2$을 가질 것이다. 만일 그것들이 운동한다면, 그것들의 에너지는 더 큰 음수가 될 것이다. 다시 말해 그것들의 운동량이 증가하면, 그것들은 에너지를 잃고, 그것들이 보유한 에너지는 0보다 점점 더 작아질 것이다.[6] 그것들은 다른 입자들과 충돌하고 광자들을 방출함으로써 끊임없이 에너지를 잃을 것이고, 그 과정에서 그것들의 속도는 증가할 것이다(광속에 접근할 것이다)! 그것들의 에너지가 0보다 점점 더 작아지는 과정은 중단되지 않을 터이므로 그것들은 결국 무한한 음의 에너지를 가지게 될 것이다. 요컨대 음의 에너지 입자들은 무한한 음의 에너지의 심연으로 떨어질 것이다. 그러므로 결국 우주는 무한한 음의 에너지를 지닌 괴짜 입자들로 가득차게 될 것이다. 그 입자들은 끊임없이 에너지를 방출하면서 무한한 음의 에너지의 심연으로 점점 더 깊이 떨어질 것이다.[7]

제곱근의 세기(世紀)

상당히 예상 밖이겠지만, 20세기에 물리학 전체를 이끈 문제는 사실상 '제곱근 구하기'였다. 거꾸로 말하면, 양자물리학의 관건은 '확률의 제곱근을 다루는 이론'을 구성하는 것이었다. 그 결과는 슈뢰딩거의 파동함수였다. 파동함수의 수학적 제곱은 입자를 특정 시간과 장소에서 발견할 확률이다.

평범한 수의 제곱근을 계산해 보면, 기이한 일이 일어난다. 예를 들어 제곱근으로 **허수**나 **복소수**가 나오기도 한다. 실제로 양자이론을 발명하는 과정에서도 악명 높은 −1의 양의 제곱근 $i = \sqrt{-1}$ 이 등장하면서 기이한 일들이 많이 일어났다. 양자이론은 본성상 제곱근을 기초로 삼기 때문에 반드시 i를 필요로 한다. 양자이론이 i를 비켜 가는 것은 불가능하다. 그러나 우리는 '얽힘'과 '혼합 상태' 같은 다른 기이한 것들과도 마주쳤다. 이것들 역시 '예외' — 확률의 제곱근을 기초로 삼아서 이론을 구성했기 때문에 발생한 귀결 — 이고, 이런 예외들은 우리가 전체를 제곱하기 전에 제곱근들을 더하는 (혹은 **빼는**) 것을 허용한다. 이 덧셈(혹은 **뺄셈**)은 상쇄 효과를 내어 영의 실험에서 관찰되는 간섭현상을 산출할 수 있다. 자연이 지닌 이런 기이한 측면들은 아마도 고대 그리스 문명을 비롯한 과거의 문명들에게 $i = \sqrt{-1}$ 이 그랬던 것만큼이나 반직관적일 것이다. 고대 그리스인들은 처음에 심지어 무리수도 꺼렸음을 상기하라. 전설에 따르면 피타고라스는 $\sqrt{2}$ 가 두 정수의 비율로 나타낼 수 없는 무리수임을 증명한 제자를 물에 빠뜨려 죽였다고 한다. 고대 그리스인들은 결국 유클리드의 시대에 무리수를 받아들였지만, 적어도 우리가 아는 한, 허수에는 끝내 도달하지 못했다(5장의 주 5 '수에 관한 여담' 참조).

20세기 물리학에서 나온 또 다른 충격적인 결과는 전자스핀이라는 개념이었다. 제곱근에 기초한 수학의 귀결인 전자스핀은 **스피너**에 의해 기술된다(스핀에 관한 부록 참조). 스피너는 벡터의 제곱근이다. 알다시피 벡터는 방향과 길이를 가진 공간상의 화살표와 비슷하며 예컨대 대상의 속도를 나타낼 수 있다. 공간적인 방향을 가진 무언가의 제곱근은 기묘한 함의들을 지닌 기묘한 개념이다. 우리가 스피너를 360도 회전시키면, 원래 스피너에 음의 부호를 붙인 결과가 나온다. 이 사실로부터, 동일한 스핀 1/2 전자 두 개의 위치를 맞바꾸면 두 전자를 한꺼번에 기술하는 파동함수의 부호가 바뀌어야 한다는 결론, 즉 $\Psi(x, y) = -\Psi(y, x)$가 수학적으로 도출된다. 또 이 결론에서 파울리의 배타원리, 즉 동일한 스핀 1/2 입자('스핀 1/2'이란 입자의 스핀 각운동량이 '스피너'에 의해 기술된다는 뜻이다) 두 개가 동일한 상태에 있을 수 없다(동일한 상태에 있다면, 파동함수가 0이 된다)는 원리가 도출된다. 여러분도 기억하겠지만, 만일 한 전자의 스핀은 '위'이고 다른 전자의 스핀은 '아래'라면, 우리는 두 전자를 동일한 운동 상태에(예컨대 궤도함수에) 집어넣을 수 있다. 예컨대 헬륨 원자에서 전자 두 개는 동일한 궤도함수에 있다. 그러나 그렇게 전자 두 개가 한 궤도함수를 차지하면, 다음 전자는 다른 궤도함수로 들어가야 한다. 위-스핀 전자 두 개를 동일한 궤도함수에 집어넣을 수는 없다. 따라서 스핀 1/2 입자들 사이에는 '척력으로 작용하는 교환력'이 겉보기 힘으로서 존재한다. 스핀 1/2 입자들은 동일한 (시간, 공간상의 위치를 포함한) 양자 상태에 놓이기를 거부하는데, 그 거부가 척력의 효과를 발휘하는 것이다. 원소주기율표를 대체로 지배하는 파울리 배타원리는 전자가 벡터의 제곱근(이른바 스피너)에 의해 기술된다는 놀라운 사실의 극적인 귀결이다.

다시 본론으로 돌아가자. 아인슈타인이 제시한 에너지와 운동량 사이의 새로운 관계는 20세기 물리학에 또 하나의 제곱근 문제를 던져 주었다. 처음에 물리학자들은 광자나 중간자 같은 입자의 에너지를 연구하면서 음의 에너지 상태를 주저 없이 무시했다. 중간자는 스핀이 없는 입자이고 광자는 스핀 1 입자이다. 또 광자와 중간자의 에너지는 항상 양수이다. 그 다음 단계는 아인슈타인의 특수상대성이론과 조화를 이루는 스핀 1/2(스피너) 이론을 구성하는 것이었다. 이 단계에서 우리는 음의 에너지 상태와 대면하게 되고, 이 대면은 우리를 20세기 물리학에서 가장 존경받는 인물 중 하나인 디랙에게로 이끈다.

폴 디랙

폴 디랙은 양자이론의 거장들 중 하나였다. 그는 『양자역학의 원리 Principles of Quantum Mechanics』라는 양자물리학 책을 썼다.[8] 보어-하이젠베르크 학파에 의해 만들어진 양자물리학을 완벽하고 권위 있게 다루는 이 책은 슈뢰딩거의 파동함수 이론과 하이젠베르크의 행렬이론 사이의 관계를 제시한다(우리 저자들은 양자물리학을 더 공부하려는 모든 사람에게 이 책을 권하고 싶다. 그러나 이 책을 읽으려면 우수한 물리학 전공 대학생 수준의 지식이 필요하다).

디랙이 양자물리학에서 남긴 독창적인 업적들은 20세기에 이루어진 가장 위대한 성취들로 꼽힌다. 잘 알려져 있듯이 그는 **자하(磁荷)**의 이론적 가능성을 고찰했다. 즉, 자기장의 원천 구실을 하며 점과 유사한 '자기홀극'이 존재할 가능성을 탐구했다. 맥스웰의 전기역학이론에는 자기홀극이 없다. 그 이론에서 자기장은 오로지 움직이는 전하에 의해서만 산출된다. 디랙은 자기홀극의 자하와 전자의 전하가 독립적이지 않고 양자이론을 통해 서로 반비례 관계를 맺음을 발견했다. 자기홀극에 대한 디랙의 이론적 연구는 양자물리학을 신생 수학 분야인 위상수학과 연결했다. 디랙의 자기홀극은 수학 자체에 큰 영향을 미쳤으며 여러 면에서 훗날 끈이론이 채택한 사고방식과 대상들의 전조이다. 그러나 디랙이 (스피너에 의해 기술되는) 전자를 아인슈타인의 특수상대성이론과 결합함으로써 이룬 발견은 아마도 20세기에 물리학의 토대에 관해서 이루어진 발견들 가운데 가장 심오한 축에 들 것이다.

1926년에 젊은 폴 디랙은 스핀 1/2 전자를 기술하는 새로운 방정식을 모색했다. 슈뢰딩거 방정식을 능가하며 아인슈타인의 특수상대성이론과 조화를 이루는 방정식을 말이다. 그가 목표를 성취하려면 스피너(벡터의 제곱근)가 필요했고 전자가 질량을 가져야 했다. 그런데 그 방정식이 상대성이론과 조화를 이루려면, 평범한 비상대론적 전자가 지닌 스피너 부분의 개수를 두 배로 늘릴(전자 각각이 스피너 2개를 지닐) 필요가 있음을 디랙은 발견했다.

기본적으로 스피너는 (복소)수 쌍인데, 한 수는 위–스핀일 가능성을 나타내고 다른 수는 아래–스핀일 가능성을 나타낸다. 늘 그렇듯이 우리가 이 수들을 제곱하면, 위–스핀일 확률이나 아래–스핀일 확률이 나온다. 그런데 이렇게 스피너로 전자를 기술하는 방법이 상대성이론과 조화를 이루려면 복소수 네 개가 필요하다는 것을 디랙은 발견했다. 이 발견을 반영한 새로운 방정식은, 여러분도 짐작하겠지만 '디랙 방정식'이라고 불린다.

문제는 디랙 방정식이 제곱근을 정말로 제한 없이 일반화한다는 점이다. 우리가 출발점으로 삼은 (위–스핀 전자나 아래–스핀 전자를 나타내는) 스피너 부분 2개는 양의 에너지를 가진다. 즉, 우리는 $E^2 = m^2c^4$의 양의 제곱근 $E = +mc^2$을 얻는다. 그러나 상대성이론이 요구하는 새로운 스피너 수 2개는 음의 제곱근을 취하여 우리에게 음의 에너지 $E = -mc^2$을 안겨 준다. 디랙은 이 사태를 피할 수 없었다. 상대성이론의 대칭 조건들(운동에 대한 옳은 상대론적 기술의 조건들)은 이 사태를 강제했다. 이 사태는 디랙을 좌절시켰다.

실제로 이러한 음의 에너지 문제는 특수상대성이론의 구조에 깊숙이 내장되어 있으며 간단히 무시할 수 없다. 디랙이 전자를 다루는 양자이론을 구성하려 하자, 이 문제는 더욱 심각해졌다. 우리는 제곱근(에너지)에 붙은 음의 부호를 절대로 간단히 무시할 수 없다. 상대성이론과 결합한 양자이론은 전자가 양의 에너지 값을 갖는 것과 음의 에너지 값을 갖는 것을 모두 허용하는 듯하다. 음의 에너지 전자는 단지 또 다른 '허용된 전자의 양자상태'라고 말할 수도 있겠지만, 이 말 역시 파국적이기는 마찬가지이다. 이 말은 평범한 원자들, 단순한 수소 원자를 비롯해서 모든 평범한 물질의 원자들이 안정적일 수 없을 가능성을 함축한다. 음의 에너지 전자가 허용된다면, 양의 에너지 mc^2을 지닌 전자는 광자들을 에너지 총합으로 $2mc^2$만큼 방출하고 음의 에너지 $-mc^2$을 지닌 전자가 될 수 있을 테고, 이런 식으로 무한한 음의 에너지의 심연으로 계속 하강할 수 있을 것이다(입자의 운동량이 증가할수록, 음의 에너지의 절댓값은 점점 더 커질 것이다).[9] 그러므로 음의 에너지 상태가 정말로 존재한다면, 온 우주가 안정적일 수 없을 것이다. 이리하여 새로 필요해진 음의 에너지 전자상태는 커다란 골칫거리가 되었다.

그러나 디랙은 머지않아 눈부신 발상으로 음의 에너지 심연의 문제를 해결했다. 우리가 이미 언급한 파울리의 배타원리에 따르면, **두 전자가 동시에 정확히 동일한 양자상태를 취하는 것은 불가능하다.** 바꿔 말해서 한 전자가 특정한 운동 및 스핀 상태 — 원자 내부의 궤도함수와 같은, 운동의 양자상태 — 를 점유하면, 그 상태는 꽉 찬다. 다른 전자들은 그 상태에 끼어들 수 없다(물론 궤도함수에는 위-스핀 전자와 아래-스핀 전자, 그렇게 전자 2개가 들어갈 수 있다). 디랙의 발상은 **진공 자체가 모든 음의 에너지 상태들을 점유한 전자들로 가득 차 있다**는 것이었다. 다시 말해 온 우주의 모든 음의 에너지 준위들은 각각 위-스핀 전자와 아래-스핀 전자로 채워져 있다는 것이었다. 그렇다면 예컨대 원자 내부에 있는 양의 에너지 전자는 광자들을 방출하면서 음의 에너지 상태로 내려갈 수 없을 것이다. 왜냐하면 파울리의 배타원리가 그 하강을 금지하기 때문이다. 이처럼 모든 가능한 음의 에너지 상태들이 이미 가득 차 있다면, 진공은 사실상 거대한 불활성 원자(아르곤이나 라돈 원자)

와 유사할 것이다.

진공의 모든 음의 에너지 준위들이 이미 전자들로 채워져 있다는 디랙의 발상은 파국적인 음의 에너지 문제를 최종적으로 해결하는 듯했다. 진공이 음의 에너지 전자들로 가득 차 있다는 생각은 비록 기괴하지만 세계가 음의 에너지 심연으로 떨어지는 것을 막는 듯했다.

디랙의 발상에 입각하여 바라본 진공을 일컬어 '디랙 바다'라고 한다. 디랙 바다는 비어 있지 않고 가득 차 있는 '바다'이다. 이 비유에 담긴 뜻은 무한히 많은 음의 에너지 준위들이 채워져 있다는 것이다(그림 32 참조). 처음에 디랙은 이 정도면 이야기가 마무리되었다고 생각했다. 그러나 그것은 틀린 생각이었다.

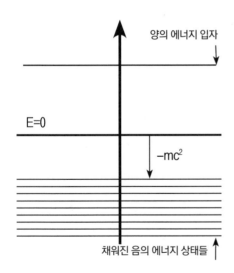

그림 32 디랙 바다. 양자이론과 상대성이론을 결합했을 때 허용되는 모든 음의 에너지 준위들은 채워져 있다. 진공은 불활성 원소, 이를테면 네온과 유사하다. 이 사실은 양의 에너지 전자들이 안정적이며 비어 있는 음의 에너지 준위들로 떨어지지 않을 것임을 함축한다.

디랙 바다에서 낚시하기

디랙은 이야기가 아직 끝나지 않았음을 곧바로 깨달았다. 그는 진공을 '들뜨게' 만들기가 이론적으로 가능함을 발견했다. 즉, 어부가 깊은 바다 속의 물고기를 배 위로 끌어 올리듯이, 물리학자들이 충돌 실험을 통해 진공에서 음의 에너지 전자를 끌어낼 수 있음을 발견했다. 고에너지 감마선이 음의 에너지 전자와 충돌하면, 대개 아무 일도 일어나지 않는다. 감마선 하나로 음의 에너지 전자를 때려서 그 전자를 진공에서 끌어올릴 수는 없다. 왜냐하면 그런 끌어올리기 과정은 물리학에서 보존이 요구되는 모든 필수 양들, 즉 운동량, 에너지, 각운동량을 보존하지 않기 때문이다. 그러나 다른 입자들도 충돌에 참여한다면(이를테면 충돌 시에 근처의 무거운 원자핵이 약간 밀려남으로써[이런 경우를 3체 충돌이라고 한다] 충돌에 참여하는 입자들의 총 운동량, 에너지, 각운동량이 보존된다면) 전자가 디랙 바다에서 양의 에너지 상태로 튀어나올 수 있다. 이 경우에 감마선은 전자를 음의 에너지 상태에서 양의 에너지 상태로 끌어낼 수 있고, 물리학자의 측정 장치들은 이 과정을 포착할 수 있다.

그러나 이런 충돌이 일어나면 **진공에 구멍**이 생길 것임을 디랙은 알아챘다. 하지만 그 구멍은 **음의 에너지 전자의 부재**를 의미할 것이다. 다시 말해 그 구멍은 양의 에너지를 가질 것이다. 또한 그 구멍은 **음전하를 띤 전자의 부재**를 의미할 것이므로, 결론적으로 그 구멍은 **양전하를 띤 입자**일 것이다(그림 33 참조).

이로써 디랙은 전혀 새롭고 정말로 기괴한 **반물질**의 존재를 예측했다. 반입자란 음의 에너지 입자의 부재를 의미하는(따라서 양의 에너지를 지닌)

진공 속의 '구멍'이다. 자연의 모든 입자 각각에 대응하는 반입자가 존재한다. 전자의 반입자를 '양전자'라고 한다. 양전자는 양전하와 양의 에너지를 지녔고 전하를 뺀 나머지 모든 면에서 전자와 구분할 수 없는 입자이다. 물론 사실은 음의 에너지 준위들이 채워진 진공 속의 구멍에 불과하지만 말이다. 특수상대성이론의 법칙들에 따르면, 진공 속의 구멍은 멈춰 있을 때 정확히 $E = +mc^2$만큼의 에너지를 가져야 한다. 이때 m은 정확히 전자의 질량이다. 디랙은 양전자의 존재를 예측했고, 양자이론과 특수상대성이론이 둘 다 옳다면, 양전자는 존재해야 했다.

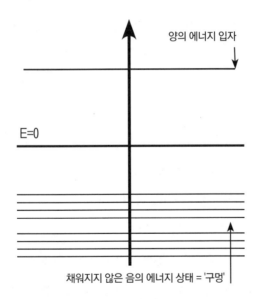

그림 33 광자와 원자가 충돌하면 근처의 진공에서 음의 에너지 전자가 튀어나올 수 있다는 예측을 디랙 바다 개념에서 도출할 수 있다. 이 충돌의 결과로 진공 속에 생긴 구멍은 음의 에너지와 음전하를 지닌 전자의 부재를 의미한다. 따라서 그 구멍은 양의 에너지와 양전하를 지녔고 질량은 전자와 똑같은 입자로 나타난다. 디랙은 이런 식으로 양전자와 전자-양전자 쌍생성 현상을 예측했다. 양전자는 디랙에 의해 예측된 후 몇 년 만에 칼 앤더슨에 의해 실험적으로 발견되었다.

실제로 디랙은 양전자 때문에 꽤 고민했다. 당시에 이론물리학자들이 공유한 학문 풍토는 미니멀리즘이었다. 존재하는 것을 설명하되 추가로 다른 것들을 끌어들이지 않으면서 설명하는 방식이 대세였던 것이다. 처음에 디랙은 자신이 새로 발견한 양전자를 싫어했고 언젠가 어떤 식으로든 양전자를 이미 알려진 양성자(전자보다 훨씬 더 무겁고 양전하를 띠며 수소 원자핵과 같은 입자)에 대한 설명으로 포섭할 수 있으리라는 희망을 버리지 않았다. 그러나 안타깝게도 양성자는 전자보다 2,000배나 무겁고, 상대성이론의 대칭성은 양전자(음의 에너지 전자가 빠져나가는 바람에 진공 속에 생긴 구멍)의 질량과 전자의 질량이 동일할 것을 단호하게 요구한다.

　　양전자는 1933년에 칼 앤더슨의 실험에서 발견되었다. 양전자는 무거운 원자가 있는 장소에서 '우주선(宇宙線)'(우주에서 지구로 날아오는 고에너지 입자들)이 진공 속의 음의 에너지 전자와 충돌할 때 전자와 함께 생겨난다.[10] 이때 생겨나는 양전자와 전자가 안개상자 속에서 관찰되었다. 안개상자는 입자 탐지기의 초기 유형으로, 그 속에는 예컨대 질소나 아르곤 기체가 들어 있지만 수증기나 알코올 증기가 과포화 상태로 들어 있어도 제 구실을 한다. 전하를 띤 입자가 안개상자 속에서 이동하면, 미세한 증기 입자들로 이루어진 선의 형태로 입자의 궤적이 나타나고, 실험자는 그 궤적을 촬영할 수 있다. 전형적인 양전자 생성 실험에서 우주선 입자는 얇은 판을 관통하면서 음전하를 띤 전자와 함께 양전하를 띤 구멍(양전자)을 생성시킨다. 이때 안개상자에 강한 자기장이 걸려 있으면, 입자의 궤적이 휘어지는 것을 보고 입자의 전하량을 알 수 있다. 디랙이 전자와 양전자 쌍을 예측한 지 몇 년 뒤에 앤더슨은 안개상자 속에서 전자와 양전자가 감긴 방향이 서로 반대인 소용돌이 궤적 두 개를 남긴 것을 관찰했다. 양전자의 질량을 측정해 보니 특수상대성이론이 요구하는 대로 전자의 질량과 동일했다.

이런 실험들은 반물질의 존재를 입증한다. 양전자(전자의 반입자)의 존재가 입증되고 얼마 지나지 않아 양성자의 반입자가 관찰되었다. 지금까지 알려진 모든 입자(쿼크, 전하를 띤 렙톤, 중성미자 등)는 반입자를 지닌 것으로 판명되었다.

반물질의 발견은 인류의 역사에서 가장 놀라운 이론적, 실험적 성취의 하나이다. 반물질이 물질과 충돌하면, 양의 에너지 전자가 다시 진공 속의 구멍으로 돌아가면서 반물질과 물질이 둘 다 '소멸'한다. 이때 에너지와 운동량의 보존을 위해 대개 감마선이 방출된다. 이 같은 쌍소멸이 일어나면, 다량의 에너지가 생산된다(멈춘 전자와 양전자의 쌍소멸이 일어나면 두 입자의 정지질량 에너지가 모두 감마선으로 변환되어 $E = 2mc^2$만큼의 에너지가 방출될 것이다). 물질과 반물질의 쌍소멸이 일어나면, 입자들은 간단히 디랙 바다 속 구멍들로 돌아가고, 에너지는 질량이 작은 다른 입자들로 변환된다.

온도가 지독하게 높았던 아주 이른 시기의 우주에는 입자들과 반입자들이 정확히 같은 개수만큼 있었다. 만약에 이 완벽한 대칭이 유지되었다면, 모든 물질과 반물질은 쌍소멸하면서 광자들이 되었을 테고 우리는 존재하지 않을 것이다. 그러나 아직 밝혀지지 않은 이유 때문에, 현재 우주에는 반물질이 남아 있지 않고 우리가 존재한다. 즉, 지금은 반물질은 없고 물질만이 존재한다. 아주 이른 시기의 우주에서 물질의 양과 반물질의 양 사이의 미세한 비대칭이 어찌된 영문인지 발생했다. 그 후 우주의 온도가 낮아지면서 물질의 대부분은 반물질과 함께 소멸하고 나머지 소량의 물질만 남았다. 그 여분의 물질이 오늘날 우주에 있는 (우리까지 포함한) 가시적인 물질 전체가 되었다. 물질과 반물질 사이에 비대칭이 생겨난 정확한 메커니즘은 아직 밝혀지지 않았으며 틀림없이 새로운 물리학이 발견되어야 비로소 밝혀질 것이다.[11]

양전자를 비롯한 반입자들을 입자가속기에서 인위적으로 생산할 수 있다. 반물질은 유용한 재화이며 이미 가치를 인정받고 있다. 양전자는 특정 원자핵들이 방사성 붕괴할 때 자연적으로 생산되며 의료 영상기기의 일종인 양전자방출단층촬영(PET) 스캐너에 쓰인다. 순수 기초 연구의 부산물인 PET 하나가 창출하는 현금 흐름은 오늘날 입자물리학 전체에 소요되는 비용보다 훨씬 더 많을 것으로 추정된다. 미래에 합성 반물질이 워프 엔진을 장착한 우주선의 연료로까지 쓰일지는 불분명하지만, 언젠가 반물질은 더 실용적인 여러 용도로 쓰이게 될 가능성이 높다. 우스꽝스럽고 과학적으로 허술한 어느 영화에서는 바티칸을 폭파하기 위해 CERN에서 반물질을 훔치는 이야기가 펼쳐진다. 이것도 반물질의 '용도'일 수 있겠다. 미래에 반물질에게 부여될 궁극적이고 선하고 실용적인 용도가 무엇일지 모르지만, 언젠가 정부는 반물질에 세금을 매기게 되리라고 우리는 확신한다.

모든 각각의 입자에 대응하는 반입자가 존재한다. 양성자에 대응하는 반양성자가 있고, 중성자에 대응하는 반중성자, 꼭대기쿼크에 대응하는 반꼭대기쿼크가 있다. 우리가 페르미 연구소의 테바트론 입자가속기나 CERN의 대형강입자충돌기(LHC)에서 꼭대기쿼크를 생산하면, 꼭대기쿼크와 반꼭대기쿼크가 쌍으로 생산된다. 우리는 말 그대로 진공의 깊은 심연으로 낚싯줄을 드리워 음의 에너지 꼭대기쿼크를 끌어올린다. 그러면 진공에 꼭대기쿼크 구멍(반꼭대기쿼크)이 남게 되고, 우리는 쿼크와 반쿼크가 쌍으로 생산된 것을 탐지기에서 확인하게 된다.

입자물리학자들은 거대한 디랙 바다에서 낚시를 하는 어부이다. 지금 그들은 디랙 바다 깊은 곳에 사는 전혀 새로운 물고기들을 탐색한다. 이를 위해 거대한 낚싯대 격인 대형강입자충돌기가 스위스 주네브에 건설되었다. 입자물리학자들은 무엇을 발견하게 될까?

> 달은 지고 너는
> 창백한 바다의 썰물과 밀물 속에 숨었지만,
> 나중에 사람들은 알게 될 거야
> 내가 그물을 던진 이야기,
> 네가 번번이 뛰어올라
> 그 작은 은빛 그물을 벗어난 이야기.
> 네가 모질고 냉혹했다고 생각할 거야,
> 혹독한 말들을 퍼부으며 너를 비난할 거야.

윌리엄 버틀러 예이츠, 「물고기」(1898)[12]

디랙 바다의 에너지에 관한 문제

새로운 아이디어는 대개 오래된 문제에서 나온다. 디랙은 음의 에너지 심연의 문제를 풀기 위해 디랙 바다를 창안했고 그 결과로 반물질을 예측했다. 그러나 지금은 디랙 바다 자체가 물리학의 핵심 문제 하나를 일으킨다. 그 문제는 중력과 관련이 있을 뿐 아니라 양자이론과도 관련이 있다. 우리는 잠시 본론을 벗어나 그 문제를 살펴보려 한다.

중력은 질량과 에너지와 운동량을 지닌 모든 것에 의해 산출되는, 어디에나 있는 힘이다. 그런데 질량과 에너지와 운동량은 거대한 디랙 바다에 가득 들어 있는 (음의 에너지) 전자들 각각이 확실히 지닌 속성들이다. 말이 나온 김에 따져 보면, 디랙 바다에는 음의 에너지가 무한히 많이 들어 있는 듯하다. 그 바다에 들어 있는 입자들 각각의 음의 에너지를 차례로 합산해 가면, 합산 결과는 금세 통제할 수 없을 만큼 커진다. 에너지 값이 $-\Lambda$('마이너스 람다')인 에너지 준위에서 임의로 합산을 중단한다면, 단위 부피당 총 에너지, 즉 '진공에너지밀도'는 약 $\rho = -\Lambda^4 / \hbar^3 c^3$이 된다(이것이 디랙 바다의 단위 부피에 들어 있는 진공에너지의 양이다). 계산해 보면, 이것은 아주 큰 음수이다. 예를 들어, 우리가 양성자 질량과 대등한 정도의 에너지를 Λ 값으로 선택한다면, ρ의 절댓값은 물의 에너지밀도보다 100만 곱하기 1조 배 크다. 이렇게 큰 에너지밀도는 현재 우주의 어디에서도 발견되지 않는다.

요컨대 우리의 합산 결과는 '걷잡을 수 없이 커진다'. 마치 모든 음의 정수들을 합산할 때처럼 말이다. 예를 들어 아래 계산을 보라.

$$-1-2-3-4-5-6-7-8-9-10-11 = -66$$

우리는 $-11(-\Lambda$에 해당함)에서 계산을 중단했고 -66을 결과로 얻었다. 이 계산은 디랙 바다에 들어 있는 음의 에너지 전자의 양자상태 11개에

기초하여 진공에너지밀도를 계산하는 것과 유사하다.[13]

우리의 계산을 말로 설명하려면 이렇게 할 수 있다. '처음 11개의 음의 정수를 다 더하면, 결과는 −66이 된다.' 우리가 덧셈을 계속해서 이를테면 음의 정수 100개를 다 더한다면, 결과는 −5,050이 된다. 음의 정수 1,000개를 다 더한다면, 결과로 −500,500이 나온다. 우리가 더하는 음의 정수의 개수가 많아질수록, 결과의 절댓값은 점점 더 커진다. 이 상황을 수학자들은 이렇게 표현한다. 우리는 '급수'의 합을 구하는 중이다. 그런데 그 합은 점점 더 커진다. 바꿔 말해서 문제의 급수는 '발산'한다.

양자이론에서 몇몇 값들(예컨대 전자와 광자의 특정 속성)을 계산하면, 발산하는 결과가 나온다. 우리는 거의 모든 계산에서 합당한(실험과 일치하는) 결과를 얻지만, 몇몇 계산에서는 수학적으로 말이 안 되는 결과가 나온다. 방금 보았듯이, 양자이론에서 진공에너지밀도를 계산할 때는 발산하는 급수가 등장한다. 우리가 적당한 지점에서 덧셈을 중단하지 않는다면, 진공에너지밀도는 음의 무한대라는 터무니없는 결과가 나올 것이다. 만일 진공의 에너지밀도가 정말로 음의 무한대라면, 우리 우주는 쪼그라들어서 무한히 작은 점이 되고 당신과 나와 모든 문학작품을 비롯한 만물은 사라질 것이다. 이처럼 터무니없게도 진공의 에너지밀도가 음의 무한대라는 결과가 나온다는 것은 우리의 이론에 무언가 근본적인 오류가 있거나 적어도 결함이 있음을 의미한다.

그럼에도 여전히 우리의 이론은 꽤 훌륭하다. 우리의 이론은 반물질이 존재한다는 극적이며 옳은 예측을 내놓는다! 더구나 '양자전기역학' ─ 양자적인 전자와 양자적인 광자의 상호작용에 관한 이론 ─ 은 전자와 광자가 참여하는 거의 모든 과정을 정확하게 예측한다. 예를 들어 전자는 전하를 지녔고 회전하기 때문에 작은 자석과 같다. 우리는 전자 주위의 자기장을 1조 분의 1까지 정확하게 계산하고 측정할 수 있다. 양자전기역학에서 이론과 실험은 놀랄 만큼 정확하게 일치한다. 곤혹스러운 무한은 얼마 안 되는 몇 곳에서만 등장하고, 나머지 부분에서 우리의 이론은 옳은 예측을 내놓으며 대단히 성공적이다. 그러므로 우리는 계속 전진하기를 바란다. 문제는 몇 곳에서 등장하는 무한의 의미가 무엇이냐, 그리고 그 무한들을 어떻게 수정할 것이냐 하는 것이다.

디랙 바다의 진공에너지밀도가 음의 무한대라는 계산 결과에 국한해서 말하면, 우리는 지금도 수수께끼에 직면해 있다. 문제는 진공에너지밀도가 중력을 통해 온 우주에 영향을 끼친다는 점이다. 우주의 팽창과 '크기'는 우주에 들어 있는 모든 물질의 에너지와 질량과 운동량에 의해 결정된다. 진공도 우주에 들어 있는 내용물이다. 관찰된 우주의 팽창 속도를 근거로 추론해 보면 진공의 에너지밀도가 아주 작은 값일 수도 있다는 결론이 나오지만, 그 값은 확실히 음수가 아니라 양수이다. 우리가 '우주상수'라고 부르는 그 값은 지극히 작다. 위의 공식($\rho = -4/\hbar^3 c^3$)으로 계산한 결과의 절댓값이 우주상수와 일치하려면, Λ를 아주 작은 에너지인 0.01전자볼트 정도로 잡아야 한다. 즉, 합산을 일찌감치 중단해야 한다.

혹시 Λ를 계산하는 방법이 있을까? 우리의 양자이론은 Λ가 얼마인지 말해 주지 않으며, Λ를 계산하는 방법은 더더욱 말해 주지 않는다. 만일 우리가 Λ를 (그냥 짐작으로) 전자의 질량 정도로 잡는다면(전자의 질량과 대등한 에너지 규모에서 양자전기역학은 확실히 자연에 대한 타당한 기술이다), 우리는 Λ가 대략 100만 전자볼트라고 예측하는 셈이다. 그러면 우리가 계산에서 얻는 진공에너지밀도는 관찰된 값보다 10^{32}배 큰 음의 값이 된다. 요컨대 이론과 관찰이 엄청나게 어긋나게 된다.

문제의 핵심은 '우주상수'의 정확한 값이 얼마냐 하는 것이 아니다. 관찰된 우주상수가 우리가 '계산한' 값보다 어마어마하게 작다는 사실만 주목하면 된다. 대개 물리학자들은 양자전기역학(또는 양자전기역학과 기타 모든 힘들과 입자들[쿼크, 글루온, 중성미자, 광자 등]을 포괄하는 표준모형과 유사한 이론)이 양자 중력 규모, 즉 '플랑크 규모'까지 타당해야 한다고 주장한다. 플랑크 규모는 뉴턴의 중력상수와 플랑크상수, 빛의 속도를 조합하면 얻을 수 있는데, 그 에너지(또는 질량) 규모에서는 양자 중력이 유효해지고 시간과 공간은 일종의 양자 거품더미가 되거나 어쩌면 끈들로 이루어진 양자 스파게티가 될 것이라고 믿어진다. 플랑크 규모는 대략 $\Lambda \approx 10^{19}$ 기가전자볼트에 대응한다. 이 플랑크 규모를 진공에너지 합산을 중단하는 지점으로 선택하고 우주상수의 값을 계산하면, 관찰된 값보다 10^{120}배 큰 결과가 나온다. 이 결과는 흔히 물리학 전체에서 가장 큰 실수라고 불린다. 우리가 예측한 진공에너지밀도와 관찰된 우주상수 사이에 존재하는 이 같은 엄청난 불일치는 전자와 광자에 관한 우리의 양자이론이 중력과 조합되면 무언가 아주 심각한 문제가 발생함을 의미한다. 대체 어떤 문제가 발생하는 것일까?

우리는 진공에너지를 계산할 때 광자의 효과를 도외시했다. 광자는 보손이다. 즉, 정수 스핀을 지녔고 파울리의 배타원리에 얽매이지 않는다(스핀에 관한 부록 참조). 그러므로 보손들은 디랙 바다에 들어 있지 않을 텐데, 실제로는 보손들도 반입자를 갖는다. 그러나 보손(정수 스핀을 지닌 입자)과 페르미온(스핀이 정수 더하기 1/2인 입자) 사이의 주된 차이는 더 미묘하다. 즉, 보손은 **음의 에너지 상태를 갖지 않는다**는 것이 가장 중요한 차이점이다.[14] 보손의 에너지는 항상 양수이다. 더 나아가 보손에 관한 양자이론에 따라 고찰할 경우에도 진공은 발산하는 에너지밀도를 갖는데, 이때의 진공에너지밀도는 양수이다. 이렇게 되는 이유의 핵심은 보손이 완전히 멈추는 것을 양자이론이 허용하지 않는 것에 있다. 보손은 항상 '씰룩거려야' 한다. 그러므로 보손은 바닥상태에 있을 때에도 0보다 큰 에너지를 갖는다.

요컨대 광자들은 양의 진공에너지를 갖고 전자들은 음의 진공에너지를 갖는다. 전자들과 광자들의 진공에너지를 계산하려면 전자들에서 유래한 음의 디랙 바다 에너지들과 광자들에서 유래한 양의 에너지들을 합산해야 한다. 실제로 계산해 보면, 결과로 여전히 음의 무한대가 나온다. 결론적으로 우리는 여전히 큰 문제에 봉착해 있다. 혹시 바다 속에 광자와 유사한 입자들이 더 많이 있다면, 전자들의 음의 에너지가 상쇄될 수 있을까?

초대칭이론

진공에너지 계산에 뮤온과 중성미자를 포함시키고, 이어서 타우 렙톤과 쿼크와 글루온을 포함시키고, 이어서 W 보손과 Z 보손을 포함시키면, 계산 결과는 점점 더 심각한 골칫거리가 된다(심지어 아직 발견되지 않은 힉스 보손까지 포함시키면, 문제는 더욱 더 심각해진다). 우리가 아는 자연의 입자 동물원에 사는 거주자는 이 입자들과 전자와 광자가 전부이다. 이것들 각각은 진공에너지에 고유한 몫만큼 기여한다. 페르미온들은 음의 기여를 하고 보손들은 양의 기여를 하는데, 전체 결과는 음의 무한대가 된다. 이 대목에서 필요한 것은 더 나은 계산법이 아니라 우주의 진공에너지밀도를 계산하는 방법을 가르쳐 주는 새로운 물리학 원리이다. 지금도 우리는 그런 원리를 모른다.

그러나 어떤 '장난감' 양자이론에서 창조할 수 있는 주목할 만한 대칭성이 있다. 그 대칭성은 우주상수 계산에서 수학적으로 합당한 결과가 나오게 해 준다. 구체적으로, 결과가 0이 되게 해 준다. 실제로 어떤 이론에서 우리는 페르미온과 보손을 일대일로 연결할 수 있다. 이 연결을 위해서는 과거에는 루이스 캐럴 정도만 상상할 수 있었을 만한 추가 차원을 도입해야 한다. 이 새로운 차원은 그 자체로 페르미온처럼 행동한다. 즉, 파울리 배타원리에서처럼, 그 차원 안으로 한 걸음 넘게 진입하는 것은 '금지'된다.

우리가 그 새로운 차원 안으로 한 걸음 들어가면, 그냥 그것으로 끝장이다(전자 하나를 한 상태에 집어넣고 나면, 그 동일한 상태에 두 번째 전자를 집어넣을 수 없는 것과 마찬가지이다). 그러나 보손이 그 차원 안으로 한 걸음 들어가면 페르미온으로 바뀐다. 또 페르미온이 들어가면 보손으로 바뀐다. 요컨대 그런 기괴한 차원이 존재하고 전자가 『거울나라의 앨리스』에서처럼 그 차원 안으로 한 걸음 들어간다면, 전자는 초전자라는 보손으로 바뀔 것이다. 광자가 들어가면, **초광자**라는 페르미온이 될 것이다.

이 기괴하고 새로운 공간차원은 우리가 수학적으로 구성한 새로운 유형의 물리적 대칭성, 이른바 '초대칭성'을 표현한다.[15] 초대칭이론에서는 모든 페르미온 각각이 보손 짝과 연결되고, 그 역도 마찬가지이다. 그러므로 이론에 등장하는 입자의 개수가 두 배로 늘어난다. 입자와 그 초대칭짝 사이의 관계는 입자와 그 반입자 사이의 관계와 비슷하다. 초대칭의 주요 효과는,

아마 여러분도 짐작하겠지만, 진공에너지밀도 계산에서 보손들에서 유래한 양의 진공에너지와 페르미온들에서 유래한 음의 디랙 바다 에너지들이 정확히 상쇄된다는 것이다. 따라서 우주상수는 정확히 0이 된다.

그렇다면 초대칭이론은 실제 세계의 진공에너지 문제를 풀 수 있는 것일까? 그럴 수도 있지만 아직은 확실히 말할 수 없다. 두 가지 문제가 남아 있다. 첫째, 전자의 초대칭짝이 아직 발견되지 않았다.[16] 더구나 초대칭이론에서는 우주상수가 반드시 0이어야 하는데, 실제 우주상수는 작은 양수라는 증거가 있다. 그러나 모든 대칭성(예컨대 완벽한 진흙 공의 대칭성)은 (여러분이 주먹으로 진흙 공을 때리면) '깨질' 수 있다. 물리학자들은 대칭성에 대한 뿌리 깊은 애정을 가지고 있다. 우리가 가장 사랑하고 소중히 여기는 이론들에는 강력한 수학적 대칭성이 어김없이 포함되어 있다. 그러므로 물리학자 대부분은 실제로 자연에 초대칭성이 존재하지만 어떤 (진흙 공을 때리는 주먹과 같은) 동역학적 메커니즘 탓에 '깨진' 것이기를, 초대칭성을 관찰하려면 대형강입자충돌기 같은 신형 입자가속기를 써서 아주 높은 에너지 수준으로 올라가야 하는 것이기를 바란다. 초대칭성이 깨졌다는 것은 전자와 광자의 초대칭짝인 초전자와 초광자가 아주 무거운 입자들이어서 충분히 높은 에너지인 Λ_{SUSY}(SUSY는 초대칭성을 뜻하는 표준 약자이다)에서 실험이 이루어져야 비로소 생성될 것임을 의미한다.

그러나 안타깝게도 초대칭성 깨짐은 진공에너지 문제를 부활시킨다. 이제 진공에너지는 초대칭성이 깨지는 에너지 규모 Λ_{SUSY}에 의해 $\Lambda_{SUSY}^4 / \hbar^3 c^3$으로 결정된다. 만일 그 규모가 페르미 연구소의 테바트론이나 CERN의 대형강입자충돌기의 에너지 규모(1~10조 전자볼트)와 비슷하다면, 진공에너지나 우주상수를 계산한 결과는 여전히 관찰된 값보다 10^{56}배나 크다. 이 정도 차이는 10^{120}배 차이보다는 상당히 양호하지만 여전히 문제이다. 결론적으로 적어도 직접적인 효과만 따지면, 초대칭이론은 진공에너지 문제를 푸는 데 도움이 되지 않는다. 그럼 어떤 이론이 도움이 될까?

홀로그래피

혹시 디랙 바다의 물고기들을 세는 방법이 잘못된 것일까? 물고기들이 실은 적은데 우리가 많다고 착각하는 것일까? 곰곰이 따져 보면, 우리는 극도로 작은 물고기, 즉 극도로 파장이 짧은 음의 에너지 전자들까지 셈에 넣었다. 우리가 미지의 합산 중단 에너지를 큰 값으로 잡으면, 그런 작은 물고기의 에너지 규모는 매우 미세해진다. 혹시 그런 미세한 상태들은 실제로 존재하지 않는 것이 아닐까?

과학자들이 디랙 바다에 사는 물고기들의 개수를 과대평가했다는 근본적으로 새로운 생각이 지난 10년에 걸쳐 대두했다. 이 생각의 근거는 그 물고기들이 3차원 공간을 채우는 것이 아니라는 것, 오히려 디랙 바다가 홀로그램이라는 것이다. 홀로그램이란 한 공간을 그보다 차원이 낮은 공간으로 온전히 투사하여 얻은 영상이다. 예컨대 3차원 공간을 2차원 종이에 온전히 투사하여 홀로그램을 얻을 수 있다. 이때 3차원 공간에서 일어나는 모든 사건은 2차원 종이에서 일어나는 사건에 의해 완전하게 기술될 수 있어야 한다. 요컨대 우리는 물고기들이 3차원 공간에 들어 있다고 생각하면서 개수를 세었지만, 새로운 생각에 따르면, 그 물고기들은 3차원 공간에 들어 있지 않다. 간단히 말해서, 우리가 센 음의 에너지 준위들은 환영일 뿐이다. 홀로그램 이론에 따르면, 공간은 아주 적은 물고기들로 채워져 있다. 정확히 말하면, 물고기들 자체가 2차원 대상이다. 이 이론을 받아들이면, 진공에너지 계산 값이 대폭 줄어들고, 심지어 관찰된 미세한 우주상수까지 설명할 수 있을지도 모른다. '있을지도 모른다'라고 완곡하게 표현한 것은 해당 연구가 지금 진행 중이기 때문이다. 엄밀한 홀로그램 이론은 아직 존재하지 않는다.

새로운 홀로그램 발상은 끈이론에서 이루어진 몇 가지 발견에 기초를 둔다. 그 발견들은 확실한 홀로그램 연결을 가능하게 한다(가장 정확하고 독창적인 발견은 이른바 말다세나 추측[AdS/CFT 추측]이다)[17]. 이 새로운 홀로그램 발상이 심오한 통찰이든 공상에 불과하든, 우리는 다음 장에서 이 발상을 다시 다룰 것이다. 아무튼 이 발상의 일반적인 의미는 아마도 일종의 '꿈 논리'일 것이다.

파인만의 경로 합

몇몇 입자는 그 자체가 자신의 반입자이다. 그런 입자들을 일컬어 '자기 켤레 입자'라고 한다. 예컨대 광자는 자기 켤레 입자이다. π^-중간자는 π^+중간자를 반입자로 갖지만, π^0중간자의 반입자는 π^0중간자 자신이다. 그런데 앞서 우리는 중간자는 (보손이므로) 항상 양의 에너지를 가진다고 말했다. 따라서 중간자는 디랙 바다에 들어 있지 않을 텐데, 그런 중간자가 어떻게 반입자를 가질 수 있을까?

반물질의 존재는 보손과 페르미온 모두에 적용되는 현상이다. 디랙 바다는 직관적으로 떠올리기가 매우 용이하고 페르미온을 이해하는 데 큰 도움이 되지만, 리처드 파인만은 디랙 바다를 고찰하는 또 다른 (어쩌면 더 일반적인) 방식을 개발했다. 파인만의 아이디어는 우리가 양자물리학 곳곳에서 마주치는 까다로운 문제들을 해결하는 데 도움이 된다. 예컨대 EPR 역설을 해결하는 데 도움이 된다. 프린스턴 대학에 제출한 박사 논문에서 파인만은 디랙의 아이디어에 기초하여 새롭고 놀랄 만큼 유용한 방식으로 양자이론을 재구성했다. 파인만의 혁신을 제대로 이해하기 위해서 먼저 뉴턴의 입자 개념과 슈뢰딩거의 파동함수를 다시 살펴보자.

뉴턴에 따르면, 입자를 기술하려면 시간 t에서 입자의 위치 x를 말해야 한다. 즉, 입자의 궤적, 다시 말해 수학적 함수 $x(t)$를 명시해야 한다. 그리고 뉴턴의 운동방정식을 풀면, 입자가 실제로 거치는 궤적을 알 수 있다. 그러나 슈뢰딩거와 그의 동료들은 양자물리학을 전혀 다른 방식으로 정식화했다. 이들의 정식화에서 입자는 확정된 경로를 거치지 않는다. 오히려 입자는 파동함수 $\Psi(x, t)$에 의해 기술되고, 파동함수는 특정 시간 t일 때 x에서 입자를 발견할 '양자 진폭'을 알려 준다. 그 진폭의 제곱은 입자가 시간 t일 때 x에 있을 확률이다.

이제 파인만이 등장할 차례이다. 파인만은, 슈뢰딩거가 궁극적으로 옳지만, 더 근본적인 수준으로 내려가서 이런 질문을 제기하자고 말했다. 어떻게 초기 시점 t_0에 초기 위치 x_0에서 방출된 입자가 나중에는 결국 슈뢰딩거의 파동함수 $\Psi(x, t)$가 될까? 파인만은 다음과 같은 대답을 내놓았다. 파동함수는 입자가 시간 t일 때 x에 도달하기 위해 택할 수 있는 모든 가능한 경로들의 합일 뿐이다. 경로들의 합이라니, 정확히 무엇을 합산한다는 뜻일까? 경로 각각에 대응하는 '위상'이라는 수학적 인자가 있다. '위상'은, 이를테면 시간 t_0일 때 x_0에서 출발하여 시간 t일 때 x에서 끝나는 특정 경로의 함수이다. 파인만은 이 위상을 계산하는 방법을 알려 준다. 가능한 경로의 개수는 일반적으로 무한대이고, 우리는 그 경로들 각각에 대응하는 위상 인자들을 모두 합산해야 하지만, 이 합산을 위한 정교한 수학적 방법들이 있다. 엄청나게 어려운 계산이 필요할 것 같지만, 실제로 이 접근법이 요구하는 것은 많은 경우에 충분히 감당할 만한 계산이다. 그리고 이 접근법은 양자물리학에서 시공을 무대로 일어나는 사건들을 훨씬 더 명확하게 이해할 수 있게 해 준다.[18]

사실 파인만의 경로 합은 영의 실험과 밀접한 관련이 있다. 그 유명한 이중슬릿 실험에서는 합산할 경로가 두 개뿐이다.

(1)전자가 원천에서 방출되어 슬릿 1을 통과한 다음에 탐지막상의 위치 x에 도달하는 경로(이 경로에 대응하는 '위상'을 F_1이라고 하자. 파인만은 이 위상인자를 계산하는 방법을 알려 준다).

(2)전자가 원천에서 방출되어 슬릿 2를 통과한 다음에 탐지막상의 위치 x에 도달하는 경로(이 경로에 대응하는 '위상'을 F_2라고 하자).

파인만에 따르면, 탐지막상의 임의의 위치에서 전자를 발견할 진폭은 간단히 $F_1 + F_2$이다. 바로 이 합이 슈뢰딩거의 파동함수이다. 확률은 간단히 이 합의 제곱, $(F_1 + F_2)^2$이다. 이 계산으로 얻은 확률분포를 그려 보면 익숙한 간섭무늬(그림 17 참조)가 나온다. 계산 결과와 실험이 완벽하게 일치하는 것이다. 간섭무늬가 나오는 것은, 자연이 입자가 택할 수 있는 모든 가능한 경로들을(이 경우에는 경로 두 개를) 탐색하고 그 경로들에 대응하는 진폭들을 합산하기 때문이다. 그 진폭들은 우리가 확률을 얻기 위해 제곱하면 간섭을 일으킨다.

파인만의 경로 적분(연속적인 경로 적분은 이산적인 경로 합과 본질적으로 같다–옮긴이), 만일 우리가 슬릿 하나(이를테면 슬릿 2)를 막으면, 전자가 택할 수 있는 경로가 하나만 남고 그 경로의 진폭은 F_1임을 즉시 알려 준다. 이 경우에 간섭무늬는 완전히 사라진다(그림 18 참조).

파인만의 경로 합('경로 적분'이라고도 함)은 (적어도 일부의 평가에 따르면) EPR 실험뿐만 아니라 벨의 실험도 해명한다. EPR 실험의 경우, 방사성 입자 하나가 붕괴하여 위–스핀 입자 하나와 아래–스핀 입자 하나로 쪼개지면, 고려해야 할 시공상의 '경로'는 두 개이다. 첫째 경로('A'라고 하자)는 위–스핀 입자를 탐지기 1로, 아래–스핀 입자를 탐지기 2로 데려간다. 둘째 경로('B'라고 하자)는 아래–스핀 입자를 탐지기 1로, 위–스핀 입자를 탐지기 2로 데려간다. 경로 각각은 특정한 '양자 위상' 혹은 '양자 진폭'을 갖는다. 총 진폭을 구하려면 두 경로의 진폭을 합해야 한다(총 진폭은 A+B이다). 그러면 실제로 탐지 시점에 '얽힌 상태'가 존재한다는 결론이 나온다. 이 결론은 새롭지 않지만 파인만이 내놓은 다음과 같은 해석은 새롭다. 우리가 탐지기 1에서 측정을 하면, 우리는 시스템이 시공상의 두 경로 중 어느 것을 선택했는지 알아내는 것이다. 따라서 만일 우리가 탐지기 1에서 위–스핀을 측정한다면, 입자들은 과거에 첫째 경로 'A'를 선택한 것이다. 만일 우리가 탐지기 1에서 아래–스핀을 측정한다면, 우주는 과거에 경로 'B'를 선택한 것이다. 이렇게 해석하면, 파동함수가 공간 전체에서 순간적으로 변화한다는 납득하기 힘든 주장을 피할 수 있는 듯하다. 왜냐하면 탐지기 1에서 특정 결과가 관찰된 경우에 탐지기 2에서 어떤 결과가 관찰될지에 관한 정보가 경로 하나에 이미 들어 있기 때문이다. 탐지기 1에서 측정한 결과를 토대로 탐지기 2에서의 결과를 예측할 수 있는 것은, 리겔에 사는 친구가 지구에 사는 우리에게 파란 당구공이나 빨간 당구공이 담긴 소포를 보내는 고전적인 경우에서와 마찬가지로 기괴하지 않다.

물론 양자물리학은 여전히 소름이 끼칠 만큼 섬뜩하다. 파인만이 재구성한 양자물리학에서 자연은 모든 가능한 경로들을 조사하고 단지 그 총합만 내놓으니까 말이다. 그러나 시공상의 경로들을 기술하는 접근법은 EPR이 몹시 우려한, 빛보다 더 빠른 운동이라는 기이한 관념을 제거하는 듯하다. 그렇다면, 경로 합 관점에서는 반물질을 어떻게 이해할 수 있을까?

파인만은 양의 에너지 입자는 시간상에서 전진하는 경로들을 따라 움직이는 반면, 음의 에너지 입자는 **시간상에서 후진하는 경로들을 따라** 움직인다고 해석했다.

그림 34는 전자와 양전자의 생성과 소멸을 나타낸다. 첫째 사건은 광자 하나가 시공상의 점 (A)에서 전자−양전자 쌍을 산출하는 것이다. 그러나 경로 적분 관점에서 이 사건을 보면, 양의 에너지 전자는 시간상에서 전진하지만, 반입자는 미래에서 후진하여 점 (A)에 도착한 것이다. 그 다음 사건은 먼 미래에 시공상의 점 (B)에서 전자가 양전자와 충돌하여 다시 광자로 돌아가는 것이다. 그러나 경로 적분 관점에서 보면, 시간상에서 전진하던 양의 에너지 전자가 점 (B)에서 방향을 바꿔 시간상에서 후진하는 음의 에너지 입자(양전자)가 되는 것이다.

파인만은 이 결론 앞에서 멍해졌고, 전설에 따르면 한밤중에 프린스턴 대학의 박사 논문 지도교수 존 아치볼드 휠러에게 전화를 걸어 온 우주에 오로지 전자 하나만 존재한다고 선언했다고 한다. 파인만에 따르면, 단 하나의 전자가 시간상에서 전진하다가 광자 하나를 방출하면서 방향을 바꿔 음의 에너지 입자(반입자)로서 다시 과거로 돌아간다. 이 우주의 끝에 사는 외계인이 이 사건을 보면 전자와 양전자의 쌍소멸처럼 보일 것이다. 그 다음에 음의 에너지 입자는 우주의 기원까지 후진하여 광자와 충돌하고(외계인에게는 이 충돌이 전자와 양전자의 쌍생성으로 보일 것이다) 다시 방향을 바꿔 양의 에너지 전자로서 미래로 전진할 것이다. 이런 전진과 후진은 끝없이 반복될 것이다.

반물질이 시간상에서 후진하는 물질이라는 황당해 보이는 생각에는 심층적인 근거가 있다. 물리적 신호들이 '인과적'이도록 만드는 것은 시간상에서 전진하는 입자들의 양자 경로들과 시간상에서 후진하는 음의 에너지 경로들 사이의 균형이다. 바꿔 말해서, 그 균형이 광속보다 빠른 신호 전달을 막는다. 요컨대 시공의 구조 전체 — 인과율과 상대성이론 — 는 양자물리학에서 다루는 반물질의 존재와 뗄 수 없게 연결되어 있다. 이 모든 사실은 보손과 페르미온에 공통으로 적용된다. 만약에 입자의 질량이나 스핀이나 전하량(의 절댓값)이 그 반입자의 것과 다르다면, 신호들은 원리적으로 빛보다 더 빠르게 전달될 수 있다고 경로 적분은 예측한다. 그러나 그런 입자-반입자 차이가 존재한다는 증거는 없다.

여러분은 틀림없이 이렇게 묻고 싶을 것이다. 미래에서 우리에게 다가오는 입자들은 혹시 우리가 미래를 예견하는 것을 허용할까? 물리학은 아니라고 말한다. 왜냐하면 반물질의 존재 자체가 인과율을 엄격하게 강제하기 때

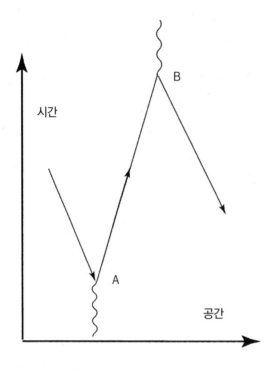

그림 34 파인만의 관점에서 본 반물질의 생성과 소멸. 사건 A에서 광자 하나가 미래에서 후진하는 음의 에너지 전자(양의 에너지 양전자)와 충돌하고, 음의 에너지 전자는 방향을 바꿔 (양의 에너지) 전자가 되어 미래로 전진한다. 우리가 보기에 이 사건은 광자가 전자와 양전자를 산출하는 사건처럼 보인다. 먼 미래에 전자는 광자 하나를 방출하면서 방향을 바꿔 음의 에너지 전자(양의 에너지 양전자)가 되어 과거로 후진한다. 우리는 이 사건을 전자(물질)와 양전자(반물질)의 쌍소멸로 여긴다.

문이다. 신호는 빛보다 빨리 전달될 수 없다. 왜냐하면 빛보다 빨리 전달되는 신호의 경로 합은 0이기 때문이다. 그리고 이것은 반물질이 물질과 정반대되는 속성을 가지고 존재한다는 사실의 귀결이다.

응집물질 물리학

양자이론은 재료공학에 근본적으로 또한 대단히 유용하게 적용되었다. 실제로, 물질의 상태가 무엇이고 어떻게 작동하는지에 대한 지식, 물질의 위상과 미묘한 자기 및 전기전도성에 대한 지식이 처음으로 확보된 것은 주로 양자이론 덕분이다. 원소주기율표의 예에서 보듯이, 양자물리학은 일상적인 물질의 구조를 설명하고 새로운 기술의 개발을 가능케 함으로써 상당한 성과를 올렸다. 양자이론을 발판으로 '양자전자공학'이라는 새 분야가 탄생했고 우리의 일상생활은 한 세기 전에는 상상조차 할 수 없었던 혁명을 겪었다. 이 광범위한 분야의 주요 하위분과 하나를 집중해서 살펴보자. 그 분과는 물질 속으로 흐르는 전류를 다룬다.

전도띠

원자들은 고체를 형성할 때 서로에게 바투 접근한다. 그러면 한 원자의 채워진 최고 궤도상태의 전자파동함수가 다른 원자의 그것과 융합하기 시작한다(반면에 에너지가 더 낮은 궤도상태들은 고체 형성의 영향을 사실상 받지 않는다). 그리하여 최고 궤도상태에 있는 전자들은 한 원자에서 다른 원자로 뛰어 이동하기 시작한다. 더 정확히 말해서, 최고 궤도상태들은 정체성과 국소성을 잃고, 전자들은 물질 덩어리 전체를 싸돌아다니기 시작한다. 원자들의 최고 궤도상태들은 융합하여 '원자가띠'라는 광범위한 전자 운동 상태들의 집합이 된다.

결정 구조를 갖춘 물질을 생각해 보자. 결정의 형태는 다양하고, 결정 각각은 결정격자에 의해 정의된다. 물리학자들은 가능한 격자들과 그 속성들을 분류해 놓았다.[19] 결정 속을 싸돌아다니기 시작하는 전자는 원자가띠 안에서 파장이 아주 긴 파동함수를 갖는다. 그런 떠돌이 전자들은 파울리 배타 원리에 따라 원자가띠에 속한 운동 상태들을 채운다. 즉, 허용된 양자적 운동 상태 하나를 최대 두 개의 전자, 즉 위-스핀 전자와 아래-스핀 전자가 점유할 수 있다. 파장이 아주 긴 상태들은 자유공간에서 운동하는 전자들과 매우 유사하며 결정격자에 거의 구애되지 않는다. 이 상태들은 에너지가 가장 낮으므로 가장 먼저 채워진다. 차츰 더 많은 상태들이 떠돌이 전자들로 채워지면, 결국 떠돌이 전자들의 양자적 파장은 원자들 사이의 거리와 비슷해진다.

한편, 전자들은 전자기 상호작용에 의해 격자 속 원자들에서 멀어지면서 흩어진다. 요컨대 결정격자는 거대한 이중슬릿(정확히 말하면, 다수의 슬릿으로 이루어진 다중슬릿)의 구실을 한다. 격자의 산란 중심이 슬릿에 해당하므로, 원자 각각이 슬릿 하나인 셈이다. 따라서 많은 양자적 간섭이 전자의 운동에 관여한다.[20] 이 간섭은 전자의 양자적 파장이 원자들 사이의 간격과 비슷할 때 일어난다. 이 특수한 파장(또는 운동량) 값과 유사한 파장을 지닌 전자에게 허용된 상태들은 상쇄간섭을 일으키고 따라서 봉쇄된다.

이런 간섭은 고체 속 전자의 에너지 준위들이 띠 구조를 이루게 만든다. 최저 띠(최저 에너지 떠돌이 전자들로 채워진 '원자가띠')와 그 이웃 띠 사이의 에너지 간격을 일컬어 '띠틈'이라고 한다. 물질의 전기전도성은 띠 구조에 의해 결정된다. 따라서 물질의 전기전도성과 관련해서 다음과 같은 세 가지 가능성을 나열할 수 있다.

1. 부도체: 물질의 원자가띠가 전자들로 완전히 채워져 있고, 에너지가 더 높으며 채워지지 않은 전도띠와 원자가띠 사이의 간격이 크면, 물질은 부도체가 된다. 이런 물질(예컨대 유리나 플라스틱)은 전기를 전도하지 않는다. 원자 껍질들이 거의 다 채워져 있는 할로겐족과 이온결합 분자, 또는 불활성 기체가 전형적으로 이 경우에 해당한다. 이런 물질에서 전류가 흐르지 못하

는 것은 원자가띠 속 전자들이 '움직일' 여유 공간이 없기 때문이다. 전자들이 움직이려면 큰 에너지 간격을 뛰어넘어 전도띠로 들어가야 할 텐데, 그러려면 너무 많은 에너지가 필요하다.[21]

2. 도체: 원자가띠가 일부만 채워져 있으면, 전자들은 쉽게 새로운 운동 상태로 이행할 수 있다. 이 경우에 해당하는 물질은 전류가 잘 흐르는 도체이다. 즉, 이런 물질 속의 전자들은 쉽게 움직여서 전류가 흐르게 만든다. 원자 궤도함수에서 벗어날 수 있는 전자들이 많은 물질이 주로 이 경우에 해당한다. 따라서 최고 궤도함수가 채워지지 않았고 대개 전자를 내놓아서 화학결합을 형성하는 알칼리 원자와 더 무거운 금속 원자 등은 훌륭한 도체이다. 한 마디 덧붙이자면, 금속 도체가 반짝이는 것은 여유 공간이 넉넉한 전도띠 속 전자들이 빛을 산란시키기 때문이다. 전도띠가 채워지기 시작하면, 물질은 전기전도성이 떨어져서 부도체와 비슷해진다.

3. 반도체: 원자가띠가 거의 다 채워져 있거나 전도띠에 비교적 소수의 전자만 있으면, 물질은 다량의 전류를 전달할 수 없다. 그러나 원자가띠와 전도띠 사이의 간격이 너무 크지 않고 3전자볼트 이하라면, 우리는 비교적 쉽게 전자들을 부추겨서 전도띠로 들어가게 만들 수 있다. 이런 에너지띠 구조가 갖춰지면, 반도체가 만들어진다. 반도체는 도체와 부도체의 중간에 해당하기 때문에 비범한 능력을 발휘한다. 우리는 반도체의 전도성을 다양한 방식으로 조작하여 '전자 스위치'를 만들 수 있다.

반도체는 대개 고체 결정이다. 예컨대 (모래 속에 들어 있는) 실리콘이 그러하다. 반도체에 다른 원소, 즉 '불순물'을 첨가하면, 반도체의 전도성 — 전류를 전달하는 능력 — 은 대폭 달라질 수 있다. 이렇게 불순물을 첨가하는 작업을 일컬어 '도핑'이라고 한다. 전도띠에 소수의 전자만 있는 반도체를 'n형' 반도체라고 한다. 이런 반도체는 주로 더 많은 전자를 원자가띠에 내놓고 따라서 전도띠에도 전자가 들어가게 만드는 원자들을 첨가함으로써 만든다. 전도띠가 거의 다 채워진 반도체는 'p형' 반도체라고 하며 원자가띠에서 전자를 빼내는 원자들을 첨가함으로써 만든다.

p형 반도체는 사실상 원자가띠에서 전자들이 빠져나가는 바람에 부도체가 되지 못한 물질인 셈이다. 이때 빠져나간 전자의 자리, 곧 전자의 부재는 우리가 디랙 바다에서 만난 '구멍', 즉 양전자와 유사하다. 요컨대 반도체 속의 구멍은 양전하를 띤 입자처럼 전류를 운반할 수 있다. 그러므로 p형 반도체는 실험실에서 만들어진 작은 디랙 바다인 셈이다. 그러나 실제로 구멍은 많은 전자들의 운동에서 비롯된 산물이므로 전자보다 훨씬 더 무겁고 전류 운반 효율이 더 낮다.

다이오드와 트랜지스터

반도체로 만들 수 있는 가장 간단한 장치는 다이오드(이극소자)이다. 다이오드는 한 방향으로는 전류를 잘 전달하지만 반대 방향으로는 전달하지 않는다. 일반적으로 p형 반도체와 n형 반도체를 붙여서 '피엔 접합'이 형성되도록 하면 다이오드가 만들어진다. n형 반도체의 전도띠 속 전자들이 피엔 접합을 뛰어넘어 p형 반도체의 원자가띠로 들어가게 만들기는 쉽다. 이런 전자 이동은 디랙 바다에서 입자−반입자 쌍소멸과 유사하다. 하지만 이 경우에는 전류가 한 방향으로만 흐른다는 점에 유의하라.

그러나 전류가 반대 방향으로 흐르게 하려면, n형 반도체의 전도띠 전자들을 피엔 접합에서 멀어지는 쪽으로 끌어당겨야 하고, 그러면 그 전자들이 빠져나간 자리를 p형 반도체에서 온 전자들이 대신 채워야 할 텐데, 이것은 웬만해서는 불가능하다. 따라서 우리가 너무 큰 전압을 걸지만 않는다면(너무 많은 전류가 흐르면 반도체는 쉽게 타버린다) 전류는 다이오드에서 한 방향으로만 흐른다. 다이오드는 다양한 전자공학 기기의 전자회로 설계에서 중요한 역할을 한다.

1947년, 벨 연구소의 윌리엄 쇼클리가 이끈 팀에 속한 존 바딘과 월터 브래튼은 최초의 트랜지스터인 '점접촉 트랜지스터'를 제작했다. 트랜지스터는 다이오드의 원리를 확장하여 만든 반도체들의 3중 접합체이다. 3중 접합의 중앙에 놓인 반도체('베이스')와 초입에 놓인 반도체('이미터') 사이의 전압을 조절하면, 트랜지스터를 통과하는 전류를 통제할 수 있다. 이 두 반도체 사이의 전압을 조절하면 전도띠에 영향이 미쳐서 3중 접합의 첫째 층(이미터)과 셋째 층(콜렉터) 사이의 전류 흐름이 허용되거나 차단된다. 트랜지스터는 아마도 인류가 발명한 가장 중요한 장치일 것이다. 바딘, 브래튼, 쇼클리는 트랜지스터를 개발한 공로로 1956년에 노벨상을 받았다.[22]

돈 되는 응용 성과들

이 모든 것은 유익할까? 슈뢰딩거의 강력한 방정식과 거기에서 나온 파동함수 계산 규칙들은 애초에 순수이성의 산물이었다. 그런 산물이 값비싼 기계를 작동시키거나 국가 경제를 활성화할 수 있으리라고 상상한 사람은 거의 없었다. 그러나 물리학자들은 슈뢰딩거 방정식을 금속과 부도체, 그리고 (가장 큰 수익을 창출한) 반도체에 적용하여 스위치를 비롯한 제어용 부품을 발명했다. 그런 부품은 트랜지스터 100만 개를 탑재한 칩의 형태로 진화하여, 입자가속기와 같은 거대한 장비, 자동차 조립 공장, 비디오게임, 악천후에 착륙하는 비행기 등을 제어하는 장치와 강력한 컴퓨터를 가능케 했다.

양자 혁명에서 유래한 또 하나의 소중한 성과는 어디에나 있는 레이저이다. 레이저는 슈퍼마켓 계산대, 안과 수술, 금속 절단, 측량에 쓰이며, 원자와 분자의 구조를 탐구하는 도구로도 쓰인다. 레이저란 파장이 정확히 동일한 광자들을 방출하는 광원이다.

슈뢰딩거, 하이젠베르크, 파울리 등의 통찰 덕분에 이루어진 기술적 기적들을 열거하자면 몇 페이지라도 할 수 있지만, 몇 가지만 언급하기로 하자. 첫째는 훑기꿰뚫기현미경이다. 이 현미경은 최고 성능의 전자현미경보다 배율이 수천 배 높다(역시 양자이론의 응용 성과인 전자현미경은 양자이론이 전자에 부여한 파동성을 기초로 삼는다).

꿰뚫기 원리는 양자이론의 정수라고 할 수 있다. 윤곽이 매끄러운 곡선인 대접 하나가 테이블 위에 놓여 있고 그 안에서 매끄러운 쇠구슬이 오르락내리락 굴러다닌다고 해 보자. 마찰력이 없다는 가정하에서 고전 과학에 따르면, 쇠구슬은 한쪽 벽과 반대쪽 벽의 똑같은 높이까지 올라갔다가 내려오기를 반복하면서 영원히 대접 안에 머문다. 요컨대 쇠구슬은 완벽하게 뉴턴역학적인 운동을 한다. 이 현상의 양자 버전으로, 격자형 벽으로 둘러싸인 상자 모양의 공간에 갇힌 전자를 생각해 보자. 벽에는 전자를 밀어내는 전압이 걸려 있어서 그것을 넘으려면 전자가 지닌 에너지보다 더 큰 에너지가 필요하다. 따라서 전자는 격자에 접근하다가 튕겨나가서 반대쪽 격자에 접근하고 다시 튕겨나가기를 반복한다. 그런데 끝없이 반복할까? 그렇지 않다! 기괴한 양자 세계에서는 전자가 조만간 상자 외부에 나타난다.

이것이 얼마나 기괴한 현상인지 가늠할 수 있겠는가? 고전 과학의 관점을 채택하면, 전자가 마술사처럼 벽을 꿰뚫었다고 말해야 할 것이다. 이 현상은 우리의 쇠구슬이 마치 후디니(탈출 마술의 달인 – 옮긴이)처럼 대접을 탈출하여 테이블 위에 떨어지는 것과 같다. 반면에 슈뢰딩거 방정식은 이 문제에 파동성과 확률의 측면을 부여한다. 그러면 전자가 벽과 충돌할 때마다 전자가 벽을 관통할 확률이 작은 값으로 존재한다. 전자가 벽을 관통할 에너지를 어디에서 얻는단 말인가? 이것은 좋은 질문이 아니다. 왜냐하면 슈뢰딩거 방정식은 입자가 벽을 통과하는 궤적을 기술하지 않고 단지 입자가 상자 내부에 있을 확률과 외부에 있을 확률만 기술하기 때문이다. 뉴턴역학의 관점에서는 우려스럽겠지만, 이런 꿰뚫기는 일어난다. 실제로 늦어도 1940년대에는 양자 꿰뚫기가 가내수공업만큼 간단하게 실현되었고, 덕분에 그때까지 설명할 수 없었던 몇몇 핵물리학 현상이 설명되었다. 원자핵의 조각들은 자신들을 함께 가둔 장벽을 꿰뚫는다. 그러면 원자핵은 더 작은 원자핵들로 쪼개진다. 이것이 원자로의 작동 원리인 **핵분열**이다.

이 기묘한 효과를 이용한 또 다른 실용적 장치로 조셉슨 접합이라는 전자 스위치가 있다. 이 스위치의 명칭은 그것을 개발한 뛰어난 괴짜 발명가 브라이언 조셉슨의 이름에서 유래했다. 조셉슨 접합은 절대영도에 가까운 온도에서 작동한다. 그런 온도에서는 양자 꿰뚫기에 양자 초전도성이라는 기이한 속성이 추가된다. 어떤 이는 조셉슨 접합을 '초고속 초저온 초전도 양자 꿰뚫기 디지털 전자장치'라고 불렀다. 이것은 커트 보네거트의 소설에서나 나올 법한 호칭이지만, 조셉슨 접합은 실제로 존재하며 초당 수조 회에 달하는 속도로 전류를 조작할 수 있다. 고속 컴퓨터들이 폭발적으로 늘어나는 이 시대에 무엇보다도 중요한 것은 스위치 작동 속도이다. 왜 그럴까? 계산은 비트들을 다루는 작업이고, 비트는 0이거나 1이다. 계산 알고리듬은 0과 1들을 변환함으로써 덧셈, 뺄셈, 곱셈, 나눗셈, 적분, 미분을 해내고 여러분의 등을 긁고 발톱을 깎는 일도 해낸다. 요컨대 근본적인 작업은 켜짐(1)을 꺼짐(0)으로(또는 꺼짐을 켜짐으로) 바꾸는 것이다. 그리고 조셉슨 접합 스위치는 이 바꾸기를 가장 잘 해낸다.

양자 꿰뚫기는 다른 과학적 도약의 발판이 되기도 했다. 양자 꿰뚫기를 응용하여 만든 현미경들은 인류가 낱낱의 원자들을 '볼' 수 있게 해 주었다. 예컨대 인류는 DNA 이중나선을 이룬 개별 원자들을 볼 수 있게 되었다. DNA 이중나선에는 모든 생물 각각을 정의하는 정보가 빠짐없이 들어 있다. 1980년에 발명된 훑기꿰뚫기현미경(STM)은 대상을 (일반인에게 익숙한 광학 현미경처럼) 현미경용 조명등의 빛으로 관찰하지 않는다. 이 현미경의 핵심 부품은 관찰 대상의 표면 바로 위에서 움직이는 엄청나게 날카로운 바늘(탐침)이다. 대상의 표면과 바늘 사이의 간격은 1억 분의 1인치 정도로 충분히 작기 때문에, 전류가 관찰 대상에서부터 양자 꿰뚫기로 그 간격을 뛰어넘어 탐침으로 흘러서 거기에 있는 예민한 결정에 기록될 수 있다. 대상의 표면에 원자 하나가 돌출해 있어서 표면과 탐침 사이의 간격이 상당히 변화하면, 그 변화가 탐침에 포착되고 소프트웨어에 의해 원자의 윤곽으로 번역될 것이다. 따라서 훑기꿰뚫기현미경의 탐침은 레코드판의 홈 위에 올라타서 홈의 구조를 감지하여 아름다운 모차르트의 음악을 읽어 내던 축음기의 바늘과 유사한 셈이다.

훑기꿰뚫기현미경은 개별 원자를 집어서 다른 위치에 놓을 수도 있다. 따라서 마치 모형 비행기를 조립할 때처럼, 어떤 기능을 고려한 설계에 맞게 분자를 제작할 가능성을 열어 준다. 새로운 인공 분자는 내구성이 뛰어난 신소재일 수도 있고 바이러스를 죽이는 약일 수도 있다. 훑기꿰뚫기현미경을 발명한, 스위스 IBM 연구소의 게르트 비니히와 하인리히 로러는 1986년에 노벨상을 받았고, 이들의 꿈은 수십억 달러 규모의 산업을 창출했다.

나노기술과 양자 컴퓨터는 머지않아 실현될 두 가지 신기술이다. 이것들은 둘 다 혁명적이다. 나노기술은 '극도로 작은 기술'을 뜻하며 모터, 센서, 조종장치 따위를 다루는 기계공학을 원자 및 분자 규모로 축소하는 것을 목표로 한다. 분자 규모의 공장을 상상해 보라. 공장의 규모를 백만 배 축소하면, 공정은 백만 배 빨라질 수 있다. 나노기술로 만든 서비스용 혹은 생산용 장치들은 가장 원초적인 원료인 원자를 사용하면서, 환경에 악영향을 끼치는 기존 공장들을 대체할 수 있을 것이다.

양자 컴퓨터에 대해서 말하자면, 양자역학적 논리 시스템을 이용하는 양자 계산은 엄청난 성능의 정보 처리 장치를 가능케 할 것이다. 그런 장치와 평범한 디지털 컴퓨터를 비교하는 것은 '핵에너지와 장작불을 비교하는 것'과 같을 것이다.[23]

9장 중력과 양자이론: 끈

아인슈타인은 특수상대성이론을 발견했고 그 과정에서 공간과 시간의 **대칭성들**을 올바로 파악했다. 특수상대성이론 이전에 사람들이 생각한 시간과 공간의 대칭성은 **이동대칭성**(공간상이나 시간상에서 물리적 시스템의 위치를 바꾸는 변환에 대한 대칭성)과 **회전대칭성**(물리적 시스템이 놓인 방향을 바꾸는 변환에 대한 대칭성)이었다. 저명한 수학자 에미 뇌터의 연구에 힘입어 우리는 이 대칭성들이 기초적인 물리학 원리들과 직접 연결된다는 것을 알게 되었다. 시간상의 이동에 대한 대칭성 ― 물리학 법칙들은 시간에 따라 변화하지 않는다는 것 ― 은 에너지보존법칙과 연결된다. 고립된 물리적 시스템의 총 에너지는 절대로 변하지 않는다. 마찬가지로 상호작용하는 입자들의 총 에너지는 상호작용 이전과 이후에 변함이 없다(공간상의 이동에 대한 대칭성은 운동량보존법칙과 연결되며, 회전대칭성은 각운동량보존법칙과 연결된다). 공간 및 시간상의 회전과 이동에 대한 대칭성은 오늘날에도 물리학 법칙들에 대해서 타당한 것으로 알려져 있다.[1] 아인슈타인은 특수 상대성이론의 원리들을 발견하는 과정에서 운동대칭성을 발견했다.

아인슈타인의 이론이 등장하기 전, 고전물리학에도 '갈릴레오 상대성'이라는 '상대성'이 있었다. 갈릴레오의 것이든 아인슈타인의 것이든 '상대성'은, 임의의 등속운동 상태에 있는 모든 관찰자에게 물리학은 동일하다는 것을 의미한다.[2] 만일 우리가 광속에 가까운 속도로 날아가는 우주선에서 어떤 실험을 한다면, 이를테면 달걀을 삶는다면(온도, 압력, 가열 장치 등의 주변 조건은 지상의 부엌에서와 동일하다고 가정하자), 달걀이 익는 데 걸리는 시간은 지상에서와 똑같을 것이다. '멈춘 시스템'에 적용되는 모든 물리학 법칙은 '움직이는 시스템'에도 적용된다.

그러나 갈릴레오 상대성은 **시간이 절대적**이라는 그릇된 원리를 고집했다. 즉, 온 우주의 모든 관찰자를 위한 물리학 전체를 기술하는 데 보편 시계 하나만 있으면 충분하다고 여겼다. 시간에 대한 지각과 측정은 두 시스템 사이의 상대 운동에 의해 달라지지 않는다고 말이다. 여기에서 도출되는, 갈릴레오 상대성의 핵심 예측은, 속도 c로 뻗어 나가는 광선을 우리가 속도 v로 쫓아가면서 보면 빛이 $c-v$로 이동하는 것처럼 보여야 한다는 '상식적인' 믿음이다. 더 나아가 우리는 빛 신호를 따라잡고 추월할 수도 있어야 할 것이다.

앨버트 A. 마이컬슨과 E. W. 몰리는 지구가 태양 주위를 도는 동안 빛의 속도가 어떻게 달라지는지 측정하는 (1887년 당시로서는) 매우 정교한 실험을 수행했다. 그 실험의 결과는 충격적이고 기이하고 혼란스러웠다. 광속은 전혀 변함없이 일정했다. 우리가 아무리 빨리 쫓아간다 해도 빛을 추월할 수는 없다. 고속도로 순찰차는 광속으로 달리는 과속 차량을 따라잡을 수 없을 뿐더러 그 차량과의 거리를 좁힐 수도 없다. 이 발견은 20세기 물리학에서 일어난 또 다른 위대한 혁명의 발판이 되었다. 그것은 상대성 혁명이었고, 핵심 혁명가는 알베르트 아인슈타인이었다.

아인슈타인이 일으킨 극적인 철학적 변화는 시간의 절대성을 폐기하고 그 대신에 광속이 모든 관찰자에게 일정하다는, 바꿔 말해 광속은 절대로 변하지 않는다는 새로운 원리를 채택한 것이다. 이로써 300년 동안 지배력을 행사해 온 갈릴레오 상대성의 핵심 원리, 곧 시간의 절대성은 버려졌다. 광속이 일정하다는 가설에 기초한 특수상대성이론은 운동의 물리학에 관한 새로운 심오한 귀결들을 담고 있다. 예컨대 특수상대성이론에 따르면, 운동하는 물체는 운동 방향으로 길이가 축소되고, 운동하는 물체에게는 시간이 느려진다. 당신의 쌍둥이 형제가 거의 광속으로 알파 센타우리에 갔다가 돌아오면, 당신은 8년 더 늙은 반면에 동생은 고작 2주만 더 늙게 된다.

특수상대성이론이 함축하는 대칭성 원리를 흔히 '로렌츠 불변성'이라고 부른다. 이 명칭은 헨드릭 A. 로렌츠를 기리기 위한 것이다. 로렌츠는 물체가 우주를 채운 에테르를 헤치고 움직인다는 전제하에, 물체가 운동하면 물체의 운동 방향 길이가 줄어들고 시계의 작동이 느려져야 한다는 생각을 아인슈타인보다 먼저 내놓았다. 이 같은 역학적 관점에 입각하여 로렌츠는 상대 운동하는 관찰자들이 본 공간과 시간의 본질적인 관계에 도달했다. 그러나 이론의 논리 전체를 정돈하고 가장 심오한 결론들을 도출한 사람은 아인슈타인이었다. 아인슈타인은 전기역학에 관한 맥스웰의 방정식들에서 로렌츠 대칭성을 끌어냈는데, 이 과정에서 매개변수 c(빛의 속도)가 모든 관찰자에게 동일하다는 결정적인 원리를 가정했다. 그러므로 특수상대성이론에서는 갈릴레오 대칭성과 짝을 이루는 '시간의 절대성'이 '빛의 속도의 절대성'으로 대체된다. 더 나아가 상대성이론은 어떤 신호도 광속보다 더 빠르게 이동할 수 없다는 '인과' 원리를 함축한다.[3]

특수상대성이론은 전기역학 법칙들과 완벽하게 맞아떨어진다. 그러나 아인슈타인이 곧바로 깨달았듯이, 특수상대성이론은 뉴턴의 중력이론을 대체할 새로운 이론을 요구했다.

일반상대성이론

뉴턴의 가장 위대한 통찰 가운데 하나는 '보편중력법칙'이다. 뉴턴에 따르면, 질량이 M인 물체와 m인 물체 사이에 작용하는 중력은 아래 공식에 의해 결정된다.

$$F = \frac{G_N mM}{R^2}$$

이때 R은 두 물체 사이의 거리이다. 이 법칙은 물리학에서 말하는 **역제곱법칙**의 한 예이다. 쉽게 말해서 중력의 크기는 거리의 제곱에 반비례한다(두 전하 사이의 전기력도 역제곱법칙을 따른다). 중력법칙에는 '기본상수' G_N이 들어 있다. 이 상수를 '뉴턴의 중력상수'라고 한다(G_N에 붙은 아래 첨자 N은 '뉴턴'을 뜻한다). G_N은 단지 두 질량 사이에 작용하는 중력의 크기를 특정한 수치로 규정하는 역할을 한다.[4] 중력은 알려진 자연의 힘들 가운데 가장 약하다. 중력이 얼마나 약한지 실감하기 위해, 우유가 가득 든 4리터짜리 통을 들어올리는 동작을 생각해 보자. 이 동작을 위해 팔이 발휘해야 하는 힘은 4킬로그램중 남짓이다. 이 힘은 원유를 가득 실은 유조선 두 척이 서로 16킬로미터 떨어져 있을 때 둘 사이에 작용하는 중력과 대략 같다.

뉴턴의 중력이론은 특수상대성이론과 양립할 수 없다. 첫째, 뉴턴의 중력이론은 중력이 두 물체 사이에서 순간적으로 전달된다고 예측한다. 뉴턴의 이론은 느리게 운동하는, 즉 **비상대론적**인 입자와 시스템만 기술할 수 있다. 뉴턴의 이론을 특수상대성이론에 맞게 수정하는 것은 쉽지 않은 작업이다. 이 작업은 결국 시간과 공간의 구조에 대한 새롭고 충격적이고 근본적인 통찰을 요구했다. 지금도 현대 이론물리학의 심장부에서는 이 통찰과 관련된 여러 성취들이 이루어지고 있다.

거듭되는 말이지만, 특수상대성이론과 조화를 이루고 물체들이 느리게 움직이는 고전적인 운동 상황에서는 뉴턴의 법칙들과 근사적으로 조화를 이루는 간단한 중력이론을 만드는 것은 쉬운 일이 아니다. 가장 간단한 방법 하나는 일종의 '중력 광자'를 제안하는 것일 텐데, 그 중력 광자는 동일한 질량들 사이에서 척력('반중력')을 발휘할 것이다. 이것은 실험과 정면으로 충돌하는 결론이다. 척력으로 작용하는 중력은 한번도 관찰된 적이 없으니까 말이다. 임의의 두 질량 사이에 작용하는 중력은 항상 인력이다. 또 다른 간단한 가설로 '기본 스칼라장'이라는 것이 있다. 기본 스칼라장은 인력을 산출한다. 그러나 이 인력은 물질의 조성에 따라 크기가 약간씩 달라진다. 그러나 뉴턴의 법칙에 따르면, 중력방정식에는 오로지 질량만 등장해야 한다. 게다가 뉴턴의 중력방정식에 등장하는 '질량'은 잘 알려진 그의 운동방정식

$F=ma$에 등장하는 '질량'과 동일하다. 이 동일성을 일컬어 '등가원리'라고 한다. 등가원리는 마치 길잡이처럼 아인슈타인을 옳은 방향으로 이끌어 새로운 중력이론에 이르게 했다.

아인슈타인은 1905년에 특수상대성이론을 내놓은 뒤 대략 12년 만에 (위대한 수학자 다비트 힐베르트의 중요한 도움을 받아) 완전한(그러나 비양자적인) 중력이론을 제시했다. 일반상대성이론이라고 불리는 이 이론은 위대한 걸작이다. 일반상대성이론은 특수상대성이론을 능가한다.

일반상대성이론의 핵심은 중력을 공간과 시간의 **휘어짐**으로 해석하는 것이다. 휘어진 공간에서 입자들은 직선 경로에 가능한 한 가까운 경로를 따라 단순히 '자유낙하'한다. 이 경로는 휘어진 공간에서 두 점을 잇는 최단경로이며 '지름길geodesic'이라고 불린다. 예컨대 경선들은 우리가 지구라고 부르는 구의 휘어진 표면에서 지름길이다. 비행기들은 지름길을 따라 운항한다. 왜냐하면 지름길은 두 공항을 잇는 최단경로이기 때문이다(위선들은 적도만 빼고 지름길이 아니다. 이 때문에 뉴욕에서 파리로 가는 비행기는 위선을 따라 운항하지 않는다). 구면 위의 두 점, 예컨대 시카고와 도쿄를 잇는 지름길을 찾으려면 간단히 끈이나 실을 두 점 위에 놓고 팽팽하게 당기면 된다. 짧은 구간(이를테면 시카고에서 디모인까지)에서 실은 근사적으로 직선을 그리지만, 긴 구간(시카고에서 도쿄나 덴마크까지)을 보면 실이 그린 궤적이 구면 위의 휘어진 지름길임을 알 수 있다.

요컨대 일반상대성이론은 중력이 시공 기하학의 휘어짐(구부러짐, 일그러짐)이라고 설명한다. 공간의 휘어짐은 물질의 존재 때문에, 물질의 질량과 에너지 때문에 생긴다. 아인슈타인은 공간의 굴곡을 기술하는 난해한 수학을 독학한 뒤에 마침내 새로운 중력방정식에 도달했다. 시공의 곡률(휘어진 정도)과 물질 사이의 관계를 기술하는 아인슈타인의 일반상대성이론 방정식을 아래와 같이 요약할 수 있다.

$$곡률 = G_N \times (질량 + 에너지)$$

이 방정식에도 뉴턴의 중력상수 G_N이 들어 있다. 그러나 이 방정식은 뉴턴이 짐작했을 만한 수준보다 훨씬 더 심오한 통찰을 표현한다.

일반상대성이론에서는 일단 물질(위 방정식의 우변)에 의해 공간의 곡률(좌변)이 정해지고 나면, 운동하는 물체들은 휘어진 시공 속의 지름길을 따라 그저 '자유낙하'한다. 지구를 둘러싼 궤도에 있는 우주왕복선은 단지 자유낙하하고 있을 뿐인데, 지구의 존재 때문에 시공이 휘어져서 우주왕복선의 운동이 원형 궤도운동이 되는 것이다. 아인슈타인에 따르면, 자유낙하는 텅 비어 휘어지지 않은 공간에 멈춰 있음과 구분할 수 없다. 따라서 자유낙하는 무중력상태를 야기한다. 아인슈타인의 방정식이 예측하는 바에 따르면, 태양 주위의 공간은 태양의 질량 때문에 휘어지고 따라서 그곳의 지름길들도 휘어진다. 행성은 그런 지름길을 따라서 운동하는데, 이 운동은 본질적으로 자유낙하와 같다. 공간의 휘어짐 때문에 행성의 타원궤도가 지름길이 되는데, 아인슈타인의 이론은 뉴턴이 예측한 타원궤도를 미세하게 수정한다. 이 수정이 옳다는 것은 측정과 계산을 통해 밝혀졌다. 요컨대 궤도운동을 하는 행성은 태양의 인력을 받는 것처럼 보이지만 실은 태양에 의해 휘어진 시공에서 자유낙하하고 있는 것이다.

지름길을 따라가는 자유낙하를 유발하는 시공의 휘어짐은 순전히 기하학적인 개념임을 유의하라. 이 개념은 뉴턴의 운동방정식 $F = ma$에 등장하는 것과 같은 '관성질량' m과 무관하다. 그러므로 행성 궤도 공식에서 운동하는 행성의 질량은 완전히 제거되어야 하고 실제로 제거된다. '등가원리'는 ― 모든 물체는 중력 아래에서 운동할 때 질량에 상관없이 동일하게 운동한다는 원리(갈릴레오가 피사의 사탑에서 수행한 실험에서 무거운 물체와 가벼운 물체가 똑같은 속도로 낙하한 것을 상기하라) ― 일반상대성이론에서 저절로 성립한다. 뉴턴의 이론으로는 예측할 수 없지만 일반상대성이론에서 나오는 또 다른 충격적인 귀결은, (질량 없는 광자들로 이루어진) 빛도 지름길을 따라 움직여야 한다는 것이다. 요컨대 빛도 중력의 영향을 받는다는 것이다. 일반상대성이론은 태양을 스쳐서 지상의 망원경에 도달하는 광선은 태양의 중력 때문에 휘어질 것이라고 예측한다. 이것은 일반상대성이론이 내놓은 가장 중요한 예측 가운데 하나였다.

뉴턴의 중력이론은 아인슈타인 이론의 근사이론에 불과하며 운동 속도가 광속에 비해 훨씬 느릴 때만 타당하다. 일반상대성이론은 수성의 근일점(수성과 태양 사이의 거리가 가장 짧아지는 지점)이 100년에 약 0.5도씩 이동하는 현상을 비롯한 행성 운동의 예외적 편차들을 옳게 설명했다. 뉴턴의 이론으로는 수성 근일점의 이동을 설명할 수 없다. 일반상대성이론은 또한 별빛이 아주 무거운 천체를 지나거나 벗어날 때 휘어지고('렌즈효과'가 나타나고) 색의 치우침이 일어난다고 옳게 예측했다. 더 나아가 아인슈타인의 일반상대성이론은 전체로서의 우주에도 적용되며, 우주는 팽창하고 공간은 계속 창조되어야 한다고 옳게 예측한다. 아인슈타인 이론의 결정적 예측,

곧 별빛은 지름길을 따라 이동하므로 태양 근처에서 휘어질 것이라는 예측은 1919년에 일식이 일어날 때 수행한 관측에 의해 입증되었다.[5] 그 관측으로 일반상대성이론은 과학적 사실의 지위를 얻었고, 무명의 알베르트 아인슈타인은 과학계의 슈퍼스타로 급부상하여 세계적인 유명 인사가 되었다.

이제부터 보겠지만, 일반상대성이론의 예측에 따르면, 천체는 물질과 빛을 가둬서 자신의 표면을 벗어나지 못하게 만들 수 있을 정도로 무거워질 수 있다.

블랙홀

간단한 질문을 던져 보자. '입자 하나가 어느 행성의 표면에서 우주로 탈출하려 하는데, 행성의 중력이 워낙 강해서 **입자의 정지에너지** $E = mc^2$을 전부 소모해야 탈출이 가능하다면, 입자는 탈출할 수 있을까?' 이 경우에 질문 속의 무거운 행성은 가련한 입자의 탈출을 허용하지 않을 것이다. 입자가 탈출하는 과정에서 입자의 정지에너지가 없어질 테니까, 바꿔 말해서 입자가 사라질 테니까 말이다. 탈출하는 입자의 질량은 탈출 과정에서 모조리 소모될 것이다. 심지어 빛, 곧 광자도 이 행성을 탈출할 수 없다. 왜냐하면 탈출에 성공한 광자에게는 에너지가 남아 있지 않을 것이기 때문이다.

이 행성처럼 무거운 천체를 일컬어 **블랙홀**이라고 한다. 어떠한 행성이든 그 반지름이 슈바르츠실트 반지름 R이 될 때까지 축소되면 블랙홀이 될 수 있다. 질량이 M인 임의의 천체는 반지름이 $R = 2G_N M/c^2$보다 작아지면 블랙홀이 된다. 블랙홀의 중심에서 슈바르츠실트 반지름보다 작은 거리만큼 떨어져 있는 것은 그 무엇도 블랙홀을 탈출할 수 없다.[6] 다행히 지구는 블랙홀이 아니다. 지구가 블랙홀이 되려면, 지구의 반지름이 약 0.6센티미터로 축소되어야 한다. 태양의 경우, 슈바르츠실트 반지름은 약 3킬로미터이다. 그러므로 태양 전체가 작은 마을 크기로 축소된다면, 태양은 블랙홀이 될 것이다. 그 정도로 축소된 태양의 밀도는 원자핵의 밀도를 훨씬 능가할 것이다. 이토록 높은 밀도가 필요함에도 불구하고, 오늘날 많은 천문학자들은 대다수 은하의 중심에 태양보다 질량이 수십억 배 큰 거대한 블랙홀이 있다고 믿는다.

슈바르츠실트 반지름은 블랙홀의 중심에서 표면까지의 거리가 아닐 수도 있다. 정확히 말해서 그 반지름은 블랙홀의 중심에서 '사건지평'까지의 거리이다. 사건지평 안쪽의 빛은 블랙홀을 탈출할 수 없다. 강력한 광선을 바깥쪽으로 발사하면, 광선은 사건지평에 접근하면서 모든 에너지를 잃을 것이다. 따라서 사건지평을 통과하는 빛은 전혀 없을 것이다. 블랙홀로 떨어지는 물체는 사건지평을 통과한다.

역설적이게도, 블랙홀 바깥에 멈춰 있는(블랙홀로 떨어지지 않기 위해 끊임없이 힘을 발휘해야 하는) 관찰자는 블랙홀로 떨어지는 물체가 사건지평을 통과하는 것을 절대로 보지 못한다. 왜냐하면 그 관찰자의 관점에서 보면, 물체가 사건지평을 통과하는 데 무한히 긴 시간이 걸리기 때문이다. 블랙홀 바깥의 관찰자는 사건지평에서 시간이 얼어붙는 것을 목격한다. 사건지평에 접근하는 물체가 방출하는 빛은 점점 더 심하게 '빨강치우침'을 겪고 (에너지를 잃고) 결국엔 에너지가 0이 될 것이다. 외부의 관찰자(우리)가 보기에 그 물체는 영원히 점점 더 어두워져만 갈 것이다. 실제 은하들의 중심에 있는 블랙홀은 그 속으로 떨어지는 물체들(어마어마한 규모의 기체 구름들과 수많은 별들)로 둘러싸여 있다. 이 물체들은 사건지평에 접근하기도 전에 서로 충돌하고 가속하면서 엄청나게 많은 고에너지 복사를 창출한다. 따라서 우리가 블랙홀의 사건지평을 노출된 상태로 보는 것은 현실적으로 불가능하다.

점점 더 크게 원을 그리며 멀어지는 매는
매사냥꾼의 음성을 듣지 못한다.
모든 것이 흩어지고, 중심은 버티지 못한다.
온 세상에 퍼진 철저한 무질서.
핏빛 물결 범람하고, 모든 곳에서
순결의 예식 익사한다.
가장 선한 이들은 아무런 확신도 없는 반면,
가장 악한 이들은 강렬한 열정으로 가득 차 있다.

윌리엄 버틀러 예이츠, 「재림」의 일부[7]

한편, 당신이 블랙홀로 떨어지는 중이고, 블랙홀 근처에 물질이 별로 없다면, 당신은 사건지평을 통과하면서 아무것도 눈치 채지 못할 것이다(물론 엄청나게 강한 '기조력'이 당신의 몸을 찢어버리겠지만, 당신이 점과 유사한 입자라면, 당신이 받는 기조력은 거의 0이 된다). 당신은 사건지평을 순식간에 통과하여 계속해서 블랙홀 내부의 조밀한 '특이점'을 향해 자유낙하할 것이다. 특이점은 블랙홀 내부의 물질이 한 점으로 응집한 결과이다. 과학자들은 특이점에서 어떤 물리법칙들이 성립하는지 모르지만, 끈이론과 유사한 이론이 특이점에 타당할 가능성이 있다(나중에 더 자세히 논할 것이다).

블랙홀로 떨어지는 물질은 사건지평을 통과할 수 있는 반면, 외부에 멈춰 있는 관찰자는 무언가가 유한한 시간에 사건지평을 통과하는 것을 절대로 보지 못한다는 사실은 '사건지평'의 성격 혹은 정의와 직결된다. 시공은 사건지평에 의해 두 구역(블랙홀 외부와 내부)으로 확실하게 갈라지고, 그 두 구역은 절대로 소통할 수 없다. 여러분은 블랙홀 내부로 진입할 수만 있지 다시 나올 수는 없다.

양자중력?

물리학자들은 1950년대에 양자역학과 중력 사이의 관계를 진지하게 탐구하기 시작했고 곧바로 문제들에 봉착했다. 가장 큰 골칫거리는, 우리가 앞장에서 디랙 바다의 진공에너지와 관련해서 언급한 무한의 역습이었다. 양자중력이론은 한 마디로 말이 안 되었다. 물리학자들이 시험 삼아 해 본 계산에 거의 항상 무한이 끼어들었다. 어떤 것도 계산할 수 없었고, 이론은 쓸모가 없었다.

중력이론과 양자효과를 융합하면 발생하는 첫째 문제는 일찍이 막스 플랑크가 처음으로 지적했다. 뉴턴의 중력상수 G_N과 빛의 속도와 플랑크상수를 조합하면 '플랑크 길이'라는 길이 규모를 얻을 수 있다. 플랑크 길이는 L_p로 표기되며 아래 공식에 의해 정의된다.

$$L_p = \sqrt{\frac{\hbar\, G_N}{c^3}} = 1.6163 \times 10^{-35}$$

이 공식 하나에 유명한 물리학 '기본상수' 세 개, 즉 $\hbar$, c, G_N이 모두 등장한다는 점을 주목하라. 플랑크 길이는 대략 10^{-35}미터로, 원자궤도함수의 크기인 10^{-10}미터나 원자핵의 크기인 10^{-15}미터, 또는 우리가 지금까지 입자가속기로 탐구한 최단 거리인 10^{-18}미터와 비교해도 훨씬 더 작다. 이렇게 작디작은 플랑크 길이 규모에서는 중력을 근사적인 비양자(고전적) 현상으로 간주할 수 없음을 우리는 안다. 이 규모에서는 고전적인 공간과 시간이 심하게 씰룩거리고 요동할 수밖에 없다. 요컨대 공간과 시간은 '몽롱'해진다. 혹은 누군가의 표현을 빌리면, '시공 거품더미'가 된다. 즉, 부글거리는 양자 카오스가 된다. 양자중력이론은 심층적인 플랑크 길이 규모에서 일어나는 일을 자세히 진술하고 설명해야 한다.

맥스웰의 이론에서 빛이 전기장과 자기장의 파동인 것과 아주 유사하게, 고전적인 아인슈타인의 일반상대성이론에서는 **중력파**라는 파동이 존재한다는 것은 잘 알려진 사실이었다. 맥스웰의 고전적인 빛은 양자(이른바 광자)들로 이루어졌음이 나중에 밝혀졌다. 이와 마찬가지로 중력파는 '중력자'라는 양자들로 이루어졌음을 아무도 의심하지 않으려 했다. 광자와 마찬가지로 중력자는 보손일 것이었다. 또한 일반상대성이론에 따르면 중력자는 스핀 2 입자이다(광자는 스핀 1 입자, 페르미온인 전자는 스핀 1/2 입자이다).

중력자는 현재까지 어떤 실험 장치에서도 탐지되지 않았다. 심지어 중력파가 (어떤 종류의 중력파든 간에) 직접 탐지된 일도 아직까지 없다. 우리는 중력파의 존재를 간접적으로 안다. 왜냐하면 특정 천체 시스템(쌍성펄서)에 속한 천체들은 궤도가 축소되면서 속도가 느려지는데, 이 변화율이 중력파

방출로 인한 에너지 손실을 가정할 때 예측되는 값과 일치하기 때문이다.[8] 문제는 앞에서도 언급했듯이 중력이 아주 약한 힘이라는 점이다. 거대한 천체 시스템에서 방출된다고 믿어지는 중력파를 탐지하기 위한 야심 찬 실험들이 진행되고 있다. 만일 성공한다면, '고전적인 중력파'가 탐지될 것이다. 즉, 단일한 파동에 속한 중력자 수조 개가 탐지될 것이다. 그러나 설령 이 같은 성과를 거둔다 하더라도, 단일한 중력 양자, 곧 중력자를 관찰하는 성과는 여전히 요원할 것이다.

그러나 중력에 관한 양자이론의 진정한 문제들은 중력자들 사이의 상호작용을 고찰하기 시작할 때 비로소 등장한다. 예컨대, 중력자 하나는 다른 중력자들을 어떻게 흡수하고 방출할까? 이 대목에서 우리는 수학적 문제들의 늪에 빠진다. 그 문제들은 아주 작은 플랑크 길이 규모에서 이론을 명확하게 정의할 것을 요구한다.

끈이론

일관된 양자중력이론의 필요성이 주요 계기가 되어, 자연에 존재하는 모든 입자의 정체에 관한 전혀 새로운 생각이 등장했다. 이 새로운 패러다임을 일컬어 **끈이론**이라고 한다.

우리는 지금까지 이 책 전체에서 '입자'라는 단어를 사용했지만 그 의미를 제대로 정의하지 않았다. 물리학자들은 항상 단순한 근사치를 추구한다. 그들에게 입자란, 가장 간단하게 말하면, 일정한 질량이 위치한 공간상의 점일 뿐이다. 그러므로 입자를 기술하려면, 주어진 시점에 입자의 위치, 즉 '궤적' $x(t)$와 입자의 질량만 말하면 된다.

우리가 뉴턴의 노선에 따라서 별에 딸린 행성의 운동을 기술하는 방정식을 푼다면, 우리는 별과 행성을 점과 같은 입자로 취급할 수 있다. 물론 실제 입자들은 더 복잡하다. 예를 들어 원자는 저배율 현미경으로 관찰할 때만, 즉 근사적으로만 점이다. 배율을 높여서 관찰하면, 우리는 결국 원자핵 주위에 구름처럼 퍼져서 운동하는 전자들을 보게 될 것이다. 이 배율에서는 원자핵이 질점으로 보일 것이다. 그러나 배율을 다시 10만 배 높이면, 원자핵 속에 들어 있는 양성자와 중성자가 보일 것이다. 양성자도 원자핵 규모에서는 입자로 보이겠지만 그보다 훨씬 더 작은 규모에서는 양성자 속에 **쿼크**들이 들어 있는 것이 보일 것이다.

쿼크와 **렙톤**(전자는 렙톤의 하나이다)은 우리가 보기에 정말로 기본입자인 것 같다. 이것들은 질량뿐 아니라 스핀, 전하량, 색전하 등의 속성도 지닌다. 그러나 쿼크와 렙톤은 식별 가능한 크기를 지니지 않았다. 적어도 현재까지의 실험 결과에 입각해서 말하면, 이 입자들은 진정한 질점이다. 하지만 우리가 현미경의 배율(입자가속기의 에너지)을 수조 배 높일 수 있다고 가정해 보자. 그런 높은 배율로 관찰해도 쿼크와 렙톤은 여전히 점으로 보일까? 혹시 쿼크와 렙톤의 내부에 어떤 구름 같은 것이 들어 있는 것이 보이지는 않을까? 혹시 쿼크와 렙톤의 내부 깊숙한 곳에서 '초원자핵'과 그 주위를 도는 '초전자들'이 관찰되어, 이 기본입자들이 말하자면 '초원자'라는 것이 밝혀지지는 않을까?

끈이론의 출발점은 자연에 있는 기본 대상들이 입자(질점)가 아니라는 생각, 그리고 점과 유사한 입자를 이론의 주춧돌로 삼는 것은 틀린 접근법이라는 생각이다. 순전히 수학적인 관점에서 이렇게 물어 보자. '점과 유사한

입자 다음으로 단순한 것은 무엇일까?' 우리는 이렇게 답할 수 있다. '점 다음으로 단순한 것은 끈이다.'

입자는 공간상의 어딘가에 위치한 질점으로 기술된다. 우리는 입자의 위치를 시간의 함수 $x(t)$로 제시함으로써 입자의 궤적을 기술한다. 이 궤적은 그림 35의 왼쪽 선처럼 시공상의 경로로 나타난다. 이 같은 입자의 경로를 일컬어 '세계선'이라고 한다. 세계선은 시간이 흐를 때 점과 같은 입자가 어떻게 움직이는지 보여 준다. 우리가 특정 시점에 사진을 찍는다면, 공간상의 어딘가에 위치한 점 하나만 보일 것이다.

이제 끈을 생각해 보자. 끈은 **1차원 대상**이다. 따라서 시공상에서 끈의 궤적은 그림 35의 오른쪽에 있는 것과 같은 '띠'가 된다. 특정 시점에 끈을 촬영한다면, 끈은 공간적인 크기를 지닌 대상으로 보일 것이다. 정해진 시점 t에서 끈은 1차원 크기, 곧 길이를 가진다.

끈에 속한 한 점의 특정 시점에서의 위치는 $x(y)$로 정의할 수 있다. 이때 y는 끈에 속한 점 각각에 매겨진 '내부 좌표'이다(그림 36a 참조). $y=0$은 끈의 한쪽 끝점에 대응하고, $y=L$은 반대쪽 끝점에 대응한다. $x(0)$이 $x(L)$과 다를 때, 끈은 이른바 '열린 끈'이다. 반면에 $x(0)=x(L)$이면, 끈은 고리 모양이 되는데, 이런 끈을 일컬어 '닫힌 끈'이라고 한다. 이제 우리는 끈을 시간 t와 y의 함수 $x(t,\ y)$로 기술할 수 있다. 시공상에서 열린 끈의 운동을 그림으로 나타내면, 띠가 그려진다. 닫힌 끈의 경우에는, 시공상의 관이 그려진다. 이 같은 띠나 관을 일컬어 끈의 '세계면'이라고 한다.

뉴턴의 방정식들은 입자의 운동을 결정했다. 그 방정식들은 상대성이론에서 세계선을 결정하는 시공 방정식들로 바뀐다. 여기까지는 양자이론 이

356

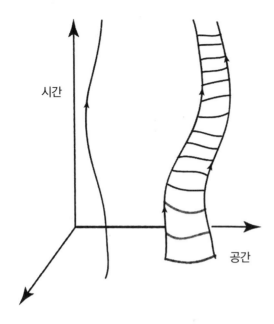

시간

공간

그림 35 시공 다이어그램에서 '입자'는 과거에서 미래로 쉼 없이 뻗어나가는 '세계선'으로 나타난다. 끈은 과거에서 미래로 쉼 없이 뻗어 나가는 '세계면'으로 나타난다. 임의의 시점에 끈은 1차원 대상이다.

전의 물리학이다. 힘은 입자가 지름길 경로를 벗어나게 만든다. 그러나 이제 우리는 점이 아니라 끈의 형태를 띤 대상을 다뤄야 한다. 이 대상의 운동을 결정하는 새로운 원리는 무엇일까?

끈의 운동을 지배하는 원리는 시간이 흐를 때 그려지는 '세계면' 혹은 '띠'의 **면적이 최소가 되어야 한다**는 것이다. 띠의 면적을 구하는 방법은 철사 틀에 걸린 비누 막의 면적을 구하는 방법과 유사하다. 양자이론을 배제한 (즉, 고전적인) 끈이론에 따라 고찰하면, 끈은 항상 자신의 모든 에너지를 잃고 점으로 쪼그라들기 마련이다. 이것은 양자이론을 배제한 수소 원자 모형과 관련해서 보어를 비롯한 과학자들이 직면했던 문제와 유사하다. 그 모형에서 수소 원자는 자신의 에너지를 전부 방출하고 붕괴해야 했다. 그러나 양

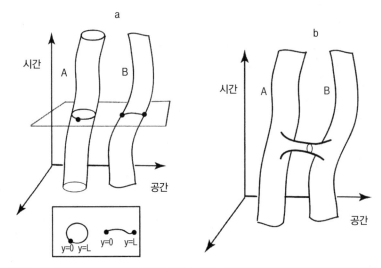

그림 36a, 36b 끈은 '닫혀 있거나' 아니면 '열려 있을' 수 있다. 닫힌 끈은 모든 끈이론에서 등장하지만, 열린 끈은 (열린 끈은 끝점에 대한 정의를 요구한다) 등장하지 않을 수도 있다. 임의의 시점에서, 열린 끈은 선 토막이고 닫힌 끈은 고리이다. 그림 36b는 끈의 상호작용이 세계면의 변형임을 보여 준다. 그림 속의 세계면은 마치 고무판처럼 변형되어 이웃한 두 끈을 연결한다. 닫힌 끈 하나가 서로 이웃한 두 끈을 연결하는 상호작용은 모든 끈이론에서 등장한다. 끈이론에서는 바로 이 상호작용이 중력에 해당한다.

자이론은 과거에 수소 원자를 구제했던 것과 마찬가지로 이제 끈이론을 구제한다. 양자 끈은 공간상에서 이동하고 진동하고 꼬물거린다. 끈이 어떻게 진동하느냐에 따라 끈이 입자가속기 안에서 관찰될 때 무슨 입자로 나타나느냐가 결정된다. 쿼크와 렙톤과 광자(와 기타 '게이지 입자들') 심지어 중력자까지, 모든 입자들은 동일한 유형의 끈이 진동하는 방식들일 뿐이다.

시공상에서 운동하는 끈의 세계면은 띠처럼 보인다. 우리는 마치 장식용 띠에 그림을 그려 넣듯이, 세계면에 지도, 혹은 '내부 좌표'를 그려 넣을 수 있다. 끈이론에 따르면, 그 내부 좌표와 관련해서 다음과 같은 대칭성이 성립한다. 우리가 그 내부 좌표를 어떻게 선택하든 간에, 물리학은 변함이 없다. 이것은 자명하다고 할 수 있다. 내부 좌표는 띠의 면적을 계산하기 위해 우리 인간이 도입한 것일 뿐이니까 말이다. 하지만 우리는 이 대칭성이 양자 이론에서도 성립한다는 점, 그리고 내부 좌표를 매기는 작업은 끈의 의미를 재정의하는 작업이 아니라는 점을 반드시 명심해야 한다. 이 대칭성을 일컬어 '바일 불변성'이라고 한다. 이 명칭은 20세기 초의 위대한 이론물리학자이자 수학자인 헤르만 바일을 기리기 위해 붙여진 것인데, 그는 우리의 논의와 다른 맥락에서 바일 불변성을 발견했다. 바일 불변성에 담긴 의미는, 세계면에는 확정된 고속도로망 지도나 이정표가 전혀, 아예 없다는 것이다. 바꿔 말해서, 세계면에는 지형적인 특징들이 없기 때문에 우리가 세계면에 그리는 모든 지도들이 동등하다는 것이다. 이것이 바일 대칭성의 의미이다.

이제 우리가 끈을 다루는 양자이론에서 바일 대칭성이 성립할 것을 요구하면 어떻게 될까? 상당히 기이한 결론이 나온다. 즉, 공간과 시간의 차원수가 특정한 값들로 한정된다. 가장 단순한 끈이론인 (페르미온은 다루지 않는) 이른바 '보손 끈이론'에서 차원수(D)는 26이다. 구체적으로 공간차원이 25개, 시간차원이 한 개이므로, 이 이론은 우리가 25차원 공간에 산다고 말하는 셈이다. 바꿔 말해서, 보손 끈이론은 끈들이 공간차원 25개와 시간차원 한 개 안에 존재할 때만 일관적일 수 있다. 그러나 우리가 관찰하는 세계의 차원수는 26이 아니다.

이어서 이론물리학자들은 끈의 세계면에 스피너(스핀 1/2 입자)를 도입했다(기억하겠지만, 스피너는 벡터의 제곱근이다). 그 결과인 페르미온 끈이론은 1970년대 초에 피에르 라몽에 의해, 그리고 존 슈워츠와 앙드레 느뵈에 의해 각각 독립적으로 처음 제시되었다. 더 나아가 라몽은 페르미온까지 포함한 끈이론에서 새로운 대칭성이 성립한다는 것을 발견했다. 이후 이론물리학자들의 총애를 받게 된 그 대칭성이 바로 우리가 8장에서 언급한 '초대칭성'이다.

초끈이론

끈이론에 페르미온을 포함시키고 다시 바일 대칭성을 요구하면, 끈이론은 진보한다. 구체적으로, 차원수가 10으로 줄어든다. 이제 우리는 공간차원 9개와 시간차원 1개를 예측하는 셈이다. 요점만 말하면, 바일 대칭성이 유지되려면, 끈의 진공에너지가 정확하게 소거되어야 하는데, 이 소거가 일어나려면 초대칭성이 필요하다. 따라서 만일 우리가 끈이론을 믿는다면, 우리는 자연에 초대칭성이 존재한다고 예측해야 한다. 그러나 우리가 우주에서 관찰하는 공간차원 3개와 시간차원 1개는 여전히 차원수 10과는 거리가 한참 멀다.

이 모든 발전은 끈이나 끈이론에 관심을 기울이는 사람이 사실상 없던 1970년대에 이루어졌다. 그 시절은 실험과 이론에서 괄목할 만한 성과들이 나오던 때였지만, 끈이론이나 초대칭성은 그다지 관심을 끌지 못했다. 당시 사람들은 양자중력에 연구의 초점을 맞추지 않았다.

1970년대 중반 캘리포니아 공과대학에 머물던 젊고 유능한 프랑스 이론 물리학자 조엘 셰르크는 슈워츠와 팀을 이뤘다. 이들은 끈이론의 흥미로운 특징 하나를 간파한 바 있었다. 그것은 모든 끈이론이, 열린 끈을 다루든 닫힌 끈을 다루든, 페르미온을 포함하든 말든 상관없이, 공통의 진동 모드를 포함한다는 점이었다(이때 진동 모드는 6장에서 본 기타 현의 진동 모드와 유사하다. 바이올린이나 기타의 현을 튕길 때와 마찬가지로, 모든 끈이론의 공통 진동 모드는 특정 진동수로 진동한다). 그 특별한 모드는 질량이 없고 스핀이 2인 '입자'처럼 행동했다. 중력파의 양자인 중력자 역시 질량이 없고 스핀이 2라는 점을 상기하라. 모든 끈에 공통되는 이 진동 모드는 정확히 중력자를 닮았다. 그리하여 셰르크와 슈워츠는 혹시 끈이론이 양자중력이론을 가로막는 중력자 문제를 해결해 주지 않을까 하는 의문을 품었다. 그러나 끈이론의 10차원 시공을 우리가 관찰하는 4차원 시공과 조화시키는 문제는 여전히 남아 있었다.

1974년에 셰르크와 슈워츠는 끈이론이 예측하는 추가 차원 6개(우리는 시공의 차원 4개만 관찰하는 반면, 페르미온 초끈들은 10개의 차원을 필요로 한다)가 작은 공처럼 돌돌 말려 있다고, 다시 말해 우리가 지닌 입자가속기들의 에너지 수준에서는 탐지할 수 없을 정도로 작게 '컴팩트화' 되어 있다고 주장했다. 낮은 에너지에서 우리가 보는 것은 우주 전체에 펼쳐져 있는 4개의 차원들뿐이다. 이 아이디어를 받아들이면, 끈의 다양한 진동들을 관찰된 다른 입자들에 대응시킬 수 있고 따라서 표준모형의 입자 목록을 원리적으로 설명할 수 있게 되는 추가 소득도 있다. 이 아이디어는 중력까지 포함해서 자연에서 관찰되는 모든 힘이 끈을 닮은 공통의 원천에서 나온다는 설명으로 이어진다.

그러나 끈이론은 여전히 상도를 벗어난 밀교적인 가설에 불과했다. 끈이론은 주로 캘리포니아 공과대학에서 연구되었고, 그밖에는 전 세계의 불과 몇 군데에서 소규모로 연구되었다. 반면에 초대칭이론은 끈이론과 연계되지 않은 채로 이론물리학계의 주류에 진입했고, 사실상 중력을 변방으로 밀어낸 채로 모든 힘을 설명할 잠재력을 지닌 이론으로 급부상했다. 그러나 곧바로 이론가들은 초대칭이론의 성과와 잠재력을 고스란히 포용하는 끈이론의 가능성을 진지하게 숙고하기 시작했다. 이 시점에는 자연에 끈이나 초대칭성이 존재한다는 증거가 없었음을 상기하라. 하지만 그 존재를 반박하는 증거도 없었다. 끈이론의 최대 매력은 그 이론이 중력을 중심에 놓았다는 점, 그리고 다른 성공적인 양자중력이론이 없었다는 점에서 비롯되었다.

그러나 끈이론을 변형하여 저에너지 이론에서 다루는 (중력을 제외한) 모든 힘을 포함하도록 만들면 또 다른 수학적 파탄이 일어날 위험이 있다. '중력적 변칙'이라고 불리는 이 파탄은 아인슈타인 일반상대성이론의 완전한 붕괴를 의미한다. 다시 말해 만일 중력적 변칙이 존재한다면, 물질이 시공의 곡률을 산출한다고 말하는 아인슈타인의 방정식은 옳을 수 없다. 왜냐하면 그 방정식에서 물질이 등장하는 변, 즉 (비중력 끈 진동들을 포함하는) 우변이 걷잡을 수 없게 되기 때문이다. 간단히 말해서, 중력적 변칙은 곡률(아인슈타인의 일반상대성이론 방정식의 좌변. 곡률은 예컨대 행성의 운동을 통제한다)과 물질(아인슈타인의 일반상대성이론 방정식의 우변. 예컨대 태양의 질량이 등장하는 변)을 같게 만들 길이 없음을 의미한다. 이 문제는 갓 태어난 끈이론에게 치명타가 될 수도 있었겠지만, 아무튼 끈이론은 이론물리학의 변방에서 명맥을 유지했다.

그러나 1984년에 존 슈워츠와 마이클 그린은 중력적 변칙의 문제에 정면으로 도전했다. 이들은 캘리포니아 공과대학이 위치한 패서디나에 심한 폭풍우가 몰아치던 때에 대학 연구실에서 지루한 계산을 완수해 가고 있었다. 계산 결과, 중력적 변칙은 아주 예외적인 경우들에만 없어진다는 것이 드러났다. 따라서 끈이론은 그 특별한 경우들에만 유효할 수 있다. 슈워츠와 그린은 중력적 변칙에 관한 이 같은 영웅적인 계산 결과를 발표했다. 이제 끈이론을 4차원 시공에 맞게 컴팩트화할 수 있게 되었다. 그리고 끈이론은 자연에 존재하는 중력 이외의 모든 힘을 기술하는 대칭성들은 특수한 형태의 대칭성(이른바 '$E_8 \times E_8$' 대칭성)이라는 유일한 예측을 내놓게 되었다. 표준 모형은 이 틀에 잘 맞는다.

그린과 슈워츠의 계산은 지적인 열정의 대홍수를 유발했다. 끈이론가는 갑자기 최고의 존경을 받게 되었고, 끈이론에 관한 논문이 봇물처럼 쏟아져 나왔다. 옛 질문에 대한 새 대답이 나오기 시작했고, 위상수학이 근본적인 역할을 하기 시작했고, 왜 양자이론이 존재하는가에 관한 심오한 생각들이 대두하기 시작했다. 양자이론이 존재하는 이유는 이 책의 범위를 벗어나는 큰 논제이므로 우리가 다룰 수는 없다. 하지만 많은 글이 이 논제를 다뤘고, 우리는 브라이언 그린의 책『엘러건트 유니버스』를 진심으로 추천한다.[9]

끈이론이 급부상하던 시절, 많은 이론가들은 그 이론을 새로운 '만물의 이론'이라고 부르며 열광했다. 몇몇 물리학자는 만물의 이론이 모든 과학혁명을 통틀어 가장 큰 혁명이라고, 끈이론을 창조하는 과정에서 이루어진 물리학의 발전이 그전의 20세기 내내 이루어진 (이를테면 보어의 수소 원자 모형이나 슈뢰딩거 방정식을 통해 이루어진) 발전보다 더 많다고 선언했다. 하지만 오늘날의 견해도 그때와 다름없을까?

오늘날의 끈이론

끈이론은 중력을 다루는 양자 과학 및 관련 이론물리학에 대한 우리의 이해에 심층적인 영향을 미쳤다. 모든 힘들을 통합하는 우아한 이론에 끈이론만큼 바투 접근한 이론은 없다. 또한 끈이론은 양자이론의 토대에 관한 근본적인 문제들을 제기한다.

끈이론은 적어도 두 가지를 성취한다. 첫째, 양자중력이론을 사후설명하고, 둘째, 언젠가 입자가속기 실험에서 초대칭성의 존재가 입증될 것이라고 예측한다. 실제로 초대칭성은 앞으로 몇 년 안에 페르미 연구소의 테바트론이나 CERN의 대형강입자충돌기에서 실험적으로 포착될 가능성이 있다.

안타깝게도 현재까지는 어떤 실험적 증거도 나오지 않았다. 당연한 말이지만, 대형강입자충돌기에서도 초대칭성(SUSY)이 관찰되지 않을 수 있다. 하지만 그렇더라도 끈이론은 참일 수 있다. 왜냐하면 초대칭성이 대형강입자충돌기의 에너지 수준보다 더 높은 에너지에서 나타날 수도 있으니까 말이다. 초대칭성은 대형강입자충돌기보다 훨씬 더 강력한 가속기에서나 관찰될 수도 있고 심지어 실험적으로 도달할 수 있는 수준을 훨씬 넘어선 에너지에서 비로소 성립할 수도 있다.

다른 한편, 끈이론은 1984년의 열광적인 환원주의를 상당히 벗어났다. 머지않아 이론물리학자들은 10차원 시공에서 4차원 시공으로 내려오는 방법이 다양함을 깨달았다(어느 유명한 모형에서는 일부 끈들은 26차원에 거주하고 다른 끈들은 10차원에 거주한다). 그 다음에는 끈의 '모드'가 '브레인'이라는 또 다른 대상을 포함한다는 것이 밝혀졌다. 브레인은 끈에 못지않게 근본적인 대상으로 간주될 수 있다(브레인은 1차원 대상이 아니라 다차원 대상이다. 예컨대 평범한 공간을 3차원 브레인으로 생각할 수 있다). 이로써 끈이론은 더욱 풍부해졌고, 이론물리학의 전망은 더 넓어졌다.

1996년에 프린스턴 대학의 후안 말다세나는 5차원에서 4차원으로 이행하는 컴팩트화의 특정 단계를 연구하다가 충격적인 통찰에 도달했다. 그가 연구한 5차원 세계는 이른바 '안티 드 시터 공간Anti de Sitter space(약자로 AdS)'이다. 이것은 아주 복잡하게 휘어진 시공이다. 그가 연구한 4차원 세계는 이 5차원 AdS를 '브레인'이라는 4차원 곡면으로 베어낸 단면이다. 말다세나는 4차원 브레인에서의 비(非)끈 양자물리학과 5차원 AdS에서의 끈 물리학을 어떻게 연결할 수 있을지 연구했다. 그는 그 브레인에서의 특정 이론(이른바 'N=4 슈퍼-양-밀스' 양자장이론)이 5차원 AdS에서의 끈이론과 동일하게 행동한다는 것을 발견했다. 바꿔 말해서, 그 5차원 세계에 사는 관찰자는 얽히고설켜서 진동하고 상호작용하는 끈들을 보는 반면, 그 브레인에 거주하는 관찰자는 수많은 입자들로 이루어진 세계를 볼 것이고, 이 두 세계의 물리학은 동일할 것이다.

이 유명한 결론은 '말다세나 추측'이라고 불리며, 더 높은 차원에 관한 이론이 한 차원 낮은 경계에 관한 이론에 의해 기술되는 것을 의미하는 홀로그래피의 이론적인 예이다. 여러분도 기억하겠지만, 홀로그래피는 우리가 앞장에서 디랙 바다의 진공에너지 문제와 관련해서 언급했던 개념이다. 거기에서 우리는 우주에 관한 물리학 전체를 차원이 더 낮은 경계에서의 활동들로 표현할 수 있다고 이야기했다. 이 사실은 우리의 진공에너지 계산법에 무언가 결함이 있음을, 또는 반대로 시공에 대한 우리의 기술에 무언가 없어도 되는 것이 있음을 강하게 시사한다.

홀로그래피 이론은 아직 미완성이지만 미래의 연구를 위한 통찰들을 제공할 것으로 기대되며 궁극적으로는 양자물리학이 자연의 무엇을 기술하는

가에 대한 우리의 생각을 바꿀지도 모른다.

끈이론 혁명과 20세기 초에 일어난 양자물리학의 출현 사이에 아주 뚜렷하게 존재하는 차이는, 끈이론 혁명은 실험적인 증거의 뒷받침을 사실상 전혀 받지 못했다는 점이다. 이것은 끈이론이나 끈이론가들의 잘못이 아니라 어쩔 수 없는 운명이다. 끈과 끈의 내부 구조는 입자가속기로 접근할 수 있는 크기 규모를 훨씬 벗어날 만큼 작다. 끈이론의 입증과 관련해서 우리가 원리적으로 바랄 수 있는 최선은 우리의 입자가속기에서 초대칭성이 발견되는 것이다. 그러나 이 발견은 아직 이루어지지 않았다. 이와 관련해서 다음과 같은 질문을 던져 보자. 하이젠베르크, 보어, 플랑크, 슈뢰딩거, 아인슈타인, 디랙, 파울리 등은 그들로 하여금 양자이론을 개발하도록 강제하고 그들의 생각을 이끈 실험 결과들이 없었어도 양자이론을 개발할 수 있었을까? 20세기 초의 이 거장들은 자신들의 연구와 관련된 새로운 실험이 무수히 이루어지던 시기에 살았다. 그들의 발자취를 되짚어 본 우리 저자들이 보기에, 누군가가 순수한 사유에 의지하여 세계에 관한 지식을 완전하게 정리한다는 것은 믿기 어려운 일인 것 같다. 그런 성취에 가장 근접한 인물은 아인슈타인일 것이다. 그러나 위대한 아인슈타인도 끝내 양자이론을 거부하는 실수를 저질렀다.

전자가 스핀 1/2 입자이고 벡터의 제곱근인 스피너에 의해 기술된다는 것, 양자이론은 확률의 제곱근이라는 것을 과연 누가 짐작할 수 있었겠는가? 확실히 20세기 초의 개척자들에게는 실험에서 나온 원자량, 흑체복사 문제, 광전효과가 그들의 생각을 이끄는 것이 필요했다. 원소주기율표를 쉽고 명확하게 이해하게 해 준 파울리의 배타원리가 실험에서 성공적으로 입증되지 않았다면, 과연 디랙은 디랙 방정식과 '디랙 바다'를 제시하고 결국 반물질을 예측했을까?

그렇지만 지금 우리는 자연에 관한 지식을 완성하는 데 필요한 요소의 대부분을 손에 넣었다고 주장할 수도 있을 것이다(실제로 그렇게 주장하는 사람들이 있다). 현재의 물리학계는 20세기 초와 사뭇 다르다. 양자 혁명의 시대에 물리학자들은 대부분의 것들을 이해하지 못했지만, 이론은 실험과 짝을 이뤄 새로운 확실성을 제공했다. 오늘날 우리가 아는 한에서 입자물리학의 '표준모형'에 부합하지 않는 실험 결과는 없다. 그러나 우리는 표준모형이 불완전하다는 것도 안다. 어떤 이들은 수학이 우리를 어디로 데려가든지 수학을 따라가기만 하면 된다고 주장한다. 그러나 궁극적으로 중요한 것은 이론가들이 수학을 옳게 했느냐 여부가 아니다. 인간의 유한한 상상력 때문에 정말로 중요한 무언가가 배제되었을 수도 있다.

풍경

우리는 모든 이론의 종착점까지는 아니더라도 끈이론의 종착점일 만한 것을 언급하면서 이 장을 마무리하려 한다. 그것은 주로 스탠퍼드 대학의 레너드 서스킨드가 제시하고 발전시킨 생각이다.[10] 그것은 아마도 우리가 자연과 관련해서 내놓을 수 있는 가장 의미심장하면서 또한 냉정한 생각 중 하나일 것이다.

우리가 끈이론에 입각해서 물리학 법칙들을 저에너지 실험(LHC와 같은 최고성능의 가속기를 이용한 실험도 포함하여)에서 관찰된 것처럼 정확하게 예측하려 한다고 해 보자. 그런 예측이 가능할까? 관건은 끈이론에서의 진공상태를 결정하는 것이다. 어떤 양자이론에서든 가장 먼저 해야 할 일은 '바닥상태가 무엇인가?' 바꿔 말해서 '진공이 무엇인가?'라는 질문에 답하는 것이다. 진공은 원소주기율표의 수소 원자와 같다. 수소 원자에 대한 지식은 다른 모든 원자를 이해하기 위한 첫걸음이다.

끈의 다양한 진동 모드, 즉 이른바 '모듈러스 장들'은 응축하여 말하자면 진공 속의 양자 수프가 된다. 특정 공간 구역에서의 '물리학 법칙들' 즉 전자 질량이나 뉴턴 중력상수 등의 값은 모듈러스 장들의 값에 의해 결정된다. 그런데 우리가 아주 먼 거리를 이동하면, 모듈러스 장들은 천천히 바뀔 수 있다. 따라서 어떤 곳에서 모듈러스 장들의 값이 여기에서와 다르다면, 그곳에서 물리학 법칙들은 실제로 여기에서와 다를 수 있다.

러트거스 대학의 마이클 더글러스를 비롯한 이론물리학자들은 끈이론에서 모듈러스 장들의 값이 곳에 따라 다르기 때문에 발생할 수 있는 진공상태의 개수를 추정했다. 그 결과는 약 10^{450}개이다. 가능한 진공상태는 어마어마하게 많다! 자연은 이를테면 동전을 던져서 그 무수한 진공상태들 중 하나를 우리가 사는 이곳의 진공상태로 선택했다고 할 수 있을 것이다.

이제 우리가 존재하기 위해서 일어나야 하는 우연들을 생각해 보자. 우선 우리는 아주 작은 우주상수(진공에너지밀도)를 지닌 아주 큰 우주에 산다. 이것은 행운이다. 왜냐하면 작은 우주는 밀도가 너무 높고 (온도가 너무 높고) 진화가 일어날 만큼 오래 존속하지 못할 것이고, 너무 큰 우주에서는 (온도가 너무 낮고) 물질이 응집하여 태양계를 형성할 확률이 희박할 것이기 때문이다. 우주의 팽창을 가속시키는 우주상수는 정말 작은 값으로 측정되었다. 그 값이 이토록 작은 것은 완전한 우연인 듯하다. 왜냐하면 우주상수의 값에 관한 그럴 듯한 이론이 전혀 없기 때문이다. 다시 말해 우주상수를 계산하는 방법을 조금이라도 아는 사람이 아무도 없기 때문이다. 다른 우연들은 자연에 존재하는 힘들의 세기와 관련이 있다. 그 힘들은 세기가 아주 적당해서 생명에 필수적인 탄소가 별의 내부에서 합성되는 것을 허용한다. 우리는 이런 우연들 덕분에 건강하게 해수욕과 새우 요리를 즐긴다. 이런 우연들이 정밀하게 갖춰진 우주가 이곳 하나뿐일 이유가 있을까?

서스킨드 등은 우리가 관찰하는 우주가 엄청나게 거대한 초우주의 미세하고 보잘것없는 한 부분이라는 흥미로운 생각을 제기했다. 초우주에서는 모든 진공상태 각각이 저 멀리 어딘가에서 실현된다. 우리는 다른 진공상태가 실현된 곳들, 즉 다른 우주들을 관찰하지 못한다. 왜냐하면 그 우주들은 우리 우주의 지평 너머에 있기 때문이다. 우리가 볼 수 있는 최대 거리, 즉 우리의 지평은 거대한 초우주가 빅뱅으로 기원한 이래 빛이 이동한 최대 거리와 같다. 즉, 겨우 130억 광년에 불과하다. 비유를 들자면, 우리가 보는 우주는 캔자스 주 어느 시골의 동전만 한 땅이고, 초우주는 산과 바다와 빙하와 밀림이 수두룩한 지구 표면 전체라고 할 수 있다(우리 우주와 초우주 사이의 실제 크기 차이는 이 비유에서보다 크기의 등급으로 몇 백 등급이나 더 크다)(크기의 등급으로 한 등급 차이는 10배 차이에 해당함 - 옮긴이).

이 어마어마한 초우주 혹은 메가우주mega-verse를 일컬어 '풍경'이라고 한다. 우리는 존재한다. 따라서 우리는 풍경 가운데 거주 가능한 구역에 있는 것이 분명하다. 요컨대 이곳에서 우리의 존재를 허용한 기적적인 우연들은 무작위로 발생한 것이다. 다른 곳에서는 그 우연들이 발생하지 않았을 수도 있다. 하지만 문제될 것은 없다. 그런 곳은 우리나 다른 무언가가 사는 곳이 아니니까 말이다. 풍경 속의 외딴 '산봉우리'나 '대양'의 가장 깊은 곳에는 생명이 존재하지 않을 것이다. 풍경은 '인간원리'에 논리적 근거를 제공한다. 인간원리란 우리가 존재하므로 우리가 보는 우주는 우리의 존재에 우호적일 수밖에 없다는 사실상의 동어반복명제로, 어떤 면에서 지나친 낙관론이라고 할 수 있다. 사실, 풍경에 대해서 생각하기는 어렵고 글을 쓰기는 더욱 더 어렵다. 우리는 여러분에게 레너드 서스킨드의 책『우주의 풍경』을 읽어 보라고 권한다.[11]

우리가 '풍경'을 받아들이든 말든, 이 개념에 들어 있는 실질적이고 냉정한 교훈 하나를 지적할 수 있다. 관찰 가능한 우주의 크기는 유한하다. 우주의 나이와 빛의 속도를 고려하면, 우리는 관찰 가능한 우주의 지평 너머를 영원히 보지 못한다는 결론이 나온다. 그 지평은 어느 방향으로든 약 130억 광년 떨어진 곳에 있다. 이 규모보다 더 큰 규모의 자연을 다루는 물리학을 우리가 보는 작은 우주에 국한된 관찰을 통해서 통계적으로 유의미한 수준으로 검증하는 것은 불가능하다. 우주에서 우리의 위치를 감안할 때, 우리가 보는 우주를 토대로 삼아 우주 전체를 이해하는 것은 영원히 불가능할지도 모른다.

모래 알갱이 하나에서 세계를,

들꽃 하나에서 천국을 보라

그대 손 안에 무한을,

한 시간 안에 영원을 담아라.

윌리엄 블레이크, 「순결의 조짐」의 일부

10장 세 번째 밀레니엄의 양자물리학

　이 책 전체에서 보았듯이, 양자 과학은 상식에 어긋남에도 불구하고 실제로 유효하다. 심지어 기적을 일으킨다. 양자 과학의 성취는 눈부시고 근본적이고 영향력이 크다. 양자 과학은 우리가 분자, 원자, 원자핵, 아원자핵 입자가 관여하는 과정을 이해하고 통제할 수 있게 해 주었고, 미시 세계를 지배하는 힘과 법칙에 대한 이해와 통제도 가능하게 해 주었다. 양자 과학의 창시자들이 20세기 초에 벌인 심오한 지성적 토론은 강력한 도구에게 자리를 내주었고, 오늘날 우리는 그 도구로 놀라운 장치들을 제작하여 우리의 삶을 바꿔 나가고 있다.

　양자 마법에서 과거엔 꿈도 꾸지 못한 기술 장치들(레이저부터 훑기꿰뚫기현미경까지)이 나왔다. 그러나 양자 과학을 창조하고 교과서를 쓰고 기적적인 발명을 해낸 소수의 지적 거장들은 여전히 밤잠을 못 이루며 고민한다. 아인슈타인이 여러 논문에서 지적한대로, 온갖 화려한 성취에도 불구하고 양자 과학은 불완전할지도 모른다는 의심이 그들을 괴롭히기 때문이다. 어떻게 확률이 자연의 근본 원리 중 하나일 수 있을까? 무언가가 배제되었거나 빠졌을지도 모른다. 실제로 중력은 오랫동안 양자 과학에서 배제된 것의 실례였다. 아인슈타인의 일반상대성이론과 양자역학을 통합하는 일관된 이론을 향한 꿈은 일부 과감한 이론가들을 근본적인 수준의 연구로 이끌었고, 그들은 오로지 추상적인 수학에만 의지하여 끈이론을 만들어냈다. 하지만 무언가 더 깊은 것이 있지 않을까? 혹시 양자이론의 논리 구조에 모자란 부분이 있는 것이 아닐까? 마치 그림 맞추기 퍼즐을 완성하려다가 실패를 되풀이한 아이처럼 우리는 묻는다. 혹시 핵심적인 조각 하나가 퍼즐 상자 밖으로 달아난 것이 아닐까?

누구나 가장 앞세우는 희망은 머지않아 양자이론을 포용하는 더욱 강력한 초이론이 발견되어, 마치 상대성이론이 뉴턴의 고전역학을 삼킴에 따라 고전역학의 타당성이 느리게 움직이는 사물들에 국한된 것과 마찬가지로, 양자이론의 타당성이 특정 한계 내로 제한되는 것이다. 이 희망은 현재의 양자이론이 끝이 아니라는 믿음, 훨씬 더 먼 곳에 우주를 더 포괄적이고 나은 방식으로 기술하는 최종 이론이 존재한다는 믿음을 함축한다. 그 궁극 이론은 고에너지 물리학, 분자생물학, 복잡성 이론의 첨단을 다룰 뿐 아니라 우리를 이제껏 보지 못한 전혀 새로운 현상들로 이끌 수도 있을 것이다. 우리 인간은 호기심이 많은 종이다. 양자 세계는 먼 별 근처에서 새로 발견된 행성처럼 놀랍고 흥분을 자아내는데, 어떻게 우리가 그런 양자 세계를 탐사하고 싶은 마음을 억누를 수 있겠는가? 게다가 양자 과학은 주요 산업이다. 미국 GDP의 60퍼센트가 양자 과학에 의존한다. 이 모든 이유 때문에, 자연을 이해하는 데 필요한 기초 구조를 계속해서 탐구하는 것이 중요하다.

E. J. 스콰이어스는 『양자 세계의 수수께끼The Mystery of the Quantum World』의 서문에서 "양자현상은 실재에 대한 우리의 원초적인 이해를 뒤흔든다. 우리에게 존재 개념의 의미에 대한 재검토를 강제한다."라면서 이렇게 덧붙인다. "이것은 중요하다. 왜냐하면 '존재'에 관한 우리의 믿음은 존재 안에서 우리의 위치에 대한 우리 자신의 생각과 우리는 무엇인가에 대한 우리 자신의 믿음에 영향을 미칠 수밖에 없기 때문이다. 더 나아가 우리는 무엇인가에 대한 우리 자신의 대답은 궁극적으로 우리가 실제로 무엇인지와 우리가 어떻게 행동하는지에 영향을 미친다."[1] 작고한 이론물리학자이며 『우주의 암호: 양자물리학의 자연관』의 저자인 하인즈 페이겔스는 이 상황이, 다양한 형태의 '실재'를 파는 온갖 상점들이 모여 있는 대형 쇼핑몰과 비슷하다고 묘사한다.[2]

앞선 장들에서 벨의 정리와 그것의 실험적 귀결들을 만났을 때, 우리의 실재 개념은 도전에 직면했다. 기억하겠지만, 우리는 비국소 효과의 가능성을, 서로 멀리 떨어진(얼마든지 멀리 떨어져도 무방하다) 두 탐지기가 순간적으로 영향을 주고받을 가능성을 고려할 수밖에 없었다. 우리는 한 탐지기가 멀리 떨어진 다른 탐지기에서의 측정에 영향을 미친다는 고전적인 인상을 받았다. 원천에서 서로 '얽힌' 상태로 생성되어 각각 탐지기 1과 탐지기 2에 도달한 입자(광자, 전자, 중성자 등) 한 쌍은 말하자면 두 탐지기를 연결하는 유일한 끈이다. 만일 탐지기 1에서 입자가 속성 A를 지녔다는 측정 결과가 나오면, 탐지기 2에서는 입자가 속성 B를 지녔다는 측정 결과가 나와야 하고, 그 역도 마찬가지이다. 양자 파동함수의 관점에서 보면, 탐지기 2에서의 측정 행위는 양자상태를 공간 전체에서 순간적으로 '붕괴'시킨다. 아인슈타인은 이것이 못마땅했다. 그는 국소성에 대한 믿음과 어떤 신호도 광속보다 더 빨리 전달될 수 없다는 사실에 대한 믿음을 고수했다. 얽힘의 존재를 검증하는 실험에서는 탐지기 1과 탐지기 2에서의 측정 행위를 제외한 나머지 모든 영향 관계가 제거된다. 바꿔 말해서 우리는 탐지기들이 어떤 식으로든 정보를 주고받을 가능성을 배제할 수 있다. 그러나 얽힘의 존재는 사실이며 실험에서 입증되었다. 역시나 양자이론은 근본적으로 옳다는 것이 밝혀졌다. 문제는 이처럼 새롭고 외견상 역설적인 실재와 마주친 우리 자신의 반응에서 비롯된다. 어느 이론가의 표현을 빌리면, 우리는 양자역학과 상대성이론의 '평화로운 공존'을 느끼기를 진정으로 원한다(우주적인 한계속도를 깨는 것은 겁 없는 악당에게나 어울린다).

핵심 질문은 이것이다. 아인슈타인-포돌스키-로젠 역설은 한낱 착각을 반직관적인 역설처럼 보이도록 표현한 것에 불과할까? 파인만도 벨의 정리에 몰두했고, 양자이론을 더 나은 방식으로 기술하여 그 이론이 다루는 실재를 더 수긍할 만하게 만들려고 애썼다. 비록 그 자신의 경로 합 접근법은 그 목표를 이룰 뻔하는 데 그쳤지만 말이다. 이미 보았듯이, 파인만은 디랙의 아이디어를 확장하여 양자물리학을 생각하는 또 다른 방식을 발명했다. 그 방식을 일컬어 '경로 적분' 혹은 '역사 합'이라고 한다. 이 접근법을 채택하면, 방사성 입자 하나가 위-스핀 입자 하나와 아래-스핀 입자 하나로 붕괴할 때, 고려해야 할 시공상의 '경로'는 두 개이다. 한 경로('A'라고 하자)는 위-스핀 입자를 탐지기 1로, 아래-스핀 입자를 탐지기 2로 데려간다. 다른 경로('B'라고 하자)는 아래-스핀 입자를 탐지기 1로, 위-스핀 입자를 탐지기 2로 데려간다. 경로 각각은 특정한 '양자 진폭'을 지녔고, 우리는 그 진폭들을 합한다. 우리가 탐지기 1에서 측정을 한다면, 그것은 시스템이 두 경로 중에서 어느 것을 선택했는지 알아내는 것과 같다. 만일 우리가 탐지기 1에서 위-스핀을 측정한다면, 우주는 경로 'A'를 선택한 것이다. 우리가 계산으로 알아낼 수 있는 것은 특정 경로가 선택될 확률(진폭의 제곱)뿐이다.

이 같은 '시공' 관점을 채택하면, 정보가 몇 광년이나 되는 거리를 순간적으로 이동한다는 생각은 사라지고, 벨의 정리를 검증하는 실험은, 친구가 빨간 당구공과 파란 당구공 중 하나를 우리에게 보내고 나머지 하나를 리겔에 있는 동료에게 보냈는데 우리가 소포를 열어 보니 그 안에 파란 공이 들어 있는 그런 고전적인 상황과 유사해진다. 이 상황에서 우리는 동료가 받은 것은 빨간 공임을 즉각 안다. 하지만 온 우주에 걸쳐 일어나는 변화는 없다. 단지 우리가 모든 가능한 선택지 가운데 무엇이 실현되었는지 알게 될 뿐이다. 이런 관점을 채택하면, EPR 역설에 대한 철학적 염려는 아마 줄어들 것이다. 그러나 실재란 다름 아니라 양자적인 경로 합이라는 생각 자체도 우리를 어리둥절하게 만들기는 마찬가지이다. 우리는 경로 적분이 유효한 까닭을 탐구할 수 있다. 실제로 이 접근법은 유효할 뿐만 아니라 신호가 광속보다 더 빨리 전달되는 것을 금지한다. 이 금지는 반물질의 존재와 속성, 그리고 양자장이론과 밀접한 관련이 있다(8장 참조). 여기에서 우리는 가능한 경로들의 무한집합이 온 우주를, 우주의 시간적 진화를 지배한다는 것을 알게 된다. 우주 전체는 가능성들로 이루어진 거대한 파면처럼 시간 속에서 전진한다. 우리는 가끔씩만 시공상의 특정한 점에서 실험을 함으로써 어느 경로가 실현되었는지 측정한다. 그러면 파동은 재편성되어 계속해서 미래로 전진한다.

　이런 논제들은 양자물리학의 정체를 알고자 애쓰는 한 세대의 물리학자들로 하여금 절망의 한숨을 내쉬게 했다. 직관 및 경험과 양자역학이 기술하는 실재 사이의 충돌은 지금도 당혹감을 불러일으킨다.

> 벨의 정리를 접하고도 당혹스럽지 않은 사람이 있다면, 그 사람의 머리 속에는 틀림없이 돌만 들어 있을 것이다.
>
> 데이비드 머민[3]

그러나 결국 우리는 그 기이한 실재를 받아들일 필요가 있다.

> 양자역학의 철학은 양자역학의 효용과 너무나 동떨어져 있어서, 온갖 심오한 질문들이 실은 공허한 것이 아닐까 하는 의심이 들 정도이다.
>
> 스티븐 와인버그[4]

　와인버그의 논평은 조롱이 아니라 깊은 통찰의 표현이다. 양자이론의 심오한 철학적 의미와 해석에 대해서 우리가 하는 말이 우리의 지식에 도움이 될지 여부는 불분명하다. 우리가 양자이론을 철학적으로 이해하든 못하든 상관없이, 양자이론은 과학적으로 유효하다. 벨의 정리는 양자이론의 근본적인 요소인 혼합 상태 그리고/또는 얽힌 상태를 가지고 우리의 애를 태운다. 그러나 벤젠 분자의 구조, 케이 중간자, 우주의 진공상태 등 물리적 세계의 온갖 현상에서 발생한다. 양자 얽힘은 더 큰 전체의 한 부분이다.

　그럼에도 일부 물리학자들은 적극적으로 나서서 양자 과학의 토대를 탐구했다. 20세기말까지 그들은 양자 과학의 토대에 관한 정교한 실험들을 다양하게 수행했다. 그 실험들에서 완전한 대답이 나왔을까? 전혀 그렇지 않다. 그러나 그 실험들 덕분에 우리는 대체로 반직관적인 영역에서 예리한 직관력을 발휘할 수 있게 되었다. 게다가 멀찌감치 떨어져 멍하니 구경만 하던 물리학자들에게는 매우 놀랍게도, 양자이론의 기괴한 개념들은 (이럴 수가!) 실용적인 가치도 지닌 듯하다. 양자 불확실성과 얽힘은 양자 암호의 어머니이다! 또한 언젠가 우리는 도깨비 같은 원격작용, 즉 비국소성에 기초하여 엄청나게 빠른 양자 컴퓨터를 제작하게 될지도 모른다. 외견상의 비국소 효과들에 대한 염려는 일부 이론물리학자들이 양자역학을 이해하는 대안적인 방법을 애써 (때로는 필사적으로) 개발한 이유이기도 하다.

세계는 너무나 많은데, 시간이 너무 부족해

'양자역학에 대한 코펜하겐 해석'에서 입자는 관찰되기 전까지는 존재하지 않는 것이나 마찬가지라는 점을 상기하라. 측정 행위는 입자가 확정된 속성들과 연계된 확정된 양자상태로 존재하도록 강제한다. 측정 행위는 파동함수를 붕괴시킨다. 즉, 입자의 상태가 각각 확률이 부여된 여러 가능성들을 어정쩡하게 포괄한 상태에서 단일하고 명확한 상태로 바뀌게 만든다. 이 단일하고 명확한 상태가 바로 측정 결과이다. 이와 관련된 개념적 난점은 관찰자의 중요성, 주관성의 관여이다. 이 문제는 과학자들을 몹시 난처하게 만든다. 곰곰이 생각해 보면, 우리가 아는 한에서 우주의 운행은 100억 년 가량 관찰자 없이 순조롭게 이어졌다. 왜 난데없이 관찰자가 필요하다는 것인가? 또, 어떻게 관찰 행위가 파동함수를 붕괴시킨다는 것인가?

1957년에 프린스턴 대학의 대학원생 휴 에버렛은 대안적인 해석을 내놓았다. 그의 과감한 제안은 (몇 년 뒤에 텍사스 대학의 브라이스 드 위트에 의해 개량되었다) 입자가 존재한다는 것, 그것도 파동함수에 함축된 모든 가능 상태들로 존재한다는 것이었다. 다만, 그 가능 상태 각각이 저마다 다른 우주에 존재한다고 에버렛은 주장했다. 예를 들어 만일 광자 하나가 속옷 가게 쇼윈도의 유리를 향해 날아가 거기에 도달하면, 온 우주는 두 개의 우주로 갈라진다. 한 우주에서는 광자가 유리를 통과하고, 다른 우주에서는 반사한다. 관찰자도(또한 모든 사람과 모든 사물도) 둘로 갈라져서 각자 유리를 통과하는 광자와 반사하는 광자를 관찰한다. 요컨대 이 하나의 사건으로 인해 두 개의 우주가 생겨난다(대조적으로, 파인만의 경로 적분 해석에서 관찰 행위는 두 가지 가능성을 보유한 우주가 선택한 하나의 경로를 뽑아낼 뿐이다).[5]

당연한 말이지만, 이 해석에 따르면 우리는 임의의 순간에 무한히 많은 우주에 존재하지만 이를 의식하지 못한다. 이는 무한히 많은 관찰자들이 서로를 모르는 채로 존재하는 상황과 유사하다. 한 평행우주에 있는 관찰자가 다른 평행우주에 있는 누군가와 연애할 수 있을까? 그러려면 유력한 관찰자들이 어색함을 느끼지 않게 파동함수들을 붕괴시키기 위해 큰 대가를 치러야 할 것이다. '많은 세계들'은 많은 경로들의 실현인 셈이다. 아마 보어는 이 같은 다수 세계 해석을 좋아하지 않을 것이다. 이 해석은 우리가 측정하지 않은 것에 실재성을 부여하니까 말이다.

어떤 양자 시스템 ― 예컨대 자기장 안의 입자, 구체적으로 자기장 안으로 진입하는 전자 ― 이 있으면, 우리는 그 시스템을 슈뢰딩거 방정식으로 기술하고 미래의 측정에서 나올 결과의 가능성들을 알아낸다. 예를 들어 원자의 에너지 준위는 다섯 개나 일곱 개의 가능성을 가질 수 있고, 전자의 스핀은 '위'이거나 '아래'일 수 있다. 가능성 각각에 확률이 딸려 있다. 우리가 실제로 측정을 한다고 해 보자. 그러면 통상적인 양자 과학의 설명에 따르면, (확률과 관련이 있는) 파동함수가 '붕괴하고' 따라서 에너지 준위가 갑자기 예컨대 6.324eV로 확정되거나 스핀이 '위'로 확정된다. 이 설명을 채택하면 우리는 두 가지 부담을 떠안게 된다. 왜냐하면 이 설명은 첫째, 관찰자의 행위를 요구하고 둘째, 파동함수의 붕괴라는 개념을 요구하기 때문이다. 반면에 에버렛의 해석에 따르면, 파동함수의 붕괴 따위는 일어나지 않으며, 모든 가능성 각각이 별개의 관찰자가 있는 별개의 '우주'에서 실현된다. 다른 한편 파인만의 경로 적분 해석에 따르면, 우주가 선택할 수 있었던 경로들이 많이 있고, 측정은 어느 경로가 선택되었는지 판정한다.

붕괴도 없고 주관성도 없다. 다수 세계 해석, 혹은 다수 평행우주 해석에 따르면, 모든 양자과정 각각 — 광자가 유리에 반사되거나 유리를 통과하는 것, 방사성 원자가 지금 붕괴하거나 나중에 붕괴하는 것 — 이 일어날 때 말하자면 실재가 분열한다. 모든 가능성 각각이 다른 '우주'에서 실현되고, 실현된 가능성은 마치 자신이 측정 결과인 것처럼 행동한다. 이런 분열은 시간이 시작된 이래로 줄곧 일어났을 터이므로, 우주의 개수는 어마어마하게 많다. 우주를 관찰하는 과학자 역시 분열해야 한다. 왜냐하면 양자 가능성 각각에 관찰자 하나가 배정되어야 하니까 말이다. 평행우주들 각각과 거기에 배정된 관찰자는 분열을 의식하지 못한다. 미래의 개수는 무한히 많다. 많은 미래들은 서로 매우 유사하지만, 몇몇 미래는 나머지 미래들과 전혀 다르다.

이런 해석을 받아들일 수 없다고 느끼는 독자도 있을 것이다. 아무튼 이 해석은 기괴한 양자 세계 앞에서 일부 물리학자들이 느끼는 절박함이 어느 정도인지 알려 준다. 물론 다수 세계 해석이 경로 적분 해석의 한 부분에 지나지 않는다고 간단하게 말하는 물리학자들도 있다. 그들은 계속 계산하고 전진하라고 말한다.

다수 세계 해석과 슈뢰딩거의 고양이

다수 세계 가설은 유명한 슈뢰딩거의 고양이 역설을 이렇게 설명한다. 우주는 두 개의 우주로 갈라지고, 한 우주에는 살아 있는 고양이, 다른 우주에는 죽은 고양이가 있다. 죽은 고양이는 코펜하겐 해석대로 누군가가 상자를 열어 파동함수를 붕괴시킬 때 죽는 것이 아니다. 그 고양이는 독약이 든 병이 깨질 때 논리적으로 죽는다. 마찬가지로 도깨비 같은 원격작용(비국소성)도 모두 사라진다. 왜냐하면 파동함수의 붕괴가 존재하지 않기 때문이다. 이 기발한 생각은 나름의 장점을 지녔다. 어느 지혜로운 물리학자의 말을 인용하면, "다수 세계 해석은 전제의 측면에서는 저렴하지만 우주의 측면에서는 비용이 많이 든다."[6] 1997년에 열린 어느 양자 과학 학회에서 투표가 실시되었다. 난감한 표정이 역력한 전문가 48명 가운데 8명은 다수 세계 해석을, 13명은 코펜하겐 해석을 지지했으며, 18명은 결정을 내리지 못했다.

우리는 양자물리학이라는 동일한 대상을 다양한 관점에서 바라보고 있다. 우리는 '최선의' 기술(記述)을 찾으려 애쓰지만, 어쩌면 그런 기술은 존재하지 않을지도 모른다. 최선의 기술이 반드시 존재해야 하는 것은 아니다.

그것은 인간적인 관습의 산물이다. '최선의 시'는 존재하지 않고, 위대한 시에 대한 최선의 해석은 더더욱 존재하지 않는다. 우리는 코끼리를 더듬는 장님 세 명과 같다. 양자적인 실재를 숙고하는 것은 개가 제 꼬리를 물려고 맴을 도는 것과 비슷하다. 숙고하더라도, 우리가 이미 응용하고 있는 원리들과 세계의 실제 작동 방식에 대한 이해는 조금도 깊어지지 않는다. 아인슈타인처럼 자연스러움에 관한 심오하고 불변적인 철학을 품고 물리학에 접근한 사람에게 양자적인 실재는 지적인 파국과 다를 바 없다. 물리학자들은 양자이론이 어떤 식으로 유효한지를 훌륭하게 밝혀내 왔다. 그러나 양자이론이 왜 그런 식으로 유효한가라는 질문 앞에서 물리학자들은 불러 주는 대로 받아 적는 서기나 조립 라인의 노동자에 불과하다.

양자 부(富)

아인슈타인-포돌스키-로젠 역설과 벨의 정리에서 대단한 응용 성과가 나올 가능성이 '정보이론' 분야에서 제기되었다. 이 분야는 컴퓨터 과학과 깊은 관련이 있는 과학자들을 끌어모았다. 정보이론의 응용 성과들은 이미 인정을 받았고 몇십 년 안에 더 큰 혁신으로 이어질 가망이 있다. 적어도 정보이론 지지자들은 그렇게 믿는다.

「양자 컴퓨팅」이라는 글을 쓴 앤드류 스틴은 서두에서 이렇게 밝힌다.

> 양자 컴퓨팅 분야는 고전적인 정보이론, 컴퓨터 과학, 양자역학을 아우른다. 정보란 원인으로부터 결과로 전달되어야 하는 무언가라고 가장 일반적으로 정의할 수 있다. 따라서 정보는 물리과학에서 근본적으로 중요한 역할을 한다. 그러나 수학적인 정보 취급, 특히 정보 처리는 비교적 최근인 20세기 중반부터 시작되었다. 이는

물리학의 기본 개념으로서 정보의 중요성이 이제야 제대로 발견되는 중임을 의미한다. 특히 양자역학에서 그러하다. 양자 정보 및 컴퓨팅 이론은 그 중요성을 더 공고히 했으며 자연 세계에 관한 심오하고 흥미로운 몇 가지 통찰을 낳았다. 이를테면 양자상태를 이용하여 고전적 정보를 안전하게 전송하는 방법(양자 암호기술), 양자 얽힘을 이용하여 양자상태를 확실하게 전송하는 방법(순간이동), 비가역 잡음 과정이 있는 상황에서 양자 결맞음을 보존할 가능성, 통제된 양자 진화를 이용한 효율적 계산(양자 계산) 등이 그 이론의 결실이다. 이 모든 통찰의 공통점은 양자 얽힘을 계산의 자원으로 이용한다는 것이다.[7]

이제부터 이 통찰들 가운데 몇 가지를 자세히 살펴보자. 미리 경고해 두는데, 우리가 방문하려는 세계는 독특하고 복잡하다. 그 세계에서 사람들은 양자의 기괴함을 이용하려고 애쓴다.

양자 암호

통신 보안은 오래된 과제이다. 고대 이래로 군사정보활동은 흔히 암호와 암호해독을 포함했다. 엘리자베스 시대에 스코틀랜드 여왕 메리는 암호해독에서 나온 결정적인 증거 때문에 처형당했다. 제2차 세계 대전의 향배를 결정한 사건은 연합군이 독일의 '뚫을 수 없는' 에니그마 암호를 1942년에 뚫는 데 성공한 것이었다고 많은 이들은 믿는다.[8] 암호 전송자와 탈취자가 벌이는 '게임'의 한 부분은, 암호가 탈취되는지 여부를 알아내고 만일 탈취된다면 그에 대응하여 '역정보'를 보내려고 하는 전송자의 노력이다. 반대로 암호 탈취자는 전송자가 모르게 암호를 탈취하려고 노력한다.

신문을 읽는 사람이라면 누구나 알듯이, 우리 시대에 암호는 군사정보기관만의 관심사가 아니다. 당신이 인터넷 쇼핑몰에 신용카드 번호를 제공할 때, 당신은 그 정보가 유출되지 않으리라고 믿는다. 그러나 정보테러리스트들의 과감한 행동은 업무용 이메일부터 온라인뱅킹까지 다양한 형태로 이루어지는 정보 교환이 그다지 안전하지 않음을 생생하게 일깨워 준다. 미국 정부는 이 문제를 잘 알기에 그 해결을 위해 수십억 달러를 지출한다.

기본적인 해법은 서로 떨어져 있으며 정보를 교환해야 하는 두 지점에 암호 '열쇠'를 제공하여 그 열쇠를 가진 사람만 암호화된 메시지를 전송하고 읽을 수 있게 하는 것이다. 은밀한 메시지를 암호화하는 표준적인 방식은 외견상 무작위한 수열 안에 '메시지를 숨겨 놓는 것'이다. 그러나 컴퓨터를 잘 아는 첩보원이나 해커, 악당은 그 수열을 분석하여 암호를 해독할 수 있고, 그렇게 암호가 뚫려도 그 사실을 아무도 모를 때가 많다.

그러나 양자 과학은 탈취자가 해독할 수 없는 특별한 무작위성을 제공할 수 있다. 더 나아가 누군가 암호를 뚫으려고 하면, 그 사실을 암호 사용자에게 즉시 알려 줄 수 있다. 그러나 암호의 역사는 '뚫을 수 없는' 암호가 더 우월한 기술에 의해 결국 뚫리는 일의 반복이므로, 약간의 회의적인 태도는 양자 암호에 대해서도 필수적이다(뚫을 수 없는 암호가 뚫린 사례로 가장 유명한 것은 제2차 세계 대전 중에 독일의 에니그마 기계가 만들어낸 암호가 연합군의 영웅적인 노력에 의해 뚫린 일이다. 독일군은 그 암호가 뚫린 것을 전혀 몰랐다).[9]

암호기술을 더 자세히 살펴보자. 정보과학 분야에서 가장 기초가 되는 개념은 정보의 최소단위인 '비트'이다. 1비트는 간단히 이진법 숫자 하나, 즉 1이나 0이다. 예컨대 (고전적인) 동전 던지기의 결과를 이진법 숫자, 즉 1이나 0으로 나타낼 수 있다. 예컨대 앞면을 1로, 뒷면을 0으로 나타낼 수 있을 것이다. 그러면 동전 던지기를 여러 번 반복한 결과는 이를테면 아래와 같이 기록될 것이다.

101100010111010010101010111

양자 암호기술에서는 고전적인 '비트' 대신에 이른바 '큐비트qubit'가 기초가 된다('큐비트'는 성경에서 노아가 방주의 길이를 잴 때 쓴 단위 '큐비트'와 발음이 같지만 아무 상관이 없다). 양자 과학에서 전자스핀은 특정 탐지기에서 측정했을 때 '위'이거나 '아래'일 수 있다. 이 '위'와 '아래'가 고전적인 정보과학에서 등장하는 1과 0을 대체한다. 큐비트는 양자 스핀상태를 나타낸다. 위-스핀은 1, 아래-스핀은 0에 대응한다. 여기까지는 고전적인 정보과학에서 더 나아간 것이 없다.

그러나 양자이론에서 큐비트는 순수 상태로 존재할 수도 있고 혼합 상태로 존재할 수도 있다. 순수 상태로 존재할 경우, 측정은 그 상태에 영향을 미치지 않는다. 예컨대 만일 우리가 특정 탐지기를 가지고 'z축'을 기준으로 삼아서 한 전자의 스핀을 측정하면, 그 전자는 z축과 방향이 같거나(위) 아니면 반대인(아래) 스핀을 반드시 갖게 된다. 우리가 전자 하나를 무작위로 선택해서 측정한다면, 두 결과 중 하나가 특정 확률로 나온다. 그러나 만일 전자를 송출하는 장치에서 미리 적당한 조작을 가하여 전자의 스핀상태를 z축을 기준으로 위나 아래인 순수 상태로 맞춰 놓는다면, 우리의 탐지기는 그 상태를 포착할 뿐, 전자의 스핀상태를 변화시키지 않는다.

그러므로 원리적으로 우리는 순수 스핀상태의 전자들, 이를테면 z축을 기준으로 위–스핀 상태이거나 아래–스핀 상태인 전자들(또는 광자들)로 이루어진 이진법 암호에 메시지를 담아서 전송할 수 있다. 암호를 구성하는 전자들은 혼합 상태가 아니라 순수 상태이므로, 누군가가 역시 z축 **방향으로 탐지기를 배치해 놓고** 그것들을 측정한다면, 그 사람은 암호화된 메시지를 탈취하면서 전자의 스핀상태는 변화시키지 않을 수 있을 것이다. 하지만 z축 방향은 구체적으로 어느 방향일까? z축 방향이 어느 방향이냐는 오로지 우리의 (은밀한) 선택에 달려 있다. 우리는 아무 방향이나 z축 방향으로 선택할 수 있다. 이어서 우리는 선택된 x축 방향에 관한 정보 ― '열쇠' ― 를 멀리 떨어진 곳에서 암호문을 받을 동료에게 전송한다. 그런 다음에 암호문을 보낸다.

이때 우리가 보내는 암호문을 누군가가 중간에서 탐지기로 포착하는데 그 탐지기가 정확히 z축 방향으로 놓여 있지 않다면, 그는 뒤죽박죽된 암호들만(그렇게 왜곡된 암호들인 줄도 모르고) 포착할 테고 그러면서 필연적으로 전자들의 스핀상태를 교란할 것이다. 따라서 그는 메시지를 해독할 수 없을 것이고, 우리의 동료는 누군가가 중간에서 암호문에 '손을 댔다'는 것을 알아챌 것이다. 이런 식으로 우리는 누군가의 메시지 탈취 시도를 간파하고 적절하게 대응할 수 있을 것이다. 거꾸로 만일 우리의 암호문이 교란되지 않은 채로 동료에게 도착했다면, 우리는 통신 보안이 완벽하게 이루어졌다고 확신할 수 있다. 핵심은, 누군가가 중간에 불법적으로 끼어들어 측정을 하면 무작위한 변화가 일어나고 그 변화를 메시지 송신자와 수신자가 알아챌 수 있다는 것이다. 만일 그런 무작위한 변화가 포착된다면, 적절한 대응은 간단히 통신을 무효화하는 것이다.

양자상태 전송은 똑같은 이진법 무작위 수열 한 쌍을 만드는 데 쓰일 수 있고, 그런 수열 한 쌍은 안전한 통신을 유지하는 데 필요한 암호 열쇠의 구실을 할 수 있다. 양자 세계의 특성 덕분에 우리는 그 열쇠의 안전성을 확신할 수 있다. 만일 그 열쇠가 유출된다면, 우리는 그 사실을 알게 될 테니까 말이다. 양자 암호기술은 최대 몇 킬로미터 떨어진 두 지점 사이의 통신에서 시험되었다. 그러나 합법적인 수신자들에게 양자 열쇠를 배포하는 기술은 아직 실용화되지 않았다. 왜냐하면 어마어마하게 비싼 최첨단 레이저가 필요하기 때문이다. 그러나 언젠가는 우리의 신용카드 사용 내역에 우리가 가지도 않은 머나먼 나라에서의 구매 행위가 기록되어 있는 황당한 일을 깨끗이 없앨 수 있을지도 모른다.

양자 컴퓨터

양자 암호가 제공하는 궁극의 보안을 위협하는 존재가 있다. 이른바 양자 컴퓨터가 그것이다. 더 나아가 양자 컴퓨터는 21세기 최고의 슈퍼컴퓨터가 될 가망이 높아지고 있다. 고든 무어가 제시한 '무어의 법칙'에 따르면, '칩 하나에 장착된 트랜지스터의 개수는 24개월마다 두 배로 늘어난다.'[10] 자동차 기술이 지난 30년 동안 컴퓨터가 발전한 속도만큼 빠르게 발전했다면, 지금 자동차는 무게가 60그램, 가격이 40달러, 트렁크 공간이 4세제곱킬로미터이고 한 시간에 160만 킬로미터를 휘발유 3.8리터로 달릴 것이라는 농담도 있다.

한 사람의 일생보다 짧은 기간에, 컴퓨터 기술은 톱니바퀴를 사용하는 수준에서 계전기를 사용하는 수준으로, 더 나아가 진공관, 트랜지스터, 집적

회로 등을 사용하는 수준으로 발전했다. 그러나 2000년에 가용한 최고의 컴퓨터에 구현된 컴퓨터 과학은 예외 없이 고전물리학 법칙을 따른다. 양자 컴퓨팅은 우리가 실현할 수 있을지도 모르는 가설적인 컴퓨팅 유형으로, 양자 과학의 법칙들을 기초로 삼는다. 양자 컴퓨터는 (적어도 내가 알기로) 아직은 IBM의 설계도면에 등장하지 않았다. 심지어 실리콘밸리에서 가장 모험적인 신생 기업도 양자 컴퓨터를 설계하지 않는다. 그러나 양자 컴퓨터가 실현된다면, 현재 가장 빠른 컴퓨터는 손 없는 사람이 조작하는 주판처럼 보이게 될 것이다.

양자 컴퓨팅은 앞서 언급한 큐비트를 이용한다. 하지만 양자 컴퓨팅을 제대로 이해하려면 양자 정보이론 전반을 알아야 한다. 핵심 발상은 1980년대 초에 리처드 파인만 등이 내놓았고 1985년에 데이비드 도이치가 발전시켰다. 이들이 제시한 개념들과 뒤이어 갈수록 많아진 양자 컴퓨팅 연구팀들이 이룬 성과에서 양자 '게이트'(열리거나 닫히는 스위치)가 나왔다. 그 연구팀들은 양자 간섭 효과와 EPR-벨 상관관계를 조합하면 몇몇 계산들을 엄청나게 빠르게 수행하는 방법을 개발할 수 있음을 깨달았다.[11]

이중슬릿 실험에서 잘 나타나는 간섭 효과는 양자이론에서 가장 기괴한 현상의 하나이다. 슬릿 두 개가 모두 열려 있으면, 단일한 광자가 도달할 수 있는 영사막 상의 위치가 바뀐다. 우리는 모든 가능한 경로에 대응하는 양자 진폭들이 서로 간섭한다고 해석함으로써 이 현상을 받아들이고 광자가 영사막 상의 특정 위치에 도달할 가능성(확률)을 기술한다. 그러나 만일 차단 벽에 슬릿 두 개가 아니라 천 개가 있다면, 이 경우에도 단일한 광자가 도달할 수 있는 위치와 도달할 수 없는 위치가 있다. 광자가 영사막 상의 특정 위치에 도달할 확률을 얻으려면, 천 개의 슬릿 각각을 통과하는 경로들을 모두 합한 다음에 제곱해야 한다. 광자 하나가 아니라 두 개가 동시에 있으면, 계산은 더욱 복잡해진다. 이 경우에는 광자 하나가 경로 하나를 선택한 상황에서 나머지 광자는 천 개의 경로를 선택할 수 있다. 따라서 가능한 전체 상태는 100만 개에 달한다. 광자가 세 개라면, 가능한 상태는 10억 개가 되고, 광자의 개수가 더 늘어나면, 가능한 상태의 개수는 엄청나게 증가한다. 입력의 개수가 늘어나면, 결과 예측에 필요한 계산은 지수적으로 증가한다.

이런 문제는 답이 아주 간단하고 확실히 예측 가능하면서도 계산의 측면에서 대단히 번거로울 수 있다. 파인만의 아이디어는 이런 문제와 관련해서 **아날로그** 컴퓨터의 성능을 인정하자는 것, 즉 실제 양자역학적 시스템에 실제 광자들을 투입하여 실험을 수행함으로써 자연으로 하여금 이런 거대한 계산을 간단하고 신속하게 해치우게 하자는 것이었다. 최종적인 양자 컴퓨터는 어떤 실제 시스템에서 어떤 측정을 수행하고 그 결과를 계산에 어떻게 반영할지를 스스로 결정하게 될 것이라고 파인만은 예상했다. 이런 컴퓨터를 실현하려면 구식 이중슬릿 실험보다 약간 더 자유분방한 실험이 필요하다.

미래의 경이로운 컴퓨터

양자 계산의 위력을 실감하기 위해 고전적인 계산과 양자 계산을 간단히 비교해 보자. 우리에게 3비트 '레지스터', 즉 열리거나(0) 닫힐(1) 수 있는 스위치 3개로 이루어진 장치가 있다고 해 보자. 그러면 주어진 순간에 우리는 수 8개, 즉 000, 001, 010, 011, 100, 101, 110, 111, 다시 말해 1, 2, 3, 4, 5, 6, 7,

8 중 하나를 보유할 수 있다. 쉽게 알 수 있듯이, (스위치 4개로 이루어진) 4비트 레지스터로는 수 16개를 표현할 수 있다. 하지만 한 번에 수 하나만 표현할 수 있다.

그러나 만일 '레지스터'가 기계적이거나 전자공학적인 스위치가 아니라 원자라면, 그런 원자 레지스터는 이를테면 바닥상태(0)와 들뜬상태(1)의 중첩으로, 바꿔 말해서 큐비트로 존재할 수 있다. 큐비트 하나가 0상태와 1상태의 중첩일 수 있으므로, 3큐비트 레지스터는 가능한 수 8개를 한꺼번에 표현할 수 있다. 4큐비트 레지스터는 수 16개를 한꺼번에 표현할 수 있고, '수학적인 언어'로 말하면, 'N큐비트' 레지스터는 수 2^N개를 한꺼번에 표현할 수 있다.

고전적인 컴퓨터에서 전자공학적 비트는 대개 전하를 띠거나 띠지 않는 미세한 축전기 하나로 구현된다. 전하를 띤 축전기는 1, 띠지 않은 축전기는 0을 나타낸다. 우리는 축전기로 드나드는 전류를 통제함으로써 축전기가 나타내는 수를 조작할 수 있다. 반면에 양자 시스템에서는 빛 펄스로 원자를 들뜨우거나 가라앉힐 수 있다. 표준적인 컴퓨터와 다르게, 양자 컴퓨터는 0과 1이 동시에 동일한 계산 단계에 참여하는 것을 허용한다. 그러면 어떤 가능성들이 열릴지 여러분도 아마 짐작할 수 있을 것이다.

우리에게 10큐비트 레지스터가 있다면, 우리는 1부터 1,024까지의 모든 정수를 동시에 표현할 수 있다. 10큐비트 레지스터가 2개 있다면, 우리는 그것들을 적당히(곱셈 규칙에 맞게) 결합하여 1×1부터 $1,024 \times 1,024$까지 수록된 곱셈표에 있는 모든 수를 얻을 수 있을 것이다. 속도가 빠른 통상적인 컴퓨터는 개별 계산 100만 회를 수행해야만 그 곱셈표를 만들 수 있지만, 양자 컴퓨터는 단 한번의 계산으로 모든 가능성들을 한꺼번에 탐색하여 동일한 곱셈표를 만들어낼 것이다.

이런 이론적 고찰은, 몇몇 유형의 계산에서는 현재 최고 성능의 컴퓨터가 수십억 년 걸려야 푸는 문제를 양자 컴퓨터는 1년이면 풀 수 있다는 믿음으로 우리를 이끈다. 양자 컴퓨터의 위력은 모든 가능 상태를 동시에 조작함으로써 단 하나의 처리단위만 가지고 여러 계산을 병렬로 수행하는 능력에서 나온다. 그러나 (이 대목에서 리하르트 슈트라우스의 「차라투스트라는 이렇게 말했다」를 배경음악으로 깔면 좋을 듯하다) 당신이 평생 모은 돈을 캘리포니아 주 쿠퍼티노의 어느 신생 양자 컴퓨터 회사에 투자하기 전에 반드시 알아야 할 것은 일부 양자 컴퓨팅 전문가들은 (양자이론의 토대를 이해하는 데 도움이 된다는 점에서 양자 컴퓨터에 대한 이론적 논의의 가치를 인정하면서도) 양자 컴퓨터의 궁극적인 효용에 대해서 회의적이라는 사실이다.

설령 양자 컴퓨터의 실현을 가로막는 지난한 문제들이 해결된다 하더라도, 특정 유형의 과제들을 위해 특화된 전혀 다른 컴퓨터인 양자 컴퓨터가 오늘날 통용되는 고전적인 컴퓨터를 대체할 가능성은 낮다고 그 전문가들은 지적한다. 고전적인 세계는 양자 세계와 다르다. 그렇기 때문에 우리는 망가진 쉐보레 자동차를 고치려고 양자역학자를 찾아가지 않는다. 양자 컴퓨터의 실현을 가로막는 장애물 중 하나는 양자 컴퓨팅이 외부 잡음의 방해에 민감하다는 점이다(만일 우주에서 온 우주선(宇宙線)의 영향으로 큐비트 하나의 상태가 바뀌면, 계산 전체가 엉망이 된다). 게다가 양자 컴퓨터는 기본적으로 아날로그 장치이다. 즉, 계산 대상인 특정 과정을 흉내 내도록 설계된 장치이다. 따라서 양자 컴퓨터는 우리가 어떤 계산을 하려고 하든지 거기에 맞춰서 프로그램을 실행하는 범용성이 부족하다. 범용 양자 컴퓨터를 만드는 것은 쉬운 일이 아니다. 양자 컴퓨팅을 실현하려면, 절박한 신뢰성 문제를 해결해야 하고 유용한 양자 컴퓨팅 알고리즘들을 발견해야 할 것이다. 한마디로, 양자 컴퓨터를 쓸모 있는 장치로 만들어야 할 것이다.

유용한 양자 컴퓨팅 알고리즘의 후보로 예컨대 거대한 수를 소인수분해하는(예컨대 21의 소인수 3과 7을 찾아내는) 알고리즘이 있다. 두 수가 셋째 수의 소인수임 — 이를테면 5와 13이 65의 소인수임 — 을 확인하는 것은 (고전적인 관점에서) 쉬운 과제인 반면, 아래의 수처럼 거대한 수의 소인수들을 찾아내는 것은 일반적으로 매우 어려운 과제이다.

$$3,204,637,196,245,567,128,917,346,493,902,297,904,681,379$$

거대한 수의 소인수분해는 이미 암호기술에 응용되고 있을뿐더러 언젠가는 양자 컴퓨터의 위력을 보여 주기 위한 시범 문제가 될 가능성이 있다. 왜냐하면 이 문제는 통상적이고 고전적인 컴퓨터로는 풀 수 없기 때문이다.

말이 난 김에 영국 수학자 겸 이론물리학자 로저 펜로즈가 인간의 의식에 관해서 제시한 기묘한 가설을 언급할까 한다. 인간은 거의 컴퓨터와 맞먹을 정도로 빠르게 계산할 수 있지만 컴퓨터와는 다른 방식으로 계산한다. 심지어 컴퓨터를 상대로 체스를 둘 때에도 인간은 어마어마하게 많은 감각 자료들을 신속하게 평가하고 종합함으로써 계산 속도가 훨씬 빠른 전자공학 컴퓨터에 프로그램된 알고리즘적 접근법을 압도한다. 컴퓨터가 얻는 결과는 엄밀한 반면, 인간이 얻는 결과는 효율적이지만 애매하다. 인간의 결과는 엄밀히 따지면 때때로 틀린다. 인간은 빠른 계산을 위해 정확도와 엄밀성을 적당히 희생하는 것이다.

펜로즈는 의식의 전반적인 지각(知覺)은 어쩌면 여러 가능성들의 일관된 합일 것이라고, 일종의 양자현상일 것이라고 주장한다.[12] 펜로즈가 보기에 이 모든 것은 **우리가** 양자 컴퓨터임을 시사한다. 또한 우리가 계산 결과를 얻기 위해 저장하고 조작하는 파동함수들이 우리의 뇌를 넘어 몸 전체에 분포할 수도 있음을 시사한다. 펜로즈는 자신의 저서『정신의 그림자들Shadows of the Mind』에서 인간 의식의 파동함수들이 신경세포 내부의 신비로운 미세관 시스템에 들어 있다고 주장한다. 물론 흥미로운 주장이기는 한데, 우리에게 필요한 것은 여전히 의식에 관한 이론이다.

아무튼 양자 컴퓨팅은 결국 근본적인 양자물리학에서 정보이론의 역할을 부각함으로써 자신의 가치를 증명하게 될지도 모른다. 어쩌면 우리는 새로운 유형의 고성능 컴퓨터와 양자 세계에 대한 새로운 관점을 얻게 될 것이다. 덜 기괴하고 덜 난해해서 우리의 직관과 더 잘 어울리는 그런 관점을 말이다. 만일 그렇게 된다면, 그것은 독립적인 분야(정보과학이나 의식에 관한 이론)가 물리학과 융합하여 물리학의 근본 구조에 ― 어쩌면 심층적으로 ―기여하는, 과학사를 통틀어 매우 드문 사례일 것이다.

마무리

이로써 우리의 이야기는 끝에 이르렀다. 여전히 수많은 철학적 질문이 남아 있다. 어떻게 빛은 파동이면서 또한 입자일 수 있을까? 세계는 하나뿐일까 아니면 여럿일까? 뚫을 수 없는 암호가 존재할까? 궁극적 실재란 무엇일까? 물리학 법칙 자체가 주사위 던지기에 의해 결정될까? 혹시 이런 질문들은 공허할까? '다만 양자물리학에 익숙해질 필요가 있다.'가 정답일까? 또 이렇게 묻고 싶은 독자도 있을 것이다. '과학의 다음번 도약은 언제 어디에서 일어날까?'

우리는 갈릴레오가 피사에서 아리스토텔레스 물리학에 치명타를 안긴 것을 이야기의 출발점으로 삼았다. 이어서 아이작 뉴턴이 생각한 고전적인 우주의 시계 장치 같은 규칙성과 예측 가능한 힘과 법칙을 이야기했다. 세계에 대한, 그리고 세계 안에서 우리 자신의 자리에 대한 우리의 이해는 그런 고전적인 우주에 (비록 휴대전화는 없더라도) 상당히 편안하게 머물 수도 있었을 것이다. 그러나 우리는 거기에 머물지 않았다. 그 다음 이야깃거리는 19세기 중반에 발견된 신비로운 힘들(전기력과 자기력)이 마이클 패러데이와 제임스 클럭 맥스웰에 의해 이해되고 고전과학의 틀 안에 포섭된 일이었다. 이로써 우리의 물리학은 완전해진 것 같았다. 19세기 말에 일부 사람들은 물리학이 곧 종결되리라고 예측했다. 해결할 가치가 있는 주요 수수께끼들은 모두 해결된 듯했고, 세부적인 문제는 계속 등장하겠지만 한결같이 뉴턴의 고전적 질서를 벗어나지 않을 듯했다. 우리는 끝에 다다른 듯했고, 물리학자들은 탐구 현장에 쳤던 천막을 걷어서 집으로 돌아가도 될 듯했다.

그러나 당연한 일이지만, 설명할 필요가 있는 수수께끼 몇 개가 여전히 남아 있었다. 장작불은 계산에 따르면 파랗게 빛나야 하는데 빨갛게 빛난다. 또 지구가 에테르를 헤치면서 광선의 뒤를 쫓아가는 운동이 탐지되지 않는 이유는 무엇일까? 우주에 대한 우리의 (19세기 말의) 지식은 최종적인 것이 아닐지도 모른다. 실제로 당시는 새로운 스타 물리학자들에 의해 온 우주가 재편되기 직전이었다. 아인슈타인, 보어, 슈뢰딩거, 하이젠베르크, 파울리, 디랙 등에 의해서 말이다.

물론 훌륭한 옛날의 뉴턴 역학은 거의 모든 대상과 관련해서, 예컨대 행성, 로켓, 볼링공, 증기기관차, 교량과 관련해서 여전히 유효했다. 심지어 27세기에도 홈런 공은 뉴턴이 말한 대로 사랑스러운 포물선을 그리며 날아갈 것이다. 그러나 1900년이나 1920년, 혹은 1930년 이후, 원자 및 아원자 세계가 어떻게 작동하는지 알고 싶은 사람은 반드시 양자물리학과 그것의 확률적 본성을 이해할 능력을 갖춰야 했다. 거듭 말하지만, 아인슈타인은 근본적으로 확률에 기초한 우주를 끝내 받아들이지 못했다.

우리는 이 책을 읽기가 쉽지 않음을 안다. 거듭 등장하는 이중슬릿 역설만 해도 만만치 않은 골칫거리인데, 현기증을 일으키는 슈뢰딩거 파동함수, 하이젠베르크 불확정성관계, 코펜하겐 해석 등 독자의 기를 죽이는 이론들이 수두룩하니까 말이다. 살아 있는 동시에 죽은 고양이가 나오는가 하면, 빛은 입자인 동시에 파동이라고 한다. 시스템과 관찰자를 분리하는 것은 불가능하다고 한다. 신이 우주를 가지고 주사위 놀이를 하는지를 둘러싼 갑론을박도 등장한다. 이 모든 것을 가까스로 파악하고 나면, 더욱 종잡을 수 없는 이야기가 펼쳐진다. 파울리의 배타원리, 아인슈타인-포돌스키-로젠, 벨의 정리가 독자들을 기다린다. 이것들은 칵테일파티에서 가볍게 거론할 만한 화제가 아니다. 뉴에이지 정신을 신봉하고 사실들을 뒤죽박죽으로 뒤섞기를 즐기는 이들에게조차도 그러하다. 그럼에도 우리는 꾹 참고 포기하지 않았으며 반드시 알아야 할 방정식 몇 개를 살펴보기까지 했다.

우리는「스타트렉」한 회의 제목으로도 손색이 없을 만큼 이색적인 이론들을 기꺼이 모험심을 발휘하여 논의했다. '다수 세계 이론', '코펜하겐'(동명의 인기 연극도 있다), '끈이론과 M이론', '풍경' 등을 말이다. 우리 저자들은 이 책을 읽는 일이 보람 있었고 이제 여러분과 우리 물리학자들이 세계의 원대함과 심오한 신비에 대한 감각을 공유하게 되었기를 바란다.

새로운 세기를 맞은 우리 앞에는 여전히 인간의 의식을 이해하는 과제가 놓여 있다. 인간의 의식은 양자현상의 일종으로 밝혀질지도 모른다. 우리는 인간의 의식도 양자현상도 완전히 이해하지 못했다. 하지만 이것은 그 둘 사이에 연관성이 있음을 의미하지 않는다. 그럼에도 많은 과학자들은 그 연관성을 믿는다.

여러분도 기억하겠지만, 실제로 양자 과학에서는 정신이 등장한다. 구체적으로 우리가 측정할 때, 정신이 등장한다. 관찰자(정신)는 관찰되는 시스템을 항상 방해한다. 따라서 어떻게 인간 의식이 물리 세계와 연결되는지 이해할 필요가 있지 않느냐는 질문이 당연히 제기된다. 정신−신체 문제는 양자 과학과 관련이 있을까? 뇌가 정보를 저장하고 처리하는 방식, 행동을 통제하는 방식에 대한 우리의 지식은 최근에 크게 발전했지만, 심층적인 수수께끼는 여전히 남아 있다. 어떻게 물리화학적 작용들에서 '내면의' 혹은 '주관적인' 삶이 나올까? 어떻게 물리화학적 작용들이 '자아감'을 산출할까?

양자와 정신 사이에 연관성이 있다는 생각을 비판하는 이들도 있다. 예컨대 DNA 발견자인 프랜시스 크릭은 자신의 저서『엄청난 가설Astonishing Hypothesis』에서 이렇게 썼다. "당신, 당신의 기쁨과 슬픔, 당신의 기억과 야망,

당신 자신이 개인적인 정체성과 자유의지를 지녔다는 느낌은 실은 엄청나게 많은 신경세포와 관련 분자들로 이루어진 집단의 행동일 따름이다."[13]

　그러므로 우리 저자들은 이 책이 여러분이 나설 여행의 출발점에 불과하기를, 여러분이 우리의 양자 우주를 구성하는 경이로운 현상들과 겉보기 역설들을 계속 탐구하기를 바란다.

부록: 스핀

우리는 스핀에 관한 부록을 이 책의 한 부분으로 삽입하려 한다. 고전물리학과 양자물리학의 일반적인 내용과 벨의 정리에 관한 부록들도 마련해 놓았다. 우리의 웹사이트 http://www.emmynoether.com에서 그 부록들을 pdf 파일로 내려받을 수 있다.

스핀이란 무엇일까?

'스핀'이라는 전형적인 양자 속성을 이해하고자 하는 여러분을 환영한다. 회전하는 물체는 무엇이든 스핀을 가진다. 팽이, CD, 지구, 전자레인지 속의 쟁반, 별, 블랙홀, 은하 모두 스핀을 가진다. 양자적인 입자들, 즉 분자, 원자, 원자핵, 원자핵 속의 양성자와 중성자, 빛 입자(광자), 전자, 양성자와 중성자 속의 입자(쿼크, 글루온) 등도 마찬가지이다. 그런데 커다란 고전적 대상은 스핀을 얼마만큼이든 가질 수 있고 회전을 완전히 멈출 수도 있는 반면, 양자적인 대상은 '고유 스핀'을 가지며 항상 똑같은 총 고유 스핀으로 회전한다.

기본입자의 스핀은 해당 기본입자를 정의하는 속성의 하나이다. 예를 들어 전자는 스핀을 지닌 기본입자이다. 우리는 전자의 회전을 절대로 멈출 수 없다. 전자가 회전을 멈춘다면, 더 이상 전자가 아닐 것이다. 그러나 우리는 입자를 공간 안에서 회전시킬 수 있고, 그러면 공간상의 임의의 축을 기준으로 삼은 입자의 스핀 값은 달라진다. 이는 고전적인 팽이에서와 마찬가지이다. 양자물리학에서 다른 점은, 우리가 오직 특정 축을 기준으로 삼은 스핀 값만 물을 수 있다는 것이다. 왜냐하면 우리가 측정할 수 있는 것은 그런 스핀 값뿐이고, 우리가 측정할 수 없는 것에 관한 질문은 양자물리학에서 무의미하기 때문이다.

우선 고전적인 대상의 회전 운동을 생각해 보자. 선형 운동을 측정하려면 이른바 운동량을 측정해야 한다. 운동량은 간단히 질량 곱하기 속도이다. 운동량은 물질(질량) 개념과 운동(속도) 개념의 조합이라는 점을 눈여겨 보라. 따라서 운동량은 '물리적 운동' 전반을 대표하는 양이다. 운동량은 벡터 양이다. 왜냐하면 속도가 크기(속력)와 공간적 (운동)방향을 지닌 벡터이기 때문이다. 일반적으로 벡터를 길이와 방향을 모두 지닌 공간상의 화살표로 나타낼 수 있다.

이와 유사하게 물리적인 회전 운동을 측정하려면, '각운동량'이라는 벡터양을 측정해야 한다. 고전물리학에서 각운동량은 질량이 물체 전체에 어떻게 분포하느냐에 따라, 즉 '관성모멘트'에 따라 달라진다. 반지름이 큰 물체가 회전하면, 질량이 동일하고 반지름이 작은 물체가 회전할 때보다 더 많은 물질이 회전하게 된다. 따라서 쉽게 짐작할 수 있듯이, 관성모멘트 I는 물체의 크기에 비례한다. 구체적으로 I는 질량 곱하기 '물체의 (대략적인) 반지름의 제곱', 물체의 질량이 M이고 '반지름'이 R이라면 대략 $I=MR^2$이다. 미

적분학을 이용하면 관성모멘트 값을 정확하게 계산할 수 있다.[1]

각운동량(스핀)은 또한 **각속도**에 따라, 즉 물체가 얼마나 빠르게 회전하느냐에 따라 달라진다. 각속도는 대개 ω(오메가)로 표기되며, '초당 몇 라디안 회전'을 뜻한다(360도는 2π 라디안과 같다. 따라서 예컨대 90도는 π/2 라디안에 해당한다. 라디안은 도보다 수학적으로 더 자연스러운 각의 단위이다. 왜냐하면 반지름이 1인 원의 둘레는 2π이기 때문이다). 결론적으로 스핀은 관성모멘트 곱하기 각속도, 즉 $S=I\omega$이다(운동량은 질량 곱하기 속도이며 직선 운동을 기술하는 반면, 스핀은 관성모멘트 곱하기 각속도이다. 운동량과 스핀은 서로 매우 유사한 개념들이다). 스핀도 벡터양이며 방향은 회전축의 방향과 같다. 스핀 벡터의 방향을 정할 때 우리는 '오른손 규칙'을 적용

그림 37 스핀 벡터의 방향은 '오른손 규칙'에 따라 정의된다. 오른손의 검지 이하 손가락들을 회전 방향으로 감았을 때 엄지가 가리키는 방향이 스핀 벡터의 방향이다. 고전적인 물체의 스핀은 방향과 크기에 아무 제약이 없다. 반면에 전자의 스핀을 임의의 방향을 기준으로 측정한 값은 항상 $\hbar=h/2\pi$ 단위로 1/2이나 −1/2이다.

한다. 오른손의 검지 이하 손가락들을 회전 방향으로 감았을 때 엄지가 가리키는 방향이 스핀 벡터의 방향이다.

스핀(더 일반적으로, 각운동량)은 (에너지와 운동량처럼) **보존되는 양**이다. 고립된 시스템의 총 각운동량은 영원히 일정하게 유지된다. 이렇게 각운동량이 보존되기 때문에, 피겨스케이트 선수는 벌렸던 팔을 가슴 앞으로 거둬들임으로써 회전 속력을 급격히 높일 수 있다. 스핀각운동량은 $S=I\omega=MR^2\omega$이며 스케이트 선수가 팔을 거둬들이는 동작을 해도 변하지 않아야 한다. 그런데 그 동작을 하면 R은 줄어들고 M은 변함이 없다. 따라서 R의 감소를 상쇄할 만큼 ω가 증가해야 한다. 구체적으로 스케이트 선수가 뻗은 팔의 길이가 R에서 그 절반으로 줄어들면, 선수의 각속도는 대략 4배로 커져야 한다. 이것이 스케이트 선수가 화려한 회전 묘기를 할 수 있는 이유이다. 각운동량은 자연에서 매우 중요하다. 원반던지기 놀이는 운동량보존원리를 응용한 유명한 사례이다. 그러나 비행기 조종사는 공포의 '플랫 스핀'을 항상 경계해야 한다. 플랫 스핀에 빠진 비행기는 원반처럼 회전하는데, 그런 비행기에 대한 통제력을 회복하기는 각운동량보존원리 때문에 매우 어렵다.

각운동량은 뉴턴 물리학에서는 연속적으로 변하는 양이지만 양자역학에서는 성격이 사뭇 달라진다. **양자역학에서 각운동량은 항상 양자화된다.** 임의의 축을 기준으로 측정한 각운동량은 항상 $\hbar = h/2\pi$에 불연속적인 양을 곱한 값이다(h는 플랑크상수). 구체적으로, 우리가 자연에서 발견하는 모든 입자의 스핀과 궤도상태는 정확히 아래의 각운동량 값들만 취할 수 있다.

$$0, \quad \frac{\hbar}{2}, \quad \hbar, \quad \frac{3\hbar}{2}, \quad 2\hbar, \quad \frac{5\hbar}{2}, \quad 3\hbar$$

요컨대 자연에서 각운동량은 항상 $\hbar/2$의 홀수 배이거나 짝수 배이다. 아주 큰 고전적인 물체에서는 이런 양자화 효과가 눈에 띄지 않는다. 왜냐하면 그런 물체는 $\hbar$보다 엄청나게 큰 운동량을 가질 수 있기 때문이다. 오로지 극도로 작은 시스템들, 이를테면 원자나 기본입자에서만 각운동량의 양자화가 관찰된다.

각운동량은 기본입자나 원자의 고유 속성이다. 모든 기본입자는 스핀각운동량을 지녔다. 전자의 회전을 늦추거나 멈추는 것은 결코 불가능하다. 전자의 스핀각운동량 값은 항상 정확히 $\hbar/2$이다. 우리는 전자를 뒤집을 수 있는데, 그러면 전자의 각운동량은 방향이 반대가 된다. 즉 $-\hbar/2$가 된다. 공간상의 임의의 방향을 기준으로 전자의 스핀을 측정할 때 나올 수 있는 측정값은 이 두 가지가 전부이다. 이 사실을 표현하기 위해 우리는 '전자는 스핀 1/2 입자이다.'라고 말한다. 이 말은 전자의 각운동량의 절댓값이 $\hbar/2$라는 뜻이다.

각운동량이 $\hbar/2$의 홀수 배, 즉

$$\frac{\hbar}{2}, \quad \frac{3\hbar}{2}, \quad \frac{5\hbar}{2}$$

등인 입자를 일컬어 **페르미온**이라고 한다. 이 명칭은 페르미온 개념을 (볼프강 파울리, 폴 디랙과 함께) 개척한 엔리코 페르미의 이름에서 유래했다. 이 책에 등장하는 주요 페르미온으로 전자, 양성자, 중성자(그리고 양성자와 중성자를 이루는 쿼크 등)가 있다. 이들 입자의 각운동량은 $\hbar/2$다. 이들 입자 모두를 '스핀 1/2 페르미온'이라고 부른다.

한편, 각운동량이 $\hbar/2$의 짝수 배, 즉

$$0, \quad \hbar, \quad 2\hbar, \quad 3\hbar$$

등인 입자는 **보손**이라고 한다. 이 명칭은 알베르트 아인슈타인의 친구이고 보손과 관련한 몇 가지 개념을 개발한 인도 물리학자 사티엔드라 보스의 이름에서 유래했다. 곧 보겠지만, 페르미온과 보손 사이에는 근본적인 차이가 있다. 이 부록에 등장할 보손은 '스핀 1', 즉 각운동량이 1단위($\hbar$)인 광자, 아직 발견되지 않았으며 '스핀 2'(각운동량이 2단위)인 중력자, 쿼크와 반쿼크로 이루어졌으며 '스핀 0'인 중간자가 전부이다. 궤도운동도 각운동량을 지닌다. 양자이론에서 모든 궤도운동의 각운동량은 $\hbar$의 정수배, 즉 $0, \hbar, 2\hbar, 3\hbar$ 등이다.

교환 대칭성

물리적인 세계의 형성과 관련해서 가장 중요한 대칭성은 **양자역학에서 동일한 입자들의 대칭성**이다. 모든 기본입자는 가장 기본적이기 때문에 개별 기본입자를 식별할 길이 없다. 임의의 기본입자 두 개는 전혀 구별되지 않는다. 아무렇게나 고른 전자 두 개 사이에는 어떤 차이도 없다. 광자, 뮤온, 중성미자, 쿼크 등도 마찬가지이다. 스핀은 이런 양자적인 동일성에 큰 영향을 끼친다.

양자적인 동일성은 대칭성으로 간주할 수 있으며 그 기원을 슈뢰딩거 파동함수를 통해 이해할 수 있다. 입자 두 개로 이루어진 물리적 시스템을 생각해 보자. 예컨대 전자를 두 개 지닌 헬륨 원자를 생각해 보자. 일반적으로 2입자 시스템은 동일한 두 입자 각각의 위치에 의존하는 아래와 같은 양자역학적 파동함수에 의해 기술된다.

$$\Psi(\vec{x}_1,\ \vec{x}_2,\ t)$$

이때 막스 보른에 따르면, 파동함수의 (절댓값의) 제곱, 즉 $|\Psi(\vec{x}_1,\ \vec{x}_2,\ t)|^2$ 은 시간 t에 입자1을 $\vec{x}_1$에서, 입자2를 $\vec{x}_2$에서 발견할 확률과 같다.

이제 **두 입자를 맞바꾸는 작업**을 생각해 보자. 다시 말해 두 입자의 위치 $\vec{x}_1$과 $\vec{x}_2$를 맞바꿔서 ($\vec{x}_1 \leftrightarrow \vec{x}_2$) 시스템을 재배열하자. 그런 '교환'을 통해 구성된 새 시스템은 파동함수 $\Psi(\vec{x}_1,\ \vec{x}_2,\ t)$에 의해 기술된다. 위의 파동함수와 비교하면, 단지 두 입자의 위치만 교환되었음을 알 수 있다. 그런데 이 시스템은 정말로 새로운 시스템일까 아니면 그저 원래 시스템에 불과할까? 말을 바꾸면, 새 파동함수는 교환 변환을 겪어 새로워진 시스템을 기술할까 아니면 원래 시스템을 기술할까?

일상에서 우리가 마주치는 사물, 예컨대 '개'라는 이름의 사물은 아주 크며, 어떤 개 두 마리도 동일하지 않다. 반면에 모든 전자는 정확하게 동일하다. 전자가 보유한 정보는 매우 한정적이다. 임의의 전자는 임의의 다른 전자와 정확하게 동일하다. 다른 기본입자들도 마찬가지이다. 그러므로 임의의 물리적 시스템은 그런 동일한 입자들을 맞바꾸는(교환하는) 변환에 대해서 대칭적이어야 한다. 바꿔 말해서 그런 변환을 겪어도 변하지 않아야 한다. 동일한 입자들을 맞바꾸는 변환에 대해서 파동함수가 갖는 대칭성은 자연의 근본적인 대칭성이다. 자연이 전자들을 취급하는 방식은 어떤 의미에서 단순무식하다. 자연은 임의의 두 전자 사이의 차이를 포착하지 못한다.

파동함수가 지닌 이 같은 '교환 대칭성'은 동일한 입자들을 교환하는 변환에 대해서 물리학 법칙들이 불변적임을 함축한다. 따라서 양자 수준에서는, 교환 변환을 겪은 파동함수에서 계산되는 관찰 가능한 확률과 원래 파동함수에서 산출되는 그것이 동일함을 함축한다. 즉, 다음 등식을 함축한다.

$$|\Psi(\vec{x}_1, \vec{x}_2, t)|^2 = |\Psi(\vec{x}_2, \vec{x}_1, t)|^2$$

그러므로 교환 변환이 파동함수에 다음과 같은 두 가지 효과 중 하나를 일으킬 수 있다는 결론을 얻을 수 있다.

$$\Psi(\vec{x}_1, \vec{x}_2, t) = \Psi(\vec{x}_2, \vec{x}_1, t) \quad \text{또는} \quad \Psi(\vec{x}_1, \vec{x}_2, t) = -\Psi(\vec{x}_2, \vec{x}_1, t)$$

요컨대 교환 변환을 겪은 파동함수는 원래 파동함수와 대칭(원래 파동함수에 +1을 곱한 결과)이거나 반대칭(−1을 곱한 결과)일 수 있다. 원리적으로 두 가능성이 모두 허용된다. 왜냐하면 우리는 오로지 확률(파동함수의 제곱)만 측정할 수 있으니까 말이다.

실제로 양자역학은 두 가능성을 다 허용한다. 다시 말해 자연은 매우 놀라운 방식으로 두 가능성 모두를 실현한다.

보손

두 보손을 교환하면, 파동함수에 +부호가 붙는다.

동일한 보손들을 교환할 때 성립하는 대칭성: $\Psi(\vec{x}_1, \vec{x}_2, t) = \Psi(\vec{x}_2, \vec{x}_1, t)$

이 등식에서 곧바로 도출되는 중요한 귀결이 있다. 동일한 보손 두 개는 동일한 공간적 위치에 있을 수 있다. 즉, $\vec{x}_1 = \vec{x}_2$일 때, $\Psi(\vec{x}_1, \vec{x}_2, t)$가 공간상의 어디에선가 0이 아닐 수 있다. 실제로 동일한 공간 구역에 국소화된 다수의 보손을 하나의 파동함수로 기술하고 고찰하면, **한 시스템에 속한 모든 보손들은 동일한 위치에 포개져(!) 있을 확률이 가장 높다**는 것을 증명할 수 있다. 따라서 다수의 동일한 보손을 점과 다름없을 정도로 좁은 공간 구역에 집어넣는 것이 가능하다. 또는, 동일한 보손들을 정확히 동일한 운동량 값을 가진 양자상태로 몰아넣을 수 있다. 다시 말해 보손들은 컴팩트한 상태('결맞는' 상태)로 응축할 수 있다. 이를 보스-아인슈타인 응축이라고 한다.

보스-아인슈타인 응축의 양상은 다양하며, 하나의 양자 운동 상태에 있는 다수의 보손은 온갖 유형의 현상을 일으킨다. 레이저는 결맞는 상태의 광자를 무수히 산출한다. 그 광자들은 모두 동일한 운동량 상태에 포개져 있다. 즉, 정확히 동일한 운동량 상태에서 동시에 함께 운동한다. 초전도현상은 결정 진동에 의해 속박되어 스핀 0인 보손 입자처럼 행동하는 전자쌍(이른바 '쿠퍼 쌍')과 관련이 있다. 초전도체 내부에서 전류가 흐르는 것은, 그런 속박된 전자쌍들이 정확히 동일한 운동량 상태를 공유하면서 결맞게 운동하는 것이다. 초유동성은 극도로 낮은 온도에서 (예컨대 액체 헬륨[^{4}He]

속의) 보손들이 취하는 양자상태에서 비롯된다. 그 상태에서는 액체 전체가 공통의 운동 상태로 응축하여 점성이 완전히 사라진다. 헬륨 동위원소 ^4He(원자핵에 양성자 2개, 중성자 2개를 지님)는 보손이므로 비교적 쉽게 초유체가 된다. 반면에 또 다른 흔한 동위원소인 ^3He(원자핵에 양성자 2개, 중성자 1개를 지님)는 페르미온이다(아래 참조). 보스-아인슈타인 응축은 다수의 보손 원자가 극도로 조밀하게 모여서 포개질 때에도 발생할 수 있다.

페르미온

반면에 한 양자상태에 속한 동일한 전자(페르미온) 두 개를 교환하면, 파동함수에 (−) 부호가 붙는다. 이 규칙은 스핀이 1/2인 전자처럼 분수 스핀을 지닌 모든 입자에 적용된다.

동일한 페르미온들을 교환할 때 성립하는 대칭성: $\Psi(\vec{x}_1, \vec{x}_2, t) = -\Psi(\vec{x}_2, \vec{x}_1, t)$

따라서 동일한 페르미온들과 관련해서 다음과 같은 간단하지만 심오한 사실을 알 수 있다. 동일한 (스핀 방향도 같은) 페르미온 두 개가 동일한 공간적 위치를 점유할 수는 없다. 왜냐하면 $\vec{x}_1 = \vec{x}_2$라면, 위의 등식에 따라서, $\Psi(\vec{x}_1, \vec{x}_2, t)$가 자기 자신에 (−)부호를 붙인 결과와 같아야 하므로, $\Psi(\vec{x}_1, \vec{x}_2, t) = 0$일 수밖에 없기 때문이다.

더 나아가 동일한 페르미온 두 개가 동일한 양자 운동량 상태를 점유하는 것도 불가능하다. 동일한 페르미온 두 개가 동일한 양자 상태를 점유할 수 없다는 원리를, 오스트리아–스위스의 뛰어난 이론물리학자 볼프강 파울리의 이름을 따서 '파울리 배타원리'라고 한다. 파울리는 스핀 1/2 입자에 적용되는 이 배타원리가 물리학 법칙의 회전대칭성에서 비롯됨을 증명했다. 이 증명은 스핀 1/2 입자를 회전시킬 때 발생하는 일에 관한 수학적인 세부 사항을 포함한다. 한 양자상태에 있는 동일한 입자 두 개를 교환하는 것은, 시스템을 180도 회전시키는 것과 같다. 그렇게 회전시키면, 스핀 1/2 파동함수의 행동으로 인해 (−)부호가 생겨난다.[2]

페르미온들의 배타성은 물질이 안정적인 이유를 대부분 설명해 준다. 스핀 1/2 입자에게 허용되는 스핀 상태는 두 가지, (임의의 공간 방향을 기준으로) '위'와 '아래'이다. 따라서 헬륨 원자 내부의 두 전자는 동일한 최저에너지 궤도상태에 있을 수 있다. 그렇게 하나의 궤도상태에 두 전자가 있으려면, 한 전자는 '위−스핀', 다른 전자는 '아래−스핀'이어야 한다. 그러나 바로 그 궤도상태에 **세 번째 전자를 집어넣는 것은 불가능**하다. 왜냐하면 세 번째 전자의 스핀은 위나 아래일 테고 따라서 기존의 두 전자 중 하나의 스핀과 같을 것이므로 페르미온 교환 대칭성 규칙에 따라 전체 파동함수가 0이 될 수밖에 없기 때문이다.

바꿔 말해서, 우리가 스핀이 동일한 전자 두 개를 맞바꾸려 하면, 파동함수는 자기 자신에 (−)부호를 붙인 결과와 같아야 하므로 0이 될 수밖에 없다. 이런 연유로, 원소주기율표에서 헬륨 다음에 위치한 리튬 원자를 만들려면, 세 번째 전자를 새로운 궤도상태, 즉 새로운 **궤도함수**에 집어넣어야 한다. 이 때문에 리튬은 닫힌 내부 궤도함수('닫힌 껍질')(리튬 내부의 헬륨 상태) 하나와 외각 전자 하나를 가진다. 이 외각 전자는 수소 원자에 속한 외톨이 전자와 매우 유사하게 행동한다. 따라서 **리튬과 수소는 화학적 속성이 유사**

하다. 일반적으로, 원소주기율표에 등재된 모든 원소들은 주기적으로 유사성을 나타낸다. 만약에 전자가 페르미온이 아니라면, 원자 내부의 모든 전자는 신속하게 바닥상태로 떨어질 것이다. 따라서 모든 원자들은 수소 기체처럼 행동할 것이고, 유기(탄소를 포함한) 분자들의 정교한 화학은 절대로 불가능할 것이다.

중성자별의 행동은 페르미온이 나타내는 극단적인 행동의 한 예이다. 중성자별은 거대한 초신성이 폭발할 때 바깥쪽 부분이 우주 공간으로 흩어지고 남은 안쪽 부분이 응축하여 형성된다. 중성자별은 중력적으로 속박된 중성자들로만 이루어졌다. 중성자는 스핀이 1/2인 페르미온이므로 배타원리를 따른다. 중성자별은 동일한 운동 상태에 (스핀이 서로 반대인) 중성자가 2개까지만 들어갈 수 있다는 사실이 중력붕괴를 가로막기 때문에 안정 상태를 유지한다. 우리가 중성자별을 압축하려 하면, 중성자들은 응축되어 더 낮은 에너지 상태로 함께 떨어질 수 없기 때문에 자신의 에너지를 증가시키기 시작한다. 따라서 일종의 압력, 즉 붕괴에 대한 저항이 생겨난다. 이 압력은 페르미온들이 동일한 양자상태에 들어갈 수 없다는 사실에서 비롯된다.

이 모든 거시현상들은 기본입자를 기술하는 양자 파동함수의 **교환 대칭성**에서 비롯된다. 이런 교환 대칭성은 푸들이나 인간, 기타 일상의 거시적 대상에서는 관찰되지 않는다. 그 이유는 '단순히' 그런 거시적인 대상이 지닌 복잡성에 있다. 복잡성이 존재하려면, 개별 입자들이 서로 멀리 떨어져 있어서 다양한 물리적 상태들이 가능해야 하고, 입자들이 동일한 시점에 동일한 양자상태에 있는 일이 절대로 없어야 한다. 푸들 두 마리가 서로 다른 것은 푸들을 구성하는 양자적 성분들이 복잡하게 배열되어 있기 때문이다.

요컨대 양자 바닥상태에서 멀리 떨어져 있는 복잡하고 거시적인 시스템에서는 교환 대칭성이 분명하게 나타나지 않는다.

주

1장

1. 물리학의 개념 틀과 관련한 도약을 더 자세히 논한 책으로 Leon M. Lederman and Christopher T. Hill, *Symmetry and the Beautiful Universe*(Amherst, NY: Prometheus Books, 2004)를 참조하라.

2. 같은 책.

3. Max Born, *The Born-Einstein Letters: Friendship, Politics and Physics in Uncertain Times* (New York: Macmillan, 2004); Barbara L. Cline, *Men Who Made a New Physics: Physicists and the Quantum Theory* (Chicago: University of Chicago Press, 1987); A. Fine, 'Einstein's Interpretation of the Quantum Theory,' in *Einstein in Context: A Special Issue of Science in Context*, edited by Mara Beller,

Robert S. Cohen, and Jürgen Renn (Cambridge: Cambridge University Press, 1993), pp. 257~73 참조.

4. Walter J. Moore, *A Life of Erwin Schrödinger*, abridged ed. (Cambridge: Cambridge University Press, 1994)

5. C. P. Enz, 'Heisenberg's Applications of Quantum Mechanics (1926~33) or the Settling of the New Land,' *Helvetica Physica Acta* 56, no. 5 (1983): 993~1001; Louisa Gilder, *The Age of Entanglement: When Quantum Physics Was Reborn* (New York: Alfred A. Knopf, 2008). 라이프치히 대학 자료실의 웹사이트 http://www.archiv.uni-leipzig.de에서도 하이젠베르크와 원자물리학의 탄생에 관한 흥미로운 문헌들을 찾을 수 있다. Jeremy Bernstein, *Quantum Leaps* (Cambridge, MA: Belknap Press of Harvard University Press, 2009); Arthur I. Miller, ed., *Sixty-Two Years of Uncertainty: Historical, Philosophical, and Physical Inquiries into the Foundations of Quantum Mechanics* (New York: Plenum Press, 1990); J. Hendry, 'The Development of Attitudes to the Wave-Particle Duality of Light and Quantum Theory, 1900~1920,' *Annals of Science* 37, no. 1 (1980): 59~79.

6. 물리적 시스템을 '양자상태'로 기술하는 방식이 고전적인 기술 방식과 대조적으로 어떤 의미를 갖는지에 대한 더 깊은 논의는 7장의 주 8 '양자이론에서 혼합상태' 참조.

7. Born, *The Born-Einstein Letters*; Cline, *Men Who made a New Physics*; Fine, 'Einstein's Interpretations of the Quantum Theory.' 참조.

8. 슈뢰딩거는 파동을 기술하는 방정식들을 구성했다. 그것들은 양자이론

에 맞게 조정되었다는 점만 다를 뿐이지 나머지 면에서는 표준적인 파동방정식들과 같았다. 그 방정식들은 오늘날 '슈뢰딩거 (파동) 방정식'이라고 불린다. 슈뢰딩거 방정식이 기술하는 파동은 슈뢰딩거의 '파동함수'라고 한다. 슈뢰딩거가 고안한 이론 전체는 하이젠베르크의 이론과 수학적으로 동치이지만, 처음에는 이 사실이 분명히 드러나지 않았다. P. A. Hanle, 'Erwin Schrödinger's Reaction to Louis de Broglie's Thesis on the Quantum Theory,' *Isis* 68, no. 244 (1077): 606~609; Walter John Moore, *Schrödinger: Life and Thought* (Cambridge: Cambridge University Press, 1992); Walter J. Moore, *A Life of Erwin Schrödinger*, Canto ed. (Cambridge: Cambridge University Press, 2003) 참조.

9. 파동함수 $\Psi(x, t)$의 공간 및 시간상의 임의의 점에서의 값은 일반적으로 복소수이다. 그러나 우리는 본문에서 이 사실을 무시할 것이다. 따라서 우리는 파동함수의 제곱을 그냥 Ψ^2으로 표기할 것이다. 엄밀히 따지면, Ψ의 값이 복소수일 때는 '절댓값의 제곱'을 나타내는 $|\Psi|^2$으로 표기해야 맞지만 말이다. 5장, 주 15: '복소수에 관한 여담' 참조.

10. 더 정확히 말해서 $\Psi(x, t)$는 확률의 '제곱근'이다. $\Psi(x, t)$는 공간과 시간의 함수이며 복소수 값을 갖는다. 그러므로 Ψ의 제곱은 실은 절댓값의 제곱을 뜻한다. 즉, $\Psi \times \Psi = |\Psi|^2$이다. $|\Psi|^2$은 공간 및 시간상의 각 점에서 양의 실수이다(5장, 주 15 '복소수에 관한 여담' 참조). 디랙은 하이젠베르크의 이론과 슈뢰딩거의 이론이 수학적으로 동치임을 증명했다. 그러나 동치라고 해서 '사용의 편리성'도 대등한 것은 아니다. 양자적인 입자 하나를 기술하는 파동함수는 구체적으로 어떤 모습일까? 슈뢰딩거의 파동방정식을 써서 계산해 보면, 자유롭게 이동하는 입자는 '진행파'의 형태를 띠며 그에 대응

하는 파동함수는 아래와 같다.

$$\Psi(x, t) = A\cos(\vec{k} \cdot \vec{x} - \omega t) + iA\sin(\vec{k} \cdot \vec{x} - \omega t) \text{ 이때 } |\vec{k}| = 2\pi/\lambda, \ \omega = 2\pi f$$

11. M. Paty, 'The Nature of Einstein's Objections to the Copenhagen Interpretation of Quantum Mechanics,' *Foundations of Physics* 25, no. 1 (1995): 183~204; K. Popper, 'A Critical Note on the Greatest Days of Quantum Theory,' *Foundations of Physics* 12, no. 10 (1982): 971~76. F. Rohrlich, 'Schrödinger and the Interpretation of Quantum Mechanics,' *Foundations of Physics* 17, no. 12 (1987): 1205−20. F. Rohrlich, 'Schrödinger's Criticism of Quantum Mechanics−Fifty Years Later,' in *Symposium on the Foundations of Modern Physics: 50 Years of the Einstein-Podolsky-Rosen Gedankenexperiment, Joensuu, Finland, 16-20 June 1985*, edited by Pekka Lahti and Peter Mittelstaedt (Singapore; Philadelphia: World Scientific, 1985), pp. 555~72. D. Wick, *The Infamous Boundary: Seven Decades of Controversy in Quantum Physics* (Boston: Birkhauser, 1995).

12. 같은 책.

13. 더 일반적으로, 우리는 아래와 같은 '혼합상태'를 만들 수 있다.

$$a\text{ (준} \rightarrow \text{피오리아, 몰리} \rightarrow \text{알파 센타우리)}$$
$$+b\text{ (준} \rightarrow \text{알파 센타우리, 몰리} \rightarrow \text{피오리아)}$$

이때 $|a|^2 + |b|^2 = 1$이다. 더해지는 두 항의 확률이 같다면, $|a|^2 = |b|^2 = 1/2$이

다. 더 자세한 논의는 7장, 주 8 참조(일반적으로 양자이론에서 '혼합상태'라는 용어는 이른바 '비대각선 밀도 행렬'과 관련해서만 쓰이지만, 우리는 이 책에서 그 용어를 위의 예에서처럼 '고유상태들이 섞여 있는 상태'를 가리키기 위해 쓸 것이다).

14. Karen Michelle Barad, *Meeting the Universe Halfway, Quantum Physics and the Entanglement of Matter and Meaning* (Durham, NC: Duke University Press, 2007), p. 254에서 Niels Bohr, *The Philosophical Writings of Niels Bohr* (Woodbridge, CT: Ox Press, 1998)를 인용하는 각주 참조.

15. 주 13 참조.

16. Robert Frost, 'The Lockless Door,' in *A Miscellany of American Poetry, Aiken, Frost, Fletcher, Lindsay, Lowell, Oppenheim, Robinson, Sandburg, Teasdale and Untermeyer (1920)* (New York: Robert Frost, Kessinger Publishing, 1920).

17. 주 1 참조.

2장

1. 마찰 없는 운동과 이상적인 진공은 고대 그리스인들의 시대에는 불가능했던 거대한 개념적 도약이었다. 관찰해 보면, 무거운 물체들은 우리가 힘을 가하지 않으면 확실히 '일정한 직선 운동'을 하지 않는다. 모든 움직이는 물체는 결국 자연스러운 정지 상태로 돌아간다고 아리스토텔레스는 결론지었다. 질량은 물체가 정지 상태로 돌아가려는 성향, 들리거나 밀리거나 당겨질 때 소음을 내면서 버티려는 성향과 같은 듯했다. 그리스인들은 마찰이 지배하는 세계에서 살았다. 그들은 이상화된 마찰 없는 운동의 개념과 마찰의 개

념을 분리할 수 없었다.

2. 고전적인 과학혁명의 역사에 대한 우리 저자들의 논의는 Leon M. Lederman and Christopher T. Hill, *Symmetry and the Beautiful Universe* (Amherst, NY: Prometheus Books, 2004) 참조.

3. Thomas H. Johnson, ed., *The Complete Poems of Emily Dickinson*, paperback ed. (Boston: Back Bay Books, 1976)에 수록된 1627번 시.

4. Edgar Allan Poe, *Complete Stories of Edgar Allan Poe*, Doubleday Book Club ed. (New York: Doubleday, 1984).

3장

1. 인터넷에서 빛에 관한 훌륭한 교육용 정보를 풍부하게 얻을 수 있다. 그래픽과 애니메이션도 많다. 예컨대 다음을 참조하라. *Science of Light Animations*, http://www.ltscotland.org.uk/5to14/resources/science/light/index.asp; *How Stuff Works*, http://science.howstuffworks.com/light.htm; Itchy-animation, http://www.itchy-animation.co.uk/light.htm; *Thinkquest*, http://library. thinkquest.org/28160/english/index.html (모두 2010년 5월 22일 현재 가용함)

2. Laurence Bobis and James Lequeux, 'Cassini, Röme, and the Velocity of Light,' *Journal of Astronomical History and Heritage* 11, no. 2 (2008): 97~105.

3. Alex Wood and Frank Oldham, *Thomas Young* (Cambridge: Cambridge University Press, 1954); Andrew Robinson, 'Thomas Young: The Man Who Knew Everything,' *History Today* 56, nos. 53~57 (2006); Andrew Robinson, *The Last Man Who Knew Everything: Thomas Young, the Anonymous Polymath Who*

Proved Newton Wrong, Explained How We See, Cured the Sick and Deciphered the Rosetta Stone (New York: Pi Press, 2005).

4. 진행파는 '파동열'이라고도 불린다. 진행파가 퍼져 나갈 때 많은 마루들과 골들이 열차처럼 이동하기 때문이다. 진행파는 세 가지 양, 즉 **주파수**(진동수), **파장**, **진폭**에 의해 기술된다. 파장은 이웃한 두 골이나 두 마루 사이의 거리이다. 주파수는 파동이 1초 동안 임의의 고정된 위치에서 위아래로 굽이쳐 순환을 완성하는 횟수이다.

파동을 기다란 화물열차에 비유한다면, 파장은 차량 하나의 길이, 진동수는 우리 앞으로 열차가 지나갈 때 1초 동안 지나가는 차량의 개수와 같다. 따라서 진행파의 속도는 차량의 길이 나누기 차량이 지나가는 데 걸리는 시간과 같다. 즉, (파동의 속도)=(파장)×(주파수)이다. 요컨대 속도가 일정하다면, 파장과 주파수는 서로 **반비례**한다. 즉, (파장)=(파동의 속도)/(주파수), (주파수)=(파동의 속도)/(파장)이다.

파동의 **진폭**은 평균 높이를 기준으로 삼을 때 마루의 높이 또는 골의 깊이이다. 따라서 맨 위 마루에서 맨 아래 골까지 거리는 진폭의 2배와 같다. 비유하자면, 진폭은 차량의 높이라고 할 수 있다. 전자기파의 진폭은 전기장의 세기와 같다. 물결파를 만난 배가 위아래로 움직이는 폭은 물결파 진폭의 2배이다(그림 5 참조).

가시광선의 **색**은 빛 파동의 파장(또는 주파수)에 의해 결정된다는 것이 19세기에 맥스웰의 전자기이론에서 밝혀졌다. 주파수가 작은 빛은 파장이 길다. 가시광선 중에서 파장이 비교적 긴 빛은 빨간색이고 파장이 비교적 짧은 빛은 파란색이다. 빨간색 빛의 파장은 대략 $0.000065=6.5\times10^{-5}$센티미터(650나노미터 혹은 6500Å; 1나노미터(nm)는 10^{-9}미터, 즉 10^{-7}센티미터이고, 1옹스트롬(Å)은 10^{-8}센티미터이다). 파장이 더 길어지면, 빛은 더욱 짙은 빨간색으로 바뀌고 결국 파장이 약 $0.00007 = 7 \times 10^{-5}$센티미터(700 나노미터, 혹은 7000Å)에 이르면 우리 눈에 보이지 않게 된다. 거기에서 파장을 더 증가시키면, 빛은 우리가 볼 수는 없지만 따뜻한 열기로 느낄 수 있는 적외선이 된다. 적외선보다 파장이 더 긴 빛은 마이크로파, 그 다음은 전파이다. 한편, 빛의 파장이 약 $0.000045 = 4.5 \times 10^{-5}$센티미터(450나노미터, 혹은 4500Å)보다 짧아지면, 빛은 파란색이 된다. 파장이 이보다 더 짧아지면, 빛은 짙은 보라색으로 바뀌고 결국 파장이 약 $0.00004 = 4 \times 10^{-5}$센티미터(400 나노미터, 혹은 4000Å)에 이르면 보이지 않게 된다. 거기에서 파장을 더 줄이면, 빛은 자외선이 되고, 그 다음에 X선이 되고, 결국 파장이 훨씬 더 짧아지면 감마선이 된다(그림 12 참조).

5. 1995년 1월 1일에 거대한 이상파랑이 드라우프너 석유 시추 시설을 덮쳤다. 그 이상파랑이 관찰되고 측정됨으로써 그때까지 뱃사람들의 착각으로 여겨진 이상파랑의 존재가 마침내 입증되었다. *Physics, Spotlighting Exceptional Research*, http://physics.aps.org/articles/v2/86; 참조. 이상파랑에 관한 흥미로운 논의를 원한다면 *Freak Waves, Rogue Waves, Extreme Waves, and Ocean Wave Climate*, http://folk.uio.no/karstent/waves/index_en.html; 그리고 그 안의 참고자료를 보라.(2010년 5월 21일 현재 가용함)

6. 파동의 간섭을 훌륭하게 보여 주는 온라인 애니메이션과 그래픽이 많이 있다. 특히 Daniel A. Russel, *Acoustics and Vibration Animations*, http://paws.kettering.edu/~drussell/Demos.html, 그리고 Superposition of Two Waves, http://

paws.kettering.edu/~drussel/Demos/superposition.html을 보라. 또한 Physics in Context, http://www.learningincontext.com/PiC-Web/chapt08.htm 참조(2010 년 5월 21일 현재 가용함).

7. 최적의 간섭무늬를 얻으려면 예컨대 레이저 포인터에서 나오는 것과 같은 단일한 색의 빛이 필요하다. 여러 색이 혼합된 빛을 사용하면 여러 위치에 간섭무늬들이 생겨 포개지기 때문에, 전체적인 무늬를 관찰하기가 더 어렵다. 영은 아마도 촛불을 광원으로 사용했겠지만 단색 필터를 써서 실험 결과를 개선할 수 있었을 것이다. 한 마디 덧붙이자면, 이중슬릿 실험의 결과 속에는 슬릿의 폭이 유한하기 때문에 생기는 단일슬릿 회절의 효과도 포함되어 있는데, 두 슬릿 사이의 간격에 비해 슬릿의 폭이 매우 좁다면, 이 효과를 식별하기는 어렵다. 우리는 본문의 논의에서 이 효과를 무시한다. 우리의 웹사이트 http://www.emmynoether.com에서 이중슬릿 간섭계의 수학에 관한 논의를 담은 e-appendix를 내려받을 수 있다.

8. 같은 곳.

9. Emily Dickinson, from 'Part IV: Time and Eternity,' in *The Complete Poems of Emily Dickinson*, with an introduction by her niece, Martha Dickinson Bianchi (Boston: Little, Brown, 1924).

10. 「The Encyclopedia of Science」의 'Joseph Fraunhofer' 항목 참조. http://www.daviddarling.info/encyclopedia/F/Fraunhofer.html(2010년 5월 21일 현재 가용함)

11. 패러데이와 맥스웰은 고전 전기역학의 두 기둥이다. Alan Hirschfeld, *The Electric Life of Michael Faraday*, 1st ed. (New York: Walker, 2006) 참조.

12. Basil Mahon, *The Man Who Changed Everything: The Life of James Clerk Maxwell* (Hoboken, NJ: Wiley, 2004).

4장

1. 뜨거운 물체가 방출한 에너지는 세 가지 방식으로 전달된다. 첫째, 끓는 물과 접촉한 달걀에 에너지가 전달되는 경우처럼, 물체들이 직접 접촉하여 에너지를 주고받는 전도의 방식이 있다. 둘째, 뜨거운 물체 주위에서 데워진 공기가 에너지를 품은 채로 이동하는 방식, 난방용 온풍기의 원리이기도 한 대류의 방식이 있다. 셋째, 에너지를 쏘아 보내는 복사의 방식이 있다. 복사 에너지는 대개 전자기복사이다. 예컨대 토스터의 열선이 빨갛게 빛나는 것은 전자기복사를 방출하기 때문이다. 이 경우에 전자기복사는 보이지 않는 빛과 간신히 보이는 빛으로 구성되지만, 핵폭발 시와 같은 극도의 고온에서는 엑스선과 감마선을 비롯한 고에너지 전자기복사가 방출된다. 물체 내부의 전자기복사는 이리저리 반사되고 방출되고 재흡수되면서 열평형의 유지에 기여하다가 결국 물체의 표면에서 방출된다. 인간의 체온 유지는 이 모든 방식과 더불어 피부에서 일어나는 물(땀)의 증발을 통해 이루어진다. 공기가 너무 습하지만 않다면, 피부에 있는 물은 저절로 수증기로 바뀐다. 이 증발 과정(액체가 기체로 바뀌는 과정)은 에너지를 필요로 하는데, 그 에너지는 피부에서 전도를 통해 공급된다. 따라서 결과적으로 체온이 낮아진다. 곧 이어 대류가 일어나 수증기는 열을 품고 멀리 날아간다.

2. 불꽃놀이용 불꽃의 색에 대해서는 http://chemistry.about.com/od/fireworkspyrotechnics/a/fireworkcolors.htm; http://www.howstuffworks.com/

fireworks.htm (2010년 4월 15일 현재 가용함), 그리고 *The Teacher's Domain*, http://www.teachersdomain.org/resource/phy03.sci.phys.matter.fireworkcol/ (2010년 1월 1일 현재 가용함) 참조.

3. 리겔에 대해서는 http://en.wikipedia.org/wiki/Rigel (2010년 1월 1일 현재 가용함) 참조.

4. 물리학자들이 사용하는 기본적인 온도 단위는 켈빈(K)이다. 물질이 열에너지를 전혀 지니지 않은 상태를 의미하는 절대영도는 정확히 0켈빈(섭씨 −273.15°C에 해당함)으로 정의된다. 물리적 시스템은 절대영도에서도 **양자 영점에너지**를 지닌다. 왜냐하면 양자물리학에서 운동은 절대로 0이 될 수 없기 때문이다. 온도가 1켈빈 상승하는 것은 섭씨 1도 상승하는 것과 정확히 같다. 섭씨 0도는 대략 물의 어는점(삼중점)과 같으며 273.15°C에 해당한다. 위키피디아는 온도 측정법들에 대한 더 정확한 정의와 참고자료와 단위 변환 공식들을 제공한다. http://en.wikipedia.org/wiki/Temperature(2010년 1월 1일 현재 가용함).

5. 조시아 윌러드 깁스(1839~1903): Muriel Rukeyser, *Willard Gibbs: American Genius* (Woodbridge, CT: Ox Bow Press, 1942). Raymond John Seeger, *J. Willard Gibbs: American Mathematical Physicist Par Excellence* (Oxford, NY: Pergamon Press, 1974); L. P. Wheeler, *Josiah Willard Gibbs: The History of a Great Mind* (Woodbridge, CT: Ox Bow Press, 1998). 윌러드 깁스가 1860년대에 수행한 열역학 연구에서 양자 혁명의 최초 단서를 발견할 수 있다. 그 연구의 핵심 개념들 중 하나는 '엔트로피'이다. 엔트로피는 입자들로 이루어진 시스템(예컨대 기체)이 특정 부피, 원자 개수, 총 에너지 등의 조건에서 취할 수 있는

운동 상태가 얼마나 많은지를 나타내는 양이다. 또 다른 핵심 개념인 '평형' 상태는 안정 상태라고 할 수 있다. 공기로 가득 찬 방은 평형 상태에 있을 수 있다. 즉, 공기 입자들은 이리저리 돌아다니면서 관찰 불가능한 짧은 거리 규모에서 서로 충돌하더라도, 방 전체 겉보기에 정적이고 불변적인 상태에 있을 수 있다. 깁스는 그런 방을 천천히 두 부분으로 분할하더라도, 정적이고 불변적인 평형 상태는 바뀌지 않아야 함을 깨달았다. 따라서 방의 절반의 엔트로피는 방 전체의 총 엔트로피의 절반이어야 한다(엔트로피는 '크기 성질'이어야 한다). 만약에 그렇지 않다면, 단지 시스템을 분할하기만 해도 압력과 온도차이(비평형)가 발생할 것이라고 깁스는 판단했다. 그러나 고전 이론은 이 같은 결론과 상충했다. 문제는 고전 이론에서는 모든 입자 각각을 **원리적으로 구별할 수 있다**는 사실에서 비롯된다(아주 유능한 조각가가 나선다면, 예컨대 헬륨 원자 각각에 고유한 이름, 릭, 캐티, 그레이엄, 메리, 론 등을 새겨 넣는 것이 원리적으로 가능하다). 이 문제(이른바 '깁스 역설')를 해결하기 위해 깁스는 (예컨대 산소 분자와 질소 분자는 구별 가능하지만) 동종의 입자들은(산소 분자들끼리, 혹은 모든 질소 분자들끼리는) 구별 불가능함을 함축하는 '얼버무림 인자'를 계산에 도입할 수밖에 없었다. 동종의 원자들/분자들/입자들(이를테면 헬륨 원자들)은 원리적으로도 구별 불가능하다.

고전물리학을 떠받치는 철학을 아는 사람에게 이것은 충격적인 결론이었지만, 당시에는 그런 사람이 극히 드물었다. 고전 전자기이론을 제시한 인물이며 당대에 선도적인 과학자였던 위대한 제임스 클럭 맥스웰은 깁스의 논문들을 열심히 읽고 이용했으며 깁스를 자신과 대등한 과학자로 치켜세

웠다. 그러지 않았다면, 깁스는 무명의 괴짜 미국 물리학자로 남아 마땅히 누려야 할 명성을 영원히 얻지 못했을지도 모른다. 아무튼 깁스의 얼버무림 인자에 담긴 의미는 당대에 명확하게 드러나지 않았다. 그 인자는 아마도 엔트로피 개념의 수학적 정의와 관련한 '대수롭지 않은 사안'으로 여겨졌을 것이다. 그러나 오늘날 돌이켜 보면, 그것은 양자 혁명의 불씨였다. 동종 입자의 구별 불가능성은 양자이론에서 근본적으로 중요하며, 물리적 세계에 관한 심오한 귀결들(예컨대 원자 궤도들에 전자가 채워지는 방식)로 이어진다 (부록 참조).

6. 루트비히 볼츠만(1844~1906): David Lindley, *Boltzmann's Atom: the Great Debate That Launched a Revolution in Physics* (New York: Free Press, 2001); John Blackmore, ed., *Ludwig Boltzmann-His Later Life and Philosophy, 1900-1906, Book One: A Documentary History* (Dordrecht, Netherlands: Kluwer, 1995); Stephen G. Brush, *The Kind of Motion We Call Heat: A History of the Kinetic Theory of Gases* (Amsterdam: North-Holland, 1986). 볼츠만은 원자론을 충실하게 지지했고 시대를 앞질러 양자이론의 주요 도구들을 개발했다. 그는 '위상 공간'의 개념을 발명했고, 다양한 파장을 지닌 파동들의 시스템이 취할 수 있는 물리적 상태가 얼마나 많은지를 나타내는 '엔트로피'를 언급했다. 이 언급에서 예컨대 흑체가 방출하는 복사의 패턴을 계산하는 방법에 관한 교훈을 얻을 수 있다. 흑체 복사 패턴은 양자이론에서 근본적으로 중요하고 도처에서 등장하며 심지어 오늘날의 끈이론에서도 근본적인 역할을 한다. 볼츠만은 우울증을 앓았고 어쩌면 조울증을 앓았던 것 같다. 그는 62세에 자살했다.

7. J. L. Heilbron, *Dilemmas of an Upright Man: Max Planck and the Fortunes of German Science* (Cambridge, MA: Harvard University Press, 2000); Max Planck, *Scientific Autobiography and Other Papers* (Philosophical Library, 1968).

8. 알베르트 아인슈타인에 관한 참고자료는 너무 많아서 일일이 열거할 수 없다. 이 인용문은 훌륭한 평전인 Walter Isaacson, *Einstein: His Life and Universe* (New York: Simon & Schuster, 2007), p. 96에서 따왔다. 가장 좋은 평전은 아마도 Abraham Pais, *Subtle Is the Lord: The Science and the Life of Albert Einstein* (New York: Oxford University Press, 2005)일 것이다. 또한 A. Pais, 'Einstein and the Quantum Theory,' *Review of Modern Physics* 51, no. 4 (1979): 863-914 참조.

9. W를 금속의 '일함수'라고 한다. 반대로 빛 양자의 진동수 f가 F보다 크면, 전자가 방출되는데, 이때 전자는 원래 흡수한 에너지에서 표면 탈출 요금을 지불하고 남은 에너지를 보유한다. 수식으로 나타내면, 방출된 전자의 에너지는 $E = hf - W$이다. 말로 풀면, 금속 표면에서 탈출한 전자의 에너지는 원래 전자가 광자에게서 받은 에너지(hf)에서 탈출 요금(W)을 뺀 값과 같다. 위 등식은 실험물리학자 수십 명의 면밀한 검증을 거쳐 옳은 것으로 판명되었다. 오늘날에는 '금속의 일함수' W가 각종 참고서에 표로 정리되어 있다. 금속 표면 탈출 요금인 W는 금속의 원자구조에 따라 달라진다.

10. How Quantum Dots Work, http://www.evidenttech.com/quantumdots-explained/how-quantum-dots-work.html (2010년 5월 21일 현재 가용함) 참조.

11. 광자 각각은 에너지뿐 아니라 운동량 $p = E/c = hf/c$도 지녀야 한다. 이

사실은 콤프턴의 실험에 의해 입증되었다. 그 실험은 개별 광자(엑스선)와 개별 전자가 마치 상대론적 속도의 당구공들처럼 충돌한다는 것을 보여 준다. http://en.wikipedia.org/wiki/Compton_effect 그리고 콤프턴의 일생에 관한 글인 http://nobelprize.org/nobel_prizes/physics/laureates/1927/compton-bio.html(2010년 5월 21일 현재 가용함) 참조.

12. 같은 곳.

13. 같은 곳.

14. 이 논의는 리처드 P. 파인만이 1964년에 코넬 대학에서 한 대가다운 '메신저 강의Messenger Lectures'를 기초로 삼았다. Richard P. Feynman, *The Character of Physical Law* (Cambridge, MA: MIT Press, 2001) 참조. 또한 R. P. Feynman, Six Easy Pieces, *Essentials of Physics by Its Most Brilliant Teacher* (Basic Books, 2005) 참조.

15. David Wilson, *Rutherford, Simple Genius* (Hodder & Stoughton, 1983); Richard Reeves, *A Force of Nature: The Frontier Genius of Ernest Rutherford* (New York: W. W. Norton, 2008). (스승인 J. J. 톰슨과 달리) 손재주가 좋았고 이론 물리학자들의 뜬구름 잡기를 경멸했던 러더퍼드는 그의 박사후연구원들 사이에서 신랄한 말투로 유명했다. 이를테면 이런 말투. '아, 그거[아인슈타인의 상대성이론]. 우리는 연구할 때 그것에 전혀 구애받지 않아.'

16. Jan Faye, *Niels Bohr: His Heritage and Legacy* (Dordrecht, Netherlands: Kluwer Academic Publishers, 1991). 또한 「위키피디아」의 '닐스 보어Niels Bohr' 항목 참조 http://en.wikipedia.org/wiki/Niels_Bohr (2010년 1월 1일 현재 가용함).

17. Oscar Wilde, 'In the Forest,' 1881, from *Charmides and Other Poems*, public

domain (온라인에서 구할 수 있음)

5장

1. Charles Enz and Karl von Meyenn, Wolfgang Pauli: *A Biographical Introduction*, *Writings on Physics and Philosophy* (Berlin: Springer−Verlag, 1994). C. P. Enz, *No Time to Be Brief: A Scientific Biography of Wolfgang Pauli*, rev. ed. (New York: Oxford University Press, 2002); 또한 David Lindorff, *Pauli and Jung: The Meeting of Two Great Minds* (Wheaton, IL: Quest Books, 2004) 참조.

2. 전자의 운동이 파동의 운동과 비슷하다면, 전자가 궤도를 한 바퀴 돌 때의 이동거리는 파동으로 고찰된 전자 운동의 **양자적 파장**의 정수배여야 한다는 것을 보어는 1911년에 깨달았다. 그 양자적 파장은 플랑크상수를 통해 전자의 운동량과 연결된다. 다시 말해 전자의 운동량은 플랑크상수 h를 그 양자적 파장으로 나눈 값과 같다. 원자를 이해하는 열쇠는, 궤도 길이가 파장의 정수배와 같아야 한다는 것이다. 따라서 전자의 운동량은 궤도 길이와 연관된 특별한 값들만 가질 수 있다. 이것은 악기의 원리이기도 하다. 특정 길이의 황동 관이나 특정 반지름의 북, 특정 길이의 현이 내는 소리의 파장은 띄엄띄엄 떨어진 특정한 값들만 가질 수 있다.

3. 원자 내부의 특정 상태에 있는 전자의 결합에너지는 6.1전자볼트, 9.2전자볼트, 10.2전자볼트 등일 수 있다. 전자볼트는 아주 작은 에너지 단위로 원자 및 아원자 규모에서 유용하다. 1전자볼트는 전자 하나가 1볼트의 전위차를 통과할 때 얻는 에너지이다. 반면에 '줄'은 미터−킬로그램−초 단위 체계에서 에너지 단위이다. 작은 대상들을 다룰 때는 전자볼트처럼 줄보다 훨씬

작은 에너지 단위를 사용하는 것이 편리하다. 줄과 비교하면 전자볼트가 얼마나 작은지 알 수 있다. 1줄=6.24150974×10^{18}전자볼트이다. 평범한 연소 반응을 예로 들어 보자. 우리가 탄소를 태워서 탄소 원자 C 하나와 산소 분자 O_2 하나를 결합시키면, 우리는 CO_2 하나와 함께 에너지 약 $E=10eV$를 (광자의 형태로) 얻는다. 핵분열에서 우라늄235 원자핵은 일반적으로 더 가벼운 원자핵들로 바뀌면서 약 200메가전자볼트의 에너지를 방출한다. 핵융합이 일어날 때는 수소 원자핵(양성자)과 중수소 원자핵(양성자＋중성자)이 결합하여 헬륨 동위원소핵(양성자 2개＋중성자)이 생성되면서 14메가전자볼트가 방출된다.

4. 프랑크-헤르츠 실험에 대해서는 http://hyperphysics.phy-astr.gsu.edu/hbase/frhz.html 또는 http://spiff.rit.edu/classes/phys314/lectures/fh/fh.html (2010년 5월 21일 현재 가용함) 참조.

5. 운동량보존은 **벡터 방정식**으로 기술된다. 예컨대 두 당구공이 충돌할 때, 당구공들의 질량이 m_1, m_2이고 처음 속도가 ($\vec{v}_1$, $\vec{v}_2$), 나중 속도가 ($\vec{v}_1'$, $\vec{v}_2'$)이라면, 운동량보존을 나타내는 벡터 방정식은 다음과 같다. $m_1\vec{v}_1+m_2\vec{v}_2=m_1\vec{v}_1'+m_2\vec{v}_2'$. 운동량보존법칙은 물리학 법칙들이 장소에 따라 달라지지 않는다는 사실의 귀결이다. 이것은 '뇌터의 정리'의 한 예다. Leon M. Lederman and Christopher T. Hill, *Symmetry and the Beautiful Universe* (Amherst, NY: Prometheus Books, 2004) 참조.

6. Louis de Broglie: Nobel Prize Speech (1929). http://www.spaceandmotion.com/Physics-Louis-de-Broglie.htm (2010년 5월 21일 현재 가용함), 또한 the Nobel Prize Biography, http://nobelprize.org/nobel_prizes/physics/laureates/1929/

broglie-bio.html (2010년 5월 21일 현재 가용함). 보어는 전자가 파동이라는 생각을 자신의 전자 이론에 중요하게 적용했지만 그 생각이 궤도에 속박된 전자에만 타당하다고 여겼기에 속박되지 않은 채로 공간 속에서 자유롭게 이동하는 전자에는 적용하지 않았다. 전자가 파동성을 지녔다면, 전자의 파장은 얼마일까? 드브로이는 아인슈타인의 특수상대성이론과 플랑크의 에너지-파장 관계식을 지침으로 삼아서 입자의 파장은 질량과 속도에 의존한다고, 간단히 말해서 운동량에 의존한다고 주장했다. 운동량은 질량 곱하기 속도, 즉 $p=mv$이다. 드브로이는 입자의 파장(λ)은 플랑크상수 h 나누기 운동량이어야 한다는, 즉 $\lambda=h/p$라는 대단한 통찰에 이르렀다(이런 양자적인 통찰에는 양자이론의 상징인 h가 반드시 관여하기 마련이다). 입자의 속도가 빨라지면, 즉 입자의 운동량이 커지면, 입자의 파장은 짧아져야 한다는 것을 드브로이는 깨달았다.

7. 같은 곳.

8. 같은 곳.

9. David C. Cassidy and W. H. Freeman, *Uncertainty: The Life and Science of Werner Heisenberg* (1993); Arthur I. Miller, ed., *Sixty-Two Years of Uncertainty: Historical, Philosophical, and Physical Inquiries into the Foundations of Quantum Mechanics* (New York: Plenum Press, 1990).

10. 같은 책.

11. Werner Heisenberg Ausstellung: Helgoland at http://www.archiv.uni-leipzig. de/heisenberg/Geburt_der_modernen_Atomphysik (2010년 1월 1일 현재 가용함).

12. 정확히 설명하면, 하이젠베르크의 언어에서 양자역학을 정의하는 '교환자'는 $xp-px=ih/2\pi$이다. 이 등식과 뉴턴역학은 꽤 자연스럽게 조화된다. 코끼리나 기관차나 모래 알갱이 같은 큰 물체들로 이루어진 세계에서 우리는 가환적인 위치와 운동량을 사용해도 무방하다. 예컨대 고전적인 코끼리의 위치 x(단위는 미터)와 운동량 $p=Mv$(M은 코끼리의 질량이며 단위는 킬로그램, v는 코끼리의 속도이며 단위는 미터/초)를 평범한 수들로 나타내고 $xp-px=0$을 받아들일 수 있다. 왜냐하면 거시적인 코끼리에 대한 기술에서 플랑크상수 h는 무시할 수 있기 때문이다. 그러나 미세한 입자들(전자, 원자, 광자)에 대해서는 그렇게 할 수 없다. 엄밀히 따지면, $xp-px=$(어떤 수)$\times h$는 코끼리에 대해서도 참이다. 그러나 이 등식이 코끼리에 대해서 참임을 보여 줄 만큼 민감한 실험은 존재하지 않는다. 전자를 옳게 기술하는 수학은 일상적인 수학과 다름을 보여 주려면 개별 원자 규모의 차이에도 반응할 만큼 민감한 실험이 필요하다. 게다가 저 위의 등식에서 h에 곱해지는 수는 $i/2\pi$이다. 이때 i는 -1의 제곱근이다. 이쯤 되면, 위의 등식은 앨리스의 이상한 나라보다 더 이상하다고 할 만하다.

이제부터 제시할 예는 레더먼과 힐이 쓴 『대칭과 아름다운 우주』의 386쪽 그림 A3에서 따온 것이다. 책 한 권이 있다고 해 보자. 우리는 그 책을 단순하게 회전시킬 수 있다. 책의 위치를 원점으로 삼은 좌표계를 상상해 보자. 이제 책을 x축을 중심으로 $90°$ 회전시키자. 회전 방향은 항상 '오른손 규칙'을 따른다. 이 같은 첫째 조작을 '**a**'라고 하자. 이어서 책을 y축을 중심으로 $90°$ 회전시키자. 이 둘째 조작을 '**b**'라고 하자. 이제 최종적으로 책이 어떻게 놓여 있는지 살펴보자. 이 최종 상태는 (**a**×**b**), 즉 조작 **a**에 이어 **b**를 실행한 결과이다. 다음으로 책을 원래 상태로 되돌려 놓고, 이번에는 우선 y축을 중심으로 회전시킨(**b**) 다음에 x축을 중심으로 회전시키자(**a**). 그리고 최종 결과 (**b**×**a**)를 살펴보자. (**a**×**b**)는 (**b**×**a**)와 같은가? 천만의 말씀이다! 회전들의 순서가 결과에 영향을 끼친다. 이런 비가환성은 회전이 지닌 속성이지 회전하는 물체가 지닌 속성이 아니다.

물체의 위치 x를 측정한 다음에 운동량 p를 측정하여 얻은 결과는 반대 순서로 측정하여 얻은 결과, 즉 먼저 운동량 p를 측정한 다음에 위치 x를 측정한 결과와 다를 것이라고 하이젠베르크는 추론했다. 이 결론을 양자이론으로 기술하는 과정에서 그는 측정 행위의 연쇄가 평범한 곱셈과 유사하다는 것과, 이 경우에도 a 곱하기 b는 b 곱하기 a와 다름을 발견했다. 정확히 말해서 x가 전자의 위치 측정, p가 전자의 운동량 측정이라면, xp와 px가

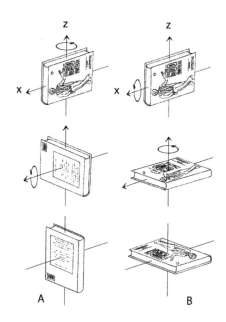

그림 38 책을 먼저 z축을 중심으로 90° 회전시키고 이어서 x축을 중심으로 90° 회전시키면, 최종 결과로 (A)가 나온다. 반면에 책을 먼저 x축을 중심으로 90° 회전시키고 이어서 z축을 중심으로 90° 회전시키면, 최종 결과로 (B)가 나온다. (A)와 (B)는 다르다. 회전은 비가환적이다. 즉, X × Z ≠ Z × X이다(셔 페럴 그림).

430

같지 않음을 발견했다. 물론 뉴턴물리학에서는 이런 결과가 나오지 않는다. 위치를 측정한 다음에 운동량을 측정하는 것, 즉 xp는 운동량을 측정한 다음에 위치를 측정하는 것, 즉 px와 같은 결과를 산출한다. 그러나 양자물리학에서는, 위치 측정은 필연적으로 입자의 운동량을 헝클어뜨리고, 거꾸로 운동량 측정은 필연적으로 입자의 위치를 헝클어뜨린다고 하이젠베르크는 추론했다. $xp-px$는 아주 작다. 이 양은 양자효과와 관련이 있으므로 플랑크상수 h와 비슷한 규모일 수밖에 없다.

13. 운동량 불확정성이 크면, 운동량 자체도 그 불확정성 $\Delta p \geq h/2\Delta x$만큼 커진다. 또한 운동에너지 KE는 운동량에 의해 $KE=p^2/2m$으로 결정되므로, 운동에너지 역시 $(\Delta p)2/2m \geq h^2/2m(\Delta x)^2$($m$은 전자의 질량)만큼 커질 것이다. 즉, 음의 위치에너지 $PE=-e^2/x \cong -e^2/\Delta x$보다 훨씬 더 커질 것이다. 따라서 전자가 핵에 접근할수록, 전자의 총 에너지 $KE+PE$는 증가한다. 결론적으로 원자는 안정적인 바닥상태를 지닌다. 이 효과를 일컬어 '슈뢰딩거 압력'이라고 한다. 슈뢰딩거 압력은 비상대론적 양자물리학이 시스템의 붕괴에 어떻게 저항하는지를 일반적으로 보여 준다. 그러나 상대론적인 한계에서는 슈뢰딩거 압력이 극복될 수 있다. 상대론적인 한계에서 운동에너지는 운동량에 정비례한다. 운동량이 아주 크면, $KE \cong pc \cong hc/2\Delta x$가 성립한다. 이렇게 되면, 역제곱법칙을 따르는 힘이 작용하는 시스템에서의 위치에너지 $PE \cong -k/\Delta x$가 운동에너지를 능가할 수 있다. 이 때문에 엄청나게 큰 별이 붕괴하는 경우에는 별의 내부가 상대론적인 한계에 도달하여 블랙홀이 형성될 수 있다.

14. Walter J. Moore, *Schrödinger: Life and Thought* (Cambridge, MA: Cambridge

University Press, 1992). 또한 J. O'Connor and E. F. Robertson (on Schrödinger) http://www.gap.dcs.stand.ac.uk/~history/Mathematicians/Schrödinger.html; K. von Meyenn, 'Pauli, Schrödinger and the Conflict about the Interpretation of Quantum Mechanics,' in *Symposium on the Foundations of Modern Physics* (Singapore, 1985) pp. 289~302 참조. 파동역학에 대한 오펜하이머의 찬사 (주 8 참조)는 Dick Teresi, 'The Lone Ranger of Quantum Mechanics,' in the *New York Times* book review of *Schrödinger: Life and Thought*, by Walter J. Moore (above), January 9, 1990에도 인용되었다. 예컨대 x가 파동의 진행 방향에 놓인 한 점이고 t가 시간이라면, 다음과 같은 코사인 함수로 특정한 진행파를 기술할 수 있다. $\Psi(\bar{x},\ t)=A\cos(kx-\omega t)$. 임의의 시점 t에서 이 함수의 그래프는 파동열이다. t가 증가하면, 그 파동열은 오른쪽으로 이동한다. k는 '파동수', ω는 파동의 '각진동수'라고 한다. 이 양들은 다음 공식들을 통해서 통상적인 '초당 순환 횟수'를 뜻하는 진동수 f 및 파장 λ와 연결된다. $f=\omega/2\pi$, $\lambda=2\pi/k$. λ는 이웃한 두 골 또는 두 마루 사이의 거리이다. f는 파동이 1초 동안에 임의의 고정된 위치 x에서 위아래로 굽이쳐 순환을 완료하는 횟수이다. 파동을 기다란 화물열차에 비유하면, λ는 차량 하나의 길이, f는 열차가 당신 앞으로 지나갈 때 1초 동안 지나가는 차량의 대수에 해당한다. A는 파동의 진폭이며 예컨대 마루의 높이를 결정한다. 골부터 마루까지 거리는 $2A$와 같다. 진행파의 속도는 $c=\lambda f=\omega/k$이다. 이 속도는 일반적으로 벡터로 표기된다. 파동함수에 들어 있는 kx도 일반적으로 3차원 공간에서의 $\bar{k}\cdot\bar{x}$로 표기된다. 이렇게 표기하면, 파동이 $\bar{k}$ 방향으로 진행한다는 것을 나타낼 수 있다.

15. '복소수에 관한 여담': 실수는 아마도 서양에서는 고대 메소포타미아에서 동양에서는 고대 중국에서 발견되었을 것이다. 수가 '발견'되어야 한다는 것이 이상하게 느껴질 수도 있겠지만, 실제로 수는 발견되어야 한다. 우리가 개수를 셀 때 쓰는 단순한 정수, 곧 0, 1, 2,……에서 출발하자. 이런 정수들은 양과 돈 따위를 세는 과정에서 발견되었지만, 얼마 지나지 않아 우리는 음의 정수 −1, −2, −3,……도 발견했다. 이 발견은 누군가가 '뺄셈'을 발명하고 3 빼기 4를 시도했을 때 이루어졌다. 고대 그리스인은 **유리수**, 곧 두 정수의 비율로 표기할 수 있는 수를 발견했다. 유리수의 예로 3/4, 9/28 등이 있다. 그리스인은 **소수**, 곧 1과 자기 자신을 제외한 나머지 정수로는 나누어떨어지지 않는 수도 발견했다. 2, 3, 5, 7, 11, 13, 17 등은 소수이다. 예컨대 15=3×5는 소수가 아니지만 **소인수** 3과 5를 지녔다. 어떤 의미에서 소수는 '원자'와 같다. 소수들을 곱해서 모든 정수를 만들 수 있으니까 말이다. 소수는 수학에서 근본적으로 중요하며 지금도 소수의 속성에 관한 연구가 활발하게 이루어지고 있다. $\sqrt{2}$ 와 π 같은 **무리수**는 두 정수의 비율로 표현되지 않는다. **실수** 집합은 양의 정수와 0과 음의 정수, 유리수와 무리수를 모두 아우른다.

아랍인들은 대수학을 발명했고 $x^2=9$와 같은 문제를 풀어서 두 해 $x=3$과 $x=-3$을 얻기 시작했다. 그로부터 얼마 지나지 않아 그들은 **허수**를 발견했다. 예를 들어 우리가 방정식 $x^2=-9$를 풀려고 한다고 해 보자. 이 방정식을 만족시키는 실수는 없다. 그러므로 우리는 i라는 새로운 수를 발명해야 한다. i는 $i=\sqrt{-1}$ 곧 $i^2=-1$로 정의된다. 이제 우리는 방정식은 $x=3i$와 $x=-3i$를 두 해로 가진다. 우리는 i와 실수 a와 b를 기초로 삼

아서 $z=a+bi$ 형태의 새로운 수를 만들 수 있다. 이런 수를 **복소수**라고 한다. 우리는 복소수 z의 **켤레복소수**를 $z^*=a-bi$로 정의한다. 또 z의 **절댓값** $|z|=|\sqrt{zz^*}|=|\sqrt{a^2+b^2}|$으로 정의된다. 실수가 수직선에 대응하는 것처럼, 실수 곱하기 i 형태의 허수는 실수 수직선에 수직인 또 다른 직선에 대응한다. 따라서 **복소평면**이 만들어진다. 복소평면에서 x축은 실수 수직선이고 y축은 실수 곱하기 i 형태의 모든 수들을 나타낸다. 복소수는 복소평면 상의 **벡터**로 표현된다.

　자연상수 e에 허수 지수가 붙은 **거듭제곱수**와 **삼각함수**가 포함된 복소수를 연결하는 다음과 같은 등식은 근본적으로 중요하다. $e^{i\theta}=\cos(\theta)+i\sin(\theta)$. 이 등식에 대한 증명은 흔히 미적분학의 일거리로 여겨지지만, 실은 자연상수의 거듭제곱수의 일반 속성과 삼각함수에 관한 '추가 정리들'만 가지고도 이 등식을 증명할 수 있다. 이 등식을 이용하면 임의의 복소수를 $z=\rho e^{i\theta}$(ρ, θ는 실수)으로 표기할 수 있다. 그러면 $|z|=|\sqrt{zz^*}|=\rho$이다. 이 표기법을 복소수의 극좌표 표기법이라고 한다.

　물리학 방정식에 등장하는 복소수는 물리적 의미를 가지고 있을까? 양자물리학에서는, 복소수가 실제로 존재하고 파동함수는 실제로 복소수 값을 갖는다는 사실을 받아들이지 않는 것은 터무니없는 태도이다. 양자역학의 수학에서 -1의 제곱근 i는 엄연히 근본적인 역할을 한다. 양자역학은 본질적으로 확률의 제곱근에 관한 이론이며, 그런 이론에서는 i가 등장하기 마련이다. 명백히 자연은 복소수로 씌어진 책이다.

16. 이 대목에서 많은 학생이 이렇게 말한다. '설마, 농담이시겠죠! 복소수는 수학적인 도구로 쓰일 뿐이에요. 이를테면 전기공학에서 그렇죠. 물리학 방

정식에 등장하는 복소수는 실은 물리적 의미를 갖지 않아요. 맞죠?' 우리 저자들은 이렇게 대답한다. '아뇨! 우리가 하는 말은 농담이 아닙니다.' **양자역학에서는 복소수가 정말로 존재하고 파동함수는 정말로 복소수 값을 갖는다.** 물론 양자역학의 수학에서 복소수를 퇴출시키고 모든 것을 실수 쌍에 관한 진술로 애써 환원할 수도 있겠지만, 그렇게 해서 이로울 것은 없다. 그렇게 하는 것은 칵테일파티에서 어떤 끔찍한 성병을 직접 언급하지 않고 에둘러 이야기하는 것과 유사하다. 사람들은 그런 우회적인 이야기가 실제로 무엇에 관한 것인지 알아챌 것이고, 조만간 누군가가 그 성병을 직접 언급할 것이다. 명백한 사실은, 양자역학의 수학에서 -1의 제곱근 i가 근본적인 역할을 한다는 것이다. 우리는 그 이유를 모르지만, 그것이 사실임을 안다. 양자적 입자의 파동함수는 구체적으로 어떤 모습일까?

슈뢰딩거 파동방정식으로 계산해 보면, 이동하는 입자는 아래와 유사한 파동함수에 대응하는 진행파라는 것을 알 수 있다.

$$\Psi(\vec{x}, t) = A\cos(\vec{k} \cdot \vec{x} - \omega t)\,(|\vec{k}| = 2\pi/\lambda,\ \omega = 2\pi f)$$

17. 바이올린이나 기타의 현은 속박된 전자의 파동함수처럼 진동한다. 그 현은 브리지와 너트에 의해 두 지점에 고정되어 있다. 우리가 현을 튕기면, 현은 진동하면서 음을 낸다. 이때 현에서 일어나는 파동은 **포획파** 혹은 **정상파**이다. 만약에 현의 길이가 무한대라면, 현을 튕길 경우 진행파가 현을 따라 무한히 멀리 퍼져 나갈 것이고, 그 진행파는 양자역학에서 텅 빈 공간 속을 자유롭게 이동하는 입자에 대응할 것이다. 그러나 바이올린이나 기타의 현

은 길이가 너트에서 브리지까지로 정해져 있다. 그 길이를 L이라고 하자. L 은 기타에서는 약 1미터, 바이올린에서는 약 30센티미터이다.

우리가 현의 중앙을 살짝 튕기면, 현의 **최저 진동 모드**가 활성화된다. 이 진동 모드는 퍼텐셜 우물에 빠진 전자의 최저 양자 에너지 운동 상태에 대응한다. 이 진동 모드의 파장은 $\lambda = 2L$이다. 즉, 길이 L이 반파장과 같다(따라서 현에 마루 하나만 생기거나 골 하나만 생긴다). 이 진동 모드가 시스템의 최저 모드, 혹은 **최저 에너지준위**, 혹은 **바닥상태**이며, 현이 낼 수 있는 가장 작은 음에 대응한다.

이제 현의 **둘째 진동 모드**를 살펴보자. 이 모드의 파장은 $\lambda = L$이다. 즉, 이 모드에서는 현에 마루와 골이 둘 다 생긴다. 기타 현에서 둘째 진동 모드를 활성화하려면, 약간 인내심을 발휘해야 한다. 먼저 왼손 손가락을 현의 중앙에 살짝 얹어 놓고, 그 손가락과 브리지 사이의 중간 지점을 오른손으로 튕기면서 재빨리 왼손 손가락을 떼어야 한다. 그러면 왼손 손가락 때문에 현의 중앙이 진동하지 않게 되면서(이렇게 진동하지 않는 지점을 파동의 마디라고 한다) 둘째 진동 모드가 활성화되어 하프 소리를 닮은 경쾌한 음이 난다. 그 음의 높이는 최저 진동 모드의 음보다 한 옥타브 높다. 둘째 진동 모드는 최저 진동 모드보다 파장이 더 짧으므로, 둘째 진동 모드에 대응하는 양자적 입자는 최저 진동 모드에 대응하는 입자보다 운동량이 더 크고 따라서 에너지가 더 크다.

우리가 적당한 에너지를 지닌 전자에 광자 하나를 쪼이면, 전자는 둘째 모드로, 즉 시스템의 **첫째 들뜬 양자상태**로 뛰어오를 수 있다. 마찬가지로 전자는 그 상태에서 광자 하나를 방출하고 바닥상태로 뛰어내릴 수 있다. 그 다음으로 높은 에너지준위는 현의 셋째 진동 모드인데, 이 모드의 파장은 λ =2L/3이다. 기타 현에서 이 모드를 활성화하려면, 왼손 손가락을 너트에서부터 현 전체 길이의 1/3만큼 떨어진 지점에 왼손 손가락을 얹어 놓고 그 손가락과 브리지 사이의 중간 지점을 오른손으로 튕기면서 재빨리 왼손 손가락을 떼야 한다. 그러면 5도음(개방현이 C음으로 맞춰져 있다면, 두 옥타브 위의 G음)이 아주 희미하게 난다. 이 모드는 둘째 모드보다 파장이 더 짧으므로 운동량과 에너지가 더 큰 입자에 대응한다.

광자가 적당한 에너지를 지닌 전자를 때리면, 전자는 첫째 들뜬상태에서 이 상태로 뛰어오를 수 있다. 거꾸로 전자가 이 상태에서 광자를 방출하고 첫째 들뜬상태로 뛰어내릴 수도 있다. 더 많은 에너지를 투입하면, 전자를 넷째, 다섯째, 여섯째 에너지준위 등으로 뛰어오르게 만들 수 있다. 이 에너지준위들은 기타 현의 더 높은 진동 모드들에 대응한다. 충분히 많은 에너지를 얻은 전자는 퍼텐셜 우물을 벗어나 자유전자가 될 수 있다(자유전자에 대응하는 파동함수는 한없이 퍼져 나간다). 이럴 경우에 우리는 시스템이 이온화되었다고 말한다.

18. 주 14 참조.

19. Nancy Thorndike Greenspan, *The End of a Certain World: The Life and Science of Max Born*, export ed. (New York: Basic Books, 2005); G. S. Im, 'Experimental Constraints on Formal Quantum Mechanics: The Emergence of Born's Quantum Theory of Collision Processes in Göttingen, 1924~1927,' *Archive for History of Exact Sciences* 50, no. 1 (1996): 73~101. 보른에 관한 추가 정보는 http://turnbull.mcs.st-and.ac.uk/history/Mathematicians/Born.html (2010년 1

월 1일 현재 가용함) 참조.

20. 우리는 간단한 서술을 위해 본문에서 $\Psi(x, t)$가 복소수라는 사실을 무시하고 확률을 $\Psi(x, t)^2$으로 표기할 것이다. 하지만 실제로 우리가 언급하려는 것은 절댓값의 제곱, 즉 $|\Psi(x, t)|^2$이다. 이 값은 양수이며 복소 파동함수의 진폭의 제곱과 같다. $|\Psi(x, t)|^2$은 확률밀도이다. 다시 말해 논의를 1차원 공간에 국한하면, $|\Psi(x, t)|^2 dx$는 무한소 간격 dx에서 입자를 발견할 국지적 확률이다. 3차원 부피 V 안에서 입자를 발견할 확률을 계산하려면, 고정된 시점에 그 부피 전체에 대한 세 가지 공간 방향으로의 적분, 즉 $\int_v |\Psi(x, t)|^2 d^3x$를 계산해야 한다. 입자가 점유한 공간 전체에 대해서 이 적분을 계산하면, 결과는 1이다. 이 사실을 일컬어 '확률보존' 또는 '단위성'이라고 한다. 이 사실이 성립하려면 이론에 특별한 제약이 부과되어야 함을 증명할 수 있다(그 제약을 일컬어 '해밀토니안의 에르미트성'이라고 한다). 에르미트성은 물리적 상태의 에너지가 실수가 되도록 만든다.

21. 주 19 참조.

22. 주 15 참조.

23. 주 20 참조.

24. 하이젠베르크 운동방정식은 3차원 공간에서 입자의 위치와 운동량에 관한 진술이며, 그 뜻은 이 부등식과 유사하다. 하이젠베르크의 불확정성 관계는 이중슬릿 실험에서 드러난 파동-입자 딜레마를 해결할 수 없게 만든다.

6장

1. Heinz R. Pagels, *Perfect Symmetry: The Search for the Beginning of Time* (New

York: Simon & Schuster, 1985).

2. 아폴로 15호에 탑승한 우주인 데이빗 스콧이 달 표면에서 깃털과 망치를 떨어뜨리는 장면이 방영되었다. http://video.google.com/videoplay?docid=6926891572259784994# (2010년 1월 1일 현재 가용함)

3. http://www.emmynoether.com에 있는 우리의 e-appendix를 참조하라.

4. Erwin Schrödinger, *What is Life? Mind and Matter* (Cambridge: Cambridge University Press, 1968).

5. James D. Watson, *The Double Helix: A Personal Account of the Discovery of the Structure of DNA* (New York: Touchstone, 2001).

6. Roger Penrose, *Shadows of the Mind: A Search for the Missing Science of Consciousness* (New York: Oxford University Press, 1996).

7. Michael D. Gordin, *A Well-Ordered Thing: Dimitry [sic] [recte: Dmitrii] Mendeleev and the Shadow of the Periodic Table*, 1st ed. (New York: Basic Books, 2004); Dmitri Ivanovich Mendeleev, *Mendeleev on the Periodic Law: Selected Writings*, 1869−1905, edited by William B. Jenson (Mineola, NY: Dover, 2005).

8. 탄소의 '원자량'은 A=12.00으로 정의되어 있다. 수소의 원자량은 대략 A=1이다. 현대적인 원소주기율표를 보면, 수소의 원자량이 1.0079로 되어 있다. 왜 수소의 원자량은 탄소12 원자 질량의 1/12과 정확히 일치하지 않을까? 두 가지 이유가 있다. (1)탄소 원자의 질량 중 일부는 원자핵 속 양성자와 중성자의 결합에너지이다. (2)원소주기율표에 등재된 원자량은 **동위원소**들을 감안한 값이다. 동위원소들은 원자핵 속 양성자의 개수(Z)는 서로 같지만 중성자의 개수는 다르다. 자연적인 바닷물에 들어 있는 수소의

일부는 평범한 수소의 동위원소인 중수소이다. 동위원소에 대한 설명은 위키피디아 http://en.wikipedia.org/wiki/Atomic_weight (2010년 1월 1일 현재 가용함) 참조. 원소주기율표에 나오는 원소들의 원자량을 차례로 나열하면 이러하다. 수소(Z=1, A=1), 헬륨(Z=2, A=4), 리튬(Z=3, A=7), 베릴륨(Z=4, A=9), 붕소(Z=5, A=11), 탄소(Z=6, A=12), 질소(Z=7, A=14), 산소(Z=8, A=16), 불소(Z=9, A=19), 네온(Z=10, A=20), 나트륨(Z=11, A=23), 마그네슘(Z=12, A=24), 알루미늄(Z=13, A=27). 나머지 원소들에 대한 정보는 http://en.wikipedia.org/wiki/Periodic_table, http://www.corrosion-doctors.org/Periodic/Periodic-Mendeleev.htm (2010년 1월 1일 현재 가용함) 등을 참조하라.

9. 같은 곳.

10. 주7 참조.

11. 리튬과 나트륨이 물과 반응하면 불이 일어난다. http://www.youtube.com/watch?v=oxhW7TtXIAM&feature=related; http://www.youtube.com/watch?v=Jw9p-5t8wWY&feature=related (2010년 4월 30일 현재 가용함). 왜 그럴까? 첫째, 리튬 표면에서 물 분자가 분해된다. $H_2O \rightarrow H + OH$(물은 이렇게 분해되기를 좋아한다. OH는 '수산기'라고 하며 대개 전자 하나를 추가로 얻어서 전체적으로 음전하를 띤 수산 이온으로 존재한다. 반면에 H는 대개 전자를 수산기에게 빼앗기고 양성자 하나만 남은 상태이다). (전자를 추가로 얻거나 잃어서 전하를 띠게 된 원자나 작은 화합물을 일컬어 '이온'이라고 한다. 액체상태의 물 속에 있는 양성자, 즉 H^+는 H_2O에 붙어서 '히드로늄 이온'(H_3O^+)을 형성한다. 물속에 히드로늄 이온이 너무 많으면[즉, 수

440

산 이온이 너무 적으면] 물은 '산성'이 되고, 수산 이온이 너무 많으면[즉, 히드로늄 이온이 너무 적으면] 물은 '염기성'이 된다.) 리튬은 원래 수소가 있던 자리를 신속하게 차지하여 LiOH(수산화리튬)을 형성한다. 이 과정에서 리튬에게 밀려난 수소가 방출되어 리튬 덩어리 근처의 수면에서 거품을 일으키며 날아서 흩어진다. 그런데 이 과정에서 많은 열도 발생하기 때문에, 흔히 수소에 불이 붙는다. 이 반응이 얼마나 격렬한지 보려면 위의 동영상들을 참조하라(우리 저자들도 직접 실험해 보았다. 장담하는데, 대단히 격렬한 반응이 일어날 수 있다).

12. 멘델레예프는 He, Ar 등의 '불활성기체'를 몰랐다. 그래서 그가 만든 원소주기율표의 둘째 행과 셋째 행에는 원소가 7개씩만 들어 있다. http://www.elementsdatabase.com/ 그리고 http://www.bpc.edu/mathscience/chemistry/images/periodic_table_of_elements.jpg (2010년 5월 21일 현재 가용함) 참조.

13. 이때 운동량은 **운동량의 크기**를 의미한다. 포획파(갇힌 파동)는 진행파와 달리 단일하게 확정된 운동량을 지니지 않는다. 정상파는 임의의 순간에 두 개의 운동량 값을 가지는데, 한 값은 양수이고 다른 값은 음수이지만 둘의 크기는 동일하다. 최저 모드에 대응하는 파동함수는 진동하는 기타 현과 모양이 같다. 이 파동함수의 정확한 형태는 당연히 복소수를 포함하며 다음과 같다. $\Psi(x,\ t) = A\sin(\pi x/L)e^{i\omega t}$. 이때 각진동수 $\omega = 2\pi E/h$이다. 그러므로 전자를 $x=0$과 $x=L$ 사이 어딘가에서 발견할 확률은 $|\Psi(x,\ t)|^2 = A^2\sin^2(\pi x/L)$이다. 계산해 보면 알 수 있지만, 만일 전자를 구간 $0 \leq x \leq 1$에서 발견할 확률이 1이라면, $A = 1\sqrt{2L}$이다.

14. 이것들은 다름 아니라 슈뢰딩거 파동함수들의 제곱, 즉 $|\Psi|^2$이다. 구름들

은 경계가 흐릿하며, 구름이 짙은 곳은 전자가 있을 확률이 높고, 구름이 옅은 곳은 전자가 있을 확률이 낮다. 만일 당신이 예컨대 고에너지 광자를 구름 속으로 쏘아서 전자를 맞추는 방법으로 전자의 위치를 측정하는 실험을 여러 번 반복하면, 전자가 적중된 장소들의 분포는 '구름'의 모양과 동일할 것이다. http://en.wikipedia.org/wiki/Atomic_orbital (2010년 1월 1일 현재 가용함) 참조.

15. George Gamow, *Thirty Years That Shook Physics* (New York: Dover, 1985).

16. 한마디 덧붙이자면, 평범한 수소 분자는 양성자들의 스핀이 서로 반대인 단일상태, 즉 (위, 아래)−(아래, 위)[파라수소]이거나 '삼중상태', 즉 (위, 위), (위, 아래)+(아래, 위), (아래, 아래) 중 하나[오르토수소]일 수 있다. http://en.wikipedia.org/wiki/Orthohydrogen (2010년 1월 1일 현재 가용함) 참조.

7장

1. John Rigden, *I. I. Rabi: Scientist and Citizen* (Cambridge, MA: Harvard University Press, 2001).

2. 전자 스핀은 슈테른−게를라흐 실험에서 처음 관찰되었다. http://library.thinkquest.org/19662/low/eng/exp-stern-gerlach.html 그리고 http://plato.stanford.edu/entries/physics−experiment/app5.html (2010년 5월 21일 현재 가용함) 참조.

3. 같은 곳.

4. Pascual Jordan, *Physics of the Twentieth Century* (Davidson Press, 2007).

5. 1장 주 3 참조.

6. William Shakespeare, *Hamlet*, act 1, scene 5, lines 166~67.

7. M. Beller, 'The Conceptual and the Anecdotal History of Quantum Mechanics,' *Foundations of Physics 26*, no. 4 (1996): 545~57; L. M. Brown, 'Quantum Mechanics,' in *Companion Encyclopedia of the History and Philosophy of the Mathematical Sciences*, edited by I. Grattan–Guinness (London, 1994), pp. 1252~60; A. Fine, 'Einstein's Interpretations of the Quantum Theory,' in *Einstein in Context* (Cambridge: Cambridge University Press, 1993), pp. 257~73. M. Jammer, *The Philosophy of Quantum Mechanics: The Interpretations of Quantum Mechanics in Historical Perspective* (New York, 1974). Jagdish Mehra and Helmus Rechenberg, *The Historical Development of Quantum Theory* (New York; Berlin, 1982~1987).

8. '양자이론에서 혼합 상태': 비유를 들기 위해 숲 속의 나무 한 그루를 생각해 보자. 고전물리학에서 우리는 나무가 서 있다고 말할 수 있다. 또 나무가 쓰러진다면, 우리는 나무가 각 θ(나무의 방향과 수직 방향 사이의 각이며, 시간의 함수이다)에 의해 기술되는 확정된 경로를 따라 쓰러진다고 말할 수 있다. 처음에 나무가 서 있을 때 θ=0이다. 시간이 지나면, 나무가 기울기 시작한다. θ는 10도가 되고, 이어서 20도가 된다. 결국 나무가 쓰러져 바닥에 부딪힌다. 이때 θ는 90도이다. 우리는 숲으로 들어가서 임의의 시점에 θ를 측정(또는 '관찰')할 수 있다. 심지어 비디오카메라를 설치하여 θ가 0도에서부터 90도까지 변화하는 과정을 측정하고 기록할 수도 있다. 우리는 θ(t)가 처음에 t=0일 때 θ(0)=0도부터 t=T일 때 θ(T)=90도까지 어떻게 변화하는지 보여 주는 그래프를 그릴 수 있다. 이것이 고전물리학이고 우리의 상식

에 맞는 '고전적인' 직관이다.

이제 고전적인 직관과 대조되는 양자이론을 살펴보자. 위의 나무가 원자와 같은 양자역학적 시스템이라고 해 보자. 우리는 '나무 탐지기'를 제작한다. 우리의 탐지기는 나무가 두 가지 양자상태 중 하나에 있는 것만 관찰할수 있다. 즉, 나무가 수직으로 서 있는 상태(위-스핀)나 나무가 쓰러진 상태(아래-스핀)만 관찰할 수 있다. 전자를 〈나무 서 있음〉 양자상태라고 하고후자를 〈나무 쓰러져 있음〉 양자상태라고 하자.

그럼 나무가 쓰러지는 과정은 양자이론에서 어떻게 될까? 양자이론은 **나무가 쓰러지지도 않고 수직으로 서 있지도 않은** 새로운 상태를 구성하는 것을허용한다. 즉, 다음과 같은 '혼합 상태'를 허용한다.

$$a\langle나무\ 서\ 있음\rangle + b\langle나무\ 쓰러져\ 있음\rangle$$

양자물리학에서 a와 b는 복소수이다(주5 참조). 또 양자물리학에서는 이른바 '단위성' 규칙이 반드시 성립해야 한다. 즉, 임의의 시점에 $|a|^2 + |b|^2 = 1$이어야 한다. 양자이론에 따르면, $|a|^2$은 나무가 서 있을 확률, $|b|^2$은 나무가 쓰러져 있을 확률이다. 따라서 위 등식은 간단히 나무가 서 있거나 쓰러져 있을 확률은 1이라는 뜻이다. 만약에 단위성이 성립하지 않는다면(단위성을 '확률 보존'이라고도 한다), 양자이론에 대한 확률 해석은 무의미할 것이다. 처음에 나무는 숲 속에 수직으로 서 있음이라는 '순수 상태'에 있다. 이는 $a = 1$, $b = 0$이라는 뜻이다. 그러나 양자이론의 법칙들은 a와 b가 시간이 흐름에 따라 변하는 것을 허용한다. 단, $|a|^2 + |b|^2 = 1$이라는 규칙

만 지켜진다면 말이다.

이제 우리가 나무를 떠났다가 나중에 다시 가서 우리의 '나무 탐지기'로 나무를 관찰한다고 해 보자. 우리는 나무가 여전히 서 있는 것을 관찰할 수도 있다(이럴 확률은 $|a|^2$이다). 그러나 보어에 따르면, 이 관찰 행위는 나무의 양자상태를 다시 〈나무 서 있음〉으로 재설정한다. 다시 말해 우리가 시스템을 측정하고 '나무 서 있음'을 발견했기 때문에, 이제 다시 $a=1$, $b=0$이다. 측정 행위가 물리적 시스템을 혼합 상태에서 순수 상태로 되돌려 놓는 것이다. 이것은 양자이론의 기괴한 측면들 중 하나이다. 측정 행위는 양자상태를 근본적인 방식으로 교란하고 변화시킨다. 이것이 고전물리학에서의 측정과 얼마나 다른지 눈여겨보라. 고전물리학에서 우리는 나무가 예컨대 수직방향에서 13도 기운 것을 관찰하면서 나무에 아무 영향도 끼치지 않을 수 있다. 따라서 나무는 우리의 관찰 후에도 여전히 θ=13도 상태일 수 있다.

그러나 양자적인 나무를 우리의 탐지기로 관찰할 때는 사정이 다르다. 우리는 나무가 쓰러져 있는 것을 관찰할 수도 있다(이럴 확률은 $|b|^2$이다). 이 관찰은 양자상태를 〈나무 쓰러져 있음〉으로, 즉 $a=0$, $b=1$로 재설정한다.

관찰 이전의 양자상태는 〈나무 서 있음〉과 〈나무 쓰러져 있음〉의 혼합일 수 있다. 쓰러져 있는 나무를 관찰하느냐 아니면 서 있는 나무를 관찰하느냐는 확률적으로만 결정되며, 이 관찰은 나무의 새로운 상태를 확정한다. 우리가 아닌 무언가(예컨대 지나가는 외계인)가 관찰을 하더라도, 그 관찰은 나무의 새로운 상태를 확정한다. 만일 외계인도 없고 우리도 없다면, 그 무엇도 나무를 교란하고 나무의 상태에 관한 정보를 가져가지 않는다면, 나무는 혼합 상태에 머문다. 그러나 외계인이나 우리나 자동 관찰 장치의 관찰은 나무의 상태를 서 있음이나 쓰러져 있음 중 하나로 재설정한다.

슈뢰딩거 고양이의 상태는 하이젠베르크의 언어로 표현하면 다음과 같은 혼합상태이다. a〈고양이 살아 있음〉$+b$〈고양이 죽어 있음〉. 이 경우에 고양이가 살아 있을 확률은 a^2, 죽어 있을 확률은 b^2이고, 당연히 $|a|^2+|b|^2=1$이다. 처음에 고양이는 살아 있다. 즉, $a=1$, $b=0$이다. 그러나 시간이 흐르면 a는 작아지고 b는 커진다. 시간이 적당히 흘렀을 때, 고양이는 살아 있을까 아니면 죽어 있을까? 양자이론에 따르면, 우리가 상자 안을 들여다봐야만 고양이의 생사 여부를 알 수 있다. 고양이의 생사 혼합상태는 우리가 상자 안을 들여다보는 순간에 변화한다. 우리가 보니 고양이가 아직 살아 있다면, 양자상태는 $a=1$, $b=0$(고양이 살아 있음)으로 재설정된 것이다. 반대로 우리가 보니 끔찍하게도 고양이가 죽어 있다면, 양자상태는 $a=0$, $b=1$(고양이 죽어 있음)로 재설정된 것이다.

9. Nathan, et al., eds., *The Dilemma of Einstein, Podolsky and Rosen―60 Years Later: An International Symposium in Honour of Nathan Rosen*, Haifa, March 1995, *Annals of the Israel Physical Society* (Institute of Physics Publishing, 1996). 또한 http://en.wikipedia.org/wiki/EPR_paradox (2010년 4월 30일 현재 가용함), M. Paty, 'The Nature of Eintstein's Objections to the Copenhagen Interpretation of Quantum Mechanics,' *Foundations of Physics 25*, no. 1 (1995): 183~204 참조.

10. 이 대목에서 우리는 벨 정리의 간단하고 특수한 사례 하나를 다룰 것이다. 이 설명은 재미있는 웹사이트 http://www.upscale.utoronto.ca/PVB/Harrison/BellsTherom/BellsTheorem/BellsTheorem.html (2010년 1월 1일 현재 가용함)을 기초로 삼았다.

11. 같은 곳.

12 John Bell: http://www.americanscientist.org/bokshelf/pub/john-bell-across-space-and-time; 또한 http://en.wikipedia.org/wiki/John_Stewart_Bell (2010년 1월 1일 현재 가용함) 참조.

8장

1. 도체 속의 전자는 광속 c에 비해 느리게 운동한다. 수소 원자의 양자 궤도함수에 들어 있는 전자의 속도는 광속 c의 0.3퍼센트이다. 더 큰 원자의 깊숙한 안쪽 궤도함수에 들어 있는 전자는 속도가 c의 10퍼센트에 육박하며 전이할 때 엑스선과 감마선을 방출한다. 이런 전자를 다룰 때는 상대성이론의 효과를 고려해야 한다. 그러나 이런 전자는 채워진 안쪽 궤도함수 안에 갇혀 있다. 그런 안쪽 궤도함수는 불활성 원자의 외각 궤도함수와 유사하다. 안쪽 궤도함수의 전자는 화학적 활성이 없다.

2. 아인슈타인은 두 가지 원리를 특수상대성이론의 기초로 삼았다. (1)**상대성원리**: 모든 등속운동 상태(이른바 '관성계')는 물리 현상에 대한 기술에서 동등하다. (2)**광속불변의 원리**: 모든 관찰자는 어느 관성계에 있든지 동일한 광속의 값을 얻는다.

3. 상대성이론은 입자의 에너지와 운동량과 질량 사이의 관계를 새롭게 규정한다.

아인슈타인이 제시한 에너지와 운동량 사이의 관계: $E^2 - p^2c^2 = m^2c^4$

요컨대 입자의 에너지 E는 등식 $E^2 = m^2c^4 + p^2c^2$을 만족시킨다. 따라서 E를 구하려면 이 등식의 양변에 제곱근을 취해야 한다. 운동량이 0일 때 나오는 양의 근은 $E = mc^2$이다. 운동량이 작을 경우, 아래의 근사식이 성립한다.

$$E \approx mc^2 + p^2/2m$$

$p^2/2m$은 뉴턴의 운동에너지와 같다.

4. 입자의 유형 변환은 제멋대로 일어나지 않고, 붕괴를 초래하는 힘 또는 상호작용과 관련이 있는 '선택규칙'에 맞게 일어난다. 예컨대 양성자가 전자와 광자로 붕괴하는 것은 불가능하다. 왜냐하면 양성자는 양전하를 띠고 전자는 음전하를 띠기 때문이다. 양성자가 전자의 반입자(양전하를 띤 양전자)와 광자로 붕괴하는 것은 가능할지도 모른다. 그러나 그런 붕괴가 일어나려면 '중입자수' 보존법칙과 '렙톤수' 보존법칙의 위반을 일으키는 새로운 힘(상호작용)이 있어야 한다(양성자의 중입자수는 1, 렙톤수는 없다. 양전자의 렙톤수는 −1, 중입자수는 없다). 우리는 그런 상호작용이 있지만 극도로 미약하다고 믿는다(실제로 표준모형에서는 '전기약력 순간자'라는 아주 드문 위상수학적 과정을 통해 그런 상호작용이 일어난다). 양성자의 붕괴속도는 아주 느려서, 양성자의 수명(반감기)은 10^{36}년이 넘는다.

5. 주 2, 3 참조.

6. 음의 에너지 입자가 보유한 에너지는 다음 공식으로 계산된다.

$$E = -\sqrt{m^2c^2 + p^2c^2}$$

운동량 p가 커지면, E는 더 큰 음수가 된다.

7. 음의 에너지 입자를 '타키온'과 혼동하면 안 된다. 타키온은 광속보다 빠르게 운동한다는 **가설적인** 입자이다. 타키온은 허수 질량을 가지므로 다음 등식을 만족시킨다. $E^2 = -m^2c^4 + p^2c^2$. 그러나 타키온에 관한, 발전 가능성이 있는 '이론'은 존재하지 않는다. 일반적으로 양자장이론에서 타키온의 존재는 진공이 마치 언덕 꼭대기에 놓인 바위처럼 불안정하다는 것을 함축한다. 이때 타키온 모드는 '고삐풀림 모드'이다. 즉, 바위가 굴러 떨어지고 진공 전체가 안정성을 잃는 것을 나타낸다. 결국 바위가 '언덕의 밑바닥'(최소 위치에너지)에 도달하면, $-m^2c^4$항은 평범한 양의 항 $(m')^2c^4$으로 바뀌고, 타키온 모드는 평범한 입자로 바뀐다.

8. Paul A. M. Dirac, *The Principles of Quantum Mechanics* (New York: Oxford University Press, 1982).

9. 주 6 참조.

10. 위키피디아 'positron' 항목은 양전자에 대한 설명과 앤더슨의 탐지기에 포착된 양전자 자취의 사진을 제공한다. http://en.wikipedia.org/wiki/Positron; 또한 http://www.orau.org/ptp/collection/miscellaneous/cloudchamber.htm 그리고 http://www.lbl.gov/abc/Antimatter.html 참조. 페르미 연구소 토요일 아침 물리학Fermilab's Saturday Morning Physics 프로그램의 일부로 힐 박사가 한 반물질에 관한 강의 참조. http://www.youtube.com/watch?v=Yh1ZY1A2c5E&feature=watch_response (모두 2010년 5월 25일 현재 가용함)

11. 최근에 페르미 연구소 테바트론 충돌기에서 이루어진 디제로(DZero) 실험에서 나온 결과는 '우리가 존재하는 이유'를 밝힐 실마리가 될 새로운 물

리학의 최초 증거일지도 모른다. 핵심 발상은, 특정 유형의 상호작용은 입자와 반입자에 약간 다르게 영향을 미칠 수 있다는 것이다. 그런 'CP위반' 상호작용의 존재는 일찌감치 알려졌지만, 지금까지 관찰된 CP위반 상호작용은 너무 약해서 현재 우리 우주에서 관찰되는 반물질의 양을 설명해 주지 못한다. 페르미 연구소에서 나온 새로운 실험 결과는 '야릇한 B 중간자(B_s중간자)'라는 (전기적으로 중성이고 스핀은 0이며 질량은 약 5GeV/c^2이고, 바닥 반쿼크 하나와 야릇한쿼크 하나로 이루어진) 입자와 관련이 있다. 이 입자는 빠르게 '진동'한다. 즉 B_s 중간자는 신속하게 자신의 반입자인 $\overline{B}_s$ 중간자로 바뀌고, $\overline{B}_s$ 중간자는 다시 신속하게 B_s 중간자로 바뀐다. 이 신속한 진동은 무거운 B_s 중간자가 방사성 붕괴할 때까지 걸리는 시간인 약 1조 분의 1초 동안에 여러 번 일어날 수 있다. 붕괴는 B_s 단계에서 일어날 수도 있고 $\overline{B}_s$ 단계에서 일어날 수도 있다. 붕괴가 B_s 단계에서 ('반(半)렙톤적으로') 일어나면 음전하를 띤 '뮤온'이 산출된다. 반대로 붕괴가 $\overline{B}_s$ 단계에서 일어나면, 양전하를 띤 '반뮤온'이 산출된다. B_s 중간자는 대개 $\overline{B}_s$와 함께 생성되며, 두 입자 모두 상대방으로 바뀌었다가 다시 자신으로 돌아오는 진동을 하면서 즐겁게 흩어진다. 따라서 두 입자가 붕괴하여 산출된 뮤온과 반뮤온의 개수는 통계적으로 균형을 이룰 것이라고 기대할 수 있다. 그러나 CP위반 상호작용들은 진동의 두 단계 중 하나, 예컨대 B_s 단계가 $\overline{B}_s$ 단계보다 약간 더 길어지게 만들 수 있다. 따라서 음전하를 띤 뮤온이 반뮤온보다 약간 더 많이 산출되게 만들 수 있다. 페르미 연구소의 디제로 실험에서 나온 결과는 실제로 뮤온이 반뮤온보다 약간 더 많이 산출된다는 사실을 보여 주는 것일지도 모른다. 만일 그렇다면, 뮤온 개수와 반뮤온 개수의 불균형은 표준모형이 예측하는 정도보다 약 50배 크다. 따라서 디제로 실험의 결과는 새로운 CP위반 힘의 단서일 뿐만 아니라 표준모형이 옳지 않음을 보여 주는 최초의 단서일 가능성이 있다. 그 새로운 CP위반 힘의 세기는 왜 우리 우주에 반물질은 없고 물질만 있는지, 따라서 왜 우리가 존재하는지를 설명하기에 적합한 정도일 가능성이 있다.

이런 결론들은 아주 초보적이어서 (과학에서 늘 그렇듯이) 입증되려면 많은 연구가 필요할 것이다. 디제로 실험 결과는 전 세계의 과학자들을 몹시 흥분시켰다. 더 많은 실험들이 이뤄져야 한다. 디제로 실험에 관한 원천 과학 논문은 V. M. Abazov et al., the DZero Collaboration, 'Evidence for Anomalous Like−Sign Di−Muon Anomaly arXiv: 1005.2757 [hep−ex]'이다. 대중적인 설명은 Dennis Overbye의 「A New Clue to Explain Existence」 참조. http://www.nytimes.com/2010/05/18/science/space/18cosmos.html (2010년 5월 17일 현재 가용함)

12. Alexander Norman Jeffares, 'William Butler Yeats,' in *A New Commentary on the Poets of W. B. Yeats*, p. 51: 「물고기」는 '어부 브레셀Bressel the Fisherman'이라는 제목으로 1898년 12월에 잡지 『코니시Cornish』에 처음 발표되었다.

13. 음의 정수 N개를 더한 결과는 잘 알려진 공식대로 $-N(N+1)/2$이다. 전설에 따르면, 수학자 카를 가우스는 초등학생 시절에 선생이 내 준, 1에서 100까지 수들을 다 더하라는 과제를 이 공식으로 풀었다고 한다. 만약에 우리가 1차원 공간과 1차원 시간에서 산다면, 디랙 바다에 들어 있는 에너지를 계산하는 방법은 이 덧셈 방법과 똑같을 것이다.

14. 약간 오래된 교과서들은 중간자와 광자를 기술하는 상대론적 파동방정

식의 해들이 음의 에너지를 갖는다고 말한다. 그러나 실제로 그 해들에 대응하는 양자상태들은, 완전한 보손 양자장이론의 '해밀토니안'이 강제하는 대로, 모두 양의 에너지를 갖는다.

15. 위키피디아 'supersymmetry' 항목 참조. http://en.wikipedia.org/wiki/Supersymmetry (2010년 3월 10일 현재 가용함)

16. 광자와 전자를 초대칭짝으로 만들려는 모든 시도는, 양성자를 전자의 반입자로 만들려는 디랙의 시도와 마찬가지로, 실패하기 마련이다. 왜냐하면 전자의 초대칭짝은 전자와 동일한 전하량을 지녀야 하는데, 광자의 전하량은 0이기 때문이다. 초대칭성을 신비로운 방식으로 숨겨서 진공에너지 문제를 풀려는 시도도 있지만, 이런 신비롭게 숨은 초대칭성 이론들은 불명확하고 설득력도 약하다. 그러나 새로운 해결책에 대한 기대는 여전하다.

17. http://en.wikipedia.org/wiki/Maldacena_conjecture (2010년 3월 10일 현재 가용함)

18. 파인만 경로 적분은 모든 경로들을 합산하는 것인데, 정확히 말하면 각 경로에 대응하는 '작용action 나누기 $\hbar$를 지수로 하는 자연상수의 거듭제곱'들을 모두 합산한다. 이를 기호로 나타내면 아래와 같다.

$$\sum_{\text{경로들}} e^{iS/\hbar}$$

S는 (경로의 함수인) 작용이다. 이중슬릿 실험에서 고려해야 할 경로는 두 개뿐이다.

(1) 원천에서 나온 전자가 슬릿 1을 통과한 다음에 영사막 위의 점 x에 도달

하는 경로($F_1 = e^{ikd_1/h}$. 이때 d_1은 슬릿 1에서 영사막까지의 거리, 작용 S는 간단히 파동 벡터 k 곱하기 d_1의 크기이다).

(2) 원천에서 나온 전자가 슬릿 2를 통과한 다음에 영사막 위의 점 x에 도달하는 경로($F_2 = e^{ikd_2/h}$. 이때 d_2는 슬릿 2에서 영사막까지의 거리).

따라서 영사막 위의 임의의 점에서 전자를 발견할 진폭은 간단히 $e^{ikd_1/h} + e^{ikd_2/h}$이다. 확률은 이 양의 제곱(이 양이 복소수이므로, 정확히 말하면 절댓값의 제곱), 즉 $|e^{ikd_1/h} + e^{ikd_2/h}|^2$이다. 이 계산으로 얻은 확률분포를 그림으로 나타내면, 실험 결과와 완벽하게 일치하는 간섭무늬가 나온다. 이렇게 간섭무늬가 나오는 까닭은, 자연이 모든 가능한 경로(이 경우에는 두 경로)를 탐사하고 각 경로에 대응하는 진폭들을 전부 합산하기 때문이다. 그 진폭들은 우리가 확률을 얻기 위해 제곱 계산을 할 때 서로 간섭한다.

19. 이 주제를 다루는 교과서는 많이 있다. 예컨대 Charles Kittel, *Introduction to Solid State Physics*, 8th ed. (New York: Wiley, 2004) 참조. 특히 단순한 결정격자로 '체심입방격자'라는 것이 있다. 위키피디아에서 체심입방격자의 모양을 볼 수 있다. http://en.wikipedia.org/wiki/Cubic_crystal_system (2010년 5월 25일 현재 가용함)

20. 결정이 빛(엑스선)이나 기타 입자들을 산란시킬 때 일어나는 이 같은 양자적 간섭은 결정 구조를 알아내고 측정하는 단서가 된다.

21. 일반적으로 전자 하나당 5전자볼트 이상의 에너지가 필요하다. 그런데 그만큼의 에너지가 아주 짧은 구간 내에서 공급되어야 한다. 그러므로 부도체에서 전자 흐름이 다음 띠로 뛰어오르도록 만들려면 아주 큰 전압('항복 전압')이 필요하다.

22. 예컨대 *How Does a Transistor Work?* At http://www.physlink.com/education/askexperts/ae430.cfm 그리고 *How Semiconductors* Work at http://www.howstuffworks.com/diode.htm (2010년 5월 14일 현재 가용함) 참조. 또한 Lillian Hoddeson and Vicki Daitch, *True Genius: The Life and Science of John Bardeen* (Washington, DC: Joseph Henry Press, 2002) 참조.

23. David Deutch, *The Fabric of Reality: The Science of Parallel Universes and Its Implications* (New York: Penguin, 1998).

9장

1. 우리는 물리학 법칙과 대칭성의 심오한 연관성을 설명하고 에미 뇌터의 삶에 관한 짧은 글도 제공한다(1장, 주 1 참조). 또한 고전에 속하는 H. Minkowski, 「Space and Time」과 A. Einstein, 「On the Electrodynamics of Moving Bodies」도 추천한다. 이 두 논문은 *The Principle of Relativity*, edited by Francis A. Davis (New York: Dover, 1952)에 수록되어 있다.

2. 이것을 '관성계들의 동등성'이라고도 한다. '힘이 가해지지 않으면, 물체는 멈춘 상태를 유지하거나 등속운동 상태를 유지한다.'라는 뉴턴의 첫째 운동법칙이 말하는 관성의 원리는 관성계들의 동등성을 사실상 포함한다. 관찰자 B가 보기에 어떤 물체가 멈춰 있으면, (관찰자 B에 대하여 상대적으로) 등속 운동하는 관찰자 A가 보기에 그 물체는 반대 방향으로 등속운동할 것이다. 하지만 A와 B는 그 물체가 어떤 힘도 받지 않는다는 결론에 도달할 것이고, 따라서 각자의 기준틀에서 기술한 물리학이 서로 동등하다는 결론을 내릴 것이다. 아인슈타인과 갈릴레오는 둘 다 상대성원리를 내세운다. 그러

나 핵심적인 차이는, 갈릴레오의 상대성 원리는 두 관찰자에게 시간이 동일하다고 말하는 반면, 아인슈타인은 두 관찰자에게 광속 c가 동일하다고 말한다는 점이다.

3. 우리는 상대성, 중력, 기타 다양한 주제를 더 자세히 다루는 온라인 부록들을 추가로 마련했다. 그 부록들을 우리의 웹사이트 http://www.emmynoether.com에서 pdf 파일로 내려받을 수 있다.

4. 같은 곳.

5. 일반상대성이론에 관한 입문서로 Robert M. Wald, *Space, Time, and Gravity: The Theory of the Big Bang and Black Holes* (Chicago: University of Chicago Press, 1992); Clifford Will, *Was Einstein Right?* (New York: Basic Books, 1993) 가 있다. 더 전문적인 내용을 원하는 독자는 Steven Weinberg, *Gravitation and Cosmology* (New York: John Wiley and Sons, 1972)를 참조하라. 개기일식 때 관찰 가능한, 태양에 의한 별빛의 휘어짐에 대해서는 D. Kennefick, 'Testing Relativity from the 1919 Eclipse—A Questions of Bias,' *Physics Today* (March 2009): 37~42; L. I. Schiff, 'On Experimental Tests of General Relativity,' *American Journal of Physics* 28, no. 4:340~43; C. M. Mill, 'The Confrontation between General Relativity and Experiment,' *Living Reviews in Relativity* 9:39 참조.

6. 뉴턴역학으로 슈바르츠실트 반지름을 어림 계산할 수 있다. 질량이 m인 입자가 무거운 천체를 벗어나는 데 필요한 에너지를 '중력 위치에너지'라고 하는데, 뉴턴역학에서 그 에너지는 $G_N Mm/R$이다. 예컨대 질량 m인 아폴로 11호가 반지름 R, 질량 M인 지구를 멀리 벗어나려면 그만큼의 에너지가 필요하다. 이제 질량이 어마어마하게 큰 값 M인 행성 표면에 질량 m인 물체가

있다고 상상해 보자. 이 경우에 중력 위치에너지는 엄청나게 커서, 그 입자가 탈출하려면 보유한 질량-에너지를 전부 소진해야 한다고 해 보자. 요컨대 이 경우에는 다음 등식이 성립한다. $Mc^2=G_NMm/R$. 이 등식을 R에 대해서 풀면, m이 소거되고 $R=G_NM/c^2$이 나온다. 뉴턴의 이론을 썼기 때문에, 틀린 답이 나왔지만, 영 틀린 답은 아니다. 정답은 $R=2G_NM/c^2$이다. 행성을 벗어나려 하는 입자의 질량이 소거되었으므로, 질량 M과 반지름 R이 위 등식을 만족시키는 천체는 어떤 입자이든 그 질량과 상관없이 탈출하지 못하게 가둬버린다는 결론을 내릴 수 있다.

7. 이 작품은 1919년에 쓰였으며, William Butler Yeats, *Michaell Robartes and the Dancer* (Churctown, Dundrum, Ireland: Chuala Press, 1920)에 수록되었다. http://www.potw.org/archive/potw351.html (2010년 5월 26일 현재 가용함) 참조.

8. 중력파에 관한 논의와 자료는 http://www.astro.cornell.edu/academics/courses/astro2201/psr1913.htm (2010년 5월 17일 현재 가용함) 참조.

9. Brian Greene, *The Elegant Universe*, Vintage Series (New York: Random House, 2000).

10. Leonard Susskind, *The Cosmic Landscape: String Theory and the Illusion of Intelligent Design* (Back Bay Books, 2006).

11. 같은 책.

10장

1. E. J. Squires, *The Mystery of the Quantum World* (Oxford, UK: Taylor &

Francis, 1994).

2. Heinz Pagels, *Cosmic Code: Quantum Physics as the Language of Nature* (New York: Bantam, 1984). 상점마다 솜씨 좋은 판매원을 두고 실재를 판다. 최신 끈이론을 사라고 외치는 상점이 있는가 하면, 다수 세계 해석을 파는 상점, 양자 컴퓨터의 미래를 전시해 놓은 프랜차이즈 업체도 있다. 우리는 어떤 실재를 사야 할까?

3. N. David Mermin, 'Is the Moon There When Nobody Looks? Reality and the Quantum Theory,' *Physics Today* (April 1985). 이 절에서 논의한 형태의 벨 정리는 이 논문에서 처음 등장했다.

4. Steven Weinberg, *Dreams of a Final Theory: The Search for the Fundamental Laws of Nature* (New York: Pantheon Books, 1992).

5. *The Stanford Encyclopedia of Quantum Mechanics*, http://plato.stanford.edu/entries/qm-manyworlds/ 참조.

6. Paul Davies, *God and the New Physics* (New York: Simon & Schuster, 1984).

7. A. M. Steane, 'Quantum Computing,' *Reports on Progress in Physics*, no. 61 (1998): 117-73.

8. Simon Singh, *The Code Book: The Science of Secrecy from Ancient Egypt to Quantum Cryptography* (London: Fourth Estate, 1999).

9. 같은 책.

10. Gordon Moore, 'Cramming More Components onto Integrated Circuits,' *Electronics* 38, no. 8 (April 1965): 4. 이 글을 담은 pdf파일을 http://download.intel.com/museum/Moores_Law/Articles-Press_Releases/Gordon_Moore_1965_

Article.pdf에서 내려받을 수 있다. 또한 'Martin E. Hellman,' http://ee.stanford.edu/~hellman/opinion/moore.html 참조.

11. 양자 컴퓨팅에 관한 유익한 강의로 'Edward Farm,' http://www.youtube.com/watch?v=gKA1k3VJDq8 참조.

12. Roger Penrose, *The Emperor's New Mind: Concerning Computers, Minds, and the Laws of Physics* (New York: Oxford University Press, 2002); Roger Penrose, *Shadows of the Mind: A Search for the Missing Science of Consciousness* (New York: Oxford University Press, 1996).

13. Francis Crick, *Astonishing Hypothesis: The Scientific Search for the Soul* (New York: Scribner, 1995).

부록

1. 예컨대 Richard P. Feynman, *Lectures on Physics*, vol. 1, chap. 18 (Reading, MA: Addison-Wesley, 2005) 참조.

2. 더 자세한 수학적 논의는 우리의 웹사이트 www.emmynoether.com에서 내려받을 수 있는 e-appendix 참조.

색인

460

그림 색인

도・서・출・판・승・산・에・서・만・든・책・들

19세기 산업은 전기 기술 시대, 20세기는 전자 기술(반도체) 시대, 21세기는 **양자 기술** 시대입니다. 미래의 주역인 청소년들을 위해 양자 기술(양자 암호, 양자 컴퓨터, 양자 통신과 같은 양자정보과학 분야, 양자 철학 등) 시대를 대비한 수학 및 양자 물리학 양서를 꾸준히 출간하고 있습니다.

대칭 시리즈

무한 공간의 왕

시오반 로버츠 지음 | 안재권 옮김

쇠퇴해가는 고전 기하학을 부활시켰으며, 수학과 과학에서 대칭의 연구를 심화시킨 20세기 최고의 기하학자 '도널드 콕세터'의 전기.

미지수, 상상의 역사

존 더비셔 지음 | 고중숙 옮김

인류의 수학적 사고의 발전 과정을 보여주는, 4000년에 걸친 대수학(algebra)의 역사를 명강사의 설명으로 읽는다. 대칭 개념의 발전 과정을 대수학의 관점으로 볼 수 있다.

아름다움은 왜 진리인가

이언 스튜어트 지음 | 안재권, 안기연 옮김

현대 수학과 과학의 위대한 성취를 이끌어낸 힘, '대칭(symmetry)의 아름다움'에 관한 책. 대칭이 현대 과학의 핵심 개념으로 부상하는 과정을 천재들의 기묘한 일화와 함께 다루었다.

대칭: 자연의 패턴 속으로 떠나는 여행

마커스 드 사토이 지음 | 안기연 옮김

수학자의 주기율표이자 대칭의 지도책, 『유한군의 아틀라스』가 완성되는 과정을 담았다. 자연의 패턴에 숨겨진 대칭을 전부 목록화하겠다는 수학자들의 야심찬 모험을 그렸다.

대칭과 아름다운 우주

리언 레더먼, 크리스토퍼 힐 공저 | 안기연 옮김

환론(ring theory)의 대모 에미 뇌터의 삶을 조명하며 대칭과 같은 단순하고 우아한 개념이 우주의 구성에서 어떠한 의미를 갖는지 궁금해 하는 독자의 호기심을 채워 준다.

우주의 탄생과 대칭

히로세 다치시게 지음 | 김슬기 옮김

우리 주변에서 쉽게 찾아볼 수 있는 대칭을 비롯하여 분자나 원자와 같은 미시세계를 거쳐, 소립자의 세계를 이해하는 데 매우 중요한 표준이론까지 소개한다. 또한 여러 차례의 상전이를 거쳐 오늘날과 같은 모습이 되기까지의 우주의 여정도 함께 확인할 수 있다.

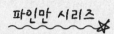

파인만의 과학이란 무엇인가

리처드 파인만 강의 | 정무광, 정재승 옮김

'과학이란 무엇인가?' '과학적인 사유는 세상의 다른 많은 분야에 어떻게 영향을 미치는가?'에 대한 기지 넘치는 강연이 생생하게 수록되어 있다. 아인슈타인 이후 최고의 물리학자로 누구나 인정하는 리처드 파인만의 1963년 워싱턴 대학교에서의 강연을 책으로 엮었다.

파인만의 물리학 강의 Ⅰ

리처드 파인만 강의 | 로버트 레이턴, 매슈 샌즈 엮음 | 박병철 옮김

40년 동안 한 번도 절판되지 않았던, 전 세계 이공계생들의 필독서, 파인만의 빨간 책.
2006년 중3, 고1 대상 권장 도서 선정(서울시 교육청)

파인만의 물리학 강의 Ⅱ

리처드 파인만 강의 | 로버트 레이턴, 매슈 샌즈 엮음 | 박병철 외 6명 옮김

파인만의 물리학 강의 Ⅰ에 이어 국내 처음으로 소개하는 파인만 물리학 강의의 완역본. 전자기학과 물성에 관한 내용을 담고 있다.

파인만의 물리학 강의 Ⅲ

리처드 파인만 강의 | 로버트 레이턴, 매슈 샌즈 엮음 | 김충구, 정무광, 정재승 옮김

파인만의 물리학 강의 3권 완역본. 양자역학의 중요한 기본 개념들을 파인만 특유의 참신한 방법으로 설명한다.

파인만의 물리학 길라잡이: 강의록에 딸린 문제 풀이

리처드 파인만, 마이클 고틀리브, 랠프 레이턴 지음 | 박병철 옮김

파인만의 강의에 매료되었던 마이클 고틀리브와 랠프 레이턴이 강의록에 누락된 네 차례의 강의와 음성 녹음, 그리고 사진 등을 찾아 복원하는 데 성공하여 탄생한 책으로, 기존의 전설적인 강의록을 보충하기에 부족함이 없는 참고서이다.

일반인을 위한 파인만의 QED 강의

리처드 파인만 강의 | 박병철 옮김

가장 복잡한 물리학 이론인 양자전기역학을 가장 평범한 일상의 언어로 풀어낸 나흘간의 여행. 최고의 물리학자 리처드 파인만이 복잡한 수식 하나 없이 설명해 간다.

파인만의 여섯 가지 물리 이야기

리처드 파인만 강의 | 박병철 옮김

파인만의 강의록 중 일반인도 이해할 만한 '쉬운' 여섯 개 장을 선별하여 묶은 책. 미국 랜덤하우스 선정 20세기 100대 비소설 가운데 물리학 책으로 유일하게 선정된 현대과학의 고전.
간행물윤리위원회 선정 '청소년 권장 도서'

파인만의 또 다른 물리 이야기

리처드 파인만 강의 | 박병철 옮김

파인만의 강의록 중 상대성이론에 관한 '쉽지만은 않은' 여섯 개 장을 선별하여 묶은 책. 블랙홀과 웜홀, 원자 에너지, 휘어진 공간 등 현대물리학의 분수령인 상대성이론을 군더더기 없는 접근 방식으로 흥미롭게 다룬다.
간행물윤리위원회 선정 '청소년 권장 도서'

발견하는 즐거움

리처드 파인만 지음 | 승영조, 김희봉 옮김

인간이 만든 이론 가운데 가장 정확한 이론이라는 '양자전기역학(QED)'의 완성자로 평가받는 파인만. 그에게서 듣는 앎에 대한 열정.
문화관광부 선정 '우수학술도서'
간행물윤리위원회 선정 '청소년을 위한 좋은 책'

천재: 리처드 파인만의 삶과 과학

제임스 글릭 지음 | 황혁기 옮김

'카오스'의 저자 제임스 글릭이 쓴 천재 과학자 리처드 파인만의 전기. 과학자라면, 특히 과학을 공부하는 학생이라면 꼭 읽어야 하는 책.
2006년 과학기술부인증 '우수과학도서', 아 • 태 이론물리센터 선정 '2006년 올해의 과학도서 10권'

퀀텀맨: 양자역학의 영웅, 파인만

로렌스 크라우스 지음 | 김성훈 옮김

파인만의 일화를 담은 전기들이 많은 독자에게 사랑받고 있지만, 파인만의 물리학은 어렵고 생소하기만 하다. 세계적인 우주 물리학자이자 베스트셀러 작가인 로렌스 크라우스는 서문에서 파인만이 많은 물리학자들에게 영웅으로 남게 된 이유를 물리학자가 아닌 대중에게도 보여주고 싶었다고 말한다. 크라우스의 친절하고 깔끔한 설명으로 쓰여진 『퀀텀맨』은 독자가 파인만의 물리학으로 건너갈 수 있도록 도와주는 디딤돌이 될 것이다.

Great Discovery 시리즈

불완전성: 쿠르트 괴델의 증명과 역설

레베카 골드스타인 지음 | 고중숙 옮김

괴델의 불완전성 정리는 20세기의 가장 아름다운 정리라 불린다. 이는 인간의 마음으로는 완전히 헤아릴 수 없는, 인간과 독립적으로 존재하는 영원불멸한 객관적 진리의 증거이다. 괴델의 정리와 그 현란한 귀결들을 이해하기 쉽도록 펼쳐 보임은 물론 괴팍하고 처절한 천재의 삶을 생생히 그렸다.
간행물윤리위원회 선정 '청소년 권장 도서', 2008 과학기술부 인증 '우수과학도서' 선정

너무 많이 알았던 사람: 앨런 튜링과 컴퓨터의 발명

데이비드 리비트 지음 | 고중숙 옮김

튜링은 제2차 세계대전 중에 독일군의 암호를 해독하기 위해 '튜링기계'를 성공적으로 설계, 제작하여 연합군에게 승리를 안겨 주었고 컴퓨터 시대의 문을 열었다. 또한 반동성애법을 위반했다는 혐의로 체포되기도 했다. 저자는 소설가의 감성으로 튜링의 세계와 특출한 이야기 속으로 들어가 인간적인 면에 대한 시각을 잃지 않으면서 그의 업적과 귀결을 우아하게 파헤친다.

신중한 다윈씨: 찰스 다윈의 진면목과 진화론의 형성 과정

데이비드 쾀멘 지음 | 이한음 옮김

찰스 다윈과 그의 경이로운 생각에 관한 이야기. 데이비드 쾀멘은 다윈이 비글호 항해 직후부터 쓰기 시작한 비밀 '변형' 공책들과 사적인 편지들을 토대로 인간적인 다윈의 초상을 그려 내는 한편, 그의 연구를 상세히 설명한다. 역사상 가장 유명한 야외 생물학자였던 다윈의 삶을 읽고 나면 '다윈주의'라는 용어가 두렵지 않을 것이다.
한국간행물윤리위원회 선정 '2008년 12월 이달의 읽을 만한 책'

아인슈타인의 우주: 알베르트 아인슈타인의 시각은 시간과 공간에 대한 우리의 이해를 어떻게 바꾸었나

미치오 카쿠 지음 | 고중숙 옮김

밀도 높은 과학적 개념을 일상의 언어로 풀어내는 카쿠는 이 책에서 인간 아인슈타인과 그의 유산을 수식 한 줄 없이 체계적으로 설명한다. 가장 최근의 끈이론에도 살아남아 있는 그의 사상을 통해 최첨단 물리학을 이해할 수 있는 친절한 안내서이다.

열정적인 천재, 마리 퀴리: 마리 퀴리의 내면세계와 업적

바바라 골드스미스 지음 | 김희원 옮김

저자는 수십 년 동안 공개되지 않았던 일기와 편지, 연구 기록, 그리고 가족과의 인터뷰 등을 통해 신화에 가려졌던 마리 퀴리를 드러낸다. 눈부신 연구 업적과 돌봐야 할 가족, 사회에 대한 편견, 그녀 자신의 열정적인 본성 사이에서 끊임없이 갈등을 느끼고 균형을 잡으려 애썼던 너무나 인간적인 여성의 모습이 그것이다. 이 책은 퀴리의 뛰어난 과학적 성과, 그리고 명성을 치러야 했던 대가까지 눈부시게 그려낸다.

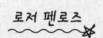

브라이언 그린

엘러건트 유니버스

브라이언 그린 지음 | 박병철 옮김

초끈이론과 숨겨진 차원, 그리고 궁극의 이론을 향한 탐구 여행. 초끈이론의 권위자 브라이언 그린은 핵심을 비껴가지 않고도 가장 명쾌한 방법을 택한다.
『KBS TV 책을 말하다』와 『동아일보』 『조선일보』 『한겨레』 선정 '2002년 올해의 책'

우주의 구조

브라이언 그린 지음 | 박병철 옮김

『엘러건트 유니버스』에 이어 최첨단의 물리를 맛보고 싶은 독자들을 위한 브라이언 그린의 역작! 새로운 각도에서 우주의 본질을 이해할 수 있을 것이다.
『KBS TV 책을 말하다』 테마북 선정, 제46회 한국출판문화상(번역부문, 한국일보사)
아 · 태 이론물리센터 선정 '2005년 올해의 과학도서 10권'

블랙홀을 향해 날아간 이카로스

브라이언 그린 지음 | 박병철 옮김

세계적인 물리학자이자 베스트셀러 『엘러건트 유니버스』의 저자, 브라이언 그린이 쓴 첫 번째 어린이 과학책. 저자가 평소 아들에게 들려주던 이야기를 토대로 쓴 우주여행 이야기로, 흥미진진한 모험담과 우주 화보집이라고 불러도 손색없는 화려한 천체 사진들이 아이들을 우주의 세계로 안내한다.

로저 펜로즈

실체에 이르는 길 1, 2: 우주의 법칙으로 인도하는 완벽한 안내서

로저 펜로즈 지음 | 박병철 옮김

우주를 수학적으로 가장 완전하게 서술한 교양서. 수학과 물리적 세계 사이에 존재하는 우아한 연관관계를 복잡한 수학을 피하지 않으면서 정공법으로 설명한다. 우주의 실체를 이해하려는 독자들에게 놀라운 지적 보상을 제공한다. 학부 이상의 수리물리학을 이해하려는 학생에게도 가장 좋은 안내서가 된다.
2011년 아 · 태 이론물리센터 선정 '올해의 과학도서 10권'

영재수학 시리즈

경시대회 문제, 어떻게 풀까

테렌스 타오 지음 | 안기연 옮김

세계에서 아이큐가 가장 높다고 알려진 수학자 테렌스 타오가 전하는 경시대회 문제 풀이 전략! 정수론, 대수, 해석학, 유클리드 기하, 해석 기하 등 다양한 분야의 문제들을 다룬다. 문제를 어떻게 해석할 것인가를 두고 고민하는 수학자의 관점을 엿볼 수 있는 새로운 책이다.

문제해결의 이론과 실제: 수학 교사 및 영재학생을 위한

한인기, 꼴랴긴 Yu. M. 공저

입시 위주의 수학교육에 지친 수학 교사들에게는 '수학 문제해결의 가치'를 다시금 일깨워 주고, 수학 논술을 준비하는 중등 학생들에게는 진정한 문제 해결력을 길러주는 수학 탐구서.

유추를 통한 수학탐구: 중등교사 및 영재학생을 위한

P.M. 에르든예프, 한인기 공저

수학은 단순한 숫자 계산과 수리적 문제에 국한되는 것이 아니라 사건을 논리적인 흐름에 의해 풀어나가는 방식을 부르는 이름이기도 하다. '수학이 어렵다'는 통념을 '수학은 재미있다!'로 바꿔주기 위한 목적으로 러시아, 한국 두 나라의 수학자가 공동저술한, 수학의 즐거움을 일깨워주는 실습서. 그 여러가지 수학적 방법론 중 이 책은 특히 '유추'를 중심으로 하여 풀어내는 수학적 창의력과 자발성의 개발에 목적을 두었다.

평면기하학의 탐구문제들 1, 2

프라소로프 지음 | 한인기 옮김

평면기하학을 정리나 문제해결을 통해 배울 수 있도록 체계적으로 기술한다. 이 책에 수록된 평면기하학의 정리들과 문제들은 문제해결자의 자기주도적인 탐구활동에 적합하도록 체계화했기 때문에 제시된 문제들을 스스로 해결하면서 평면기하학 지식의 확장과 문제해결 능력의 신장을 경험할 수 있을 것이다. 『평면기하학의 탐구문제들』 시리즈는 모두 30개 장으로 구성되어 있으며, 이 중 처음 9개 장이 1권을 구성한다. 각장의 끝부분에는 '힌트 및 증명'을 두어, 상세한 풀이 또는 문제해결을 위한 개괄적인 방향을 제시하고 있다.

영재들을 위한 365일 수학여행

시오니 파파스 지음 | 김흥규 옮김

재미있는 수학 문제와 수수께끼를 일기 쓰듯이 하루 한 문제씩 풀어 가면서 논리적인 사고력과 문제해결능력을 키우고 수학언어에 친근해지도록 하는 책으로 수학사 속의 유익한 에피소드도 읽을 수 있다.

시인을 위한 양자물리학

1판 1쇄 발행 2013년 5월 27일
1판 2쇄 발행 2014년 8월 26일

지은이 | 리언 M. 레더먼 & 크리스토퍼 T. 힐
옮긴이 | 전대호
펴낸이 | 황승기
마케팅 | 송선경
편집 | 김대환
디자인 | 김슬기
펴낸곳 | 도서출판 승산
등록날짜 | 1998년 4월 2일
주소 | 서울시 강남구 역삼2동 723번지 혜성빌딩 402호
대표전화 | 02-568-6111
팩시밀리 | 02-568-6118
웹사이트 | www.seungsan.com
이메일 | books@seungsan.com

값 20,000원

ISBN 978-89-6139-051-4   93420

「이 도서의 국립중앙도서관 출판시도서목록(CIP)은 서지정보유통지원시스템 홈페이지(http://seoji.nl.go.kr)와 국가자료공동목록시스템(http://www.nl.go.kr/kolisnet)에서 이용하실 수 있습니다.(CIP제어번호: CIP2013005288)」

도서출판 승산은 좋은 책을 만들기 위해 언제나 독자의 소리에 귀를 기울이고 있습니다.